Wilhelm Ebstein

Nierenkrankheiten nebst den Affectionen der Nierenbecken und der Ureteren

Wilhelm Ebstein

Nierenkrankheiten nebst den Affectionen der Nierenbecken und der Ureteren

ISBN/EAN: 9783743452305

Hergestellt in Europa, USA, Kanada, Australien, Japan

Cover: Foto ©berggeist007 / pixelio.de

Manufactured and distributed by brebook publishing software (www.brebook.com)

Wilhelm Ebstein

Nierenkrankheiten nebst den Affectionen der Nierenbecken und der

Ureteren

NIERENKRANKHEITEN

NEBST DEN

AFFECTIONEN DER NIERENBECKEN UND DER URETEREN

VON

PROFESSOR DR. WILHELM EBSTEIN.

Handbuch d. spec. Pathologie u. Therapie. Bd. IX 2. 2. Aufl

NIERENKRANKHEITEN

nebst den

Affectionen der Nierenbecken und der Ureteren.

Ueber die ältere Literatur geben ausführlich Aufschluss:
N a u m a n n, Handbuch der med. Klinik. VI. 1836. Berlin. — C a u s t a t t,
Handbuch der med. Klinik. VI. 3. Abtheilung. 1845. Erlangen.
A l l g e m e i n e W e r k e: B a i l l i e, A series of engravings. II. edit. London
1812. — J. C r u v e i l h i e r, Anat. pathol. du corps humain, descriptions avec
figures etc. Paris 1829—1842. — R. C a r s w e l l, Patholog. anatomy of the ele-
mentary form of disease. London 1838. — L e b e r t, Traité d'anatomie patho-
logique générale et spéciale accompagné d'un Atlas. Paris 1857—1861. —
F ö r s t e r, Handbuch d. spec. pathol. Anatomie. Leipzig 1854. — R o k i t a n s k y,
Lehrbuch der pathol. Anatomie. III. Band. Wien 1861. — K l e b s, Handbuch
der pathol. Anatomie. 3. Lieferung. Berlin 1870. — V. C o r n i l et L. R a n-
v i e r, Manuel d'histologie pathologique. Paris 1869.
W e r k e ü b e r N i e r e n k r a n k h e i t e n: T r o j a, Krankheiten der Nieren.
Deutsch. Leipzig 1788. — W a l t e r, Einige Krankheiten der Nieren. Berlin
1800. — G. K ö n i g, Praktische Abhandlungen über die Krankheiten der Niere.
Leipzig 1826. — R a y e r, Maladies des reins etc. avec un Atlas. Tome 1—3.
Paris 1839—1841. — G. J o h n s o n, Die Krankheiten der Nieren. Aus d. Engl.
von S c h ü t z e. Quedlinburg 1856. — J. V o g e l, Krankheiten der harnbereitenden Organe. Virchow's spec. Path. u. Therapie. VI. Bd. 2. Erlangen
1856—1862. — S. R o s e n s t e i n, Pathol. u. Therapie der Nierenkrankheiten.
2. Aufl. Berlin 1870. — W i l l. R o b e r t s, On urinary and renal diseases. 2. ed.
London 1872. — L e c o r c h é, Traité des maladies des reins. Paris 1875. —
G. S i m o n, Chirurgie der Nieren. Stuttgart I (1871). II (1876). — C. N e u-
b a u e r u. J. V o g e l, Analyse des Harns. 7. Aufl. Wiesbaden 1876.

Entzündungen der Niere, des Nierenbeckens und des perinephritischen Gewebes mit Ausgang in Eiterung.

Suppurative Nephritis. Nierenabscess.

Literatur. Einleitende Bemerkungen und Geschichte.

Ausser der oben angeführten Literatur wurden benutzt:
V o i g t e l, Pathol. Anatomie. III. S. 185. — V i r c h o w, Gesammelte Abhandlungen. 1856. S. 508 etc. — D e r s e l b e, Ueber die Chlorose etc. Beiträge
zur Geburtshülfe u. Gynäkologie. I. Bd. 1872. S. 349. — B e c k m a n n, Verhandlg.
d. Würzb. phys. med. Gesellsch. 1859. 9. Bd. S. LXIII. — D e r s e l b e, Virchow's
Archiv. IX. S. 228 und XII. S. 59. — K u s s m a u l, Beiträge zur Pathologie der

1*

Harnorgane. Würzb. med. Zeitschr. 1864. S. 56. — Siebert, Diagnostik der
Krankheiten des Unterleibes. 1855. S. 382. — Todd, Clinical lectures on certain
diseases of the urinary organs. London 1857. — Eberth, Virchow's Archiv.
LVII. S. 228. — R. Maier. ebenda LXII. S. 145. — Fleischhauer, in dems.
Bande S. 356. — Cohnheim, Embolische Processe. Berlin 1872. S. 88. —
C. Weigert, Anat. Beitr. z. Lehre von den Pocken. Breslau 1875. S. 4, und
zahlreiche in der Literatur zerstreute Casuistik. auf welche zum Theil im Text
verwiesen ist.

Ich behandle in diesem Abschnitt diejenigen Formen der Nierenentzündung, welche zur Eiterung und zur Abscessbildung führen.
Die Eiterungsprocesse in der Niere erregten seit den ältesten
Zeiten die Aufmerksamkeit der Aerzte. Indessen ist das in der alten
Literatur darüber aufgehäufte Material fast durchaus unbrauchbar,
weil man die eitrigen Entzündungen, welche im Nierenparenchym
selbst beginnen, nicht von denen schied, welche primär im Nierenbecken sich entwickeln und von hier erst secundär auf die Nieren
übergehen. Man schied ferner nicht die Hydronephrosen, deren Inhalt eine eiterige Umwandelung erfahren hatte und wo der Schwund
des Nierenparenchyms, wie wir später sehen werden, auf Druckatrophie der Drüsensubstanz zurückgeführt werden muss, von denjenigen
Fällen, wo dieselbe durch Eiterung zerstört worden ist. Das Gebiet
der „Pyonephrosen" wurde erst geklärt als eine nüchterne pathologisch-anatomische Prüfung sich der Deutung der einzelnen Processe
bemächtigte. Es ist ein grosses Verdienst von Rayer, dass er die
Pyelitis und die Pyelonephritis scharf von der eitrigen
Nephritis sonderte. Es liegt klar, dass so lange diese anatomischen Fragen nicht beantwortet waren, auch die Pathogenese
und die ätiologischen Verhältnisse dieser Niereneiterungen
unklar und unvollständig blieben. Noch gibt es auch hier eine
Reihe offener Fragen, aber für eine grosse Zahl von Niereneiterungen ist die Aetiologie klar. Insbesondere ist für die embolischen
Abscesse durch die bahnbrechenden Arbeiten Virchow's nachgewiesen, dass sie durch die specifische Beschaffenheit des embolischen Pfropfes selbst bedingt werden und durch Cohnheim ist
der Modus festgestellt worden, wie diese Abscesse im Gefolge der
Embolie zu Stande kommen. In der neuesten Zeit hat man auch
den Bakterien bei der Pathogenese mancher Nierenabscesse eine
grosse Bedeutung zugeschrieben: es sind das schwer wiegende Fragen,
welche zwar noch nicht definitiv erledigt, aber in den letzten Jahren
bedeutend gefördert worden sind. Endlich hat man in der neuesten
Zeit auch mit Erfolg angefangen, einen Theil der hier zu besprechen-
den Processe zum Gegenstand der Radicalheilung mittelst chirur-
gischer Eingriffe zu machen. Besonders hat in dieser Beziehung der

geniale leider zu früh verstorbene G. Simon, der wissenschaftliche Begründer der Nierenchirurgie, Hervorragendes geleistet, was der Ausgangspunkt für die erfolgreiche Behandlung noch vieler analoger Krankheitsfälle werden dürfte, denen die ärztliche Kunst bislang machtlos gegenüber stand.

Für die klinische Bearbeitung der Niereneiterungen ist eine Trennung derselben nach ihren ätiologischen Beziehungen wünschenswerth. Denn diese Krankheiten zeigen nicht nur je nach ihren verschiedenen Ursachen ein verschiedenes anatomisches Verhalten, sondern was für unseren Zweck das vor Allem Maassgebende ist, unterscheiden sie sich in ihrem klinischen Bilde so sehr von einander, dass eine gesonderte Betrachtung der einzelnen Formen der suppurativen Nephritis dringend geboten ist.

I. Nierenabscesse in Folge von Verletzung der Nieren durch äussere Gewalt (Nierenwunden).

Aetiologie.

Die Verletzungen, welche die Niere treffen und eine eitrige Entzündung ihres Parenchyms veranlassen, sind 1) solche, bei denen gleichzeitig eine Trennung der sie überdeckenden Weichtheile vorhanden ist (Stich-, Hieb- und Schusswunden) oder 2) solche, welche höchstens mit einer oberflächlichen Trennung der die Nieren überdeckenden Weichtheile verbunden sind oder bei denen eine solche gänzlich fehlt (Zerquetschungen und Zerreissungen der Niere). Nicht jede dieser Verletzungen der Niere bedingt übrigens eine eitrige Entzündung derselben. Damit diese zu Stande komme, muss die Verletzung erst einige Zeit bestehen. Bei vielen derselben aber erfolgt der Tod weit früher, ehe eine eitrige Entzündung sich entwickelt. Denn die Verletzungen der Niere sind so häufig mit schweren Läsionen anderer Theile, wie des Brust- und Bauchfells, der Lungen, der Leber, der Milz, des Darms etc. complicirt, dass durch diese letzteren allein sehr schnell der letale Ausgang vermittelt wird. Es werden daher die Nierenabscesse wol meist nur in Folge solcher Verletzungen dieser Drüsen entstehen, welche uncomplicirt, d. h. lediglich auf die Nieren oder ihre allernächste Umgebung beschränkt sind und bei denen nicht der Tod vor Eintritt der Eiterung insbesondere durch profuse Blutungen erfolgt. Die Schusswunden der Nieren sind häufiger als die Stich- und Hiebwunden mit Verletzungen anderer wichtiger Organe complicirt. — Die ohne oder mit gering-

fügiger Verletzung der äusseren Weichtheile entstehenden Nierenwunden erfolgen durch Schlag, Stoss oder Fall auf die Nierengegend
oder durch Erschütterung der Nieren bei Fall auf entferntere Körper-
theile. Diese letzteren Traumen betreffen nicht selten beide Nieren,
während Stich-, Hieb- und Schusswunden sich meist auf eine Niere
beschränken.

Pathologie.

Pathologische Anatomie.

Der pathologisch-anatomische Befund bei Verwundungen der
Niere ist verschieden

1) nach der Art der Verwundung, d. h. ob dieselbe mit einer
   äusseren Weichtheilwunde, wie bei Hieb-, Stich-, Schusswunden, verbunden ist; ob dieselbe fehlt, wie bei Zerreissungen,
   Zerquetschungen, Zermalmungen der Niere; ob es sich um
   alleinige Verwundung einer oder beider Nieren, oder um
   gleichzeitige Verwundung noch eines oder mehrer anderer
   Organe, ausser den Nieren, handelt;

2) in welchem Stadium der letale Ausgang erfolgt, d. h. welche
   secundäre Veränderungen sich in der Niere selbst, ihrer Nachbarschaft und anderen Organen eingestellt haben.

Wir finden, wenn der Tod kurze Zeit nach der Verletzung erfolgt, die Niere in einen Blutsack verwandelt, das Nierenbecken und
die Nierenkelche durch Blut ausgedehnt. Ist die Kapsel der Niere
zerrissen, so findet sich ein grosses Blut- und Harnextravasat um die
Nieren herum, welches manchmal nicht nur die ganze Lendengegend
ausdehnt, sondern sich bis an das Zwerchfell nach oben und bis zur
Crista ossis ilei nach abwärts erstreckt. Die Niere kann dabei einfach geborsten oder ganz oder theilweise zermalmt sein. Ihre Trüm-
mer sieht man dann in dem ergossenen Blute schwimmen und nur
eine dünne wandständige Schicht von Nierengewebe bleibt dann oft
mit der Kapsel in Verbindung. Kommt es zur Entzündung, so ist
die verletzte Niere gemeinhin vergrössert, bisweilen ansehnlich, das
Gewebe ist enorm blutreich, gelockert, die Zeichnung ist mehr weniger, bisweilen vollkommen geschwunden, und man sieht schon frühzeitig kleinere umschriebene Eiterherde inmitten der meist reichlichen
Blutergüsse im Nierenparenchym. Bisweilen ist das ganze Organ mit
einem grauweissen, purulenten, schmutzig trüben Fluidum durchtränkt.
Die oft zahlreichen kleinen Eiterherde sitzen meist in der Corticalsubstanz. Diese Eiterherde können durch Confluenz und immer weiter

schreitende eitrige Einschmelzung des verletzten Gewebes eine immer
mehr zunehmende Ausdehnung erreichen und nach dem Wundkanal
oder auch nach anderen Richtungen (s. Symptomatologie) durchbrechen. Ausserdem findet man öfter in diesem Stadium ausgedehnte
Verjauchungen im perinephritischen Gewebe, welche durch die bereits erwähnte, im Anfangsstadium erfolgte Infiltration desselben mit
Blut und Harn bedingt sind.

Bisweilen findet man, wenn der letale Ausgang aus irgend einer
Ursache in späteren Stadien erfolgt, den Process in der Heilung be-
griffen. Dieselbe kann in verschiedener Weise zu Stande kommen.
Erstens, indem sich die Abscesse, nachdem sie nach irgend einer
Richtung sich entleert haben, mit Granulationen füllen und vernarben;
zweitens, indem sich, ohne dass der Eiter nach Aussen entleert
wird, Resorptionsvorgänge einleiten und Schwielenbildung eintritt.
Man hat bei vernarbten Schusswunden der Nieren tief eingezogene
Narben gesehen, welche durch Schrumpfung kleiner Nierenabscesse
entstanden waren. Aber auch grosse perinephritische in der beschriebenen Weise entstandene Abscesse können zur Schrumpfung kommen.
Sogar fremde Körper, wie Kugeln, Tuchstücke können in die Niere
einheilen, wie ein merkwürdiger von G. Simon beschriebener und
abgebildeter Fall ergibt. Theodor Simon[1]) hatte Gelegenheit,
die in Folge einer Nierenverletzung zurückgebliebene Narbe 5 Jahre
nach dem Trauma anatomisch zu untersuchen. Der betreffende
Kranke war 2 Stock hoch auf das Strassenpflaster gefallen. Die
Narbe verlief als ganz feiner linearer Streifen über 2 Ctm. tief bis unmittelbar an die Grenze der Rinden- und Marksubstanz. Oberflächlich
hätte man sie für eine zufällige Einziehung halten können. Die mikroskopische Untersuchung der Querschnitte auf der Höhe der Narbe
zeigte eine ganz schmale die Rinde durchsetzende Schicht faserigen
Bindegewebes, durchzogen von grossen Gefässen mit verhältnissmässig dünnen Wandungen. — War nur eine Niere verletzt, so wird
die andere, welche bei der Verwundung frei geblieben ist, entweder
gesund gefunden, nicht selten aber ist auch sie erkrankt, indem sich
in ihr secundäre Entzündungs- oder Eiterungsprocesse entwickeln.
Ausserdem gibt die Leichenöffnung über die verschiedenen anderen
theils gleichzeitig entstandenen traumatischen Veränderungen, theils
über die später secundär entwickelten pathologischen Processe in
benachbarten und entfernteren Organen, Aufschluss, welche in der
Schilderung der Symptome kurz erwähnt werden sollen, deren ana-

---

[1] Deutsche Klinik. 1873 Nr. 17 u. 18.

tomische Beschreibung aber füglich umgangen werden darf, da sie
für die uns hier interessirenden Fälle durchaus nichts Charakteristisches haben.

Symptomatologie.

Es interessiren uns hier eigentlich ganz allein die von der Abscessbildung in der Niere herrührenden Erscheinungen, indessen
halte ich es für nicht unangemessen, auch die derselben vorangehen-
den Symptome, d. h. die Symptome der Nierenverletzungen, wenigstens kurz zu skizziren, um der Vollständigkeit des Krankheitsbildes
keinen Abbruch zu thun. Man unterscheidet bei den Nierenverletzungen mit offener Wunde nach dem Vorgange von G. Simon
am Besten 2 Stadien: 1) das der Blutung und 2) das der Eiterung. Beide sind in Bezug auf Symptome und Behandlung von
einander verschieden.

Unmittelbar nach der Verwundung treten bei schwereren Stich-
oder Schusswunden der Nieren intensive nervöse Erscheinungen ein,
welche man unter der Bezeichnung des Shock zusammenfasst. Die
Verwundeten werden todtenblass, ihr Gesicht drückt ein tiefes Leiden
aus, der Puls ist klein, zitternd, aussetzend, sie verlieren das Be-
wusstsein. Nach Minuten oder erst nach Stunden erholen sich die
Kranken bisweilen wieder so weit, dass sie, die Schwere ihres Zustandes nicht ahnend, sich aufrichten und manchmal weite Strecken
gehen können. Gleichzeitig oder gleich nachher treten mehr oder
weniger beträchtliche Blutungen aus der überaus blutreichen Nierensubstanz auf. Selten beginnen dieselben erst einige Tage nach
der Verletzung. Die Blutungen sind bei Hieb- und Stichwunden weit
profuser und das Leben bedrohender als bei Schusswunden. Bei
den letzteren werden die Nieren mehr gequetscht oder zerrissen und
die Wunden tendiren mehr zur Eiterung als zur Blutung. Profuse
Blutungen erschöpfen den Kranken ausserordentlich; es treten nachher alle Zeichen einer hochgradigen Anämie: wachsbleiche Gesichts-
farbe, Kühle der Haut, kleiner unzählbarer Puls, Erbrechen, ausserordentliche Schwäche und Ohnmachtsgefühl auf.

Die aus der Nierensubstanz erfolgende Blutung, welche ich der
Kürze wegen als Nephrorrhagie bezeichnen will, veranlasst entweder, indem das Blut sich in das laxe para- und perinephritische
Gewebe ergiesst, in demselben mehr weniger bedeutende Extravasate
oder das Blut fliesst frei durch die Wunde nach Aussen ab oder es
gelangt durch den Harnleiter in die Blase und wird mit dem Urin
entleert. Letzteres ist das Häufigste. Es entsteht also Hämaturie.

Dieselbe kann bei geringen Wunden gering sein, so dass der Harn kaum geröthet wird, sie kann aber auch so bedeutend werden, dass in kurzer Zeit mehre Pfunde Blut mit dem Harn abgehen. In den ersten 5—7 Tagen ist der Blutabgang gewöhnlich ein continuirlicher, späterhin schwanken die Blutmengen und verlieren sich erst mit ´dem Eintritt der Eiterung am 10.—12. Tage. Aber auch wenn diese eingetreten ist, kann nach Wochen noch, besonders nach Einwirkung von Schädlichkeiten, bisweilen geringfügiger Art, eine erneute Nephrorrhagie erfolgen und sogar den Tod veranlassen. Während das Blut den Harnleiter passirt, können durch Verstopfung desselben mit Blutcoagulis die für Nierenleiden charakteristischen Nierenkoliken entstehen, welche wir besonders bei der Nephrolithiasis näher kennen lernen werden.

Indessen sind heftige Nierenkoliken doch, selbst bei bedeutenden Nephrorrhagien, relativ selten, weil die weichen Gerinnsel durch die Contraction der Musculatur des Harnleiters schneller in die Blase gepresst werden, ehe es zur festen Gerinnung derselben kommt. Manchmal hört während dieser Nierenkoliken die blutige Beschaffenheit des Urins auf, er wird hell und klar. Es geschieht das dann, wenn eine vollständige Obturation des Harnleiters erfolgt und wenn, wie es bei Stich- und Schusswunden gewöhnlich der Fall ist, die eine Niere unverletzt blieb. Weit häufiger als Verstopfungen des Ureters entstehen Verstopfungen besonders Verlegungen des Ostium internum der Harnröhre mit Blutgerinnseln, weil das Blut in der Harnblase Zeit zur Bildung fester grosser Coagula hat, welche die Urethra nicht passiren können und welche den Abfluss des Harns aus der Blase hindern. Die auf diese Weise erzeugte Retentio urinae macht äusserst heftige Symptome, welche auch durch den Katheterismus meist nicht gehoben werden, denn bereits nach dem Abfluss einiger Tropfen Harns ist die Oeffnung des Katheters wieder verstopft. Erst wenn die Gerinnsel zerfallen, werden sie unter heftigem Drängen mühsam und langsam durch die Harnröhre gepresst. Forestus[1]) bereits erwähnt eines Falles, wo die Urinverhaltung 6 Tage bei einem jungen Menschen anhielt, der einen Messerstich in die Niere bekommen hatte. Die Verstopfung des Ureters ist leicht von einer Verlegung der Urethra zu unterscheiden: die Ausdehnung der Blase, die Behinderung der Urinexcretion, die Localisirung der Schmerzen in der Blasengegend bei Verstopfung der Harnröhrenmündung sichern die Diagnose.

---

1) Citirt bei Troja l. c.

Das Blut kann sich auch in der Nierensubstanz selbst
und in dem die Niere umgebenden lockeren Bindegewebe ansammeln. Es können auf diese Weise grosse palpable Anschwellungen in der Nierengegend entstehen, welche in
Folge der weiten Verdrängung der Gewebe und der dadurch bedingten Zerrung der in ihnen enthaltenen Nerven sehr schmerzhaft
sind und eine, wenn auch meist undeutliche, Fluctuation zeigen.
Diese Anschwellung entwickelt sich gewöhnlich bald nach der Verwundung und vergrössert sich rasch unter Zunahme der Anämie.

Schliesslich kann das Blut auch aus der Nierenwunde durch
den Wundkanal direct nach Aussen dringen und profuse, ja letale
Blutungen veranlassen. Es ist aber der seltnere Fall, dass auf diese
Weise reichliche Blutungen entstehen, weil der tiefe, durch Muskeln
und Fascien dringende Wundkanal leicht verstopft und das Blut in der
Tiefe zurückgehalten wird. Uebrigens combiniren sich oft diese drei
Arten, durch welche sich die Nephrorrhagien ihren Weg nach Aussen
bahnen. Zu dieser Nephrorrhagie gesellt sich öfter ein für Nierenwunden überaus charakteristisches Symptom, nämlich der Urin-
ausfluss aus der äusseren Wunde. Durch eine Beobachtung von
G. Simon erscheint es sicher, dass dieses Symptom nach alleiniger
Verletzung des Nierencortex auftreten kann. Der abfliessende Harn
verdünnt das ausfliessende Blut, dasselbe bekommt einen urinösen
Geruch und röthet Lackmuspapier, wofern die Beimengung von Urin
reichlicher ist. Das geschieht freilich durchaus nicht immer, indem
hier dieselben Momente ins Spiel kommen, welche die Entleerung
des ergossenen Blutes hindern, und es erfolgt sehr häufig dann gleichzeitig mit der blutigen, zugleich eine Urininfiltration des die Nieren
umgebenden Bindegewebes.

Die im Verlauf der Nierenverwundung auftretenden Schmerzen
sind gemeinhin andauernd, örtlich, dumpf, sie werden modificirt durch
die Nierenkoliken, die Verlegung der Harnröhre durch Blutcoagula
und durch blutige und urinöse Infiltration der Nierensubstanz und
des die Nieren umgebenden Bindegewebes.

Geht der Kranke nicht in diesem ersten Stadium der Nieren-
verletzung zu Grunde, so entwickelt sich das uns hier besonders
interessirende 2. Stadium, nämlich das der Niereneiterung.
Statt des Blutes erscheint Eiter im Urin und in der äusseren
Wunde. Bei leichter Verletzung der Niere kann die Entzündung
und Eiterung sehr mässig sein und auf die Wunde beschränkt bleiben.
Die Heilung kann dann in relativ kurzer Zeit zu Stande kommen.
Einige kurze Beispiele mögen hier Platz finden.

La Motte[1]) erzählt einen Fall, wo ein breiter Degen ganz nach hinten so in die rechte Seite des Unterleibes hineingestossen worden war, dass er auf der linken wieder hervorkam. Ein starker Blutfluss hatte den Kranken schon äusserst entkräftet, aus der Wunde floss viel Serum und mit Urin vermischtes Blut, welches am Boden des Nachtgeschirrs gerann. Beides hörte in 7—8 Tagen auf. Es folgte eine gutartige Eiterung und in 6 Wochen benarbte sich die Wunde und verheilte vollkommen. Treyden sah eine Nierenstichwunde, bei welcher blutiger und eitriger Urin abging, geheilt werden.[2]) Meoli behandelte ein junges Mädchen, das mittelst eines schneidenden Werkzeuges in der rechten Niere verwundet worden war. Es erfolgte Blutharnen. Am 12. Tage begann heftiges Fieber, das bis zum 21. Tage anhielt. Die Wunde eiterte sehr stark. Endlich verwandelte sich dieselbe in eine Fistel, welche immer kleiner wurde und sich zuletzt schloss.[3]) Rayer berichtete ebenfalls einen Fall von Stichwunde der Niere, welche mit schneller Heilung endete. Es handelte sich um einen Stich mit einem spitzen Rappier. Patient ging nach erlittener Verletzung eine Viertelstunde weit nach Hause, bekam nachher dumpfe Schmerzen in der Lendengegend, und es ging fast reines Blut durch die Harnwege ab. Am 10. Tage war bereits die Reconvalescenz entschieden und der Kranke genas. Schuster theilte einen analogen Fall mit[4]), wo einem Fleischerlehrling ein Stich in die Lendengegend beigebracht worden war, welcher blutigen Harn und urinöse Absonderung durch die Wunde mit entsprechender Verminderung der Urinabsonderung bewirkte. Die Wunde kam innerhalb 2 Monaten allmählich zur Heilung. G. Simon beobachtete einen 24 jährigen Bauerburschen, der einen Stich in die Niere bekommen hatte. Hämaturie mit Retentio urinae stellte sich ein. Nach 3 Tagen hatte der Urin fast normale Färbung. Nachher wurde Eiter, aber kein Urinabgang durch die Wunde beobachtet. Nach 14 Tagen konnte Patient das Bett verlassen, nach 3 Wochen war die Heilung vollendet.

Wie die eben angeführten Fälle die manchmal überraschend schnelle Heilung von Stichwunden der Niere beweisen, so fehlt es in der Literatur auch nicht an Beispielen von Nierenschusswunden, welche zur Heilung gelangten. Rayer beobachtete einen merkwürdigen Fall, wo die rechte Niere durch einen Pistolenschuss

1) Citirt bei Troja l. c. S. 2.
2) Rust's Magazin. Bd. XVII. S. 1.
3) Bei Naumann l. c. S. 33.
4) Oesterr. Zeitschrift f. pract. Heil. 1868. Nr. 12.

verletzt war. Es entstand Hämaturie, ein Agone-ähnlicher Zustand und Patient konnte die Beine nicht ausstrecken. Nach Oeffnung mehrer Abscesse in der Lendengegend bildete sich eine Nierenfistel. Häufig traten Nierenkoliken ein, bis endlich nach dem 8. Monat mit einer grossen Menge blutigen Harns ein mit einer schwärzlichen Masse incrustirter Tuchstreifen abging. Auch Pendleton[1]) berichtet eine Nierenschussverletzung, wo die Kugel circa 6 Ctm. nach rechts und unten vom Nabel eindrang. Eine Austrittsstelle der Kugel war nicht vorhanden. Die Diagnose stützte sich auf die Entleerung blutigen Harns. Später traten Kolikschmerzen in der Nierengegend ein. Beim Gebrauch von Opiaten erfolgte Heilung. G. Simon erzählt einen Fall, wo eine Flintenkugel gegen die linke Niere hin eingedrungen und stecken geblieben war. Wiederholte Hämaturien und Beschwerden bei der Entleerung des Urins folgten. Gegen den 8. Tag verschwand das Blut aus dem Urin und es erschien Eiter in demselben. Aus der Wunde floss kein Urin. Schon nach der ersten Woche kehrte das Wohlbefinden allmählich zurück. Die Eiterung wurde immer geringer. Am 38. Tage nach der Verwundung bestand noch ein feiner Fistelgang, durch welchen täglich wenige Tropfen Eiter ausflossen. Patient genas vollständig, nur war das Bücken nicht möglich, weil dabei Schmerzen in der linken Nierengegend auftraten.

Diese Beispiele mögen genügen.

In anderen Fällen ist der Verlauf aber nicht so günstig. Es entwickeln sich die Symptome einer stärkeren suppurativen Nephritis oder eines perinephritischen Abscesses oder Beides. Es charakterisiren sich die bei diesen anatomischen Veränderungen auftretenden Erscheinungen durch hochgradiges Fieber mit Schüttelfrösten, dick belegte Zunge, Prostratio virium, Delirien. Auch unter solchen Umständen kann sich der Process noch, wenn auch selten, zum Besseren wenden, wofern nach Entleerung des Jaucheherdes nach Aussen das Fieber nachlässt. Sehr copiös wird die Eiterung, wenn grosse Extravasate von Blut und Harn sich im Nierengewebe und seiner Umgebung gebildet haben. Der Harn unterliegt der ammoniakalischen, das Blut der jauchigen Zersetzung, wodurch die Nierensubstanz selbst auch der Nekrose verfällt. Behält der Eiter freien Abfluss, so nimmt auch er eine bessere Beschaffenheit an und der Urin entleert sich reichlich durch die Wunde. Die Heilung kann erfolgen, wenn die Eiterung nachlässt und die Wunde

---

1) New Orleans Journ. of medic. Oct. 1867.

sich durch Granulationen füllt. Ausser diesem Durchbruch des Eiter-
oder Jaucheherdes durch die Wunde kann eine Entleerung desselben
nach Aussen noch an verschiedenen Stellen erfolgen, wenn die
Eiterung sich vom perinephritischen Gewebe aus weiter verbreitet.
Wir werden bei Besprechung der perinephritischen Abscesse auf
diesen Punkt zurückkommen. Ausserdem brechen diese Abscesse
nach verschiedenen anderen Richtungen durch; Ausgänge, welchen wir
bei anderen Nierenabscessen und besonders bei Pyelonephritis calculosa auch noch begegnen, so in das auf- oder absteigende Colon, das
Duodenum, andere Abschnitte des Dünndarms, in die Peritoneal- oder
auch in die Pleurahöhle und nach Verwachsung der Pleurablätter
in die Bronchien, wodurch der Verlauf in entsprechender Weise complicirt wird. Der Durchbruch nach Aussen ist der günstigste.

Bei den Verletzungen der Niere ohne äussere Wunde, wie
sie in Folge von Zerquetschungen und Zerreissungen der Niere
vorkommen, erfolgt, da eine äussere Wunde fehlt, eine mehr weniger starke Nephrorrhagie in das umgebende Gewebe, wenn auch
die Nierenkapsel zerrissen ist, oder lediglich Hämaturie, wenn das
nicht der Fall ist, aber die Nierenwunde mit dem Nierenbecken
communicirt. Die mit Zerreissung der Nierenkapsel verbundenen
Verletzungen sind immer sehr schwer, obgleich auch diese Verwundungen bei intacter Nierenkapsel meistentheils äusserst bedenk-
lich sind.

Die initialen nervösen Erscheinungen sind hier weit constanter,
als bei den Stich- und Schussverletzungen, von denen sich die Kranken aber trotz sehr schwerer Verletzungen, wie Zerreissungen der
Niere, vorübergehend erholen. Tritt der letale Ausgang nicht durch
Verblutung ein, so erfolgt bei stärkerer Läsion eine Vereiterung der
Niere und eine Verjauchung des mit Urin gemischten Extravasates.
Sind beide Nieren befallen, so erfolgt unzweifelhaft der Tod, wenn
auch bisweilen erst nach mehren Wochen, wie folgender von Siebert[1]) mitgetheilter Fall lehrt:

Ein Herr, welcher, während der Eisenbahnzug sich bereits in
Bewegung gesetzt hatte, vom Trittbret heruntersprang, wurde nach
mehren Umdrehungen des Körpers weit weggeschleudert und wurde
auf dem Rücken liegend gefunden. Der Urin war sparsam, blutig,
eiweisshaltig. Nach 6 Wochen erfolgte der Tod. Die Substanz beider
Nieren war in dem Zustande breiig blutiger Zermalmung, sie
hielt keine Schnittfläche und man konnte die Detritusmasse, in welche
der grösste Theil beider Nieren verwandelt war, ausdrücken.

1) l. c. S. 385.

Derartige Verletzungen der Nieren können durch relativ geringfügige Veranlassungen bewirkt werden und sie können mit geringfügiger Betheiligung des Peritoneums verlaufen. Nachfolgende Beobachtung von Barth[1]) ist in dieser und manchen anderen Beziehungen
lehrreich:

> Eine noch rüstige 70jährige Frau fiel stark auf die rechte
> Seite des Rumpfes gegen einen Pflasterstein. Sie konnte
> mit etwas Unterstützung aufstehen und nach Hause gehen. In den
> beiden folgenden Tagen vermehrten sich die Schmerzen auf der ver-
> letzten rechten Seite und verbreiteten sich über den ganzen Bauch.
> Leichter Frost und Hitze waren vorhanden, sehr wenig blutiger Urin.
> Spuren eines Traumas zeigten sich in loco affecto nicht. Am 4. Tage
> nach dem Fall stellten sich die Zeichen einer rechtsseitigen Pleuro-
> pneumonie ein. Am Anfang der 2. Woche minderten sich die Er-
> scheinungen, Appetit und Kräfte schienen wiederzukehren, der blutige
> Urin hatte nachgelassen. Die Hämaturie kehrte am 9. Tage aber
> mit grosser Heftigkeit wieder und es zeigte sich in der rechten Nie-
> rengegend ein harter nicht fluctuirender wenig schmerzhafter Tumor,
> welcher sich gegen die Leber nicht abgrenzte und der hinten nicht
> sehr deutlich war. Man dachte an einen bis dahin latenten
> Nierenkrebs, welcher sich nach dem Trauma schneller
> entwickelt haben könnte. An den folgenden Tagen wurde der
> Urin chocoladenfarben, blutig-eitrig. Der Allgemeinzustand wurde
> schlecht, Abends Fieber und grosse Schwäche. Vom 16.—22. Tage
> nach der Verletzung machte die Hektik erhebliche Fortschritte, der
> Tumor wurde fortwährend grösser; der Urin blieb blutig-eitrig, seine
> Menge verminderte sich. Tod am 24. Tage nach der Verletzung.
> Section: Der Tumor in der rechten Seite wurde von einer dem
> verdichteten perirenalen Gewebe zugehörigen Kapsel gebildet, welche
> etwa 300 Grm. einer blutig-eitrigen Flüssigkeit enthält, und ausser-
> dem die in eine obere und untere Hälfte zerrissene Niere, welche die
> entsprechenden oberen und unteren Partien des Sackes einnahmen.
> Dieser Sack war durch einzelne Adhäsionen mit der Umgebung ver-
> löthet. Kein Zeichen frischer Peritonitis bestand, dagegen war frische
> adhäsive Pleuritis vorhanden.

Nicht stets ist der Ausgang derartiger Nierenverletzungen ein
unglücklicher. Es kann nämlich, wie der oben (S. 7) von Th. Simon
mitgetheilte Fall ergibt, primäre Vernarbung erfolgen oder vorausgesetzt, dass ein derartiges Trauma und die in Folge desselben sich
entwickelnde Eiterung nur eine Niere betrifft, auch dann doch noch
Heilung eintreten. Der Eiter kann an günstiger Stelle durchbrechen
und die entstandenen Nierenfisteln können zur Vernarbung kommen.
Bei traumatischem Nierenabscess wurde einmal Lähmung des ent-

---

1) Soc. anat. de Paris. 1. Dec. 1876. Progrès medic. 1877. Nr. 2. p. 31.

sprechenden Beins beobachtet (G. Simon). Vgl. über diese Lähmungen bei Nierenabscessen die Symptome der idiopathischen Nierenabscesse.

Ausgang, Prognose.

Wir haben gesehen, dass die Nierenstich- und Nierenschusswunden manchmal nicht nur einen günstigen, sondern auch
einen schnellen Verlauf haben. Celsus hielt alle Nierenwunden für
tödtlich, „servari non potest, cui renes vulnerati sunt". Bereits Troja
wendet dagegen ein, dass unzählige Beobachtungen die Allgemeinheit
dieses Satzes widerlegen, indem wir Beispiele von sehr schweren,
beträchtlichen Nierenwunden haben, welche dennoch geheilt wurden.
Sogar die durch die Anwesenheit fremder Körper complicirten Verwundungen hat man manchmal zur Heilung kommen sehen (Rayer,
G. Simon). Indessen sind Heilungen bei bedeutenden Nierenverletzungen immer nur ausnahmsweise Erscheinungen. Der Tod kann zunächst eintreten im 1. Stadium durch profuse Blutungen, ferner im
Stadium der Eiterung durch den erschöpfenden Säfteverlust, durch
Pyämie und Septicämie, durch Durchbrüche der Abscesse nach verschiedenen Richtungen, insbesondere in die Bauch- und Brusthöhle etc.
durch complicirende Erkrankungen der andern Niere, durch acute
Exacerbation der entzündlichen Processe, durch die verschiedenen
accidentellen Consumptionskrankheiten, welche sich im Gefolge der
chronischen Eiterung entwickeln (Phthisis pulmon., amyloide Degeneration). Auch nach Heilung der Nierenwunde kann die Fortdauer der Entzündung in der verwundet gewesenen Niere Veranlassung zur Concrementbildung werden, welche der Ausgangspunkt
neuer ernster Symptome wird (vgl. Nephrolithiasis). Ganz dieselben
Bedenken haben die Quetschwunden und Zerreissungen der
Nieren, ja die Ausgänge sind hier im Allgemeinen noch ungünstiger:
einmal weil die auf diese Weise entstehenden Nierenverletzungen
in vielen Fällen weit ungünstiger sind, und ferner, weil durch das
Fehlen einer äusseren Wunde der Abfluss von Eiter, Blut, Jauche
nach Aussen nicht möglich und dem Eintritt von Pyämie und Septicämie daher von vornherein Vorschub geleistet ist.

Die Diagnose der Hieb-, Stich- und Schusswunden der Niere
ergibt sich im 1. Stadium aus dem Sitz und der Richtung der Wunde,
besonders aber aus dem Auftreten von Hämaturie und Ausfliessen
von Urin aus der Wunde. Diese Wunden dürften selten so gross
sein, um eine Palpation des verletzten Organs zu gestatten. Im
2. Stadium tritt statt des Bluts Eiter im Urin auf, es entstehen fluc-

tuirende Geschwülste in der Nierengegend, welche nach Aussen oder
in benachbarte Höhlen durchbrechen. Fehlen aber die angegebenen
Symptome, so kann die Diagnose, ob die Niere selbst verletzt sei,
mit unüberwindlichen Schwierigkeiten verknüpft sein. Die Erkenntniss der Zerquetschungen und Zerreissungen der Niere mit Fehlen
der äusseren Wunde ist noch schwieriger, weil hier die Möglichkeit
fehlt, aus der letzteren wenigstens diagnostische Wahrscheinlichkeits-
schlüsse zu machen. Constante Schmerzen in der Nierengegend,
Hämaturie und Nierenkoliken sind hier die wichtigsten Symptome,
tritt beim Eintritt der letzteren ein normaler Urin auf, so ist das
ein Beweis, dass eine Niere intact ist.

Therapie. Bei geringen Blut- ev. Eiterentleeruugen bei Hieb-,
Stich- und Schusswunden der Niere durch die Blase oder die Wunde
bedarf es keiner weiteren Kunsthülfe. Ruhige Lage, Eisüberschläge,
reizlose Diät und Getränk, bei heftigeren Schmerzen Narcotica innerlich oder subcutan, tägliche Ausspritzung der Wunde bei eingetretener
Eiterung und Verband mit Charpie können zur Heilung vollkommen
ausreichen. Erreicht die Blutung höhere Grade, so dürfte zunächst
die innere Anwendung des Ergotin in Frage kommen. Nierenkoliken erfordern Narcotica. Bei Harnverhaltungen in der Blase
durch Blutcoagula muss mehrmals täglich ein dicker Katheter eingeführt werden, obgleich wegen rasch eintretender Verstopfung desselben der Effect auch ein geringfügiger ist. Man kann versuchen,
durch lange, an ihrem unteren Ende mit Schwammstückchen ver-
sehene Drähte die Coagula aus dem Katheter zu entfernen, oder sie
mit der Spritze anzusaugen. Einspritzungen von kaltem Wasser sind
nicht zu empfehlen, weil der Abfluss desselben durch die Coagula
ebenfalls verhindert und dadurch die Anfüllung der Blase noch vermehrt wird. — Bei Blutungen aus der Wunde kann man versuchen,
durch Eisumschläge und Tamponade des Wundkanals die Blutung
zu stillen; jedoch muss man dabei den Kranken sorgfältig über-
wachen, weil die Blutung nach Aussen sistiren und in der Tiefe fort-
dauern kann. Die Anämie schreitet dabei natürlich fort. Wird die
Blutung lebensgefährlich, so empfiehlt G. Simon, die Niere durch
den Lumbalschnitt bloszulegen und den ganzen Nierenstiel (Arterien,
Venen, Nerven, Harnleiter) vor seinem Eintritt in die Niere zu unter-
binden und hierauf sofort die Niere zu entfernen. Nachdem G. Simon
selbst 2 Nieren exstirpirt hat, ist die Möglichkeit bewiesen, dass die
Unterbindung der Nierengefässe ohne bedeutendere Nebenverletzung
bewerkstelligt werden kann und dass nach derselben nicht leicht
eine Nachblutung zu erwarten ist. Wegen der chirurgischen Details

muss auf die in dem Literaturverzeichniss angegebenen Werke
G. Simon's verwiesen werden. — Kommt es nach einer Hieb-,
Stich- oder Schusswunde zu profusen Eiterungen, so ist nöthig,
durch einen weiblichen Katheter die Wunde gehörig auszuspritzen
und den Eiter anzusaugen. Zeigen sich trotzdem die Zeichen der
Eiterretention (vermehrtes Fieber, hochgradige Schmerzen), oder versiegt nach Durchbruch des Abscesses nach einer der obenbezeich-
neten Richtungen die Eiterung nicht, sondern treten immer von Neuem
Eiterverhaltungen auf: so empfiehlt Simon den Schnitt bis zur
Niere (Lendenschnitt), ev. wenn das zur Ausspülung des Eiters
nicht genügt, die Dilatation der Nierenwunde mit stumpfen Instru-
menten, endlich in extremen Fällen die Exstirpation der Niere selbst.
Natürlich können diese Operationen, in Folge deren die Function
einer Niere dauernd ausfällt, nur dann in Frage kommen, wenn die
andere Niere intact ist. Wir können das durch die Entleerung eines
normalen Urins während der Verstopfung des Harnleiters der erkrankten Niere richtig diagnosticiren, eine solche sichere Diagnose
ist aber nur während des Stadiums der Blutung möglich, weil der
Eiter keine den Harnleiter verstopfende Gerinnsel bildet. Hier wäre
an eine Erkrankung der unverwundeten Niere nur durch die Schmerzen und die Anschwellung, welche während der Suppuration in derselben auftreten, zu denken.

Simon spricht sich dahin aus, dass man die angegebenen Operationen in allen den Fällen ausführen muss, wo es sicher ist, dass
der Kranke ohne dieselben sicher zu Grunde geht. In die Gefahr,
eine derartige Operation an einer Hufeisen- oder überhaupt einer
Einzelniere[1]) zu machen, dürften wir um deswillen nicht kommen,
weil bei Verwundung derselben der Tod in Folge der vollkommen
aufgehobenen Nierenfunction früher eintritt, ehe sie überhaupt in
Frage kommt.

Die Behandlung der im Gefolge von Quetschungen und Zerreissungen der Niere ohne äussere Wunde auftretenden Blutungen,
eventuell Entzündungen, ist in analoger Weise nach denselben Grundsätzen zu leiten, wie die der Nierenverletzungen mit äusserer Wunde.

Auch nach geschehener Heilung müssen die Kranken, welche
au traumatischen Nierenabscessen gelitten haben, alle Anstrengungen
und Schädlichkeiten meiden, weil auch dann noch in Folge von Ge-
fässrupturen lebensgefährliche Blutungen eintreten können.

1) Siehe die entsprechenden Kapitel dieses Buches.

II. Nierenabscesse aus inneren Ursachen.

1. Diese Abscesse können zunächst bedingt sein durch die Anwesenheit von fremden Körpern in den Nieren und den
Nierenbecken, welche die Nieren mechanisch irritiren und Vereiterung derselben herbeiführen. Hierher gehören vor Allem die
Nierenabscesse in Folge von Nierenconcretionen. Sie sind ohne
Zweifel überhaupt die häufigste Ursache von Nierenabscessen. Die
Besprechung dieser Nephritis suppurativa calculosa, welche sich meist
aus einer Pyelitis calculosa entwickelt, habe ich aus Zweckmässig-
keitsgründen bei der Nephrolithiasis abgehandelt. Es schien mir
dem praktischen Bedürfniss der ärztlichen Praxis nicht entsprechend,
dem Schema zu Liebe ihrer Aetiologie und ihrem ganzen Entwicke-
lungsgange nach zusammengehörige Krankheitsbilder zu zerreissen.

2. Idiopathische und im Gefolge allgemeiner Erkrankungen auftretende Nierenabscesse.

Aetiologie.

Unter idiopathischen Nierenabscessen verstehe ich solche, welche sich ohne irgend ein intra vitam oder post mortem nachweisbares ätiologisches Moment entwickelt haben. Inwieweit Erkältungen, welche in einzelnen Fällen als Ursachen beschuldigt
werden, als hierbei wirkende Noxen anzusehen sind, ist mit Sicherheit nicht auszumachen. Die Zahl der hierher gehörigen Fälle ist
eine geringe. Auch nach acuten Exanthemen: Pocken, ·Masern,
Scharlach, kommen Nierenabscesse in vereinzelten Fällen, vor. Ferner gehören in diese Kategorie die im Verlauf der sogenannten pyämischen Erkrankungen ab und zu vorkommenden grossen
Abscesse in den Nieren, welche nicht als Effecte von Venenpfröpfen
anzusehen sind wie die miliaren, auf S. 30 näher geschilderten embolischen Nierenabscesse. Ein pathogenetischer Zusammenhang zwischen beiden ist zur Zeit nicht nachgewiesen. Sie dürften analog
den eitrigen Gelenkentzündungen und Phlegmonen, welche so oft
diese Fälle compliciren, aufzufassen sein. Auch sie kommen nicht
oft vor. F. Weber[1]) fand beim Neugeborenen in der Substanz der
Niere einmal neben allgemeinem Icterus einen pyämischen Abscess.
In diese Kategorie möchte ich auch die im Verlauf des Diabetes
mellitus von einigen Beobachtern berichteten Niereneiterungen

---

1) Beiträge zur path Anat. der Neugeborenen. Kiel 1854. 3. Lief. S. 77.

rechnen. Griesinger[1]) fand unter 64 Sectionsfällen von Diabetes mellitus 3 mal Abscessbildungen in den Nieren, zum Theil mit starker Schwellung des Organs. Weiterhin[2]) beobachtete er einen Fall, wo sich in der Niere einer diabetischen Frau 2 mit dem Nierenbecken communicirende Höhlen befanden, deren Wandung aus morschem, graugelbem, fetzigem Gewebe bestand: Er möchte diesen eigenthümlichen nur auf eine Niere beschränkten Process den furunculösen Entzündungen der Haut an die Seite stellen. Tüngel[3]) beschreibt einen Fall von Diabetes mellit., wo sich mehrfache Abscesse am rechten Bein, theils subfascial, theils intermusculär während des Lebens entwickelten und wo sich bei der Obduction in den Lungen und Nieren, „metastatische Abscesse" fanden.

Die causalen Beziehungen zwischen dem Diabetes mellitus und den Niereneiterungen sind bis jetzt noch nicht festgestellt; denn dieselben von dem Reize des zuckerhaltigen Urins abzuleiten erscheint nicht zulässig, sonst müssten sie weit häufiger vorkommen, als es in der That der Fall ist. Auch von der allgemeinen Kachexie dürften sie nicht abhängen, da erfahrungsgemäss kachektische Zustände Niereneiterungen nicht veranlassen. Diese beiden von Griesinger aufgestellten Eventualitäten lassen sich, wie mir scheint, einfach zurückweisen. Jedenfalls scheint es sich hier aber um mehr als ein zufälliges Nebeneinandervorkommen zu handeln.

Pathologie.

Pathologische Anatomie.

Analoge anatomische Verhältnisse, wie bei den traumatischen Nierenabscessen werden bei denjenigen Abscessen der Niere angetroffen, von deren ätiologischen Verhältnissen soeben die Rede war. Wir finden bei der Section einen fertigen Abscess. Es hat eine eitrige Einschmelzung grösserer oder kleinerer Nierenpartien stattgefunden. Die Abscedirung kann eine oder beide, die ganze oder einen Theil der Niere betreffen. Es können solche Nierenabscesse eine erhebliche Grösse erreichen, und es gibt Fälle, wo von der Niere nichts weiter bestehen bleibt als die Kapsel und die Kelche, welche der eitrigen Einschmelzung Widerstand entgegensetzten. Der Eiter ist dabei oft mehr weniger zersetzt, bisweilen von gerade zu

---

1) Archiv f. phys. Heilk. 1859. S. 46.
2) Archiv d. Heilk. 1860. S. 93.
3) Klinische Mittheil. von der med. Abtheil. des Hamburger Krankenhauses a. d. J. 1858. Hamburg 1860. S. 134.

fötider Beschaffenheit. Die Wände dieser Abscesse sind in früheren
Stadien fetzig, während sie sich später mehr und mehr glätten.

Es ist bei diesen Niereneiterungen nicht selten besonders schwierig, die Frage zu entscheiden, ob der Ausgangspunkt der Eiterung
in der Niere selbst zu suchen ist oder ob die eitrige Einschmelzung
der Drüse vom Nierenbecken aus d. h. im Gefolge einer Pyelitis,
welche sich auf die Nierensubstanz fortsetzte, erfolgte. Es sind
früher Fälle von Pyelonephritis überaus häufig mit Nierenabscessen
verwechselt worden. Die anatomische Entscheidung ist überall nur da möglich, wo ein Durchbruch in das Nierenbecken entweder nicht stattgehabt hat oder wo trotzdem das Nierenbecken
gesund geblieben ist: nur in diesen beiden Fällen kann man sich
dahin aussprechen, dass die Niereneiterung das Primäre war. Klinisch wird wenigstens mit grosser Wahrscheinlichkeit der erfolgte
Durchbruch des Abscesses in das Nierenbecken bei der Entleerung
des Eiters nach Aussen durch die Harnwege dadurch gestützt, dass
vorher kein eitriger Urin beobachtet wurde und dass der Eiterabfluss
plötzlich und profus erfolgt. Die grossen Eitersäcke der Niere,
welche die Alten als Nierenabscesse beschrieben und von denen
Voigtel eine wahre Blumenlese zusammenstellte, sind wohl grösstentheils auf eitrige Pyelonephritiden zu beziehen.

Abgesehen von dem Verhalten der Nierenabscesse gibt die Section über eine Reihe von Folgezuständen Aufschluss, welche durch
die Niereneiterung veranlasst werden. Es gehören dazu phlegmonöse
Processe im perinephritischen, bisweilen dem ganzen retroperitonealen
Bindegewebe mit zahlreichen sinuösen Ausbuchtungen, ferner Eitersenkungen und fistulöse Abscesse, sowie endlich Verwachsungen,
welche zwischen der Niere und den Nachbarorganen entstehen und
welche schliesslich zu Durchbrüchen nach verschiedenen Richtungen
besonders in den Dickdarm führen. Ich habe bei der Nephrolithiasis
die hier eintretenden anatomischen Veränderungen genauer geschildert, weil durch dieses ätiologische Moment am häufigsten die in
Frage stehenden Veränderungen veranlasst werden. Ich will hier
nur kurz einer äusserst seltenen Beobachtung Rayer's gedenken,
welche den Durchbruch eines Abscesses der rechten Niere in die
Leber betrifft. Bisweilen wird der Inhalt von Nierenabscessen
nicht entleert, sondern er wird eingedickt, indem der flüssige Antheil des Abscessinhaltes resorbirt wird und es entsteht eine Art
käsiger Herd mit geschrumpften Eiterkörperchen und Ablagerung von
öfters beträchtlichen Quantitäten von phosphorsaurem und kohlensaurem Kalk. Ein Abscess kann auf diese Weise dauernd unschäd-

lich gemacht und ohne weitere Folgeerscheinungen getragen werden.
Der Ausfall der Function eines Theils der Nierensubstanz wird oft
durch compensirende Hypertrophie der anderen Niere ausgeglichen.
In einzelnen Fällen wurde neben Abscessbildung in einer Niere
amyloide Degeneration der anderen angetroffen.

Sturm[1]) macht darauf aufmerksam, dass in der Literatur Ade-
nome der Niere als angebliche Eiterherde bei Nephritis simplex verzeichnet sind.

Symptomatologie. Von den hier in Rede stehenden Abscessen der Nieren geben keineswegs alle zu charakteristischen Erscheinungen Veranlassung, welche während des Lebens des Kranken
die Diagnose ermöglichen.

Die im Gefolge der pyämischen Erkrankungen auftretenden
grösseren Nierenabscesse kommen nicht zur Diagnose, indem sie
keine Erscheinungen machen, welche für sie charakteristisch sind
und den gewöhnlichen pyämischen Symptomencomplex in keiner
Weise alteriren. Die hier in Frage kommenden Abscesse in der
Niere entwickeln sich und verlaufen theils acut theils chronisch.
Letzteres ist das Häufigere.

In den acut verlaufenden Fällen besteht hohes Fieber, meist
heftige, auf Druck und bei Körperbewegungen zunehmende Schmerzen in der Nierengegend; das continuirliche Fieber wird durch
Schüttelfröste unterbrochen. Dabei finden sich hochgradige Verdauungsstörungen: heftiges Erbrechen, welches sich häufig wiederholt, vollkommene Appetitlosigkeit, wobei die Kranken sehr schnell
herunterkommen. Es wurden diese Zustände öfter für „gastrisch
rheumatische Fieber" gehalten. Zuletzt stellt sich ein Status typhosus
ein, Delirien, Coma, Sopor, denen die Kranken erliegen. Es kann
sich zwischen dem initialen Fieber und anderweitigen Erscheinungen
und den terminalen ebenerwähnten Symptomen sogar eine Besserung
der Erscheinungen einstellen und die Kranken können sich subjectiv
wohler befinden. Erfolgt ein Durchbruch des Eiters z. B. in das
Nierenbecken, so wird die Aufmerksamkeit natürlich auf eine Erkrankung der Nieren hingeleitet. Mit dem Durchbruch erfolgt meist
auch sofort eine Besserung aller erwähnten Symptome. Der nachfolgende Fall mag das Gesagte kurz erläutern. J. Vogel[2]) berichtet
die Geschichte eines 36jährigen Mannes, welcher mit den Symptomen
eines „gastrisch-rheumatischen Fiebers" aufgenommen wurde. Der

---

1) Arch. d. Heilk. 1875. S. 218.
2) Neubauer und Vogel l. c. S. 340.

Zustand besserte sich rasch. Es stellte sich aber ein plötzlich auftretendes ziemlich reichliches eitriges Sediment im Urin ein. Dasselbe hielt Wochen lang an, ohne dass die geringsten Beschwerden
beim Wasserlassen bestanden. Später stellten sich Schmerzen in
der Gegend der Niere und öftere Schüttelfröste ein. Ein inter-
currirender Typhus führte den letalen Ausgang herbei. Die Section
ergab eine fast vollständige Vereiterung des Parenchyms der einen
Niere ohne irgend eine andere Abnormität im uropoëtischen System.

. Eiter im Urin braucht indessen keineswegs immer vorhanden zu
sein, wenn Eiterherde in den Nieren existiren; der Urin kann dabei
frei von abnormen Beimengungen sein und nur die Zeichen eines
Fieberharns zeigen. Nur wenn Communicationen mit dem Nierenbecken existiren, ist Pyurie vorhanden. Blut im Urin wird ausnahmsweise und nur in geringer Menge beobachtet. Fälle von
Pyurie und Hämaturie im Gefolge von Entzündungen der harnableitenden Wege wird man dadurch unterscheiden, dass bei ihnen
nicht plötzlich, wie bei Durchbrüchen von Nierenabscessen, grosse
Eitermassen mit dem bislang eiterfreien Urin entleert werden.

Bei den chronisch verlaufenden Fällen sind die Symptome
weit weniger dringend. Das Fieber und die Schüttelfröste sind weniger intensiv, das Erbrechen seltener, spontane Schmerzen können
ganz fehlen oder gering sein, sie stellen sich bisweilen nur bei Druck
auf die Nierengegend sowie bei Bewegungen ein. Im weiteren Verlaufe beim stetigen Wachsen des Nierenabscesses, wofern er nach
keiner der bald näher zu beschreibenden Richtungen perforirt, vergrössert sich die Niere und es entwickelt sich dann im Allgemeinen
langsam eine Anschwellung des kranken Organs, ein Eitersack, welcher eine mehr weniger deutliche palpable Geschwulst darstellt. Es ist das meist erst nach längerem Bestehen der Eiterung
der Fall. Je grössere Partien der Niere in den Entzündungs- und
Eiterungsprocess hereingezogen werden und je weniger Eiter nach
Aussen entleert wird, um so grösser wird der Tumor. Der Eiter
wird erst dann durch die Harnröhre nach Aussen entleert, wenn der
Abscess mit dem Nierenbecken communicirt und wenn die abführenden Harnwege frei sind. Ist letzteres aus irgend einem Grunde
nicht der Fall, finden z. B. zeitweise Verstopfungen statt, so wird
der Eiterabfluss inzwischen cessiren. Mit diesem wechselnden Erscheinen und Verschwinden des Eiters im Urin gehen verschiedene
locale und allgemeine Erscheinungen einher: Schmerzen und das Gefühl von Spannung in dem prall gefüllten Tumor, Frostanfälle, Verdauungsstörungen — welche aufhören, sobald der Eiter sich wieder

frei entleeren kann. Die Entleerung des eitrigen Urins ist manchmal vergesellschaftet mit häufigem Harndrang und Schmerzen in der
Spitze der Eichel. Die Entleerung des Eiters der Nierenabscesse in
das Nierenbecken ereignet sich plötzlich und meist ergiesst sich von
vornherein eine grössere Menge auf einmal. Unter günstigen Umständen kann es nach Entleerung der Abscesshöhle zur Verödung,
Schrumpfung und Heilung derselben kommen. Jedenfalls bietet die
Entleerung durch das Nierenbecken noch bessere Chancen als die
Perforation in andere Organe. Todd erzählt in seinen Clinicales
lectures pag. 394 einen solchen Fall, der zum Mindesten sehr gebessert das Hospital verliess. Die constitutionellen Symptome waren
hier wenig ausgesprochen und Todd rechnete ihn zu den milderen
Fällen. Bei ihnen ist das Fieber geringer, soll bisweilen sogar ganz
fehlen können.

Dieser Fall betraf eine 29 jährige verheirathete Frau, welche
zwei Jahre vorher mit heftigen Schmerzen in der linken Seite, Appetitverlust und Fieber erkrankt war. Später fühlte sie einen Tumor in
dieser Seite und nachher beobachtete sie Blut und Eiter im Urin.
Von dieser Zeit an fand eine allmähliche Vergrösserung des Tumors
statt. Derselbe wurde schmerzhaft. Plötzlich einmal hatte sie das
Gefühl, als ob der Tumor berste und die Entleerung des Eiters fand
durch den Urin statt. Nach 14 tägigem Hospitalaufenthalt hatte sie
sich bei Ruhe, guter Diät, kleinen Dosen Chinin bedeutend erholt.

Es muss bei dieser Gelegenheit darauf aufmerksam gemacht
werden, dass massige, plötzlich auftretende Eiterentleerungen durch
die Harnröhre statthaben können, ohne dass die Quelle des Eiters
in der Niere zu suchen ist. Einige Beispiele werden das besser erläutern und die einer richtigen Deutung entgegenstehenden Schwierigkeiten klarer erkennen lassen als weitläufige theoretische Erörterungen.

Einen derartigen Fall beschreibt Charnal.[1])

Der Kranke, ein 62 jähriger Mann, litt seit 5 Wochen an ziemlich lebhaften Schmerzen in der rechten Nierengegend. Der Bauch
war dicker geworden, der Urin von Anfang der Krankheit an eitrig.
Appetit und Kräfte hatten abgenommen, das Fieber war unbedeutend.
Vor 20 Jahren hatte der Kranke mehre Wochen lang dieselben
Schmerzen, desgleichen mehrfach Hämaturie gehabt. In der rechten
Niere fühlte man einen 2 faustgrossen runden fluctuirenden Tumor,
welcher für die abscedirende Niere gehalten wurde. Man ging damit
um, die Nephrotomie zu machen, als der Kranke heftiges Erbrechen
und Diarrhoe, bald darauf Delirien mit heftigen Erregungszuständen
bekam, denen er nach knapp 2 Wochen erlag. Die Section ergab,
dass es sich um eine eitrige Perinephritis handelte, vor welcher

---

1) Bullet. de la soc. anat. Paris 1858. p. 453.

sich die Niere befand. Der Eiter hatte sich nach der Blase zu gesenkt und sich durch die Prostata in die Harnröhre einen Weg gebahnt. Nieren und Harnleiter waren gesund.

Analog ist folgender Fall von Ogle.[1]) Bei Lebzeiten sprachen für einen Nierenabscess der rechten Seite: Schmerz in der Nierengegend, Erbrechen, Frostanfälle und eitriger Urin. Die Section ergab, dass sich hinter der linken Niere ein grosser, von dem cariösen zweiten Lendenwirbel ausgehender Abscess befand, dessen Eiter sich bis zur linken Seite der Blase gesenkt hatte, mit welcher der Eiterherd durch mehrere kleine runde Oeffnungen communicirte. In der rechten Niere war ausserdem wirklich ein circumscripter Eiterherd vorhanden. Ein Symptom, welches auf Erkrankung der Wirbelsäule bezogen werden konnte, fehlte während des Lebens.

Bei diesen Fällen von eitriger Nierenentzündung kann es zur Loslösung einzelner Nierenpartikelchen in Folge der dissecirenden Eiterung kommen, welche mit dem Eiter durch die Harnröhre entleert werden. Die Alten meinten: es seien solche nekrotische Stücke von Nierengewebe die Carunculae renales. Diese Fälle sind keine häufigen Vorkommnisse. Ich theile die beiden mir aus der Literatur bekannten einschlägigen Fälle deshalb mit:

Taylor[2]) erzählt die Geschichte eines Knaben, welcher vor $1^{1}{}_{2}$ Jahren Scharlach überstanden hatte, dann in ein chronisches Siechthum verfiel und über Schmerzen besonders in der linken Hälfte des Leibes im Verlaufe des Ureters klagte. Der sparsam aber häufig entleerte Urin enthielt öfter Eiter, aber nie Blut. Einmal wurde mit grosser Anstrengung aus der Harnröhre ein über 20 Gran wiegender, rundlicher, weicher, grauer, gefetzter, zum Theil in Zersetzung begriffener Körper entleert, welcher bei mikroskopischer Untersuchung deutliche Malpighi'sche Kapseln, einzelne Harnkanälchen mit deutlichem Epithel zeigte, also unzweifelhaft aus Nierensubstanz bestand. Der Kranke starb 11 Wochen nachher. Die Section ergab eine Perforation der rechten Niere ins Colon ascendens, eine Erweiterung der Ureteren, Nierenbecken und Nierenkelche auf beiden Seiten. Das Nierengewebe war weich, stellenweise vereitert, zeigte hier und da einzelne lockere Nierenstückchen, welche durch Eiterung schon fast ganz sich losgestossen hatten und mit dem durch den Harn entleerten Körper eine grosse Aehnlichkeit zeigten.

Weiterhin publicirte Wiederhold in Kassel einen 2. Fall von Abgang von Nierensubstanz durch den Urin.[3])

1) St. George's Hosp. Reports. 1867. p. 371.
2) Refer. in Schmidt's Jahrbb. Bd. 114. S. 40. (1862.)
3) Virchow's Archiv. Bd. XXXIII. S. 552.

Ein Patient (aus der Praxis von Stilling), in dessen Harn Eiter und Eiweiss in reichlicher Menge schon seit einiger Zeit beobachtet wurde, entleerte eines Tages einen trüben sedimentirenden Harn, in welchem sich ein bandartiges Knäuel von Gewebsmasse von der Grösse eines Taubeneies befand, dessen mikroskopische Untersuchung ergab, dass es sich um Nierensubstanz handele, in der sich noch recht deutlich die Harnkanälchen nachweisen liessen. Patient litt an einem Abscess in der linken Nierengegend, von wo sich jedenfalls die Eiterung auf die Nieren selbst erstreckt hatte. Patient blieb noch zwei Jahre lang nach Abgang des Nierenstücks am Leben.

Was nun die Durchbrüche der Nierenabscesse nach anderen Richtungen betrifft, so habe ich diesen Punkt bereits bei der Symptomatologie der traumatischen Nephritis angedeutet und kann im Allgemeinen, um Wiederholungen zu vermeiden, auf das verweisen, was ich bei der Nephrolithiasis über die durch Nierenconcremente bedingten Abscesse sagen werde. Nur einige Bemerkungen will ich hier anführen. Wie die traumatischen und die durch Concremente bedingten Abscesse können die hier abgehandelten Niereneiterungen ins retroperitoneale Bindegewebe durchbrechen, dort zu ausgebreiteten Phlegmonen und tiefen Eitersenkungen Veranlassung geben. Sie können — glücklicherweise ist das selten — in den Peritonealsack durchbrechen und eine schnell tödtliche Peritonitis diffusa veranlassen. Nächst den Perforationen in das Nierenbecken sind wohl die Durchbrüche in das Colon am häufigsten. Bereits Portal beschreibt einen solchen Fall bei einem 50jährigen Mann, wo sich eine Perforation und Communication zwischen Niere und Colon fand. In der Beobachtung von Giutrac[1]) war das Gleiche der Fall.

Sie betraf eine 48jährige Frau, Mutter von 9 Kindern. Bei derselben hatten sich 2 Jahre vor dem Tode ohne nachweisbare Ursache Fieberanfälle, Erbrechen, Diarrhoe abwechselnd mit Obstipation eingestellt; dabei Schmerz in den Lenden und im Bauch, vorzüglich links. Die Symptome repetirten in längeren Zwischenräumen. Ein Jahr vor dem Tode kamen die Anfälle häufiger und intensiver. Es wurde ein Tumor der linken Niere festgestellt. Die Kranke magerte ab und wurde kraftlos. 8 Tage vor dem Tode nahm unter reichlichen spontanen flüssigen Entleerungen per anum das Volumen des Tumors plötzlich ab. Fieber, zunehmende Schwäche und Abmagerung führten schnell zum Tode. Die linke Niere enthielt einen Abscess in ihrem unteren Theile, welcher durch eine runde, 3 Ctm. weite Oeffnung mit dem Colon communicirte.

Perforationen von Nierenabscessen in die Respirationsorgane sind

---

1) Union médicale. 1867. Nr. 48.

äusserst selten. Bei Rayer finden sich 2 derartige Beobachtungen
erwähnt. In dem ersten seiner beiden Fälle war der Nierenabscess
durch Nephrolithiasis bewirkt, in dem zweiten war das nicht der
Fall, es liess sich bei demselben überhaupt keine Ursache der Erkrankung auffinden. Am 30. Tage der Erkrankung, welche mit Frost,
Hitze und Schmerz in der rechten Lendengegend bei einem 19jähr.
Schneider begonnen hatte, erfolgte die Perforation in die Bronchien:
es wurde eine Menge dicken, grünlich-grauen Eiters entleert. Am
4. Tage nachher erfolgte der Tod. Die rechte Niere stellte eine
faustgrosse häutige mit gelbem Eiter gefüllte Blase dar, welche nur
noch einige Spuren von Corticalsubstanz erkennen liess.

Lennepven[1]) hat auch einige Fälle zusammengestellt, wo
Nierenabscesse durch die Bronchien perforirten.

Hat sich nun der Nierenabscess nach der einen oder anderen
Richtung hin eröffnet, so kann der Process zur Heilung kommen
oder es erfolgt nach kürzerer oder längerer Zeit der Tod. Die
Symptome gestalten sich ganz analog, wie wir sie unter gleichen
Modalitäten bei der Symptomatologie der traumatischen Nierenabscesse geschildert haben. Ich habe oben bereits erwähnt, dass Simon
bei einem traumatischen Abscess der linken Niere eine Lähmung
des entsprechenden Beines erwähnt. Leider sind die darüber gegebenen Notizen etwas dürftig. Am 8. Tage der Verwundung war
das Bein für jede Bewegung und für das Gefühl bis zur Mitte des
Oberschenkels gelähmt. Am 28. Tage nach der Verwundung war
die Lähmung des Beins complet. Der Tod erfolgte am 58. Tage.
In der Höhle des Rückgratskanals fand sich kein Exsudat. Das
Rückenmark war intact. Simon sagt: die Lähmung war hier wohl
durch Druck des Lumbalabscesses auf die Nerven verursacht. Eine
genaue Untersuchung darauf hin hat aber augenscheinlich nicht stattgefunden, wenigstens ist bei der Beschreibung und Epikrise des Falls
(Simon l. c. II. Fall 8) Nichts davon gesagt.

Ganz analoge Zustände kommen auch bei den hier in Frage
stehenden Nierenabscessen vor. Obgleich bereits Troja (l. c. S. 14)
darauf aufmerksam machte, dass eine starke Nierenentzündung den
Reiz zu den Nerven der Nieren und durch diese zu dem Rückenmark fortpflanzen kann, woher bisweilen Lähmungen der unteren
Extremitäten mit Verlust der Empfindung und Bewegung entstehen,
welche mit dem Tode endigen, ist die Pathogenese dieser Lähmungs-
zustände heut noch in keiner Weise aufgeklärt. So weit meine

---

1) Sur les fistules réno-pulmonaires. Thèse. Paris 1840.

. Nachforschungen reichen, kommen dieselben bei Nierenabscessen ohne Betheiligung der harnableitenden Wege selten vor. Ich führe deshalb zwei einschlägige Beobachtungen von Siebert[1]) kurz an:

1. Fall. Lähmung des rechten Beins durch Nierenabscess. Ein 50jähriger Mann hatte eine Lähmung des rechten Beins und dumpfe, bisweilen schiessende Schmerzen in demselben. Eine Ernährungsstörung oder Temperaturveränderung war an dem Bein nicht wahrzunehmen. Der Kranke hatte übrigens öfter Frösteln, heftiges Fieber, Schweisse, trockene Rasselgeräusche über den Lungen. Die Vermuthung, dass es sich hier um eine Reflexlähmung handelte, und dass die Ursache derselben in einer Nierenerkrankung zu suchen sei, wurde durch das zolldicke, grünliche Eitersediment im Harn bestärkt. Der Kranke gab an, früher einmal an Nierenkolik gelitten zu haben, dass aber seit 2 Jahren dieses Uebel geschwunden, dagegen die Lähmung des Beines eingetreten sei. Die Section ergab einen ungeheuren Abscess der rechten Niere, die Kapsel war nur von dickem Eiter angefüllt und von Nierensubstanz keine Spur mehr vorhanden. Die linke Niere war grösser als normal, ohne irgendwelche Erkrankung. Von einer Untersuchung der Nervenplexus und des Rückenmarks ist leider Nichts bei dieser Beobachtung erwähnt. ·

2. Fall. Doppelter Nierenabscess. Paraplegie. Es handelte sich um einen 40jährigen Kaufmann, welcher an Schwerbeweglichkeit der unteren Extremitäten und an Harnbeschwerden litt. Der Harn wurde häufig, spärlich, mehr tröpfelnd entleert. Der Gang war schwerfällig, die Directionslinie konnte nicht genau eingehalten werden, die Bewegung der Beine war besonders dann unbeholfen, wenn der Kranke längere Zeit gesessen hatte. Plötzlich entwickelte sich ein Schüttelfrost mit nachfolgendem Fieber. Die Incision einer auf der vorderen Fläche des rechten Oberschenkels befindlichen fluctuirenden Stelle entleerte eine grosse Quantität Eiter. Trotz der Vernarbung der Wunde dauerte das heftige Fieber fort. Lähmungen und die Abmagerung nahmen rapide zu. Der trübe, spärliche, saure Urin enthielt wenig Eiweiss und zeigte ein eitriges Sediment. Der Kranke starb unter fortdauerndem hohem Fieber an einer acut sich entwickelnden Lungenaffection. Das Sensorium blieb bis zum Tode frei. Die Section ergab folgenden Befund in den Nieren: Die ganze rechte Niere war in einen von der Kapsel eingeschlossenen Abscess verwandelt, 23,4 Ctm. lang, 10,4 Ctm. breit und 7,8 Ctm. dick. Das obere Drittheil der linken Niere war ebenfalls in einen geschlossenen Abscess verwandelt; im mittleren Drittheil communicirte die diffuse Eiterung mit dem Nierenbecken, im unteren Drittheil zeigte sich noch gesunde Nierensubstanz. Ueber den rechtsseitigen perinephritischen Abscess, welcher sich nach dem Oberschenkel hin gesenkt hatte, ist nichts gesagt. — Auch in diesem Falle hat leider der Beobachter sich

---

1) l. c. S. 382.

nicht durch genaue anatomische Untersuchung der Nerven und des Rückenmarks Aufklärung über die Ursache der Lähmung zu verschaffen gesucht, sondern er hat sich in beiden Fällen mit der Annahme einer „Reflexlähmung" begnügt.

Das mir zugängliche Material ist somit nicht geeignet gewesen, eine auf fester anatomischer Basis fussende Klarheit über die bei derartigen Nierenabscessen auftretenden Lähmungserscheinungen zu verschaffen, insbesondere da auch das klinische Material mangelhaft, die Untersuchung des objectiven Thatbestandes voller Lücken ist. Dieselben auszugleichen wird die Aufgabe weiterer Beobachtungen sein. So viel erscheint aber a priori klar, dass in den Fällen, wo derartige Lähmungserscheinungen vorliegen, gewisse Besonderheiten vorhanden sein müssen, für welche die von Simon in seinem Falle gemachte Annahme eines Drucks des Abscesses auf die Nerven nicht ausreicht. Es kommen ebenso grosse und grössere Abscesse der Nieren und des paranephritischen Gewebes ohne derartige Lähmungen vor.

Dauer, Ausgang und Prognose.

Betreffs der Dauer wurde oben bereits angeführt, dass die in Frage stehenden Abscesse der Nieren — mit Ausnahme der hierher gehörigen pyämischen, welche immer, als Theilerscheinung eines schnell tödtlich verlaufenden perniciösen Processes, einen raschen Ablauf haben — acut oder chronisch verlaufen. Die ersteren geben gemeinhin eine schlechte Prognose, das hohe Fieber und die oben angeführten anderweitigen Symptome vermitteln meist nach kurzer Dauer den tödtlichen Ausgang. Die Fälle mit chronischem Verlauf können sich lange, durch Jahre hinziehen und es hat auf sie, betreffs des Ausgangs und der Prognose, das oben über die in Folge von Nierenverletzungen entstehenden Nierenabscesse Gesagte volle Gültigkeit.

Diagnose.

Im Verlauf pyämischer Erkrankungen wird man immer darauf gefasst sein müssen, auch in der Niere grössere Eiterherde zu finden. Indessen sind sie selten und wir kennen die besonderen Bedingungen nicht, unter denen sie zu Stande kommen. Mir ist kein Beispiel bekannt geworden, wo ein solcher Abscess in das Nierenbecken perforirt wäre und dadurch für die Diagnose sicherere Anhaltspunkte geliefert worden wären.

Mit den grössten Schwierigkeiten verknüpft und häufig unmöglich zu stellen ist, wenigstens in den Anfangsstadien, nicht selten aber auch bis zum letalen Ausgange, die Diagnose der idiopathischen,

sowie der aus den oben näher erörterten Ursachen entstehenden
Abcesse der Nieren. Schmerzen in der Nierengegend, Fieber, ab und
zu auftretende Schüttelfröste, Verdauungsstörungen: Erbrechen, Appetitlosigkeit, Diarrhöen sind öfter die einzigen nachweisbaren objectiven
Störungen. Erst wenn sich neben der Schmerzhaftigkeit in der Nierengegend ein den Nieren angehöriger und als solcher erkennbarer
Tumor einstellt oder wenn der Durchbruch des Abscesses erfolgt,
gewinnt die Diagnose festere Stützen. Die klinische Erfahrung hat
uns aber belehrt, dass auch da noch viele Fehlerquellen vorliegen,
welche durch die sorgsamste objective Untersuchung und das Erwägen aller anamnestischen und ätiologischen Momente oft nicht
eliminirt werden können. Behufs Illustration dieser für die Diagnose
oft so überaus grossen, ja unüberwindlichen Schwierigkeiten, wurden
oben zwei lehrreiche Beobachtungen von Charnal und Ogle mitgetheilt. Der Abgang von Nierengewebsstücken würde die Diagnose
sichern. Es sind das aber zu seltene Vorkommnisse, als dass man
mit irgend welcher Sicherheit auf sie rechnen könnte.

Therapie.

Die Therapie wird zunächst in den acut verlaufenden Fällen
nur eine rein symptomatische sein können: Bekämpfung des Fiebers
und der übrigen oben erörterten Symptome, insbesondere auch der
Schmerzen durch subcutane oder interne Anwendung des Morphium.
Besteht hartnäckiges durch Morphium sich steigerndes Erbrechen,
dann ist bisweilen die Combination von Atropin mit Morphium (1:10)
bei subcutaner Anwendung im Stande, diese höchst unangenehmen
überdies die narkotische Wirkung des Morphium aufs Höchste stö-
renden Erscheinungen zu beseitigen. Gewöhnlich aber erweist sich
die Therapie bei diesen acuten Nierenvereiterungen machtlos, insbesondere gilt dies auch von den im Gefolge der Pyämie auftretenden Nierenabscessen. Bei chronischem Verlaufe der Nierenabscesse,
wo sich grössere Eitersäcke bilden, wird die Behandlung nach ähnlichen Grundsätzen zu leiten sein, wie es bei den traumatischen Abscessen angegeben wurde. Die operative Behandlung kann bei
solchen Eitersäcken nach dem Vorschlage von Simon nur in der
Entleerung von Eiter bestehen. Gelingt diese, so kann möglicherweise der Abscess zur Vernarbung kommen. Bei grösseren in der
Niere eingeschlossenen Abscessen würde die Incision in die Niere
von hinten her (Lenden-Nierenschnitt) in Frage kommen, nach
Durchbruch des Eiters durch die Kapsel würde der Lendenschnitt
mit folgender Erweiterung der Durchbruchsöffnung genügen. Nur

in seltenen Fällen, bei hochgradiger Zerstörung der Niere würde an
die Exstirpation derselben gedacht werden. Dieselbe würde aber
als eine sehr gewagte Operation zu betrachten sein, wenn man keine
Gewissheit in Bezug auf die einseitige Erkrankung hat.

3. Niereneiterungen, welche entstehen, wenn entzündliche Processe von den benachbarten Organen, inbeson-
dere dem perinephritischen Gewebe, dem M. psoas, der
Leber, dem Darm (Stercoralabscesse etc.) sich auf die Nieren
verbreiten (Nephrite suppurée par propagation). Diese Abscesse
sind seltnere Vorkommnisse und erlangen noch seltener eine selbstständige klinische Bedeutung. Rosenstein (l. c. S. 287) beobachtete einen exquisiten Fall von Vereiterung einer Niere, ausgehend
von Perinephritis nach Typhus; er citirt ferner einen äusserst seltenen Fall von Dohlhoff, wo sich ein Leberabscess auf die rechte
Niere fortsetzte, so dass diese vollständig vereitert und in einen häutigen Sack umgewandelt war. Heusinger hat zwei Fälle beobachtet, wo sich Milzabscesse durch die Niere öffneten. Muron[1])
demonstrirte der anatom. Gesellschaft in Paris eine Niereneiterung in
Folge eines Stercoralabscesses. Es bestand eine Fistel in der Lendengegend, durch welche das Colon mit der äusseren Luft communicirte. Verneuil versuchte die Operation, welche der Kranke vier
Monate überlebte. Die oben über die Symptomatologie anderer Nierenabscesse gegebenen Auseinandersetzungen müssen eventuell auch
hier diagnostische Anhaltspunkte liefern.

4. Nierenabscesse, welche sich im Gefolge von längere
oder kürzere Zeit dauernder Urinretention in der Blase und
der dadurch bedingten Zersetzung desselben entwickeln. Ich
habe die auf diese Weise entstehenden Niereneiterungen bei der
Pyelitis und Pyelonephritis abgehandelt, weil Nierenbecken und
Nierenparenchym in Folge des genannten ätiologischen Moments fast
immer gleichzeitig erkranken und eine gesonderte Besprechung beider zu Wiederholungen führen würde.

Dagegen sind hier noch abzuhandeln
5. diejenigen Nierenabscesse, welche durch Verstopfung
kleiner Nierengefässe mit inficirenden Substanzen entstehen. Diese können zu Stande kommen, wenn inficirte Thromben
aus dem Gebiet der Lungenvenen losgelöst und in das Körperarterien-
system geschleppt werden. Doch das ist ausnehmend selten. Es

---

[1]) Bullet. de la soc. anat. Paris 1869. p. 456.

handelt sich bei diesen „metastatischen" Nierenabscessen fast nur
um Fälle von maligner Endocarditis sinistra, aortica, mitralis oder
parietalis, welche Veranlassung zur Bildung perniciöser, specifisch
wirkender Emboli werden, die dann eine Reihe feiner Gefässe verstopfen und in deren Umgebung miliare Abscesse erzeugen. Diese
Processe erstrecken sich entweder über eine ganze Reihe von Organen oder nur wenige, ja bisweilen nur über eins. Unter allen Organen erkranken vielleicht die Nieren am häufigsten, sie können
die einzigen von sogenannten Metastasen befallenen Organe sein.
Deshalb erscheint es zweckmässig, hier diese miliaren embolischen
Abscesse der Niere etwas genauer zu besprechen.

Pathologische Anatomie.

Meist sind beide Nieren betroffen, bisweilen in verschiedener
Intensität, oft aber sind beide Drüsen nahezu gleich stark erkrankt.
Das anatomische Bild ist ziemlich bunt. Die Organe sind vergrössert,
die Kapsel, in welcher sich wie im Cortex oft Hämorrhagien finden,
ist theils leicht löslich, theils aber auch, besonders an den Stellen,
wo sich die zu schildernden Abscesse finden, fest adhärent. Man
sieht letztere oft durch die Kapsel hindurchschimmern. Das Parenchym der Niere erscheint manchmal schlaff, meist fest elastisch.
An einzelnen Stellen, besonders im Cortex, sieht man häufig inselförmige gelblichgefärbte Partien. Im Allgemeinen ist das Parenchym
der Nieren getrübt, grauroth, besonders ist die Rindensubstanz afficirt.
Das Charakteristische aber bei diesem Process ist, dass sich punktförmige gelbliche Herde, miliare Abscesse finden, welche
grösstentheils von einem hyperämischen Hofe umgeben sind. Dieselben sind über die Oberfläche meist etwas prominent und finden
sich manchmal in so enormer Zahl, dass die Oberfläche wie besät
damit erscheint. Durchschnitte durch das Organ ergeben, dass dieselben vorzugsweise in der Rinden- aber auch in den äusseren und
mittleren Theilen der Marksubstanz, aber nicht in der Papillenspitze
sitzen. In ersterer sind sie mehr rundlich oder keilförmig, in den
Pyramiden sind sie oft sehr lang gestreckt, streifenförmig. Sie enthalten nicht nur Eiter, sondern auch fettig degenerirtes Nierengewebe. Diese Abscesse finden sich, ausser den seltenen Fällen, wo
inficirte Thromben aus dem Gebiet der Lungenvenen losgelöst und
alsdann in verschiedene Partien des Körperarteriensystems verschleppt
werden, fast nur bei maligner diphtheritischer Endocarditis sinistra,
aortica, mitralis oder parietalis, welche zur Bildung specifisch wirkender perniciöser Emboli Veranlassung geben. Es liegt ja bekannt-

lich gerade in dem Charakter dieser merkwürdigen Affectionen, dass
sehr rasch unter ihrem Einfluss die Substanz der Klappen ihre Consistenz einbüsst, weich und bröcklich wird, so dass die Gewalt des
Blutstroms sie zertrümmert und, so zu sagen, in feine Partikelchen
zerreibt, welche nur eben gross genug sind, um noch Arterien
kleinsten Kalibers oder vielleicht selbst erst Capillaren zu verstopfen.
In der verstopfenden Masse gelingt es oft, Bakterien mit Leichtigkeit
nachzuweisen (s. unten). In der Niere kommen Abscesse von dem
Umfange, dass man für sie auf Embolie eines grösseren arteriellen
Astes recurriren müsste, nicht vor. Der Process ist in seiner Pathogenese einfach so zu deuten, dass sich im Gefolge eines specifisch
wirkenden Embolus eine echte, umschriebene Entzündung entwickelt,
deren Product aus legitimem Eiter besteht.

Was die Quelle des Eiters bei den Nierenabscessen im Allgemeinen anlangt, so erscheint es heute, Angesichts der von Cohnheim mitgetheilten Thatsachen, am Einfachsten, dieselbe in der
Auswanderung der weissen Blutkörperchen zu suchen. Früher sah
man im Allgemeinen in der Niere, wie anderwärts, die Wucherung
der Bindegewebskörperchen als Quelle des Eiters an. Endlich liess
Johnson den Eiter aus Epithelien entstehen, oder wie er sich vorsichtiger ausdrückt, das normale Epithel wurde von Eiter ersetzt.
Diese Ansicht hat neuerdings wieder in Lipsky[1]) einen Vertreter
gefunden; indem ihn seine Untersuchungen zu dem Schluss führten,
dass sich hier keine andere Quelle der Zellbildung vermuthen lässt,
als die Epithelien der Harnkanälchen, und dass jene Zellen- oder
Eiterbildung in zweierlei Formen möglich sei, einmal durch Theilung
und das andere Mal durch endogene Zellbildung. Nur in einzelnen
Fällen, sagt Lipsky, war an eine andere Entstehungsmöglichkeit
zu denken. Im interstitiellen Gewebe, dem seltsamer Weise dieser
Autor, wie er selbst angibt, wenig Aufmerksamkeit geschenkt hat,
fielen ihm nur die überaus stark gefüllten und offenbar erweiterten
Gefässe zwischen den Harnkanälchen auf. Auch Buhl[2]) hat für die
Lungenentzündung die Entstehung der Eiterkörperchen aus dem Protoplasma der Epithelzellen urgirt. Indessen ist durch F. A. Hoffmann
und andere Beobachter nachgewiesen, dass auch die in Epithelzellen eingeschlossenen Lymphkörperchen aus dem Blut stammen können.[3]) Wir

---

1) Wiener med. Jahrbb. 1872. 2. Heft. S. 155.
    2) Virchow's Archiv 16. S. 165 (1859) u. Lungenentzündung, Tuberculose
und Schwindsucht. München 1872. S. 25.
    3) Virchow's Archiv 51. S. 385. Hoffmann hat die Abstammung gewisser
im Hornhautepithel beobachteter Zellen aus dem Blute dadurch bewiesen, dass

brauchen demnach die Theorie der endogenen Zellbildung durchaus nicht, um das Auftreten von Eiterkörperchen in Nierenepithelien zu erklären.

In der neuesten Zeit hat man in einer ganzen Reihe derartiger Eiterherde der Nieren niedrige Organismen gefunden, welche in die Klasse der Bakterien gehören. Man fand sie zum Theil unzweifelhaft in den Gefässen, einzelne in den Schlingen der Glomeruli, in ektatischen Venen, aber auch im interstitiellen Gewebe inmitten dichter Anhäufungen von weissen Blutkörperchen oder innerhalb der Harnkanälchen, wohin sie später als in die Gefässe gelangen. Es handelt sich hier, grösstentheils um Sphaero-, zum kleineren Theil auch um Stäbchenbakterien. Dieselben kommen jedenfalls auf verschiedenen Wegen, z. B. von äusseren Wunden, von Schleimhäuten, so von der des Darms (bei Mycosis intestinalis) etc. in die Blutbahn. Man hat sie bei ulceröser Endocarditis in den destruirten Klappen gefunden. Mit dem Blutstrom gelangen sie in die Gefässe verschiedener Organe, und mit Vorliebe in die der Nieren. Eine vielfach discutirte Frage ist nun die, ob diese Bakterien als Ursache dieser Abscesse aufzufassen sind. Es gibt eine ganze Anzahl von Beobachtern, welche das in Abrede stellen. Einige derselben betrachten die Entwickelung der Bakterien als secundären Process, welcher nach ihrer Ansicht von den septisch entzündlichen Processen und deren Umsatzproducten bedingt sein soll. Von anderen Beobachtern wird geltend gemacht, dass eine Reihe von Endocarditiden, bei denen der Nachweis der betreffenden Organismen nicht gelang, in derselben malignen Weise verlief. Indessen lässt sich dagegen einwenden, dass ganz wohl einzusehen ist, warum in den Abscessen, welche lediglich das Product septischer embolischer Pfröpfe sind, nichts von diesen kleinen Organismen aufgefunden werden kann. Es ist ja doch sehr leicht zu begreifen, dass inficirende Substanzen verschiedener Art, parasitäre und nicht parasitäre, denselben Effect haben: si duo faciunt idem, non est idem. Alles in Allem genommen wird man sich der Ansicht nicht entschlagen können, diesen in die Gefässe eingeschwemmten Bakterien einen wesentlichen Antheil bei dem Zustandekommen der in ihrer Umgebung sich entwickelnden Niereneiterungen zuzuschreiben. Es liegt bereits jetzt eine so grosse Zahl von Thatsachen vor, dass man an der entzündungserregenden Wirkung dieser Bakterienpfröpfe nicht zweifeln kann. In Betreff ihrer deletären Wirkung auf die Zellen selbst möchte ich auf eine interessante Thatsache hinweisen, welche C. Weigert nachgewiesen hat: dass näm-

---

er Zinnober ins Blut einspritzte, worauf die ins Hornhautepithel eingewanderten Zellen mitunter Zinnoberkörnchen enthielten.

3

lich manchmal bei den Pocken in den Lymphdrüsen, der Milz, der Leber, den Nieren, und zwar in der Umgebung von schlauchförmigen Bakterienherden, welche in den letzteren beiden Organen bestimmt, aber wohl auch in der Milz in den Blutgefässen (Capillaren, Glomerulis, kleinsten Venen) liegen, nekrobiotische Processe von eigenartiger Beschaffenheit auftreten. Dieselben liegen in den uns hier interessirenden Nieren meist in der Rinde, kommen jedoch auch oft genug in der Marksubstanz vor. Sie beweisen, wie mir scheint, zur Evidenz in unanfechtbarer Weise, dass diese niederen Organismen sicher nicht so schuldloser Natur sind, wie das immer noch eine Reihe von Beobachtern annimmt. Ob sie nur die Träger der wirksamen Noxen oder diese selbst sind, lässt sich heute nicht entscheiden. Jedenfalls halte ich es für nicht berechtigt, sich ablehnend in diesen Fragen zu verhalten, wenn dieselben auch nach mehr als einer Richtung zur Zeit noch nicht abgeschlossen sind. Nachdem für einzelne Infectionskrankheiten die Beziehungen bestimmter niedriger Organismen zur Pathogenese mit Sicherheit nachgewiesen sind (Typhus recurrens, Milzbrand) muss man den Gedanken im Auge behalten, ob es nicht auch bestimmte Bakterien, deren genaue Charakterisirung zur Zeit noch nicht möglich ist, gibt, welche bestimmte für sie charakteristische septische und infectiöse Processe erzeugen.

Die eben geschilderten Nierenabscesse bedingen als Complication oder Theilerscheinung eines anderweiten schweren Krankheitsprocesses gewöhnlich keine charakteristische Modification des Krankheitsbildes der Grundkrankheit. In einzelnen Fällen, aber nicht constant, wird Albuminurie beobachtet. Aus diesem Symptom aber lassen sich natürlich die embolischen Abscesse in den Nieren nicht diagnosticiren. Wofern es gelingt, eine ulceröse Endocarditis zu erkennen, darf man solche Abscesse in der Mehrzahl der Fälle erwarten.

Pyelitis und Pyelonephritis.

Geschichte und Literatur.

Rayer trennte, wie oben bereits bemerkt, zuerst die Entzündungen des Nierenbeckens von denen der Nierensubstanz. Ich behandle die Pyelitis und die Formen der Nephritis, welche entstehen, wenn die Entzündung vom Nierenbecken auf die Niere selbst übergeht, gleichzeitig, weil diese Combination sehr häufig eintritt und eine Trennung beider in der ärztlichen Praxis oft unmöglich ist. Die nähere Begründung dieser Thatsache wird sich im weiteren Verlaufe der Darstellung ergeben.

Ausser der S. 3 angegebenen Literatur wurden benutzt: Henoch, Klinische Wahrnehmungen. Berlin 1851. S. 209. — Todd. Clin. lect. on diseas. of urin. organs. 1852. London. — Oppolzer, Wien.· med. Wochenschrift. 1860. — Mosler. Archiv d. Heilkde. 1863. S. 420. — Treitz, Prager Vierteljahrschrift. 1859. — Jacksch, Prager Vierteljahrschr. 1860. · Traube. Beitr. z. Pathol. u. Physiol. II. S. 664. Berlin 1871. — Derselbe, Symptome d. Krankh. d. Respirat.- u. Circulat.-Apparats. Berlin 1867. S. 117. — Derselbe, Berl. klin. Wochenschr. 1874. Nr. 4. — Tarnowsky, Vener.· Krankh. Berlin 1872. — Ferber, Virch. Archiv. 52. — Fürstner, Virchow's Archiv. 59. — Kaltenbach, Archiv f. Gynäkol. III. — Stadfeldt, Schmidt's Jahrbb. 157. S. 57. — Malherbe, De la fièvre dans les maladies des voies urinaires. Paris 1873. Ollivier, Arch. de physiol. V. p. 43. 1873. — H. Dickinson, Med. chirurg. transact. LVI. p. 223—234. — Virchow, Charité-Annalen II. Jahrg. 1875. S. 726. Berlin 1877. — Edlefsen, Deutsches Arch. für klin. Medicin. XIX. S. 82.

Aetiologie.

Wie bei den soeben abgehandelten Abscessen der Niere ist auch die Aetiologie der Pyelitis und Pyelonephritis von sehr grosser praktischer Bedeutung, weil nicht nur die Symptome, sondern auch der Verlauf dieser Affectionen, die Bedingungen, unter denen derselbe ein acuter oder chronischer, ein günstiger oder ungünstiger ist, in der innigsten Beziehung und directesten Abhängigkeit von den die Entzündung des Nierenbeckens veranlassenden Momenten stehen. Die einzelnen Fälle haben je nach ihren verschiedenen Ursachen unter einander eine relativ geringe klinische Uebereinstimmung. Bald tritt der durch die Pyelitis verursachte Symptomencomplex in den Vordergrund, bisweilen aber verläuft er ganz oder theilweise latent, als eine Theilerscheinung einer schweren Allgemeinerkrankung. In letzterer Beziehung sind die Fälle von diphtheritischer, zum Theil hämorrhagischer Pyelitis besonders zu erwähnen, welche als Complicationen schwerer Puerperalfieber, des Typhus, bei den perniciösesten Formen von Scarlatina und· Variola — besonders bei der Variola haemorrhagica — dem Scorbut, dem Morb. maculosus Werlhofii, dem pyämischen Symptomencomplex, der Diphtherie, der Cholera, dem Carbunkel, selten der Dysenterie beobachtet werden. Ferner erscheint Pyelitis nicht selten als Theilerscheinung der acuten oder chronischen Nephritisformen. Auch beim Diabetes mellitus findet sich ab und zu eine complicirende Nierenbeckenentzündung. In selbständiger Weise entwickelt sich Pyelitis ebenso wie entzündliche Reizungen des Nierenparenchyms und der übrigen Harnwege, nach übermässigen Dosen von Balsam. Copaivae, Cubeben, Ol. terebinth., besonders der Canthariden und anderer scharfer Diuretica. Wir dürfen dies hier um so eher nur beiläufig erwähnen, als der Ort, wo die schädliche Wirkung dieser Stoffe sich am intensivsten entfaltet, die Harnblase ist (vergl. Blasenkrankheiten). Die Wirkung

ist eine nach dem Aussetzen der genannten Arzneistoffe meist schnell
vorübergehende, die klinische Bedeutung ist gering.

Weit wichtiger sind die Fälle von Pyelitis und Pyelonephritis,
welche durch die Anwesenheit fremder Körper im Nierenbecken oder den Nierenkelchen veranlasst werden und welche von hier aus sehr häufig das Nierenparenchym selbst in Mitleidenschaft ziehen. Hier stehen die Nierensteine obenan, welche
nicht nur die heftigsten, sondern auch die am häufigsten beobachteten Formen der Pyelitis und Pyelonephritis erzeugen. Weit seltener
veranlassen thierische Parasiten, bei uns fast ausschliesslich die Echinococcen, ferner zurückgehaltene Blutgerinnsel, bösartige Neubildungen krebsiger oder tuberculöser Natur Pyelitis event. auch Pyelonephritis. Ich habe alle diese Formen aus Gründen äusserer Zweck-
mässigkeit, um einheitliche Krankheitsbilder nicht zu zerstückeln, in
den einschlägigen Abschnitten, also beziehungsweise bei der Nephrolithiasis, den thierischen Parasiten der Niere, dem Krebs der Niere
u. s. w. näher behandelt.

Von bedeutender klinischer und praktischer Wichtigkeit sind
ferner diejenigen Formen der Pyelitis und Pyelonephritis, welche
sich so häufig im Gefolge der innerhalb der Harnwege auf irgend
eine Weise entstandenen ammoniakalischen Zersetzung des
Urins entwickeln und deren ich schon auf S. 30 sub 4 vorübergehend
gedacht habe. In der Mehrzahl entsteht eine solche Zersetzung des
Harns in Folge von Harnstauung in der Blase. Zu dieser Harnstauung führt jedes Moment, welches den regulären Abfluss des
Urins hindert. Ich erwähne hier einzelne der in dieser Hinsicht
vorliegenden zahlreichen Möglichkeiten. Eine der seltensten ist Harnstauung in Folge angeborner Phimose. Interessant ist in dieser Beziehung die von Mosler mitgetheilte Geschichte eines 18jährigen
jungen Mannes. Die ganze rechte Niere bildete eine ulceröse Höhle
mit zahlreichen Ausbuchtungen, die Medullarsubstanz war gänzlich zerstört, nur die Corticalsubstanz noch theilweise vorhanden.
Die linke Niere fehlte ganz. Der Tod erfolgte unter urämischen
Erscheinungen. Weit häufiger sind Stricturen in den hinteren Partien der Harnröhre, Prostatavergrösserungen u. s. w. Abflusshindernisse für den Urin, in Folge deren sich ammoniakalische Zersetzung
desselben entwickelt. Ferner ist die Stauung des Harns in der Blase
öfter bedingt durch Lähmungen derselben, welche im Gefolge von
Rückenmarkskrankheiten häufig zu Stande kommen. Es tritt dabei
oft sehr schnell eine Zersetzung des Harns ein. Ausserdem sind auch
diphtheritische Blasenentzündungen, ferner die durch fremde Körper

bedingten Entzündungen der Blase, wie sie z. B. bei manchen Fällen
von Blasenstein beobachtet werden, nicht selten Ursache der Harnzersetzung.

Dickinson gibt folgende Uebersicht über die Ursachen der
Harnzersetzung mit nachfolgender Pyelonephritis auf Grund von 69
Sectionsbefunden:

Hindernisse für die Urinentleerung in der Urethra . .	Strictur der Harnröhre. . .	19 Fälle
	Prostataerkrankung (Vergrösse- rung, Tumor oder Abscess) . .	12 „
Lähmung des De- trusor vesicae .	Lähmung der Blase in Folge Fractur der Wirbelsäule	5 „
	Lähmung der Blase in Folge Er- krankung der Wirbelsäule. . .	3 „
	Lähmung der Blase in Folge Er- krankung der Med. spinal. . .	4 „
	Lähmung der Blase in Folge Er- krankung des Hirns	3' „
	Lähmung der Blase in Folge von Erschöpfung	2 „
Blasenstein . . .	ohne Operation	6 „
	nach Lithotripsie	6 „
	nach Lithotomie	3 „
Cystitis aus anderen Ursachen . . .	in Folge von Neubildungen der Blase etc.	3 „
	unaufgeklärte Ursache	1 Fall
	in Folge der Entleerung eines Lum- barabscesses in die Blase . . .	1 „
Complication von Blasenstein mit Vergrösserung d. Prostata		1 „

Summa 69 Fälle.

In der grössten Mehrzahl der Fälle sind die Kranken, welche
an dieser Affection zu Grunde gehen, vielfach katheterisirt worden
und es ist heute vollkommen sicher festgestellt, dass sehr oft durch
ungenügend gereinigte Katheter Bakterien in die Blase gelangen.
Indess ist das keineswegs der einzige Modus. Ob die ammoniakalische Zersetzung des Harns durch diese niedrigen Organismen veranlasst oder beschleunigt wird, ist unentschieden und bedarf weiterer
Untersuchungen. So viel aber steht fest, dass die ammoniakalische
Zersetzung des Harns und die Anwesenheit der niedrigen Organismen
die Entwickelung einer diphtheritischen Affection der Blase in hohem
Maasse begünstigen, und Virchow hält es für zweifelhaft, ob ohne

die alkalischen Stoffe die Mikroorganismen auf der Schleimhaut überhaupt Platz greifen könnten. In neuester Zeit hat man auf diese Bakterien als Ursache der consecutiven Pyelitis und Pyelonephritis ein grosses Gewicht gelegt. Ich werde auf diesen Punkt bei der Schilderung der pathologisch-anatomischen Verhältnisse genauer zurückkommen. — Eine einfache Blasenentzündung ohne Harnstauung setzt sich selten per continuitatem durch die Harnleiter auf das Nierenbecken fort. Es wird dies z. B. manchmal beim Harnröhrentripper beobachtet.

Eine besondere Berücksichtigung verdient die Pyelitis und Pyelonephritis beim weiblichen Geschlecht, insofern sie mit Affectionen der Sexualorgane zusammenhängt. Sie entwickelt sich im Puerperium, in der Schwangerschaft und nach geburtshilflichen Operationen. Ein Theil derselben lässt sich auf Harnstauung zurückführen, welche indess meist schnell genug vorübergeht, ehe sie eine gefahrdrohende Höhe erreicht. In der Schwangerschaft kann sich zunächst ein Blasenkatarrh auf die Ureteren und das Nierenbecken fortsetzen. Ersterer kommt auf verschiedene Weise zu Stande, so manchmal durch den Reizzustand, welchen der Kopf in dem mässig verengten Beckeneingange auf den Blasenhals ausübt, oder durch die von dem Druck des Kopfes bedingte Harnstauung. Auf letztere Weise entstehen die Blasenkatarrhe, welche durch den Druck des retrovertirten schwangeren Uterus erzeugt werden. Indessen können auch während der Schwangerschaft unter zur Zeit unklaren ätiologischen Verhältnissen anscheinend idiopathische Katarrhe der Harnwege sich mit beträchtlichem Fieber entwickeln, welche ab und zu sich bis auf die Schleimhaut des Nierenbeckens verbreiten.

Im Wochenbett entwickeln sich zunächst allgemeine Katarrhe der Harnwege, mit den klinisch hervortretenden Zeichen der Pyelitis als, so weit es sich übersehen lässt, vollkommen selbständige idiopathische Erkrankungen. Sie sind, wie es scheint, nicht selten. Ihre Pathogenese ist noch ganz dunkel, vielleicht stehen sie mit den Involutionsvorgängen im Wochenbett in irgend einem Zusammenhang. Ferner entsteht die Pyelitis im Puerperium im Gefolge von Entzündungen benachbarter Theile, wie z. B. wenn sich Perinephritiden, welche die puerperale Parametritis ab und zu compliciren, auf das Nierenbecken fortpflanzen. Zuweilen sind die Entzündungen des Nierenbeckens auch lediglich Fortsetzungen einfacher Blasenkatarrhe, welche sich, dem Verlauf der Ureteren folgend, nach oben verbreiten. In manchen Fällen wird endlich bei Parametritis oder bei entzündlichen Anschwellungen in dem den Uterus mit der

Blase verbindenden Zellgewebe Pyelitis in ganz mechanischer Weise
durch Harnstauung hervorgerufen, wenn die Ureteren bei ihrer Einmündung in die Blase oder während ihres Verlaufs im Parametrium
durch daselbst befindliche Exsudate comprimirt werden. Dass die
puerperalen Pyclitisformen öfter einen diphtheritischen Charakter
haben, wurde bereits oben bemerkt. Endlich können bei O p e r a -
t i o n e n am Cervix oder der vorderen Scheidenwand — wo bisweilen
der zunächst gelegene Theil der Blase: die Gegend des Trigonum,
in einen Reizzustand versetzt wird — bei starker Schleimhaut-
schwellung die Ureterenmündungen verlegt und comprimirt werden.
Es kommt zu vorübergehender Harnstauung und weiterhin zu einer
Weiterverbreitung des Katarrhs auf das Nierenbecken.

In einer Reihe von Fällen werden E r k ä l t u n g e n als ätiologisches Moment für die Pyelitis beschuldigt. R o s e n s t e i n betrachtet
für das häufige Vorkommen der Pyelitis in Groningen (Holland) das
dortige feuchte Klima als ein wahrscheinlich sehr bedeutendes ätiologisches Moment.

Die Pyelitis und Pyelonephritis kommt in allen Lebensaltern
vor. Sie ist im jugendlichen Alter seltener als bei Erwachsenen und
wird öfter bei Männern als bei Weibern beobachtet. Das ist begreiflich, weil nicht nur bei Männern Nierensteine, sondern insbesondere
Harnstauungen öfter vorkommen: die hauptsächlichsten ätiologischen
Momente für die Entzündung des Nierenbeckens.

Neuerdings hat O l l i v i e r eine „neue" Art von Pyelonephritis
beschrieben, welche durch Blutgerinnsel, die als fremde Körper rei-
zend wirken, bewirkt wird. Dieselbe rangirt unter die Pyelonephritis,
welche in Folge fremder Körper, hier also von Fibrinconcretionen
entsteht. Sie soll besonders bei alten Leuten beobachtet werden.
Die Ursache dieser Blutungen liegt in der Atherosc der Nierenarterien.
Im höhern Alter sollen auf diese Weise öfter, als gewöhnlich angenommen wird, Nierenblutungen veranlasst werden (vergleiche unten
Krankheiten der Nierenarterien).

Pathologie.

Anatomische Veränderungen.

Von der durch mechanische Reizung grösserer fester Körper
bedingten Pyelitis und Pyelonephritis sehe ich hier ab, d. h. also
von den Formen, welche bei Anwesenheit von Nierenconcrementen,
thierischen Parasiten u. s. w. entstehen. Auf sie wird an den einschlägigen Stellen gerücksichtigt werden.

Die Pyelitis tritt in verschiedenen Erscheinungsformen auf. Ich gedenke zuerst der acut verlaufenden einfachen katarrhalischen Pyelitis. Sie ist analog den katarrhalischen Entzündungen anderer Schleimhäute und zeichnet sich wie diese durch eine reichliche Epithelbildung der Schleimhaut des Nierenbeckens und der Nierenkelche aus, die Schleimhaut ist geröthet, meist mässig geschwellt. Ausser einer mehr weniger reichlichen Gefässinjection finden sich auch Hämorrhagien im Gewebe der Schleimhaut.

Bei der einfachen katarrhalischen Form sind dieselben klein und spärlich. Die Pyelitis im Gefolge der Variola haemorrhagica zeigt ausgedehnte Hämorrhagien (Pyelitis haemorrhagica). Ausserdem finden sich reichliche Ekchymosen und ödematöse Schwellung der Schleimhaut bei der Pyelitis, welche sich bei acuter Nephritis entwickelt, recht häufig. Die im Nierenbecken enthaltene Flüssigkeit enthält reichliche desquamirte Epithelzellen, Lymphkörperchen, unter Umständen auch Blutkörperchen. Die Harnkanälchen der Pyramiden der Marksubstanz participiren nicht selten an der Entzündung. Die Besichtigung mit blossem Auge lässt die Pyramiden etwas trübe, ihre Gefässe stärker gefüllt erscheinen; man kann aus den Papillen der Pyramiden eine ziemlich reichliche Menge trüber Flüssigkeit ausdrücken, welche verfettete Epithelien, Lymphkörperchen und hyaline Cylinder enthält.

In den chronischen Fällen der katarrhalischen Pyelitis, wie sie besonders nach mehrfachen Recidiven sich entwickelt, beobachtet man eine Verdickung der Schleimhaut des Nierenbeckens und der Nierenkelche. Es kann dabei durch Uebergang der Entzündung auf die Niere selbst zur schliesslichen Schrumpfung derselben kommen. Diese chronischen Pyelitisformen werden besonders gern Veranlassung zu Nierensteinbildung (s. Aetiologie der Nephrolithiasis). In anderen Fällen setzt sich die chronische Entzündung vom Nierenbecken auf den Harnleiter fort. Die in Folge davon entstandene Verdickung der Harnleiterschleimhaut oder narbige Stricturen des Ureters können zur Stauung des zersetzten Urins mit Bildung von Pyonephrosen, ferner zu heftigen eitrigen Entzündungen der Niere selbst führen. Die dabei entstehenden Pyelonephritiden verhalten sich ganz wie die oft im Gefolge von Nierensteinen entstehenden und es erscheint daher, um Wiederholungen zu vermeiden, am Passendsten, auf die pathologische Anatomie der Nephrolithiasis in dieser Arbeit zu verweisen.

In höheren Graden der acuten Entzündung kann es zu fibrinösen Auflagerungen auf die Schleimhaut des Nierenbeckens und der

Nierenkelche kommen. Es finden sich dann auch Faserstoffflocken
in der im Pelvis renalis befindlichen Flüssigkeit. Die diphtheritischen Entzündungen entwickeln sich in dem Nierenbecken allein
oder zugleich auch in den Nieren theils bei den bereits oben S. 35
angegebenen, besonders septischen, Processen, theils bilden sie die
Gruppe derjenigen perniciösen Fälle von Pyelitis und Pyelonephritis
duplex, welche im Gefolge der Harnstauung in der Blase combinirt mit ammoniakalischer Zersetzung des Harns zu Stande
kommen.

Die ersteren Fälle sieht man besonders oft bei puerperalen Processen. Sie veranlassen circumscripte Nekrosen der Schleimhaut des
Nierenbeckens, sowie auch gewöhnlich tiefer eindringende Morti-
ficationen der Markkegel, welche in trockene bräunliche Massen verwandelt werden. Bei den im Gefolge der Harnstauung in der Blase
entstehenden Pyelonephritisformen zeigt je nach der Grundkrankheit,
ihrer Dauer, ihrem Charakter die Blase verschieden hochgradige Veränderungen, deren Schilderung bei den Blasenkrankheiten ausführlicher zu geben ist. Jedenfalls aber zeigt die Blasenschleimhaut
die Zeichen einer mehr weniger hochgradigen, oft ausgesprochenen
diphtheritischen Entzündung. Die Ureterenschleimhaut zeigt auffallend selten nennenswerthe Anomalien. Häufig bietet sie gar keine
pathologischen Veränderungen.

Abgesehen von den mehr weniger erheblichen pyelitischen Veränderungen interessiren besonders die Nieren. In frischen Fällen
erscheinen dieselben, bisweilen eine, vergrössert. Die Kapsel ist in
der Regel ganz ohne Mühe und ohne Substanzverlust abziehbar. Das
blutreiche Organ hat eine oft stark geröthete Oberfläche, in der sich
eine grössere oder geringere Anzahl blasserer Stellen von 1—3 Ctm.
Durchmesser finden. Auf dem Durchschnitte des Organs lassen sich
in Form schmälerer, weisser, keilförmiger Züge Gewebspartien durch
die Dicke der Cortical- in die Marksubstanz hinein verfolgen, welche
sich gegen die Spitze der Markkegel verjüngen. Die Veränderungen
der Nieren kommen selten in diesem Stadium zur Beobachtung der
pathologischen Anatomen, indem der Process meist erst in weit vorgerückteren Stadien zum Tode führt. In diesen späteren Stadien
sieht man die geschilderten blassen Partien stärker angeschwollen,
die fibröse Kapsel wird diesen entsprechend schwerer von der Oberfläche abziehbar. Gleichzeitig präsentiren sich an den geschwellten
Partien gelbe punktförmige puriforme Herde, welche von einem
schmalen hyperämischen Hofe umgeben sind. Die Nierenoberfläche
gibt auf diese Weise ein buntes Bild. Sie hat ein analoges Aussehen,

wie es bei den embolischen Abscessen geschildert wurde (vgl. S. 31).
Auf dem Durchschnitt der Niere lassen sich diese Herde als schmale
gelbe Streifen in der Regel durch die ganze Rinde bis in die Marksubstanz hinein verfolgen, ohne dass sich immer ein continuirlicher Uebergang zwischen corticaler und medullarer Substanz nachweisen lässt.

Durch das Zusammenfliessen solcher kleiner Herde entstehen
grössere Eiterhöhlen. In manchen Fällen beginnt die eitrige Schmelzung des Nierengewebes an den Pyramiden. Es entstehen dann im
Laufe der Zeit grosse Abscesse, welche über die Markkegel hinaus
weitere Bezirke auch der Rindensubstanz ergreifen, so dass bei einem
weiteren Fortschreiten des Processes aus der Niere schliesslich ein
dickwandiger Sack entsteht, welcher mit Eiter gefüllt ist und durch
Septa, welche den einzelnen Nierenkelchen entsprechen, in unvollkommen von einander getrennte Hohlräume geschieden ist. Hand
in Hand mit diesen Zerstörungsprocessen bilden sich mehr weniger
umfängliche Vernarbungs- und Schrumpfungsprocesse. Es können
sich so fibröse Streifen und Bänder in dem Nierenparenchym entwickeln, welche sich trotz ihrer bisweilen keilförmigen Gestalt von
den embolischen Herden leicht dadurch unterscheiden, dass ihre Ausdehnung nicht einem Gefässbezirke entspricht und dass die Spitze
dieser durch Pyelonephritis bedingten Narben gewöhnlich in die Pyramiden hineinragt. Bisweilen entwickelt sich auch bei den Ver-
narbungsprocessen eine diffuse Vermehrung des interstitiellen Bindegewebes mit gleichzeitiger Umwandlung der Kapsel zu einer derben
schwartigen ansehnlich verdickten Masse.

Fig. 1.

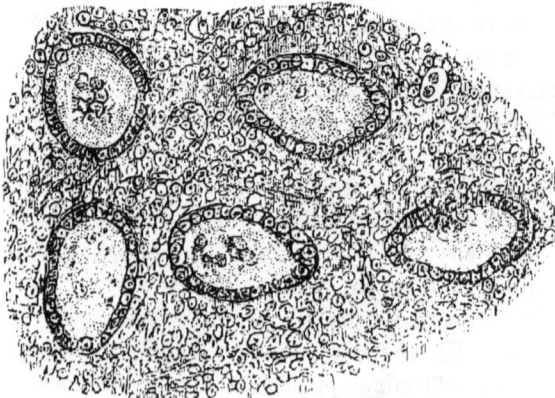

Nephritis parasitica.   Vergr. 400.

Vorstehender Holzschnitt gibt das Bild eines feinen Durchschnitts, welcher der Niere einer Kuh entstammt. Beide Nieren und Nierenbecken zeigten das exquisiteste Bild der Pyelonephritis parasitica. Ich verdanke die betreffenden Organe der Güte des Herrn Collegen Esser in Göttingen.

Man sieht Durchschnitte der Harnkanälchen, meist mit noch wohlerhaltenem Epithel ausgekleidet, welche mit Bacteriencolonien vollgestopft sind. Neben letzteren sieht man noch mehr weniger reichliche Rundzellen. Die Interstitien zwischen den Harnkanälchen sind stark verbreitert und mit sehr reichlichen Rundzellen durchsetzt. An einzelnen Stellen sieht man die Wände der Harnkanälchen durchbrochen. Auf diesem Wege dürften die Rundzellen aus dem interstitiellen Gewebe in die Harnkanälchen gelangt sein. Dass dieselben den Epithelien der Harnkanälchen entstammen, erscheint nicht annehmbar und zwar schon deswegen nicht, weil mit Ausnahme der Durchbruchsstellen die Epithelauskleidung der Harnkanälchen eine vollkommen intacte ist. In den Interstitien sieht man keine Bacterien, nicht nur nicht an diesem, sondern an keinem der zahlreichen von dieser Niere angefertigten und durchmusterten Präparate.

Bei der genaueren Untersuchung der Nieren in den ersten Stadien des Processes zeigen sich schon bei schwacher Vergrösserung dunkel erscheinende Züge von den charakteristischen Contouren der gewundenen Harnkanälchen. Bei stärkerer Vergrösserung finden sich diese Harnkanälchen mit kleinen glänzenden Kügelchen erfüllt. Dieselben liegen oft sehr regelmässig in parallelen Längszügen angeordnet oder es sind radiär von einem Punkte aus aneinander gelagerte Kügelchen. Dieselben sind glänzend, stark lichtbrechend, der Zusatz von Säuren, Alkalien, Kochen mit Alkohol, Aether, Acetum glaciale übt auf sie keinen zerstörenden Einfluss aus. Die Harnkanälchen erscheinen breit, die Epithelien etwas vergrössert, stark getrübt, selbst fettig entartet. An einzelnen Stellen, wo die Körnchen radiär von den Epithelien ausstrahlen, erscheinen die Zellen in jeder Richtung kleiner als normal, wie Klebs annimmt, durch einen Theilungsvorgang vermehrt. Alle interstitiellen Veränderungen fehlen in diesem Entwickelungsstadium des Processes. In den späteren Stadien der Erkrankung findet man bei der mikroskopischen Untersuchung auch die Interstitien zwischen den einzelnen Harnkanälchen verbreitert und oft ebenfalls von denselben glänzenden Kügelchen wie die Harnkanälchen erfüllt, dann neben denselben Eiterkörperchen in grösserer oder geringerer Zahl. Es findet jetzt ein Zerfall der Epithelien der Harnkanälchen statt und hie und da werden neben den Sporen verzweigte Pilzfäden beobachtet. Auch im Bereich der Marksubstanz sind in den Harnkanälchen, besonders in der Nähe der Papille oft Eiterzellen vorhanden, welche an diesen Stellen besonders

vom Nierenbecken herstammen, da die schleifenförmigen Kanäle
Fibrincylinder ohne Eiterkörperchen enthalten. Die grösseren gelben
Herde weichen im mikroskopischen Bilde nicht von gewöhnlichen
Abscessen ab. Sie bestehen aus dicht gedrängt neben einander gelagerten theils wohl erhaltenen theils in Zerfall begriffenen Eiterkörperchen. Oefter aber sieht man theils im Centrum theils in der
Peripherie der Abscesse Rudimente von scharf contourirten Harnkanälchen, welche mit den erwähnten kleinsten Kügelchen angefüllt
sind. In der Umgebung der Abscesse sieht man auch häufig Herde
veränderter Blutkörperchen, welche ebenso wie das Pigment auf die
stattgehabten Blutungen hindeuten.

Diese Schilderung, welche sich an die zuerst von Klebs ge-
gebene genaue Beschreibung anlehnt, kann ich im Grossen und
Ganzen nach eigenen Erfahrungen bestätigen, desgleichen kann es
keinem Zweifel unterliegen, dass es sich bei den beschriebenen
kleinen Kügelchen um wohlcharakterisirte Bakteriencolonien
handelt. Es kann darüber meines Erachtens auch dem zweifelvollsten
Beobachter kein Bedenken aufstossen, wenn er diese niedrigen Organismen in der ihnen eigenthümlichen Gruppirung in dem Lumen
der Harnkanälchen liegen sieht, wo noch kein Zerfall der epithelialen Elemente, von dem in den frühesten Stadien nicht die Rede
ist, stattgefunden hat. An eine Verwechselung mit Detritus kann
hier also überhaupt nicht gedacht werden. Fragen wir nun, wie
kommen diese Bakterien in das Nierenbecken und welchen Antheil
haben sie an der Entstehung dieses pathologischen Processes, so
muss man zunächst auf eine Beobachtung Traube's zurückgreifen,
dass die Bakterien und ihre Keime durch Infection von Aussen, besonders beim Einführen nicht gehörig desinficirter Katheter, aber
wohl auch auf andere Weise, in die Blase gelangen; von hier aus
kommen sie durch die Harnwege in die Nieren. Auf welche Weise
dies geschieht, ist noch nicht klar. Denn es ist eine vielfach constatirte bereits erwähnte Thatsache, dass zwischen der Erkrankung
der Blase und der Nieren keine Continuität besteht, indem die Harnleiter entweder ganz oder fast normal erscheinen. Dieser Umstand
veranlasste auch eine Reihe von Beobachtern für diese Affection der
Nieren eine Infection durch die Blutmasse anzunehmen. Indessen
ist das deswegen von der Hand zu weisen, weil man in nur seltenen
Fällen neben dieser Nierenaffection anderweite Localisationen para-
sitärer Natur findet, welche dann ohne Zweifel secundäre Bildungen
sind. Klebs erklärt nun das Intactbleiben des Ureters bei hochgradiger Blasen-, Nierenbecken- und Nierenerkrankung dadurch, dass

er den Bakterien wenigstens in einer gewissen Lebensperiode die Fähigkeit vindicirt durch bewegliche Schwärmsporen sich über weite Schleimhautstrecken zu verbreiten, ehe sie sich an gewissen geeigneten Stellen festsetzen. Ist diese Hypothese den Thatsachen entsprechend, so würde sie für den Modus der Einwanderung der Bakterien von der Blase nach dem Pelvis renalis und den Nieren selbst eine befriedigende Erklärung geben. Es entsteht nun die Frage, welchen Antheil diese niedrigen Organismen an dem Zustandekommen der Entzündung haben. Es fehlt hier nicht an Stimmen für und gegen die entzündungserregende Wirkung der Bakterien. Ich erwähne in letzterer Hinsicht besonders T r a u b e, welcher mehrfach die Ansicht vertreten hat, dass diese mikroskopischen Organismen nicht selbst als Entzündungserreger wirken, sondern gewisse Stoffe, welche erst durch die Einwirkung der eingewanderten Parasiten auf die Substanz unseres Körpers frei werden. Als schönstes Paradigma dieser Anschauung betrachtet T r a u b e diese Affection der Harnwege, bei welcher nach seiner Annahme die Bakterien die alkalische Harngährung, das aus der Umsetzung des Harnstoffs entstandene kohlensaure Ammoniak, die Entzündung veranlasst. Trotz dieser und einzelner anderer entgegenstehender Ansichten liegt aber jetzt diese Frage im Allgemeinen so, dass die Annahme der parasitären Natur dieser Entzündung der Harnwege, welche übrigens auch ebenso zahlreiche als hervorragende Anhänger gefunden hat, eine gut gestützte Berechtigung hat. W i r n e h m e n a l s o a n, d a s s d i e v o n d e r H a r n b l a s e a u s f o r t g e l e i t e t e n B a k t e r i e n d i e E n t z ü n - d u n g s e r r e g e r s i n d, w e l c h e, a b g e s e h e n v o n d e r C y s t i t i s, e i n e e i t r i g e P y e l i t i s u n d w e i t e r h i n m e h r w e n i g e r a u s - . g e d e h n t e e i t r i g e N i e r e n e n t z ü n d u n g e n v e r a n l a s s e n. Ich bezeichne daher mit K l e b s diese Form der Nierenentzündung als P y e l o n e p h r i t i s p a r a s i t i c a. Während der sich stauende zersetzte Harn das ganze Nierenparenchym durchtränkt, weist gerade das herdweise Auftreten dieser Entzündungs- und Eiterungsherde auf zerstreut im Nierenparenchym liegende Ursachen hin und die Entwickelung dieser Herde in der Nachbarschaft solcher Bakteriencolonien, wie sie sich in den ersten Stadien des Processes ausgezeichnet gut studiren lassen, ergibt die Nothwendigkeit, dabei mit diesen kleinsten Organismen als Ursache der Entzündung zu rechnen. Es ist als sicher anzunehmen, dass es sich um inficirte Bakteriencolonien handelt, welche phlogogene Wirkung haben wie inficirte Thromben und welche besonders gut in dem mit zersetztem Harn durchtränkten Nierenparenchym gedeihen und sich vermehren.

Virchow unterscheidet zwei Formen der parasitären Nephritis und zwar erstens die hier abgehandelte, als canaliculäre (cystitische pyelonephritische) Form, sowie zweitens die primär vasculäre (embolische) Form, welche ich bei Schilderung der Nierenabscesse auf S. 31 sub 5 des Weiteren auseinander gesetzt habe. Virchow hebt noch besonders hervor, worauf auch bereits im Verlauf dieser Darstellung aufmerksam gemacht ist, dass sich die Untersuchung der genannten beiden Formen nicht unerheblich dadurch erschwert, dass auch bei den primär vasculären Formen später diphtheritische Massen in die Harnkanälchen und bei den primär canaliculären Formen diphtheritische Massen ins Blut gelangen können. Er fasst beide Formen der parasitären Entzündung der Harnorgane als Diphtheritis vesicae urinariae et renum zusammen. Die canaliculäre Form der parasitären Nephritis ist der Effect einer von den Harnwegen auf die Niere fortgeleiteten Krankheit, während die vasculäre Form der parasitären Nephritis unabhängig von einer primären Erkrankung der Harnwege ist, indem bei ihr die Verschleppung des infectiösen Materials auf embolischem Wege durch die Blutbahn erfolgt. Die letztere Form hat mit einer primären Erkrankung der Blase aber nichts zu thun.

Symptomatologie.

Da ich die Symptome der calculösen Pyelitis und Pyelonephritis bei der Nephrolithiasis und derjenigen, welche in Folge von Echinococcen sich entwickelt, bei Besprechung der thierischen Parasiten der Niere genauer erörtern werde, so erübrigt es, hier zunächst die Schilderung der Symptome der katarrhalischen Pyelitis, wie sie gewöhnlich nach Erkältungen, bisweilen im Gefolge des Harnröhrentrippers, aber gelegentlich auch aus anderen Ursachen z. B. manchmal bei Infectionskrankheiten auftritt, zu geben; ferner der secundären Pyelitisformen, welche besonders als Complication schwerer septischer Krankheiten zur Beobachtung kommen, sowie endlich insbesondere derjenigen Formen der Pyelonephritis, welche im Gefolge von den aus den verschiedensten Ursachen entstehenden Harnstauungen in der Blase, verbunden mit ammoniakalischer Zersetzung des Urins sich entwickeln. Hieran schliesse ich endlich eine kurze Schilderung der in der Schwangerschaft, im Puerperium ohne maligne Puerperalprocesse oder nach geburtshilflichen Operationen auftretenden Pyelitis, um die Aerzte auf diese interessante Complication besonders hinzuweisen, welche bislang relativ wenig gewürdigt wurde.

Die im Gefolge von Erkältungen auftretende Pyelitis catarrh. macht keine hochgradigen Beschwerden, sie zeichnet sich aber durch eine grosse Neigung zu Recidiven aus. Der Urin ist meist sauer, die Entleerung desselben erfolgt, wofern die tieferen Harnwege frei sind, ohne Beschwerden. Beim Stehen des Urins setzt sich ein stärkeres oder schwächeres Sediment ab, während der Harn selbst klar erscheint. Die Urinmenge ist die normale, das specifische Gewicht zeigt keine Veränderung. Im Beginn der Pyelitis findet sich oft etwas Blut im Urin, jedoch erreicht die Menge desselben keine nennenswerthen Dimensionen. Ausserdem zeigt sich der Schleimgehalt des Urins nur wenig, im Vergleich mit der Cystitis, vermehrt. Ferner findet man den Urin stärker oder schwächer eiterhaltig. Der Eiter bildet den Hauptantheil des bereits erwähnten weissen, weissröthlichen oder gelblichen Sediments am Boden des Glases. Dass dieser oft blut- und stets besonders eiterhaltige Urin im Filtrat etwas Eiweiss enthält, bedarf keiner weiteren Auseinandersetzung. Von morphologischen Bestandtheilen findet man in dem Sediment auch bisweilen Epithelien. Abgesehen davon, dass ihr Vorkommen bei der Pyelitis durchaus nicht constant ist, hat dasselbe auch für die Pyelitis nichts Charakteristisches, weil das Epithelium des Nierenbeckens wie der übrigen Harnwege zu dem von Henle als Uebergangsepithelium bezeichneten gehört. Ich habe auf Fig. 2 (S. 48) Epithelien des Nierenbeckens, auf Fig. 3 Epithelien des Harnleiters und auf Fig. 4 Epithelien der Harnblase abbilden lassen. Es ergibt sich aus diesen Abbildungen, dass irgend welche charakteristische Verschiedenheiten der einzelnen Epithelformen je nach den verschiedenen Localitäten, denen sie entnommen sind, nicht existiren, dass man demnach auch nicht das Recht hat, diagnostische Schlüsse daraus zu ziehen. Bei complicirender Entzündung der geraden Harnkanälchen werden auch Epithelcylinder in dem Sediment gefunden. Die Eitermenge vermehrt sich bei fortschreitenden Leiden langsam und allmählich. Neben der Harnveränderung stellt sich Schmerz in der entsprechenden Lendengegend ein, welcher indess bei katarrhalischer uncomplicirter Pyelitis kaum höhere Grade erreicht und welcher sich meist als Gefühl von Druck oder Schwere, bei Obturation des Ureters mit Eiter und Schleim unter dem Bilde der Nierenkoliken, welche aber leichter als bei Nephrolithiasis (siehe daselbst) sind, äussert. Auch leichte Fieberbewegungen und Verdauungsstörungen sind öfter vorhanden. In analoger Weise wie die katarrhalische Pyelitis, welche unter rheumatischem Einfluss zu Stande kommt, verläuft, sehen wir diese

Fig. 2.

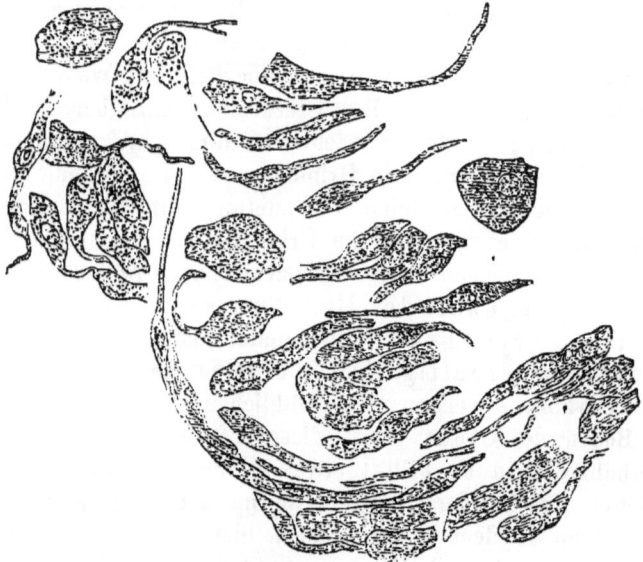

Epithelien des Nierenbeckens.

Fig. 3.

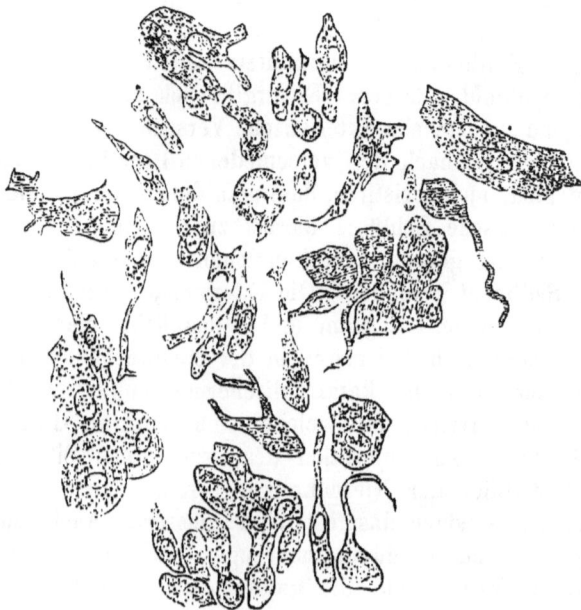

Epithelien des Harnleiters.

Fig. 4.

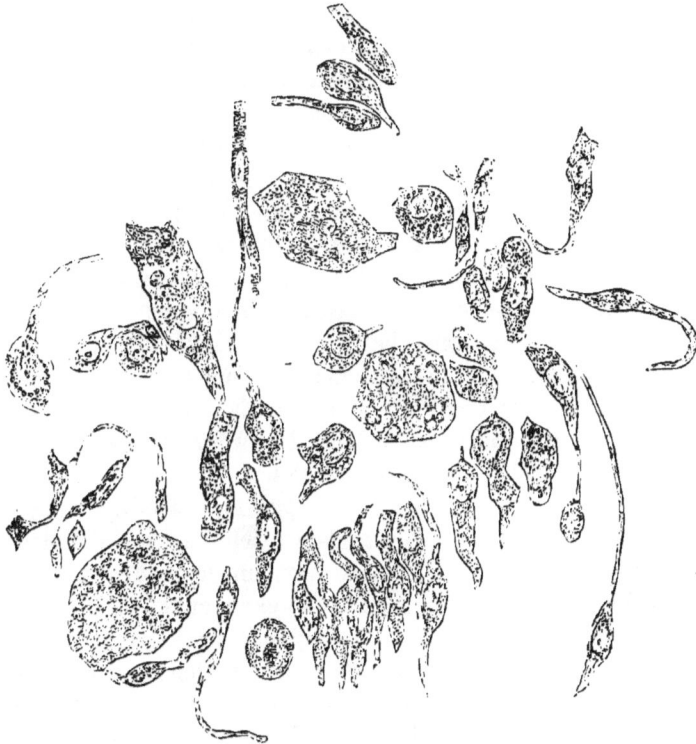

Epithelien der Harnblase.

Affection bisweilen im Gefolge des Abdominaltyphus. Sie wird meist erst nach Beendigung des typhösen Processes in der Reconvalescenz bemerkt und dauert oft längere Zeit. Erscheinungen von Seite der Blase fehlten dabei in den von mir beobachteten Fällen vollständig. Rosenstein hat bereits früher auf diese Pyelitisformen aufmerksam gemacht, desgleichen auf die Pyelitis im Gefolge von acuten Exanthemen (von Scharlach und Masern).

Die Pyelitis catarrhalis ist eine der seltensten Complicationen der Urethritis. Sie entwickelt sich bei derselben, wie es scheint, stets im Gefolge einer Cystitis. Nach den Beobachtungen von Tarnowsky soll ein Frostanfall mit nachfolgendem spontanen, auf Druck exacerbirenden Schmerz die Scene einleiten. Der Schmerz soll sich zuweilen längs des Ureters der kranken Seite auf den Hoden verbreiten. Erbrechen, welches von anderen Beobachtern als ein auf die Entzündung der Nierenbecken hinweisendes

Symptom angegeben wurde, fand Tarnowsky bei seinen Kranken
nicht. Der Harn ist zu Anfang dunkelroth, concentrirt, mit reichlichem schleimigen Bodensatz und einer Beimischung von Blut. Harndrang etwas frequenter, die Harnentleerung geschieht ohne Schmerzen.
Der fieberhafte Zustand hielt mit leichten abendlichen Frostanfällen
5 — 6 Tage an. Darauf liessen auch die Schmerzen in der Nierengegend nach, der Blutgehalt verlor sich, der Harn wurde heller, blieb
aber doch trübe in Folge der Beimischung von Eiterkörperchen und
gab beim Stehen einen scharf begrenzten weissen Bodensatz. Bisweilen bleibt nach Heilung der Pyelitis der Blasenkatarrh noch bestehen. Schwerere Affectionen des Nierenbeckens, Uebergang der
Entzündung auf die Nieren, hat Tarnowsky nach einfacher Urethritis nicht beobachtet; sie entwickeln sich nur consecutiv nach hochgradiger Strictur der Urethra, Hypertrophia prostatae u. s. f. Während darnach die nach einfachem Harnröhrentripper auftretende
Pyelitis eine acut sich entwickelnde seltene, wie es scheint, bei ver-
ständigem Regime stets schnell und günstig ohne dauernde Nachtheile verlaufende Krankheit ist, lässt sich das von der nach Erkältungen auftretenden Pyelitis nur mit der oben angegebenen
Einschränkung der grossen Recidivfähigkeit aussagen. Die Krankheit tritt bei dem geringsten, bisweilen ohne jeden nachweisbaren
Anlass gern aufs Neue, nicht selten ganz schleichend auf, sie wird
immer chronischer und schliesslich permanent. Consecutiv entwickeln
sich dann sehr oft Concretionen in dem entzündeten Nierenbecken
mit den davon abhängigen Folgezuständen (s. Nephrolithiasis) oder
bei vorhandenen Abflusshindernissen für den Harn, und die Entzündungsproducte durch den auf irgend eine Weise verstopften Harnleiter, Pyonephrose, d. h. Eiteransammlungen im Nierenbecken mit
Schwund des Nierenparenchyms, welches in hochgradigster Weise in
Folge von Druckatrophie veröden kann. Oft genug auch entwickelt
sich, bevor es zu hochgradiger Druckatrophie der Niere kommt, eine
ausgedehnte eitrige Entzündung der Niere mit grossen Abscessen in
derselben. Je nach diesen verschiedenen Eventualitäten sind auch
die Ausgänge verschieden.

Bei derartigen Nierenabscessen im Gefolge von Pyonephrose erliegen die Kranken entweder an Pyämie oder Septicämie oder es
entstehen Durchbrüche nach verschiedenen Richtungen, wie wir sie
bereits bei der primären Abscessbildung der Nieren kennen gelernt
haben. Die Pyonephrosen mit Druckatrophie der Nieren haben in
ihren Symptomen und ihrem Verlauf sehr grosse Analogien mit den
Hydronephrosen; ja Simon hält es für wahrscheinlich, dass sie

später in Hydronephrosen übergehen können. Ich darf daher wohl, um Wiederholungen zu vermeiden, bezüglich der klinischen Geschichte dieser Pyonephrosen auf das verweisen, was bei den Hydronephrosen und bei der Nephrolithiasis, wobei diese Entzündungsformen besonders häufig vorkommen, gesagt ist.

Ueber die Symptomatologie der croupösen und diphtheritischen Formen der Pyelitis, welche besonders die oben erwähnten schweren Allgemeinerkrankungen ab und zu compliciren, fehlen genügende klinische Erfahrungen. Sie treten meist ganz zurück vor den anderen schweren Symptomen der Grundkrankheit. Bei den hämorrhagischen Formen treten profuse Hämaturien auf, so bei Variola haemorrhagica.

Von der grössten praktischen Bedeutung erscheint die Symptomatologie derjenigen Fälle von Pyelitis und Pyelonephritis, welche sich oft secundär bei Harnstauungen in der Blase, verbunden mit ammoniakalischer Zersetzung des Harns entwickeln. Hier ist die Affection der Niere und des Nierenbeckens die Complication einer Grundkrankheit, welche wohl in den allermeisten Fällen (bei Stricturen der Harnröhre, Prostatahypertrophien, chronischen Blasenkatarrhen, chronischen Rückenmarkskrankheiten u. s. f.) seit lange besteht und nur in seltenen Fällen, z. B. bei Rückenmarksaffectionen traumatischen Ursprungs, Operationen in der Blase etc. sich in acuter Weise entwickelt. Auf die Symptome dieser verschiedenen Grundkrankheiten näher einzugehen, ist an dieser Stelle nicht der Ort.

Ist der Harn in der Blase die ammoniakalische Zersetzung eingegangen, so zeigt derselbe, abgesehen von der veränderten Reaction, dem ammoniakalischen Geruch eine Reihe anderer sehr augenfälliger Veränderungen. Wir sind in dem ammoniakalischen Harn mit zahlreichen Tripelphosphatkrystallen, welche in einem dick schleimartigen gallertigen Sediment sich befinden, nicht mehr im Stande, die Eiterkörperchen und Epithelzellen zu unterscheiden. Im Gesichtsfelde wimmeln unzählige Bakterien. Der filtrirte und angesäuerte Urin enthält Eiweiss, wie es bei der Beimengung von Eiterserum und eventuell von Blut natürlich ist. Die organ. Formelemente gehen in dem ammoniakalischen Menstruum zu Grunde.

Dickinson stellte die Beschaffenheit des Urins in 47 Fällen zusammen:

Die
Reaction
war
festgestellt

{
ammoniakalisch oder stinkend und mit verschiedenen Producten der Blasenentzündung gemischt . . . . 21 Fälle
ammoniakalisch . . . . 1 Fall
alkalisch und trübe, oder Schleim enthaltend 3 Fälle
alkalisch, blutig und eitrig . . . . . . 1 Fall
alkalisch oder „phosphatisch" . . . . . 3 Fälle
}

Die
Reaction
war nicht
festgestellt

{
zähe, schleim, blut- und eiterhaltig . . . 1 Fall
schleim- und eiterhaltig . . . . 1 „
eitrig und blutig . . . . 4 Fälle
eitrig . . . . 6 „
blutig . . . . 4 „
eiweisshaltig und trübe oder eitrig . . . 2 „
}

Summa 47 Fälle.

Abgesehen von diesen Veränderungen des Harns sind noch einige Symptome von Seiten der Harnorgane zu bemerken, nämlich eine häufig beobachtete Verminderung, ja zeitweise Unterdrückung der Harnsecretion, sowie ausserdem freilich nicht constante Schmerzen in der Lendengegend. Frostschauer treten frühzeitig auf und wiederholen sich öfter. Dabei besteht eine Febris continua, der Puls ist frequent und klein. Es entwickelt sich bald ein ausgesprochener Status typhosus, wenigstens in der Mehrzahl der Fälle, in einzelnen bleibt indessen das Sensorium klar (s. die nächste Krankengeschichte), Appetit fehlt gänzlich, die Zunge wird trocken, braun, fuliginös. Erbrechen ist ein häufiges, quälendes, mit grosser Heftigkeit auftretendes Symptom. Dabei bestehen manchmal Diarrhöen. Gar nicht selten stellt sich ein die Kranken sehr peinigender Singultus ein, das Aussehen der Kranken ist ein hochgradigst verfallenes, unter muscitirenden Delirien steigt der Collapsus immer mehr und der tödtliche Ausgang erfolgt gewöhnlich unter den Zeichen des Lungenödems. In manchen Fällen gesellt sich ein complicirendes Erysipel, periarticuläre, articuläre oder diffuse intermusculäre Entzündungsprocesse, welche zu Eiterungsprocessen führen, in den letzten Lebenstagen hinzu. Einzelne Angaben scheinen dafür zu sprechen, dass der Ausgang (s. u.) dieses Processes nicht immer ein letaler ist. Indessen in der weitaus grössten Mehrzahl der Fälle eilt der Process unaufhaltsam, wie wir sehen werden, meist sehr rasch zum Tode.

Was die Deutung des vorliegenden Symptomencomplexes anlangt, so spielt hierbei ohne Zweifel die Störung von Seiten der Harnorgane die hervorragendste Rolle und man pflegt denselben geradezu als einen

urämischen Process aufzufassen. Es handelt sich hier aber nicht
allein um eine Retention von Harnbestandtheilen im Organismus,
sondern um die Retention eines in ammoniakalische Zersetzung über-
gegangenen Harns. Treitz und Jacksch haben für diese Fälle
eine besondere Theorie aufgestellt und haben diese nervösen Symptome als Product der wahren Ammoniämie gedeutet. Sie nehmen
an, dass aus dem alkalisch zersetzten Urin Ammoniak in die Blutmasse aufgenommen werde, welches bei einer gewissen reichlicheren
Ansammlung die fraglichen Erscheinungen erzeuge. Da die Möglichkeit einer Ammoniakresorption hierbei nicht von der Hand zu weisen
ist und da ferner nach der Frerichs'schen Theorie der Urämie, deren
Zulässigkeit für einzelne Fälle doch im Allgemeinen anerkannt ist,
die Anwesenheit von kohlensaurem Ammoniak im Blut das Auftreten
der urämischen Symptome bei der chronischen Nephritis bedingen
kann, so kann man daran denken, die nervösen Erscheinungen bei
der uns hier interessirenden Krankheitsform durch Resorption von
Ammoniak zu erklären. Natürlich ist diese Erklärung eine hypo-
thetische, so lange der Nachweis der Resorption des kohlensauren
Ammoniak ins Blut noch nicht geführt ist. Ausserdem ist der sehr
richtige Einwand Rosenstein's[1]) nicht zu unterschätzen, dass bei
experimenteller Ammoniakvergiftung lediglich Reizungserscheinungen
(Convulsionen u. s. w.) auftreten, hier aber lediglich die Zeichen ausgesprochener Depression vorliegen. Jedenfalls wird der dermalige
Stand der experimentellen Ergebnisse nicht zu Gunsten der Ammoniak-
wirkung verwerthet werden dürfen. Wir ersehen aus Allem, dass
diese Frage jedenfalls zur Zeit ebenso wenig als abgeschlossen anzusehen ist, wie die ganze Lehre von der Urämie.

Die Ansicht, dass in diesen Fällen die nervösen Erscheinungen abhängig sind von der Resorption von Ammoniak würde an Wahrscheinlichkeit gewinnen, wenn sich erweisen
liesse, dass die Intensität der ersteren mit der Intensität
der ammoniakalischen Harnzersetzung in einem directen Verhältniss stünde. Nicht immer bestehen nämlich
in solchen Fällen die oben erwähnten nervösen Erscheinungen. Von hervorragendem Interesse erscheint in dieser Beziehung folgende Beobachtung von Alling[2]):

Pyelonephritis im Gefolge einer leichten Hypertrophie des mittleren Lappens der Prostata. Ein 69jähr.

1) Virchow's Archiv 56. Bd. Separatabdruck.
2) Bullet. de la soc. anat. Paris 1869. p. 102.

Mann kommt fiebernd, schwach und abgeschlagen, aber mit intacter
Intelligenz ins Hospital. Blase ausgedehnt, beide Nieren auf
Druck empfindlich. Er leidet zeitweise an heftigem Frost. Er katheterisirt sich seit einiger Zeit selbst. Katheterismus leicht, Urin kommt
anfangs klar, hierauf entleert er sich mehr und mehr trübe, schliesslich
eitrig. Von ammoniakalischem Geruch wird nichts gesagt. Am nächsten Tage, wo Patient stirbt, derselbe Zustand. Bei der Section erscheint die rechte Niere wie ein mit Eiter durchtränkter Schwamm,
die linke Niere zeigt auch einige Abscesse, ist aber weniger zerstört. Dilatation des Pelvis renalis, der Ureteren. Blasen-
wände verdickt.

Ausserdem lehrt diese Beobachtung auch noch eins, nämlich:
dass die nervösen Symptome, welche wir als Regel bei dieser Form
der Pyelonephritis beobachten, nicht auf die Nierenveränderungen zurückzuführen sind, welche im vorliegenden Falle ja sehr
hochgradige waren.

Unter den in der gynäkologischen Praxis vorkommenden
Pyelitisformen gibt die idiopathische Form der Pyelitis im Wochenbett ein sehr abgerundetes Krankheitsbild, welches schwer übersehen oder falsch gedeutet werden kann. Die Krankheit, wenn sie
auf die Harnorgane beschränkt ist, beginnt stets mit beträchtlichem,
plötzlich eintretendem Fieber, welches gewöhnlich durch einen mehr
weniger langen Frost eingeleitet wird. Dabei entwickelt sich gleichzeitig charakteristischer Schmerz in der Lumbalgegend, ein- oder
doppelseitig, bei Druck zunehmend, welcher zuweilen das Liegen
auf der erkrankten Seite nicht gestattet und der sich auch lateralwärts unter die falschen Rippen erstreckt. Der Schmerz zog sich
stets längs des Ureters nach abwärts bis in die Leisten- und Blasengegend und hatte zuweilen ganz das Gepräge von Nierenkoliken.
Der Urin war stets sauer, Farbe wechselnd, meist gleich nach der
Entleerung ganz klar, nur selten werden die zuletzt abgehenden Por-
tionen trübe entleert. Spec. Gewicht und Urinmenge in normaler
Menge. Mässiger Eiweissgehalt mit nur vorübergehend feinflockigem
Niederschlag. Von Formbestandtheilen sieht man stets Eiter in verschiedenen Mengen, ferner verschieden gestaltete Epithelien der Harnwege. Kaltenbach gibt an, dass in der Hälfte seiner Beobachtungen Epithelien der Nierenbecken mit voller Bestimmtheit in
grösserer Menge zu erkennen waren. Indess wird nach den oben
mitgetheilten Erwägungen auf die Epithelform kein diagnostisches
Gewicht gelegt werden können.

Was die secundären Pyelitisformen im Wochenbett anlangt, so können dieselben leicht bei dem Vorhandensein schwerer

allgemeiner Symptome übersehen werden, wo die schwer besinn-
lichen Kranken keine locale Schmerzhaftigkeit klagen und der Harn
durch Lochialsecret verunreinigt, über das Vorhandensein von Eiter
im Harn keinen Aufschluss gibt.

Diagnose.

Man hat zunächst Verwechselungen mit Eiterungsprocessen an
anderen Partieen der Schleimhaut der Harnwege zu vermeiden. Die
nächstliegende Verwechselung ist die mit einer Entzündung der
Blasenschleimhaut. Anhaltspunkte finden wir zunächst in der
Beschaffenheit des Harns. Man hat behauptet, dass der Harn bei
Blasenkatarrhen alkalisch, bei Entzündungen der Nierenbeckenschleimhaut dagegen sauer reagire. Beides ist in dieser Ausschliesslichkeit ausgesprochen nicht richtig. Denn es kann ein Katarrh der
Blase längere Zeit bestehen, ohne dass dabei der Harn alkalisch entleert wird und ausserdem wird auch bei chronischer Pyelitis der Harn
nicht selten alkalisch. Aber wir werden nicht übersehen dürfen,
dass bei Blasenkatarrhen eine weit grössere Neigung des Urins zur
Alkalescenz überhaupt besteht, und dass, besonders bei einseitiger
Pyelitis, die schwach saure oder alkalische Beschaffenheit durch den
aus der gesunden Niere stammenden Harn aufgehoben oder mindestens sehr abgeschwächt wird. Das Secret der Schleimhaut bietet
für keinen der beiden Entzündungsprocesse entscheidende Unter-
schiede, in beiden Fällen finden wir Eiter und etwas Blut. Spärliche Harncylinder in dem reichlichen eitrigen Sediment werden
immer bei der Alternative zwischen Cystitis und Pyelitis für die
letztere sprechen. Wir wissen, dass die geraden Kanälchen sich erfahrungsgemäss nicht selten bei der Pyelitis betheiligen.

Was die diagnostische Bedeutung der Nierenepithelien anlangt,
so habe ich mich oben bereits darüber ausgesprochen, dass erstens
Epithelien der Harnwege bei Pyelitis oft ganz fehlen und dass es
wirklich charakteristische Eigenthümlichkeiten des Epithels des Nierenbeckens gegenüber dem der übrigen Harnwege nicht gibt. Ich
glaube darauf ein gewisses Gewicht legen zu müssen, weil in einer
ganzen Reihe von Werken über Nierenkrankheiten von dem charakteristischen Nierenbeckenepithel oder schlechtweg von Epithelien
aus dem Nierenbecken gesprochen wird. Rosenstein (l. c. S. 331)
spricht sich vorsichtiger aus, indem er nur als charakteristische
Formen die dachziegelförmig übereinander gelagerten

Epithelien, welche die Nierenbeckenschleimhaut aus-
kleiden, hervorhebt. Uebrigens betont er noch, dass diese Epithelformen selten in Harnsedimenten getroffen werden. Ich habe dieselben nur in einem Falle an einem Kranken mit chronischer Pyelonephritis (einem 42jähr. Schmiede aus der Gegend von Hannover),
dessen Harn ich zu verschiedenen Zeiten im April und Mai 1875
untersucht habe, neben spärlichen Plattenepithelien in überaus grosser
Menge gefunden. Simon[1]) erkennt das Charakteristische der von
Rosenstein hervorgehobenen dachziegelförmigen Schichtung der
Nierenbeckenepithelien an, welche er übrigens nie beobachtet hat.
Im Uebrigen aber hebt er hervor, dass man in der Regel Epithelzellen im Harn finde, welche zwar meist durch geringere Grösse
oder unregelmässige Form vom gewöhnlichen grosszelligen Pflaster-
epithel der Blase aber nicht von den tieferen Epithelien derselben
zu unterscheiden sind. Besonders aber macht er darauf aufmerksam, dass er öfter im Nierenbecken und den Nierenkelchen so grosse
plattenförmige Epithelien gefunden hat, dass sie nicht vom Blasen-
epithel differiren. Uebrigens hat Kölliker[2]) u. A. sehr grosse
Pflasterzellen aus dem Nierenbecken abgebildet. Ich komme daher
mit Berücksichtigung meiner eigenen Erfahrungen (vgl. auch die S. 48
und 49 abgebildeten Epithelien aus Pelvis renalis, Ureter und Harnblase) zu dem Schluss, dass die Epithelien der Harnwege keinen
diagnostischen Werth bei der differentiellen Diagnose zwischen Pyelitis und Cystitis haben. Denn auch die dachziegelförmig geschichteten Epithelien sind keine dem Nierenbecken zukommende Eigen-
thümlichkeit.

Einen grossen diagnostischen Werth für die Diagnose der Pyelitis
haben entschieden das Fehlen der Symptome, welche die Harn-
röhrenkatarrhe und besonders die Blasenkatarrhe charakterisiren.
Bei jedem Blasenkatarrh bestehen Symptome von Seiten der Blase,
welche bei einer primär auftretenden Pyelitis fehlen. Bei der Pyelitis bestehen neben eitrigem und blutigem Harn Beschwerden und
Schmerzen in der Nierengegend. In Betreff der bei dem Blasenkatarrh auftretenden Symptome muss auf das betreffende Kapitel
dieses Bandes verwiesen werden. Es liegt auf der Hand, dass sich
bei der Complication von Cystitis und Pyelitis die Diagnose ungemein erschwert. Hier liefert nur die Chronologie der Erscheinungen

---

1) Chirurgie der Nieren II. S. 83.
2) Handbuch der Gewebelehre. 1859. III. Aufl. Fig. 266. S. 505.

nach einer sorgfältig aufgestellten Anamnese diagnostische Anhaltspunkte.

· Was die Diagnose der schweren Pyelitisformen anlangt, welche
im Verlauf schwerer Allgemeinerkrankungen auftreten, so entgehen
sie oft der Erkenntniss während des Lebens, wie bereits bei der
Symptomatologie angedeutet, in dem die von ihnen veranlassten
Symptome neben den schweren allgemeinen Erscheinungen sich der
Beurtheilung entziehen.

Die Diagnose der Pyelonephritis, wie sie im Gefolge der Harnstauung in der Blase mit nachfolgender ammoniakalischer Zersetzung
des Harns sich entwickelt, basirt zunächst auf dem Nachweise einer
derartigen Harnveränderung.

Indessen hat das oben ausführlicher geschilderte Verhalten, welches der Harn dabei darbietet, nichts Charakteristisches für die Pyelonephritis. Zwei Symptomengruppen geben hier Anhaltspunkte, einmal das Fieber, das andere Mal die nervösen Symptome. Entwickeln
sich bei einer solchen Affection Schüttelfröste, continuirliches Fieber
mit Prostration der Kräfte und einem Status typhosus, stellt sich
Erbrechen ein bei trockner, borkiger Zunge, gesellen sich Diarrhöen
und profuse Schweisse dazu, Schwerbesinnlichkeit, Bewusstlosigkeit
und Delirien, so darf man auf eine sogenannte Pyelonephritis parasitica rechnen.

Die Diagnose der Pyelitis und Pyelonephritis calculosa s. bei
Nephrolithiasis; desgleichen was die Prognose, Verlauf, Dauer und
Behandlung derselben betrifft.

Dauer, Ausgang und Prognose.

Die Dauer der einfachen Pyelitis catarrhalis ist im Allgemeinen
keine sehr lange, der Ausgang ist meist günstig. Indessen trüben
die häufig und leicht wiederkehrenden Recidive bei den rheumatischen Formen die Prognose, indem dieselben die oben (Seite 50) erörterten Folgezustände veranlassen. Je chronischer der Verlauf, um
so geringer sind die Aussichten auf Heilung. Die secundären katarrhalischen Formen z. B. nach Abdominaltyphus sah ich meist ziemlich schnell noch im Verlaufe der Reconvalescenz des Typhus heilen.
Die idiopathische Pyelitis im Puerperium sah Kaltenbach stets
in 5—8 Tagen mit Genesung enden. Der Verlauf der Pyelonephritis,
welche sich im Gefolge von Harnstauung in der Blase und ammoniakalischer Zersetzung des Harns entwickelt, scheint in den letal verlaufenden Fällen meist ein sehr rascher zu sein. In 14 Fällen, welche

sich bei Dickinson finden, war die Dauer 12—18 Tage. Manchmal ist der Verlauf rapid, schnell. H. Dickinson erzählt folgenden
Fall: Eine alte Frau, welche 2 Tage, nachdem sie einen einfachen
Schenkelbruch erlitten hatte, wegen Harnverhaltung katheterisirt
wurde, entleerte dabei ganz normalen Harn. Er wurde nachher
stinkend und stark schleimig. Innerhalb einer Woche, 3 Tage, nachdem der Urin die ersten Veränderungen zeigte, trat der Tod ein.
In den Nieren fanden sich zerstreut kleine Abscesse. Bisweilen zieht
der Verlauf bei der Pyelonephritis parasitica sich länger hin. Ja,
es scheint der Ausgang auch bei dieser Form nicht immer tödtlich
zu sein. Denn man findet, wie Wilks, Moxon und H. Dickinson angeben, an Leichen von Menschen, welche lange an den mehrfach erwähnten Krankheiten der Harnorgane gelitten haben, Narben,
welche augenscheinlich· von geheilten kleinen Abscessen herrühren
dürften.

Behandlung.

Die Behandlung der acuten einfachen, katarrhalischen
Pyelitis erfordert zunächst absolute Ruhe bei gleichmässiger nicht
kühler Temperatur. Durch reizlose, jedoch milde nährende Diät
und reichliche Einführung von nicht reizendem Getränk verhütet man,
dass eine Schädlichkeit von dieser Seite die Nierenbeckenschleimhaut trifft, und bewirkt durch den Genuss vieler Flüssigkeit die Ausspülung des angesammelten Secrets. Die Schmerzen werden selten
so heftig, dass die Anwendung von Narcoticis nöthig wird. Auch
das Fieber erreicht kaum so hohe Grade, um therapeutische Eingriffe
zu fordern. Bisweilen sieht man bei diesem einfachen diätetischen
Regimen die Heilung eintreten. Die grosse Neigung dieser Processe
zu Recidiven erfordert aber eine grosse Schonung der Patienten. Man
lässt sie zweckmässig im Sommer und Winter Flanell tragen. Gelangt man mit dem angegebenen Verfahren nicht zum Ziel, protrahirt
sich der Process, so kommen die bei den chronischeren Formen (s. u.)
angeführten Maassnahmen in Frage.

Was die secundären Pyelitisformen anlangt, wie sie als katarrhalische bei Infectionskrankheiten ab und zu beobachtet werden,
so heilen sie meist bei den nothwendigen diätetischen Maassnahmen
mit Ablauf der Grundkrankheit. Die schweren diphtheritischen Formen, welche unter analogen Bedingungen ab- und zu auftreten, entgehen der Diagnose und ihre Behandlung fällt mit der Grundkrankheit zusammen. Desgleichen sind nach den bis jetzt vorliegenden
Erfahrungen über die idiopathischen Formen der Pyelitis im Wochen-

bett besondere therapeutische Eingriffe nicht nöthig. Was nun die
Behandlung der Pyelonephritis anlangt, welche sich nach Harnstauungen in der Blase und ammoniakalischer Zersetzung des Harns
entwickelt, so liegt der Schwerpunkt derselben in der Prophylaxe.
Man muss in allen Fällen, wo die spontane Entleerung der Blase
nicht möglich ist und der Katheterismus nöthig wird, nach den vor-
liegenden Erfahrungen damit sehr vorsichtig sein, d. h. auf die scru-
pulöseste Reinhaltung der Katheter die grösste Sorgfalt verwenden.
Das Genauere darüber, sowie die Vorschriften über die zweckmässige
Behandlung der Blasenkrankheiten u. s. w., in deren Gefolge diese
Pyelonephritisformen auftreten, gehören in die Erkrankungen der
Harnblase. Ich begnüge mich hier mit einigen kurzen Bemerkungen.
Traube hat angegeben, dass er selbst in augenscheinlich schweren
Fällen von der Einspritzung von Solutionen von Plumb. acet. (0,03
—0,1 auf 120 Aq. destill.) in die Blase und dem innerlichen Gebrauch
von Acid. tannicum in Pillenform (0,06—0,1 pro dosi 2 stündlich)
sehr gute Erfolge sah. Beide Mittel wandte er wegen ihrer zu gleicher Zeit antiseptischen und antiphlogistischen Wirkung an. Das Acidum tannic. verordnete er innerlich besonders mit Rücksicht darauf,
dass der Vorgang die Tendenz hat, sich auf die Ureteren und das
Nierenbecken zu verbreiten. Wir werden uns indessen nicht ver-
hehlen dürfen, dass die Einführung von Flüssigkeiten in die Blase
viele Gefahren hat, einmal die dadurch gesetzte neue Reizung des
erkrankten Organs und ferner die Möglichkeit trotz scrupulösester
Reinlichkeit und grösster Vorsicht auf diese Weise aufs Neue Bakterien in die Harnwege zu bringen. Je vollständiger es gelingt, die
ammoniakalische Harnzersetzung zu verhindern und, wenn sie entstanden, sie zu beseitigen, um so länger dürfte man im Stande sein,
die secundäre Erkrankung der Niere und des Nierenbeckens hintanzuhalten, und manchmal mag es glücken, durch energisches Einschreiten in der beschriebenen Weise eine beginnende Affection der
Nieren zum Stillstand und zur Schrumpfung zu bringen. Dickinson
empfiehlt, um die Acidität des Urins zu erhalten, den Gebrauch der
Mineralsäuren, besonders der Schwefelsäure. Indessen steht dem Gebrauch der Mineralsäuren doch das entgegen, dass man so grosse
Dosen, als nöthig wären, um den angedeuteten Zweck zu erreichen,
nicht geben kann, ohne gefährliche Wirkungen derselben fürchten
zu müssen. Es dürften sich daher für diesen Zweck weit eher diejenigen Mittel empfehlen, von denen Bartels behufs Wiederher-
stellung der sauren Reaction beim Blasenkatarrh sehr gute Erfolge
gesehen hat, nämlich das Ol. terebinth. (gtt. X 4—5 mal täglich)

und der Bals. Copaivae ($\frac{1}{4}$-$\frac{1}{2}$ Theelöffel mehrmals täglich), beide am Besten in Gelatinekapseln. Edlefsen hat als neues in dieser Beziehung wirksames Mittel das Kali chloricum (15:300 mit einem Zusatz von 10,0 Aq. Laurocerasi als Geschmackscorrigens, 2—3 stündlich 1 Esslöffel)-den Beiden genannten hinzugefügt. Bei dem Ol. terebinth.: wird man freilich aufmerksam sein müssen, dass durch dasselbe keine Reizung der Nieren und der Nierenbeckenschleimhaut entstehe, was nach den in Kiel gemachten Erfahrungen (Bartels und Edlefsen) nur ausnahmsweise der Fall ist. Ferner gehört für die Anwendbarkeit des Ol. terebinth. und Bals. Copaivae eine gute Magenverdauung. Ist die letztere nicht vorhanden, so empfiehlt es sich, das Kali chlorium von vornherein zu geben, welches stets gut vertragen wird, überdies durchaus keine nachtheilige Wirkung auf die Schleimhaut der Harnwege hat. Im Gegentheil fand Edlefsen bei seiner Anwendung eine auffallend rasche Verminderung des Eitergehalts des Harns bei Blasenkatarrhen. Der innerliche Gebrauch der Carbolsäure scheint auf Blasen- und Nierenbeckenkatarrh keinen Erfolg zu haben, obgleich sie in den Harn übergeht. Wirksamer scheint die Salicylsäure zu sein, welche nach den von Fürbringer[1] mitgetheilten Erfahrungen bei geringen Dosen (1,0 pro die) mit höchster Wahrscheinlichkeit, wofern nicht zu ungünstige Complicationen vorliegen, die Erreger und Producte der ammoniakalischen Gährung des Harns innerhalb des Organismus zu beseitigen vermag. Dagegen ist sie nicht im Stande, den Eiterbildungsprocess auf den Schleimhäuten der Harnwege zu beeinflussen, ein Vorzug, welchen nach den Mittheilungen von Edlefsen das Kali chloricum haben würde.

Zieht sich eine katarrhalische Pyelitis etwas mehr in die Länge, was besonders bei den rheumatischen recidivirenden Formen der Fall zu sein pflegt, dann erscheint es angezeigt, von den Mitteln frühzeitig Gebrauch zu machen, denen ein modificirender und adstringirender Einfluss auf die Schleimhaut der Harnwege und die Hypersecretion ihrer Mucosa zugeschrieben werden kann. In dieser Beziehung empfehlen sich in erster Reihe die auch bei Blasenkatarrhen wirksamen Mittel: Ol. tereb., Bals. Copaivae, Kali chloricum, über die ich soeben gesprochen habe. Ferner sind von den eigentlichen adstringirenden Mitteln: die Folia uvae ursi, sowie auch der Gebrauch des Acidum tannicum selbst oder des Alumen (ersteres 0,1—0,2; letzteres 0,1—0,3 in Pulverform, oder des Plumbum acet. [0,03] mehr-

1) Berl. klin. Wochenschr. 1875. Nr. 19.

mals täglich) zu versuchen. Der Gebrauch des Bleies erfordert Vorsicht wegen der etwa eintretenden Intoxicationserscheinungen. Uebrigens ist bei Gebrauch dieser Adstringentien darauf zu halten, dass keine Obstipation entsteht, und·zwar durch Gebrauch milder Laxantien (Ol. Ricini, Pulv. rad. Rhei 0,3 pro dosi etc.) oder von Klystieren. Der Gebrauch von A l k a l i e n hat nur bei den Fällen von Pyelitis einen Sinn, wofern dieselbe von harnsauren Concretionen unterhalten wird. Wir werden bei der Besprechung der Nephrolithiasis sehen, dass sie auch hierbei nur mit grosser Einschränkung angewendet werden können. Bei der Therapie der Pyelitis selbst beanspruchen sie gar keinen Werth. Dass auch bei den chronischen Formen der Pyelitis ein sorgfältiges diätetisches Regimen und Schonung von allen äusseren Schädlichkeiten statthaben muss, wie es oben bereits bei der Behandlung der acuten Fälle angegeben wurde, liegt auf der Hand.

Nephrophthisis. Käsige Entzündung der Nieren, des Nierenbeckens und der Harnleiter.

Einleitende Bemerkungen. Geschichte und Literatur.

Die käsige Entzündung der Nieren, des Nierenbeckens und der Harnleiter wurde früher und wird heute noch von der Mehrzahl der Beobachter der Tuberkulose zugerechnet. Ein grosser Theil der pathologischen Anatomen stützt sich dabei auf die Annahme, dass sich die Entstehung der einzelnen käsigen Infiltrate durch Zusammensetzung derselben aus miliaren Tuberkeln nachweisen lasse und dass es gelinge, in der Umgebung der einzelnen Infiltrate stets kleine miliare Knötchen aufzufinden. Ohne irgend welche positive Beobachtung in Abrede stellen zu wollen, muss ich hier doch betonen, dass Beides in einer Anzahl von Fällen nicht beobachtet wurde. Ferner würde nur Ersteres beweisend sein, während Letzteres nicht für die tuberculöse Natur der Erkrankung spricht. Denn wir sehen, dass in der Umgebung der verschiedensten pathologischen Processe veritable miliare Tuberkeln auftreten, ohne dass wir denselben deshalb einen tuberculösen Charakter vindiciren. Die mannigfachen Formen der chronisch entzündlichen Processe der Lunge liefern dafür die schönsten Paradigmen. Die miliaren Tuberkel sind dabei etwas ganz Accidentelles.

Den Antheil, welchen etwa die miliaren Tuberkel, die bei generalisirter Tuberkulose oft genug in den Nieren gefunden werden,

an dem klinischen Symptomencomplex dieser perniciösen Allgemeinerkrankung haben, kennen wir nicht. Eine pathologische, Veränderung des Harns wird, wie es scheint, auch durch das reichlichste
Vorhandensein derselben nicht bewirkt. Anders steht es mit der
klinischen Geschichte der käsigen Entzündung der Nieren, des Nierenbeckens und des Harnleiters. Den ersten Versuch, die Diagnostik
dieser Affection anzubahnen, verdanken wir Ammon (1833), welcher
zugleich in unparteiischer Weise in seiner mustergültigen Arbeit die
früher bereits in dieser Beziehung gemachten Versuche würdigt.
Ueber die wichtigsten Hülfsquellen gibt das folgende Literaturverzeichniss, abgesehen von den bereits S. 3 aufgezählten Werken,
Aufschluss:

Meckel, Handb. d. path. Anatomie. 1818. II. S. 383. — F. A. v. Ammon,
Rust's Magazin 40. 1833. S. 500. — Mohr, Beiträge zur pathologischen Ana-
tomie. Kitzingen 1840. S. 256. — Basham on dropsy. London 1858. Cap. 18.
— A. Schmidtlein, Ueber die Diagnose der Phthisis tuberc. der Harnwege.
Dissert. inaug. Erlangen 1862. — Rilliet et Barthez, Malad. des enfants.
2. edit. III. p. 852. — Virchow. Geschwülste. II. S. 655. — Mosler, Archiv
der Heilkunde. 1863. S. 209. — Rosenstein, Berl. klin. Wochenschrift. 1865.
Nr. 21. — C. E. E. Hoffmann, Deutsch. Archiv f. klin. Medicin. III. S. 67. --
Huber, Deutsches Archiv f. klin. Medicin. IV. S. 609. — Wood, A treatise of
a practice of medecine. Vol. II. Philadelphia 1866. p. 622. — Thomas Smith,
St. Barthol. Hosp. Vol. VIII. 1872. p. 95. — Sthamer (Inaug. Dissert. Rostock
1872. Casuistik der sec. Tuberc. der Gelenke) und zahlreiche Casuistik, z. Thl.
im Text citirt.

Aetiologie.

Die Nephrophthise findet sich öfter bei Männern als bei Weibern,
etwa in dem Verhältniss wie 2:1. Kein Lebensalter wird verschont;
indess entfällt die grösste Mehrzahl der Fälle auf das reifere Lebensalter. Roberts gibt eine Uebersicht über das Alter von 31 Patienten. Danach fallen 4 auf das erste, je 5 auf das zweite und
fünfte, 6 auf das dritte, 9 auf das vierte und 7 auf das sechste
Altersdecennium; einzelne Fälle sind in noch höherem Lebensalter
beobachtet. Die Krankheit entwickelt sich theils primär, in den
Nieren zuerst, theils bei Männern im Gefolge der käsigen Entzündung
der Genitalien, theils neben käsiger Entzündung der tieferen Harnwege u. s. f. Die letzte Ursache dieser Affection kennen wir nicht.
In der Aetiologie spielt die Erkältung eine grosse Rolle. Mit welchem Rechte, bleibt dahingestellt. Auch traumatische Einflüsse werden hie und da beschuldigt. — Einzelne der Patienten stammten aus
phthisischen Familien, viele von ihnen litten bereits an anderweiten
phthisischen Localisationen, ehe Niere und Nierenbecken befallen
wurden. Aber gar nicht selten kommt auch, ebenso wie die käsige

Entzündung des Hodens, die ausgedehnte Phthisis der Harnorgane protopathisch, ohne Phthisis pulmon. oder eines anderen Organs vor.

Pathologie.

Pathologische Anatomie.

Der anatomische Befund ist ein äusserst prägnanter, nicht zu verkennender.

Es finden sich gelbe, diffuse Infiltrationen des Nierengewebes von grösserer oder geringerer Ausdehnung, so dass manchmal ein grosser Theil, bisweilen das ganze Organ von derartigen Massen durchsetzt und die Structurverhältnisse desselben untergegangen sind. Die Infiltrate zeigen das exquisite Bild der sogenannten käsigen Entzündung. Indem die käsigen Massen zerfallen, entsteht das eigentliche typische Bild der Nephrophthise. Die Einschmelzung der beschriebenen Infiltrate und die Abstossung der Nierensubstanz geschieht unter dem Bilde eines wahren putriden Geschwürs, welches immer mehr um sich greift und die Pyramiden und die Corticalsubstanz zerstört. Der phthisische Process ergreift häufig von der Nierensubstanz zuerst die Papillen der Malpighi'schen Pyramiden. Dies geschieht in den Fällen, in denen die Ureteren und das Nierenbecken oder auch letzteres allein die zuerst von der käsigen Entzündung ergriffenen Partien sind. Dieser Modus ist ein recht häufiger. Die Veränderungen der Nierenbecken- und Harnleiterschleimhaut sind ganz analog denen, welche in den Nieren auftreten, nur haben sie natürlich eine flächenhafte Ausdehnung. Die Nieren können aber nicht nur secundär vom Nierenbecken aus, sondern auch primär erkranken und erst secundär wird dann das Nierenbecken ergriffen. Man findet dabei oft die durch den Zerfall der käsigen Infiltrate der Nieren entstandenen Vomicae in das Nierenbecken durchgebrochen. Die nicht käsig infiltrirten Partien zeigen bei genauer Untersuchung oft eine reichliche Infiltration von Rundzellen in dem verbreiterten interstitiellen Gewebe, neben Compression der betreffenden Harnkanälchen und Trübung und Verfettung ihrer Epithelien. Die Niere nimmt unter der Entwickelung der käsigen Processe meist an Grösse zu, selten ist sie etwas kleiner als in der Norm. Sie bekommt eine höckerige Oberfläche und die Nierenkapsel erscheint an den Stellen besonders, welche peripheren Käseherden entsprechen, nicht nur wesentlich verdickt, bisweilen zu knorpelähnlicher Consistenz, sondern sie ist auch öfter selbst mit käsigen Herden durchsetzt. Erreicht nun dieser Process den höchsten Grad, so stellt die Niere

schliesslich einen dickhäutigen, mit breiig-käsiger Masse angefüllten
Sack dar, der durch einzelne bindegewebige Scheidewände — die
stehengebliebenen Nierenkelche — unvollkommen in eine Reihe von
Abtheilungen getrennt ist und welcher mit dem ebenfalls phthisisch
erkrankten Nierenbecken ein Ganzes bildet. Die an käsiger Entzündung ihrer Schleimhaut erkrankten Harnleiter erscheinen äusserlich dick, hart, steif, verkürzt. Bisweilen greift die käsige Infiltration
über die Schleimhaut des Ureters hinaus und seine ganze Wand ist
hie und da mit käsigen Massen durchsetzt.

Bisweilen ist eine analoge Erkrankung der Blasenschleimhaut
das Primäre. Dieselbe setzt sich ununterbrochen durch die Harnleiter auf die Nieren fort. Ausnahmsweise können auch käsige Herde
in der Prostata den Ausgangspunkt bilden. Was aber bei weitem
am häufigsten beim männlichen Geschlecht vorzukommen scheint, ist:
dass sich nach einer primären käsigen Entzündung des Hodens, und
zwar wohl ausnahmslos des Nebenhodens, entweder continuirlich —
durch Samenstrang, Samenblasen, Prostata, Harnblase oder Ureteren
— oder discontinuirlich, mit Ueberspringung einzelner (besonders
des Samenstranges) weit seltener sämmtlicher Zwischenstationen, die
in Frage stehende Nierenaffection entwickelt. Beim weiblichen Ge-
schlechte stellt sich die Sache freilich ganz anders. Die käsige Entzündung der Ovarien ist ein überaus seltenes Vorkommniss, häufiger
dagegen die im übrigen Geschlechtsapparat, besonders die der Schleimhaut der Fallopischen Trompeten. Was aber die Combination der
Nephrophthisis mit der käsigen Entzündung der weiblichen Genitalien
betrifft, so lässt sich nach den vorliegenden spärlichen Materialien
so viel aussagen, dass der Uebergang der käsigen Entzündung der
weiblichen Harnorgane wohl auf die Geschlechtsorgane statthaben
kann, dass aber der umgekehrte Fall kaum vorkommt.

Die von mancher Seite, so von Wilks[1]), Th. Smith (l. c.)
vorgetragene Ansicht, dass die Phthise der Harnwege in den Nieren
stets beginne und nach abwärts fortschreite, weil die Niere in einem
vorgeschritteneren Stadium der Erkrankung gefunden werde als die
Ureteren, und die Ureteren mehr erkrankt sind als die Blase, ist in
der angenommenen Ausschliesslichkeit weder richtig, noch der dafür
beigebrachte Grund zutreffend, schon deswegen nicht, weil die Möglichkeit der Ausbreitung desselben pathologischen Processes in verschiedenen Organen verschieden gross ist. Oft erkrankt nur eine
Niere, häufiger, worauf schon J. Fr. Meckel aufmerksam gemacht

---

1) Pathol. soc. transact. Vol. XI. p. 138.

hat, wie es scheint, die linke, indess wird auch der rechten Niere
eine grössere Prädilection zugeschrieben. Nicht selten findet man
beide Nieren von käsiger Entzündung ergriffen, dann aber wohl ausnahmslos die eine mehr als die andere. Der dabei statthabenden
Vergrösserung des Nierenvolumens ist bereits oben gedacht. Letztere
kommt übrigens zum guten Theil auf Rechnung der Erweiterung
des Nierenbeckens durch den sich stauenden Harn. Diese Harnstauung wird vornehmlich durch die Ansammlung käsiger Massen
bewirkt, welche bisweilen den ganzen Ureter ausfüllen. Sie obturiren
den Harnleiter um so leichter, da sein Lumen durch die starre gelbe
käsige Infiltration der Schleimhaut überdies meist schon ziemlich
hochgradig verengt ist. In einzelnen Fällen findet sich das den
Ureter umgebende Bindegewebe eitrig infiltrirt, ebenso wie sich bisweilen bei gleichzeitiger Affection der Blase das dieselbe umgebende
Bindegewebe in gleicher Weise erkrankt findet. Ausserdem beobachtet
man öfter Schwellung und Verkäsung der den erkrankten Partien
der Harnorgane benachbarten Lymphdrüsen. In der Umgebung der
käsigen Infiltrate in den Nieren, den Nierenbecken und den Ureteren
finden sich sehr häufig, aber durchaus nicht constant, miliare Tuberkeln (vgl. Neubildungen der Niere), bisweilen finden sich dieselben
auch in sämmtlichen oder sehr vielen anderen Organen unter dem
Bilde der Tuberculosis miliaris acuta. Nicht selten beobachtet man
Phthisis pulmon. und Nephrophthisis gleichzeitig, auch hat man
letztere neben käsiger Entzündung der Wirbelkörper gefunden. In
einem Falle beobachtete ich neben einer ausgedehnten Phthise der
Harnorgane bei einem 27jährigen Mann einen frischen Pneumothorax
sinister, welcher durch Durchbruch eines der zahlreichen Herde von
Peribronchitis purulenta, die sich augenscheinlich kurze Zeit vor dem
Tode entwickelt hatten, zu Stande gekommen war.

Symptomatologie.

Die Symptome der käsigen Pyelitis und Pyelonephritis sind
nicht so übereinstimmend, um ein für alle Fälle gültiges und zutreffendes Krankheitsbild entwerfen zu können. Die Erscheinungen,
welche dabei überhaupt in Betracht kommen, sind die eines mehr
oder weniger chronisch verlaufenden Entzündungs- und Eite-
rungsprocesses in den Nieren und Harnwegen, welche bisweilen gewisse Besonderheiten gegenüber analogen Processen in
diesen Organen zeigen. Fehlen diese dem uns hier interessirenden
Krankheitsprocesse eigenthümlichen Zeichen ganz oder theilweise,

so wird die richtige Deutung derselben entweder unmöglich oder sehr erschwert. Besonders wichtig sind die Veränderungen des Harns. Es gibt aber zwei Möglichkeiten, in denen dieselben dauernd oder vorübergehend fehlen, nämlich 1) wenn nur eine Niere erkrankt ist, die Verstopfung oder Compression des Ureters bei gesunder Beschaffenheit der tiefer nach abwärts gelegenen Schleimhaut, insbesondere wenn die Ausschwemmung der den Harnleiter obturirenden käsigen Massen durch den Untergang alles secernirenden Parenchyms unmöglich geworden ist.

Einen instructiven derartigen Fall schildert Purjesz jun.[1]) aus der Wagner'schen Klinik in Buda-Pest. Derselbe betraf eine 30jährige Frau.

Im Jahre 1871 hatte sie, angeblich beim Heben einer schweren Last, im Bauche und in der Blasengegend heftige Schmerzen empfunden, zugleich soll sie nebst häufigem schmerzhaften Harndrang blutigen trüben Urin entleert haben. Die Symptome besserten sich aber bis auf den Harndrang. 1874 war die rechte Niere als ein am untern Rande der Leber fühlbarer auf Druck etwas schmerzhafter Tumor wahrnehmbar. Es bestand häufiger Harndrang. Der Harn war nicht verändert. Ebenso verhielt sich der Harn bis zum Tode. Das tägliche Harnvolumen hielt sich auch bis zum letalen Ausgange in relativ normalen Grenzen. Pat. starb unter den Erscheinungen der Lungenphthise im Juni 1875. Die ganze rechte Niere war, wie die Leichenöffnung ergab, in einen mit käsiger Masse angefüllten Sack umgewandelt. In gleicher Weise war der Ureter ausgefüllt. Der Harn konnte hier nichts Krankhaftes enthalten, da der ganze Ureter mit käsigen Massen vollgestopft war, welche nicht ausgeschwemmt werden konnten, weil das ganze secernirende Parenchym untergegangen war.

Ferner kann 2) bei Phthisis renal. der Harn normal sein, auch wenn beide Nieren erkrankt sind, nämlich bei noch nicht eingetretenem Zerfall der käsigen Infiltrate. Der ältere Meckel behauptete, dass die Vereiterung ziemlich selten eintrete, und nur unter dieser Voraussetzung lässt sich seine, durch spätere Beobachtungen vielfach widerlegte Behauptung erklären, dass auch bei fast totaler Degeneration beider Nieren der Harn regelmässig abgesondert werde und nur viel heller als gewöhnlich sei. Betrachten wir nun die einzelnen bei Nephrophthise beobachteten Harnveränderungen etwas näher, so ist zunächst hervorzuheben, dass in der Mehrzahl der Fälle ein aus Blut oder Eiter, häufig aus beiden bestehendes Sediment im Urin auftritt. Nach längerem oder kürzerem Stehen fand ich in den von mir beobachteten Fällen die über dem Sediment stehende

---

1) Berlin. klin. Wochenschr. 1876. Nr. 18.

Flüssigkeit hell und klar und kein Hämoglobin in derselben aufgelöst. Entsprechend diesen blutigen und eitrigen Beimengungen findet sich auch eine grössere oder geringere Albuminurie.

In Betreff der Zeit des Auftretens dieser abnormen Harnbestandtheile gibt es bei den einzelnen Fällen von Nephrophthise eine grosse Menge von Verschiedenheiten. Theils kommt nur im Anfang Blut dem Urin beigemengt vor, in anderen Fällen wird im ganzen Verlauf überhaupt kein Blut, sondern nur Eiter beobachtet, in seltenen Fällen erscheint anfangs eine einfache Albuminurie mit sehr spärlichen Formelementen[1]). Bisweilen ist die Consistenz des Urins in Folge der beigemengten blutig-schleimigen Massen so bedeutend, dass die Entleerung desselben Schwierigkeit hat (Wood).

In den allermeisten Fällen erscheint dabei der Harn sauer. Nur selten, besonders in einzelnen Fällen, wo auch die Harnblase erkrankt ist und die Bedingungen für die Zersetzung des Urins vorhanden sind, wird derselbe ammoniakalisch gefunden.

Bei der mikroskopischen Untersuchung findet man, wofern keine ammoniakalische Zersetzung des Harns stattgefunden, in den betreffenden Fällen neben Blutkörperchen theils normale, theils veränderte Eiterkörperchen im Sediment. Die letzteren zeichnen sich durch ihre unregelmässigen, häufig halb zerfallenen Formen aus, welche, auch mit Essigsäure behandelt, keinen deutlichen Kern zeigen, sondern nur kleine unregelmässige Körnchen enthalten. Ausserdem findet sich bisweilen in dem Sediment körnige amorphe, sogenannte Detritusmasse. Auch Epithel der Harnwege findet sich, aber inconstant, in wechselnden Mengen, theils einzelne Zellen, theils in Lamellen zusammenhängende Fetzen, bisweilen sind diese Zellen fettig entartet. Auch werden bei Betheiligung der Nieren, indess gewöhnlich nur sparsame, Harncylinder beobachtet. Bei ammoniakalischer Zersetzung des Urins findet man Krystalle von phosphorsaurer Ammonmagnesia, die organisirten Formbestandtheile sind zerstört und in eine dickflüssige, fadenziehende Masse verwandelt. In einzelnen Fällen von käsiger Pyelonephritis beobachtete man im Urin elastische Fasern und Fetzen abgestossenen Bindegewebes. Sie sind stets ein Beweis dafür, dass der Entzündungs- und Eiterungsprocess sich in die Schleimhaut und noch tiefer erstreckt und ausgedehntere Zerstörung bedingt hat. Eine specifische und pathognostische Bedeutung wohnt ihnen ebenso wenig bei, wie den elastischen Fasern u. s. w. in dem Sputum bei den Ulcerations-

[1] Magnan, Gaz. méd. 1867. No. 25.

processen der Respirationsorgane. Eine weit grössere pathognostische
Bedeutung für das Wesen und die Natur des vorliegenden Processes
als eines phthisischen hat der Nachweis kleiner, ab und zu auch
etwas grösserer käsiger Bröckel, deren Elemente gegen Essigsäure widerstandsfähig sind, und die mikroskopisch aus eingetrock-
netem, käsigem Material, körnigem Detritus und elastischen Fasern
bestehen. Neben anderen Beobachtern machten besonders Lebert
und Vogel auf derartige Klümpchen, welche Letzterer die Grösse
eines Stecknadelkopfes erreichen sah, aufmerksam. Sie sind bis
jetzt noch bei keinem Verschwärungsprocesse der Harnwege, ausser
dem in Folge käsiger Entzündung entstandenen, beobachtet. Freilich sind sie durchaus nicht constant. Aus ihrem Fehlen lässt sich
also nicht der Schluss ziehen, dass keine käsige Entzündung der
Harnorgane vorhanden sei.

Bei der Nephrophthise beobachtet man auch Schmerzen in
der Nierengegend, welche nach dem entsprechenden Schenkel
ausstrahlen können, in welchem dann in vereinzelten Fällen Gefühl
der Taubheit und andere Sensibilitätsstörungen beobachtet werden.
Die Nierenschmerzen zeigen nicht immer ein gleiches Verhalten.
Manchmal sind sie dauernd und anhaltend, manchmal kehren sie in
Paroxysmen nach mehrtägigen und wochenlangen Intermissionen
wieder. Ab und zu sind sie dumpf, von geringer Heftigkeit, in anderen Fällen dagegen sind sie überaus excessiv und quälend. Manchmal ist gar keine spontane Schmerzhaftigkeit, sondern nur eine
Empfindlichkeit der Nierengegend auf Druck vorhanden. Die Schmerzanfälle hängen, wie es scheint, hier nicht zum geringsten Theile von
Obturationen des Harnleiters mit käsigen Massen ab, wodurch die
Entleerung des Harns gehindert wird, der sich im Nierenbecken
staut (Nierenkoliken). Sobald der Harnleiter frei wird, lassen die
Schmerzen nach und die Urinmenge nimmt an Quantität zu. Sind
die ableitenden Harnwege unter der verstopften Stelle gesund, so
wird der während der Verstopfung eiterfreie Urin wieder eiterhaltig,
sobald die Passage wegsam wird.

Es gibt Fälle, wo Schmerzen in den Harnorganen während des
ganzen Verlaufes der Krankheit fast gar nicht geklagt werden.

Beim Fortschreiten der Krankheit, bei immer grösserer Ein-
schmelzung der secernirenden Substanz nimmt die Urinmenge ab.
Ist die Blasenschleimhaut in analoger Weise von käsiger Entzündung
ergriffen, kommen auch brennende, drückende Schmerzen bei der
Harnentleerung vor, ab und zu auch Harnverhaltung. In seltenen
Fällen wurde Incontinentia urinae beobachtet (Mohr). Dieselbe

tritt natürlich stets dann ein, wenn es, wie in Mosler's Fall, zur
Bildung einer Blasenscheidenfistel in Folge der Destruction der
Blasenwand bei käsiger Infiltration derselben kommt. Es können
indessen, wie ein von Huber mitgetheilter Fall lehrt, hochgradiger
Harndrang und Blasenschmerzen vorhanden sein, ohne dass die
Schleimhaut der Blase am käsigen Entzündungsprocesse theilnahm,
so dass man sich hüten muss, auch aus den heftigsten subjectiven
Localsymptomen von Seiten der Blase mit Bestimmtheit auf den Sitz
der Localisation in derselben zu schliessen. Es fand sich in seinem
Fall keine käsige Entzündung der Blasenschleimhaut und der
Urethra, sondern nur eine hochgradige Injection der ersteren, sowie
eine Vessie à colonnes. Es ist in solchen Fällen anzunehmen, dass
durch die veränderte Harnbeschaffenheit, besonders den mit dem
Urin entleerten Eiter diese Blasenbeschwerden veranlasst werden.
Der Nachweis einer Nierengeschwulst, welcher, wie wir
sehen werden, beim Nierenkrebs selten vermisst wird, fehlte bei der
Nephrophthise öfter und in fast allen Fällen, wo bei diesem Krankheitsprocess ein Tumor der Niere palpirbar ist, erreicht er fast nie
eine so bedeutende Grösse, wie die krebsigen Nierengeschwülste.
Indessen sind doch einzelne käsig entartete Nieren von Kindskopf-
grösse beobachtet worden. Die Geschwülste sind meist schmerzhaft.
In seltenen Fällen fand man die Lumbalgegend vorgetrieben, ge-
wölbt, prall und gespannt. Auch können die Grössenverhältnisse
des Nierentumors wechseln, und zwar in Folge der zeitweisen Verstopfung des sehr engen Ureters und der dadurch bedingten Harnstauung. Der in den Nieren und Harnwegen localisirte Verschwärungs-
process bleibt auf den allgemeinen Zustand der Kranken nicht ohne
Rückwirkung. Dazu kommt das von der Krankheit bedingte Fieber,
welches zeitweise fehlen kann, aber nie auf die Dauer. Es steigert
sich in vorgeschrittenen Fällen manchmal zu stundenlang anhaltenden
Schüttelfrösten. Sub finem vitae nimmt das Fieber meist einen
hektischen Charakter an. Es entwickeln sich profuse Schweisse.
Dabei leidet auch die Verdauung. Nur in seltenen Fällen bleibt
die Magenthätigkeit unbeeinträchtigt. So erzählt Ammon einen
Fall von Nephrophthise bei einem $3\frac{1}{2}$jährigen Mädchen, wo vorübergehend sogar Heisshunger vorhanden war. Die bei anderen
Affectionen des Harnapparates so oft beobachteten consensuellen
Magenerscheinungen kommen auch hier öfter vor. Bisweilen stellen
sich theils in Folge complicirender Darmerkrankung, theils auch
ohne dieselbe gegen Ende des Lebens profuse Durchfälle ein. Es
kann in seltenen Fällen zu eitrigen Diarrhöen dadurch kommen, dass

die käsigen Vomicae der Niere nach dem Dickdarm aufbrechen.
Indessen ist diese Eventualität eine eben so seltene, wie der Durchbruch der Nierenvomicae nach dem Peritonealsack. Letzteren Modus
beobachtete Lundberg[1]) bei einem 34jährigen Frauenzimmer.
Der Erguss kapselte sich ab und die Kranke lebte darnach noch
1½ Jahre.

Die meisten Kranken erliegen nicht der Nephrophthise allein,
sondern meist treten früher oder später complicirende Erkrankungen
phthisischer Natur, käsige Processe u. s. w. in anderen Organen
auf. Dazu gesellt sich sub finem vitae häufig eine den letalen
Ausgang vermittelnde generalisirte Miliartuberkulose. — Durch diese
verschiedenen Modalitäten wird das jeweilige Krankheitsbild und
der Krankheitsverlauf bedeutend modificirt. Es ist das Verdienst
von Franz König (vergleiche die Dissertation von Sthamer,
weiteres über diesen Punkt verdanke ich gütiger mündlicher Mittheilung), darauf aufmerksam gemacht zu haben, dass sich, wie
es scheint in nicht seltenen Fällen, diese käsige Entzündung des
Harnapparats mit secundären tuberculösen multiplen Gelenkentzündungen complicirt, welche in Intervallen, mit Remissionen und Exacerbationen auftreten. — Eine Chronologie
der einzelnen Symptome der käsigen Entzündung der Harnorgane zu geben, ist schlechterdings unmöglich, weil dieselben verschieden sind nach dem Ort, wo der Process anfängt. Th. Smith
spricht den Satz aus, dass Kranke, welche an Phthise der Harnwege
leiden, sicher sind, zeitweise im Verlauf ihrer Krankheit, für steinkrank gehalten zu werden und zwar sollen die früheren Stadien an
die Symptome von Nieren-, die späteren an die der Blasensteine
erinnern. So viel steht fest, dass diagnostische Irrthümer zwischen
Blasensteinen und Phthise der Harnorgane besonders bei Kindern
nicht selten vorkommen. Die Untersuchung mit der Steinsonde gibt
dann darüber Aufschluss. Uebrigens darf man nicht vergessen, dass
beide Zustände sich auch combiniren. Smith erwähnt kurz eine
solche einen Knaben betreffende Beobachtung Wormald's. Die
Krankheitsdauer der käsigen Entzündung der Harnorgane genau
festzustellen, ist kaum jemals möglich, weil der Anfang meist nur
ungenau bestimmt werden kann. Jedenfalls ist dieselbe eine sehr
verschiedene, indem sie in einzelnen Fällen sich über Jahre hin-
erstreckt, in anderen Fällen ihren Ablauf innerhalb weniger Monate
nimmt. Die Regel liegt in der Mitte; denn weit über Jahresfrist

---

1) Schmidt's Jahrbb. 91. S. 74.

dauert nur der kleinste Bruchtheil der Fälle, wenn man vom Beginn
der Symptome von Seiten der Harnorgane an rechnet. Ich habe
am 11. April 1875 einen Fall untersucht, über welchen mir Herr
College Langenbeck in Göttingen eine Reihe anamnestischer
Daten mitgetheilt hat.

Der Kranke hatte als Student bereits mehrfach Blut ausgehustet.
Als Soldat a. 1871 erkrankte er zuerst an Hämaturie, welche sich
in Folge einer Erschütterung des Mittelfleisches beim Turnen eingestellt
haben soll. Ebenfalls auf eine traumatische Ursache schob Pat. die
Veränderung des linken Nebenhodens, welcher als harter, höckriger,
vom Hoden abhebbarer Körper fühlbar war. Der Militärdienst wurde
durch diese Hämaturie nicht unterbrochen. 1872 machte der Kranke
eine wissenschaftliche Reise in den Orient. Ein Sturz vom Pferde
soll die Hämaturie, welche seit 1871 dauernd bestehen blieb, ver-
schlimmert haben. Patient verfolgte trotzdem seine wissenschaftliche
Laufbahn nach seiner Rückkehr in die Heimat und trat in eine amt-
liche Stellung. Ich habe bereits im Winter 1874 den Harn des
Kranken untersucht, welcher ein mässig reichliches blutig-citriges
Sediment zeigte. Patient fühlte sich subjectiv angeblich ganz wohl.
Im Winter 1874 litt er an reichlichen Diarrhöen, welche nach einiger
Zeit vorübergingen. Im Winter 1875,76 übte er noch seine amtlichen
Functionen aus. Im Frühjahr 1876 stellte sich starkes Fieber ein.
Am 16. Mai 1876 erlag Patient einer complicirenden acuten phthisischen
Erkrankung der Lunge, welche einen Pneumothorax bedingt hatte.
Die Section ergab käsige Entzündung des l. Nebenhodens, der Samen-
blasen und der Prostata, der Harnblase, hochgradige käsige Affection
der rechten Niere, ihres Nierenbeckens und Harnleiters, geringgradige
käsige Herde im Parenchym der linken Niere.

Ohne weitere Details über diesen Fall mitzutheilen, mögen diese
wenigen Bemerkungen nur dazu dienen, darauf hinzuweisen, in wie
chronischer, tückischer, das Allgemeinbefinden wenig oder gar nicht
störender Weise sich die Krankheit entwickeln und bis kurze Zeit
vor dem Tode verlaufen kann.

Diagnose und Prognose.

Die Diagnose der käsigen Entzündung der Harnwege ist im
Allgemeinen schwer. Nur in einem Bruchtheil von Fällen kann dieselbe intra vitam durch das Zusammenvorkommen von einer Reihe
der bei der Symptomatologie angegebenen Zeichen mit einer grösseren
Wahrscheinlichkeit gestellt werden, so z. B. lässt die Anwesenheit
dieser Affection sich erwarten, wenn sich nach Exstirpation eines
käsig entarteten Hodens die Symptome chronischer Eiterung der
Harnwege einstellen. Entwickelt sich aber die käsige Entzündung
in den Nieren oder Harnwegen primär, so lässt sich, trotz Anwesen-

heit von Blut und Eiter im Harn, die betreffende Diagnose nur dann
vermuthen, wenn keine anderen Momente vorhanden sind, welche
analoge Symptome bedingen, wie Harnsteine, Stricturen der Urethra,
Hypertrophie des mittleren Lappens der Prostata u. s. w. Eine
Untersuchung der Prostata ist in allen Fällen von eitrigem Harn
durchaus nöthig, und dürfte hier auch manchmal diagnostische Anhaltspunkte geben, weil eine höckrige schmerzhafte Prostata bei den
entsprechenden Urinveränderungen auf den Ausgangspunkt des Processes von diesem Organe mit einer gewissen Wahrscheinlichkeit
hinweist. Das Auftreten von käsigen Massen im Urin ist von ausserordentlicher Wichtigkeit für die Diagnose. Eine dauernde normale
Beschaffenheit des Urins macht die Erkenntniss fast unmöglich. Ob
und inwieweit bei einer solchen käsigen Entzündung der Harnwege
die Niere, das Nierenbecken und die Harnleiter betheiligt sind, ist
auch sehr schwer, bisweilen gar nicht, zu beantworten. Folgendes
sind die hier geltenden Anhaltspunkte:

Im Allgemeinen erkranken die Nieren, das Nierenbecken und
der Harnleiter, wenigstens sein oberer Theil, weit häufiger und intensiver als die Blase. A priori dürfen wir daher, wofern wir überhaupt
eine käsige Entzündung der Harnorgane annehmen zu dürfen glauben,
die genannten Organe stets als betheiligt ansehen. Diese aprioristische
Annahme gewinnt erst sicherere Stützen, wenn ein Tumor der Niere
unter den angegebenen Bedingungen sich nachweisen lässt, wenn die
kolikartigen Schmerzen, wie sie bei anderen Pyelitisformen vorkommen, beobachtet werden. Der frühzeitige Verfall der Kräfte und
alle Zeichen des schnell fortschreitenden Marasmus lassen ausserdem
neben hektischem Fieber eine phthisische Affection argwöhnen. Die
Prognose ist schlecht. Die Hoffnung von Roberts, dass bei einseitiger derartiger Affection der Nieren die käsigen Massen durch
das Nierenbecken entleert werden können, ist, obgleich sie sich auf
eine Beobachtung Bennet's stützt, doch deshalb nicht sichergestellt,
weil es sich hier einfach um einen Abscess mit eingedicktem Inhalt
gehandelt haben kann. Auch die frühzeitigen Exstirpationen von
Hodengeschwülsten, welche durch Infiltration mit käsigen Massen
bedingt sind, scheinen das Fortschreiten und die Entwickelung des
käsigen Processes in den Harnwegen und den Nieren nicht aufzuhalten.

Therapie.

Die Behandlung erscheint aussichtslos. Sie muss nach denselben Principien, welche überhaupt für käsige Entzündungsprocesse
maassgebend sind, geleitet werden. Eine nährende Diät verbunden

mit leicht anregenden Reizmitteln, Lebcrthran in Verbindung mit
Eisen (Ol. jecoris benzoici ferrati) sind vor Allem indicirt. Daneben
kann ein vorsichtiger Versuch mit Jodpräparaten, besonders auch
in Verbindung mit Eisen, sowie eventuell von Soolbädern gemacht
werden. Bei heftigen Schmerzen sind die Narcotica nicht zu entbehren. Die übrigen Symptome sind durch geeignete Mittel thunlichst zu bekämpfen; so besonders die profusen, den letalen Ausgang
oft so sehr beschleunigenden Diarrhöen.

Peri- und Paranephritis.

Definition, Geschichte und Literatur.

Ich behandele in diesem Abschnitt die Lehre von den Ent-
zündungs- und Eiterungsprocessen, welche in der die Nieren direct
umschliessenden derben fibrösen Kapsel sowie besonders in dem die
Nieren umgebenden lockeren Binde- und Fettgewebe sich etabliren.
Die Niere wird bekanntlich durch ein lockeres mehr weniger fett-
reiches Bindegewebe eingehüllt, vor welchem das Peritoneum herab-
zieht und welches durch feine, leicht zerreissliche Adhäsionen mit
der festen fibrösen Nierenkapsel zusammenhängt. Entzündliche Processe, welche in der fibrösen Nierenkapsel auftreten, erreichen nicht
die Bedeutung selbstständiger pathologischer Processe, während die
in dem die Nieren umgebenden Binde- und Fettgewebe, welches
weiterhin mit dem den retroperitonealen Bauch- und Beckenraum
ausfüllenden Bindegewebe in directem Zusammenhange steht, locali-
sirten Entzündungsprocesse als Peri- und Paranephritis beschrieben werden. Peri- und paranephritische Entzündungen combiniren sich meist mit einander und der Praktiker wird kaum je im
Stande sein, beide Processe intra vitam zu differenziren. Ich ge-
brauche daher im Verlaufe der Darstellung der Kürze wegen die
Bezeichnung „Perinephritis" für diese pathologischen Processe.

Dass sich Eiterungen und Abscesse in dem die Niere umgebenden Bindegewebe etabliren, war den früheren Beobachtern wohl
bekannt, aber eine zusammenhängende Darstellung dieser, wenn auch
nicht sehr häufigen, so doch aber praktisch überaus wichtigen Affection
ist erst von Rayer in seinen Maladies des reins T. III. p. 244,
Paris 1841, gegeben worden. Nach ihm haben: Almago, Recueil
des traveaux de la soc. méd. d'observation. 1859. p. 429. — Féron,
De la perinephrite primitive. Thèse. Paris 1860. — Parmentier,
Union médicale. Vol. XV. 1862. — Lemoine, ebenda. Vol. XVIII.

1863. — Hallé, Des phlegmons perinephritiques. Thèse. Paris 1863.
— Guérin, Gaz. des hôpit. 1865 u. A. weitere Beiträge geliefert.
Mit Benutzung eines grossen Theils dieses und noch anderweitigen
Materials sowie auf Grund eigener zahlreicher Beobachtungen lieferte
Trousseau im 3. Bande seiner Med. Klinik (deutsch von P. Nie-
meyer, 1868) eine sorgfältige, besonders die Symptomatologie und
Therapie ins Auge fassende, recht klare und lichtvolle Bearbeitung.
Die neueste Zeit hat die Casuistik wesentlich vermehrt, besonders
Duffin[1]) verdanken wir einige recht schätzbare Mittheilungen.

Aetiologie.

Die perinephritischen Entzündungen entwickeln sich weit seltener
primär als secundär. Die Ursachen sind theils allgemeiner
theils örtlicher Natur. In die letztere Kategorie gehört die weitaus grösste Zahl der Beobachtungen.

Zunächst müssen in einer ganzen Reihe von Fällen traumatische Einwirkungen als veranlassende Momente angesehen werden.
Es handelt sich hier zunächst um wirkliche Verwundungen
der Niere', wo sich Blut und Harn in das die Niere umgebende
Bindegewebe ergiesst und so perinephritische Abscesse veranlasst
(vgl. S. 12). In einer sehr grossen Zahl von Fällen sind es Contusionen, welche zu Entzündungen des perinephritischen Bindegewebes Veranlassung geben. Manchmal genügen dazu starke Bewegungen, anhaltendes Reiten und Fahren in einem stossenden
Wagen, wobei stärkere Erschütterungen häufig vorkommen. Freilich
hat die Annahme, dass dadurch gerade das die Nieren umgebende
Bindegewebe allein eine Reizung erfährt, ihr Missliches. Jedoch
liegen ihr eine Reihe Thatsachen zu Grunde. Hallé hebt hervor,
dass bei all diesen Anlässen die plötzliche Abkühlung eines stark
erhitzten Körpers concurrire. Indessen wird dadurch die Sache nicht
mehr aufgeklärt. Weit leichter deutbar sind die Fälle, wo sich nach
starken körperlichen Anstrengungen, dem Heben schwerer Lasten
u. s. w. in Folge von Zerrung der Gewebe in der Lendengegend,
was sich meist durch einen direct nachher empfundenen intensiven
Schmerz kundgibt, eine veritable Entzündung in dem die Nieren
umgebenden Bindegewebe entwickelt. Vielgestaltiger sind die Ursachen, welche eine secundäre Entzündung des perinephritischen
Gewebes veranlassen. Vor Allem sind es eitrige Entzündungen
des Nierenbeckens und der Niere selbst, welche in ihrem Ver-

---

1) Med. Times and Gazette. 1870. Vol. II. (Spt. 24) und Transact. of the
path. soc. Vol. XXIV. p. 138. London 1873.

laufe besonders gern auf die Umgebung der Nieren übergreifen: es
handelt sich hierbei also um die in Folge chronischer Pyelitis und
Pyelonephritis entstehende eitrige Perinephritis. Besonders kommen
hier die calculösen Formen in Frage. Kann die Nephrolithiasis nicht
mit Sicherheit diagnosticirt werden, so bleibt natürlich die Pathogenese intra vitam unaufgeklärt. Auch Echinococcusgeschwülste,
welche sich in der Umgebung der Nieren entwickeln, können in
dem dort befindlichen Bindegewebslager zu entzündlichen Erscheinungen Veranlassung geben. Bei Schrumpfnieren beobachtet man
meist Verdichtungen der Nierenkapsel, welche für stattgehabte chronisch entzündliche Processe sprechen. In nur seltenen Fällen greifen
Abscesse im Iliopsoas, welche von Erkrankungen der Wirbelkörper veranlasst sind, secundär auf das perinephritische Bindegewebe
über; denn die feste Bindegewebshülle des Muskels hält den Process
meist auf ihn selbst beschränkt, Von den anderen Ursachen, welche
secundär perinephritische Abscesse veranlassen, steht wohl in erster
Reihe die Verbreitung von entzündlichen Processen des
parametritischen, d. i. der Zellgewebshülle des unteren Uterus-
theils und Vaginalgrundes, auch des Beckenbindegewebes in das
sich nach oben erstreckende retroperitoneale perinephritische Bindegewebe. Diese entzündlichen Processe kommen
vorwiegend im Puerperium vor, entwickeln sich aber auch aus Ursachen anderer Art ausserhalb des Wochenbettes, so besonders bei
operativen Eingriffen am Collum uteri u. s. w. Sie können schliesslich auch durch sogenannte innere Ursachen, spontane Erkrankungen
des Collum uteri, Erkältungen u. s. w. entstehen. Wie beim Weibe
von den Genitalorganen aus, können auch beim Manne alle Affectionen, welche eine Reizung der Hoden und des Samenstrangs bedingen, eine Affection des pericystischen und
des Beckenzellgewebes im Allgemeinen veranlassen, welche
sich auf das perinephritische Bindegewebe erstrecken und dort Abscessbildung veranlassen kann. Auch Operationen am Mastdarm
können ähnliche Effecte haben, so z. B. Exstirpation des Rectum,
ohne dass eine Perforation des Peritoneum dabei statthat. Fr.
König[1]) erzählt einen instructiven Fall der Art. Die Operirte
ging an Peritonitis zu Grunde. Die Peritonitis war die Folge der
in den subserösen Schichten fortkriechenden septischen Phlegmone,
welche im Beckenzellgewebe in der Umgebung der hintern Wand
des Darms in die Höhe gedrungen war und sich bis zum Colon

---

1) Volkmann's Sammlung klinischer Vorträge. Nr. 71.

descendens in das perinephritische Bindegewebe ausgebreitet hatte. Auch entzündliche Affectionen des Duodenum können sich auf das perinephritische Gewebe der rechten Niere verbreiten. Die r. Niere liegt mit ihren Gefässen so, dass sie die obere Krümmung des Duodenum, sowie ein Stück seines vertikalen Theils bedeckt.[1]) Ich habe eine auf diese Weise entstandene Perinephritis phlegmonosa d. beobachtet, welche sich bis in die Fossa iliaca hinein erstreckte. Es handelte sich um eine hochgradige Cholelithiasis bei einer alten Frau. Der Duct. choledochus war mit Concretionen vollkommen verstopft. Das umgebende Bindegewebe war entzündlich infiltrirt. Der Process erstreckte sich auf die Umgebung des Duodenum und auf das demselben direct anliegende perinephritische Gewebe.

Zu gedenken ist noch des secundären Auftretens von Perinephritis bei Ileotyphus, exanthematischem Typhus und Variola. Jedoch ist diese Combination nicht sehr häufig. E. Wagner berichtet aus der grossen Leipziger Pockenepidemie 1870/71 einen Fall von eitriger Paranephritis neben anderweiten pyämischen Abscessen. Rosenstein beobachtete nach Typhus ein doppelseitiges Auftreten der Perinephritis, welche sonst wohl ausschliesslich auf eine Seite beschränkt bleibt. Ausserdem wird auch bei einer Reihe von Fällen primärer Perinephritis Erkältung als ätiologisches Moment beschuldigt. Obwohl man gewiss allen Grund hat, dieser vielfach gemissbrauchten Krankheitsursache zu misstrauen, so ist doch so viel sicher, dass einzelne Kranke die ersten Symptome einer sich entwickelnden Perinephritis direct nach einer plötzlichen starken Abkühlung bemerken.

Was die individuellen Prädispositionen betrifft, so wissen wir darüber wenig. Wir können es uns ganz und gar nicht deuten, warum Erkältungen in einzelnen Fällen diese Localisation der Entzündung veranlassen, warum manchmal nach einfachen Verwundungen am Collum uteri sich ausgebreitete Perinephritiden der schlimmsten Art entwickeln. Da Traumen am häufigsten die Schädlichkeiten sind, welche die Perinephritis veranlassen, ist es klar, warum dieselbe vorzugsweise in den Blüthejahren, öfter bei Männern als Weibern zur Entwickelung kommt. Auch im kindlichen Alter ist die Perinephritis beobachtet. Gibney[2]) theilt die Krankengeschichten von

1) Braune, Archiv der Heilk. 17. S. 315.
2) The amer. Journ. of obstetr. April 1876, nach einem Refer. im Jahrbuch f. Kinderheilk. Neue Folge X. S. 418. 1876.

9 Kindern mit, welche an perinephritischen Abscessen litten. Ein ätiologisches Moment konnte bei denselben nicht aufgefunden werden. Einen Fall von traumatischer Perinephritis· berichtete Loeb. Derselbe betraf einen 6jährigen Knaben, der in Folge einer heftigen Contusion der linken Nierengegend eine Perinephritis sin. bekam. Die Entleerung des Abscesses erfolgte zum Theil ins Colon, zum Theil mittelst Incision nach Aussen. Die Heilung war vollständig. Krankheitsdauer circa 7 Wochen.[1]) F. Weber[2]) macht darauf aufmerksam, dass im Mutterleibe schon in der Umgebung der Nieren und an der Tunica propria Entzündungsprocesse vorkommen, die sich bei der Section durch ihre Residuen und Folgezustände erkennen lassen. Weber fand 1) eine so feste Vereinigung zwischen der mit dichtem Bindegewebe durchsetzten Fettkapsel der Niere und der Niere selbst, dass dies Verhalten nicht wohl eine andere Erklärung zulässt, als die Annahme einer im Mutterleibe bestandenen und abgelaufenen Perinephritis, sowie 2) eine erhebliche Verdickung der Tunica propria der Niere, die nicht die ganze Kapsel gleichmässig, sondern einzelne Stellen vorzugsweise verdickt hatte. Auch hier sind die Ueberbleibsel einer vorhanden gewesenen Entzündung mit Exsudation und nachfolgender Organisation des gesetzten Products nicht zu verkennen. Leider wurde in dem betreffenden Falle die Niere nicht genauer untersucht. Der Urin in der Blase war stark eiweisshaltig. Die Annahme Trousseau's, dass rein neuralgische Affectionen der Uro-Genitalorgane zur Entwickelung perinephritischer Abscesse Veranlassung geben, erscheint durch die von diesem Beobachter beigebrachten Belege nicht bewiesen.

Pathologie.

Pathologische Anatomie.

Bei den an suppurativer Perinephritis Gestorbenen ergibt die Section Eiteransammlung in der Fettkapsel der Niere und in dem die Niere umgebenden lockeren Bindegewebe; es handelt sich um veritable Abscessbildung. Der Eiter ist von grünlicher oder gelber, meist ziemlich dickflüssiger Beschaffenheit mit nekrotischen Bindegewebsfetzen untermischt. Durch blutige Beimengungen erhält er öfter die Farbennuancen frischeren oder älteren metamorphosirten Blut-

---

1) Jahrb. f. Kinderheilk. Neue Folge. VIII. S. 197.
2) Beiträge zur path. Anat. d. Neugeborenen. III. Lief. S. 77. Kiel 1854.

farbstoffs.   Die Anfangsstadien des Processes kommen am Leichentisch relativ selten zur Beobachtung, am Häufigsten bei den im Gefolge puerperaler Parametritis entstandenen Formen (s. u.).   Die
Eiteransammlungen breiten sich zunächst nach den Richtungen aus,
wo sich ihnen der geringste Widerstand entgegenstellt, besonders
längs den Maschen des retroperitonealen Bindegewebes.   Sie reichen
bisweilen von der untern Fläche des Zwerchfells bis zur Hüftbeingrube.   Die Resistenz der den Abscess umgebenden Gewebspartien
vermehrt sich wenigstens stellenweise mit der Dauer des Processes,
indem sich Verdickungen und Verwachsungen entwickeln, welche
Perforationen nach anderen Richtungen hin erschweren.

Im Anfang stellt die Abscesshöhle einen von fetzigen Wandungen
begrenzten, mit Eiter erfüllten Hohlraum dar, später wird er glatt-
wandiger mit theils grauröthlicher, theils glänzend weisser narben-
artiger Begrenzung.   Indem der Eiter in benachbarte Theile seine
Wege bahnt, gewinnt der Abscess eine unregelmässige buchtige Form.
So bahnt er sich nach einer gewissen Zeit zunächst meist Wege in
die benachbarte Musculatur, den M. quadratus lumborum, den M.
psoas und iliacus.   Eine spontane Heilung der so weit gediehenen
Abscesse im retroperitonealen Gewebe tritt kaum ein, sondern wofern die Kunsthülfe den Verlauf nicht modificirt, oder der letale
Ausgang jetzt erfolgt, bahnt sich der Eiter weitere Wege.   Er kann
sich, nach Durchbrechung des Peritoneums, in den Bauchfellsack
ergiessen und man findet dann bei der Section, abgesehen von dem
perinephritischen Abscess, eine frische Peritonitis und mehr weniger
reichliche eitrige Massen in der Bauchhöhle.   In der grössten Mehrzahl von Fällen aber bahnt sich der Abscess direct oder indirect,
indem er erst in andere Organe durchbricht, seinen Weg nach
aussen.   Ersteres kann geschehen, indem der Eiterherd sich hinten,
lateralwärts vom Sacrolumbalis, in der Lendengegend am Rande des
Quadratus lumborum, öffnet.   Man findet dann meist Eiterhöhlen von
erheblicher Ausdehnung, welche sich dann gemeinhin durch complicirte fistulöse Geschwüre zwischen den Muskeln einen Weg nach
aussen bahnen.   In anderen, und zwar nach den von Duffin gegebenen Zahlen, häufigeren Fällen erfolgt die Perforation eines
perinephritischen Abscesses nach dem Lumen des Colon, sei es
durch das Colon ascendens oder descendens, je nachdem der perinephritische Abscess sich auf der rechten oder linken Seite entwickelt.
Der Eiter bleibt auch dabei manchmal geruchlos.   Der fäculente
Geruch des Eiters ist für eine Communication des Darms mit dem
Abscess in keiner Weise charakteristisch, weil er auch ohne dieselbe

manchmal beobachtet wird. Es fehlen auch bei der Communications-
öffnung zwischen dem Darm und perinephritischen Abscess meist
Fäcalmassen im Eiter, da die Art der Communication nur Eintritt
dés Eiters in den Darm, aber nicht des Darmkoths vice versa in
in die Abscesshöhle gestattet. Indessen kommen auch Ausnahmen
davon vor. Bisweilen aber macht der perinephritische Abscess weitere
Wege, bevor er nach aussen durchbricht, indem er auf dem Wege
des Quadratus lumborum sich unter die Fascia iliaca versenkt. Er
verhält sich dann wie andere im Gebiet des Iliacus auftretende
Eiterungen.[1]) In anderen Fällen, bei Verbreitung der Eiterung auf
den M. psoas gestaltet sich auch der anatomische Befund dieser Complication entsprechend. Bei Perforationen durch Blase oder Vagina
findet man in der Leiche meist noch die Communicationsöffnungen
offen. Bei den relativ gar nicht seltenen Fällen, wo ein Durchbruch
eines perinephritischen Abscesses in die Pleurahöhle erfolgt ist, hat
die Autopsie die entsprechenden Perforationsöffnungen nachgewiesen,
desgleichen beim Durchbruch durch die Bronchien. Bei sehr chronischem Verlauf findet man bei der Section feste fibröse Schwarten,
welche die Nieren umgeben. Fälle der Art sind nicht selten. Sie
werden am häufigsten bei Pyelitis calculosa beobachtet. Hier wie
überall bei Fällen von Perinephritis, welche sich secundär im Gefolge der Nierenkrankheiten, z. B. bei der Phthisis renalis und der
Pyelonephritis chronica finden, schwindet die Fettkapsel und ist
durch derbes schwartiges Bindegewebe substituirt (Perinephritis chronica). Abgesehen von den primären Erkrankungen der Nieren, welche
secundär eine Perinephritis veranlassen, bleibt auch die phlegmonöse
Entzündung des perinephritischen Gewebes häufig nicht ohne Rückwirkung auf die Nierensubstanz, ·in der sich ab und zu Entzündung
oder mehr minder hochgradige Ernährungsstörungen entwickeln. Die
Epithelien sind öfter im Zustande der Trübung und Verfettung. Bisweilen tritt sogar Nekrose der Nierensubstanz in grösserer oder geringerer Ausdehnung ein. In anderen Fällen kommt es zur Abscessbildung in der Nierensubstanz selbst, wenngleich die Drüse durch
die Nierenkapsel von den perinephritischen Abscessen geschieden ist.
In wieder anderen Fällen erscheint die Niere sehr derb, fest und ist
bisweilen so comprimirt, dass sie auf ein sehr kleines Volumen
reducirt ist. Jedoch ist meist noch die Nierenzeichnung deutlich zu
erkennen.

Während in der bisherigen Schilderung das anatomische Bild

---

1) Vgl. König, Archiv d. Heilk. XI. 1870. S. 230.

der primären und derjenigen secundären, subacut oder chronisch
verlaufenden eitrigen Perinephritis, welche, besonders neben chronischer eitriger Pyelitis und Pyelonephritis auftritt, gezeichnet wurde,
ist es noch übrig, die anatomische Verbreitung der entzündlichen
Processe vom Beckenzellgewebe auf das in der Umgebung der Niere
gelegene retroperitoneale, subseröse, perinephritische Bindegewebe
etwas näher zu betrachten. Bleiben wir zunächst bei der häufigsten
Form stehen, der puerperalen Perinephritis, welche sich zu
der puerperalen Entzündung des Beckenzellgewebes hinzugesellt.
Dieselbe entwickelt sich am häufigsten, indem eine in der unmittelbaren Nähe der Tuben und Eierstöcke, in dem Bindegewebe der
breiten Mutterbänder, beginnende Entzündung zunächst nach aufwärts in das subseröse Gewebe vor dem Psoas und Iliacus weiter
fortkriecht, von wo sie sich auf das perinephritische Gewebe verbreitet. Anders verhalten sich gewöhnlich die Eiteransammlungen,
welche tiefer unten an der Gebärmutter, in der nächsten Umgebung
des Cervix, sich entwickeln. Sie erfüllen zuerst das lockere sub-
peritoneale Bindegewebe des kleinen Beckens, um sich von hier
mit dem runden Mutterbande nach dem Lig. Poupartii und dem
Leistenkanale zu wenden. Von da aus verfolgen sie dann rückwärts
den Weg in die Fossa iliaca und höher aufwärts. Auch bei Affectionen der Blase, des Samenstrangs, des Rectums, besonders nach
operativen Eingriffen an diesen Organen, können sich die entzündlichen Processe durch das Beckenzellgewebe in das subseröse Gewebe
in der Umgebung der Nieren erstrecken. Es handelt sich in allen
diesen Fällen um septische Phlegmonen im perinephritischen Bindegewebe. Dasselbe erscheint missfarbig, schmutzig gelb, hie und da
mit Jaucheherden durchsetzt. Es ·ist eine wahre Phlegmone para-
et perinephritica, es liegt hier der Process vor, welcher theils als
trübseröse Infiltration (Buhl), theils als sero-purulentes Oedem
(Pirogoff) bezeichnet wurde.

Symptomatologie.

Die Zeichen der Perinephritis treten in den verschiedenen Fällen
in sehr verschiedener Klarheit und Deutlichkeit auf. Bei den Fällen,
welche sich secundär vom Beckenzellgewebe aus, z. B. im Gefolge
einer puerperalen Parametritis entwickeln, treten häufig die allgemeinen Erscheinungen so sehr in den Vordergrund und die Fälle
verlaufen oft in so acuter Weise letal, dass dann die von einer
secundären Perinephritis veranlassten localen Symptome entweder
gar keine oder geringe Beachtung finden. Jedoch wird auch manch-

mal in derartigen Fällen eine eminente Schmerzhaftigkeit in der
Nierengegend beobachtet. Bisweilen entstehen hier perinephritische
Abscesse, welche, nachdem ihr Inhalt entleert ist, zur Heilung kommen können. Einen solchen Fall schildert Kaltenbach[1]). Bei
einer ganz gesunden Wöchnerin trat am 5. Tage nach der Geburt
unter Fieber heftiger Lumbalschmerz, gleichzeitig auch Schmerz in
beiden Inguinalgegenden auf. Zeichen von Pyelitis waren nicht vorhanden. Im linken Ligam. latum war schmerzhafte Anschwellung
nachzuweisen. In der zweiten Woche kam es zu Pleuritis und fünf
Wochen nach der Entbindung fand man zwei Abscesse in der Nierengegend, welche geöffnet wurden und bedeutende Eitermengen entleerten. — Indessen sind derartige Fälle jedenfalls die selteneren.

Weit besser sind die primär auftretenden eitrigen Perinephritiden und solche, welche sich im Gefolge mancher Nierenkrankheiten,
besonders der Pyelonephritis calculosa entwickeln, charakterisirt.
Indessen existiren auch gerade bei den letzteren eine Reihe von
Fällen, wo die perinephritischen Abscesse sich, ohne vom Arzt bemerkt zu werden, entwickeln, indem die durch die perinephritische
Entzündung bedingten Schmerzen, nicht nur vor den Allgemeinerscheinungen, sondern auch besonders manchmal gegenüber den
durch die Pyelit. calculosa bedingten starken Schmerzen übersehen
werden können. Die Symptome der primär auftretenden
suppurativen Perinephritisformen gestalten sich in der Regel folgendermassen: Eins der wichtigsten Initialsymptome ist der
Schmerz. Derselbe tritt plötzlich nach irgendwelcher Veranlassung
auf, wird in der Tiefe empfunden, ist dumpf oder stechend. Auf
Druck, besonders bei tieferem, steigert sich der Schmerz. Dieser
anfänglich aufgetretene Schmerz dauert meist im Verlauf der ganzen
Krankheit in gleicher oder sich steigernder Intensität. In anderen
Fällen mindert sich vorübergehend die Heftigkeit der Schmerzen,
oder sie schwinden auf Tage, Wochen, ja Monate ganz, so dass man
sich der trügerischen Hoffnung der eingetretenen Genesung hingibt,
bis mit oder auch ohne äussere Veranlassung die Schmerzen aufs
neue, manchmal heftiger als je zuvor, auftreten. Neben den Schmerzen deuten übrigens schon von vornherein gewisse Allgemeinerscheinungen darauf hin, dass der Schmerz ein schwerwiegen-
deres materielles Substrat hat. Bisweilen leitet sich die Krankheit
durch einen Schüttelfrost ein. Die Patienten haben ein continuirliches Fieber von ziemlich hoher Intensität, die Abendtemperatur

---

1) Archiv f. Gynäk. III. S. 24.

erreicht meist 39,5 ⁰ C. bis etwas darüber, am Morgen treten geringe
Remissionen von 0,5 ⁰ C. ein. Das Fieber wird bisweilen von Hitze
und Schweiss gefolgt, zeigt den Charakter einer Febris hectica. In
manchen Fällen treten frühzeitig erratische Schüttelfröste auf. Dabei
leidet die Verdauung, der Appetit wird schlecht, der Geschmack
pappig, die Fieberanfälle gehen manchmal mit Erbrechen einher,
die Obstipation ist hartnäckig und kann nur durch Medicamente und
auch auf diese Weise oft nur unvollständig gehoben werden. Manchmal entwickelt sich nach Einwirkung der ursächlichen Schädlichkeit der beschriebene Symptomencomplex langsam oder es geht auch
demselben ein länger dauerndes Schwächegefühl voraus. Entwickelt
sich eine eitrige Entzündung des perinephritischen Bindegewebes
im Gefolge der Nephrolithiasis, so gehen derselben die bei der Besprechung der Nierenconcretionen zu schildernden Symptome vorher,
welche freilich in manchen Fällen leider auch sehr vage und unbestimmt sind. Nach längerem oder kürzerem Verlauf, bisweilen
schon nach einigen Tagen, tritt zu den bisherigen Symptomen ein
neues, nämlich die Geschwulst. Nebenher geht eine locale spontane immer stärker werdende Empfindlichkeit, welche sich bei Druck
steigert, und das Gefühl der zunehmenden Spannung in loco affecto.
Man fühlt in der seitlichen Partie der Mittelbauchgegend der erkrankten Seite eine mehr weniger deutliche Anschwellung von läng-
licher oder rundlicher Form. Der Verdacht, dass es sich dabei um
feste im Darm angehäufte Fäcalstoffe handeln könne, schwindet,
wenn die durch Klysmata zu erzielende ausgiebige Entleerung des
Darmkanals keine Verkleinerung der Geschwulst bewirkt. Zudem
lässt uns der starke Schmerz an umschriebener, der Geschwulst entsprechender Stelle, sowie die begleitenden Allgemeinerscheinungen
eine blosse Kothanhäufung ausschliessen. Sitzt der Tumor rechts,
so zeigt seine Unabhängigkeit von den Respirationsbewegungen, dass
er mit der Leber nichts zu thun hat. Steigert sich die Anschwellung, dann stellt sich ein Verstreichen der unter normalen Verhältnissen in der Lendengegend sichtbaren flachen Vertiefung ein, und
manchmal tritt noch ein Pseudoerysipel der entsprechenden Haut-
partien auf, welches sich mit einer bisweilen über den ganzen Rücken
verbreiteten ödematösen Anschwellung vergesellschaften kann. Während der Process sich in dieser Weise gestaltet, lässt sich ab und
zu schon am lateralen Rand des Sacrolumbalis in der Tiefe mehr
weniger deutlich Fluctuation nachweisen. Das ist hier keineswegs
leicht, auch ist es nicht immer möglich, der Eiter sitzt tief, und zur
Erkenntniss des Fluctuationsgefühls gehört in solchen Fällen grosse

Uebung. Gleichzeitig steigern sich die fieberhaften Erscheinungen, besonders treten jetzt öfter mit der fortschreitenden Eiterung wirkliche Schüttelfröste ein. Ferner entwickelt sich im Verlauf dieser eitrigen Perinephritis oft das Gefühl des Eingeschlafenseins in der entsprechenden unteren Extremität, welche überdies in flectirter Stellung gehalten wird. — Sowie man, wenn auch schwach aber deutlich Fluctuation fühlt, ist es Zeit, den tiefliegenden Eiterherd zu entleeren. Die Besserung im subjectiven Wohlbefinden und allgemeinen Zustande des Kranken, welche eine solche Entleerung des Abscesses im unmittelbaren Gefolge hat, ist äusserst in die Augen fallend, die Temperatur sinkt, wofern keine anderen Complicationen bestehen, sofort auf die Norm. Ferner schwindet das Pseudoerysipel und der Stuhl, der bis dahin aufs hartnäckigste retardirt war und bisweilen trotz aller Abführmittel fehlte, wird regelmässig. Falls die Abscesshöhle sich schliesst und keine anderweiten Complicationen eintreten, kann in solchen Fällen schnelle Heilung erfolgen.

Anders gestaltet sich der Verlauf, wenn der Abscess nicht künstlich eröffnet, sondern sich selbst überlassen wird. Die Allgemeinerscheinungen dauern fort. Nach längerer oder kürzerer Zeit öffnet sich der perinephritische Abscess oft spontan, nach Duffin am häufigsten ins Colon, wobei, indem sich die Geschwulst verkleinert, kleinere oder grössere Eitermengen mit dem Stuhle abgehen. An der Haut entwickelt sich manchmal Emphysem im ganzen Umfang des Rückens. Trousseau hat dasselbe zweimal beobachtet. Es wurden die Abscesse beide Male geöffnet und es strömte neben dem Eiter auch übelriechendes Gas aus. Bei dem einen Kranken communicirte der Herd mit dem Darm, denn derselbe entleerte auch mit dem Stuhle Eiter, und ausserdem enthielt der durch die Incision ausfliessende Eiter fäculente Massen. Ich habe oben bereits erwähnt, dass der Eiter auch, wenn er nicht mit dem Darme communicirt, Kothgeruch haben kann. In anderen Fällen erfolgt ein spontaner Durchbruch des perinephritischen Abscesses am seitlichen Rande des M. sacrolumbalis in der Lendengegend. Unter diesen Umständen wölbt sich dann an einer circumscripten, durch Schmerzhaftigkeit besonders ausgezeichneten Stelle die Haut mehr und mehr vor. Die Stelle wird immer teigiger, weicher, fluctuirt, indem sie sich gleichzeitig mehr und mehr zuspitzt. Endlich erfolgt der Durchbruch spontan, oder ein Lanzettstich genügt, um dem Eiter Abfluss zu verschaffen. Solche perinephritische Phlegmonen können eine sehr bedeutende Grösse erreichen, ehe der Eiter nach diesen oder irgend einer der bald noch zu erwähnenden Localitäten durchbricht.

Gleichzeitige Perforation ins Colon und nach aussen, in der Lendengegend, wurde bei perinephritischen Eiterherden auch beobachtet. In manchen Fällen senken sie sich in die Hüftbeingrube. Die Kranken klagen über heftigen Schmerz in der ganzen Ausdehnung derselben. Ober- oder unterhalb des Lig. Poupartii bildet sich dann eine weiche fluctuirende Anschwellung, an welcher der Eiter spontán durchbricht oder durch Incision entleert wird. Manchmal aber verbreitet sich von hier aus der Abscess, wenn er sich selbst überlassen bleibt, immer weiter. In einem auf Frerichs' Klinik in Breslau (Wintersemester 1852—53)[1] behandelten Falle fand der oberhalb des Lig. Poupartii fühlbar gewordene perinephritische Abscess einen Weg oberhalb der Crista ilei nach hinten, breitete sich über den Rücken, die Glutäen und den Oberschenkel aus. Derselbe erreichte zuletzt einen Umfang von 50 Ctm. im Durchmesser. Der Abscess entleerte beim spontanen Aufbruch eine enorme Eitermenge. Patient erlag an Erschöpfung. Der ursprüngliche Entzündungsherd in der Umgebung der Niere war völlig verheilt, in dicken festen Bindegewebslagern waren käsig eingetrocknete Massen eingelagert, der ursprüngliche Communicationsweg an der Crista war geschlossen. Der Ureter lag in einem dicken pigmentirten Bindegewebe, war verengt, in seiner Wandung verdickt, aber noch wegsam. In anderen Fällen, wo die Bursa subiliaca in Mitleidenschaft ist, gelangt auch Eiter ins Hüftgelenk, indem dieser Schleimbeutel fast stets mit der Höhle dieses Gelenks in Zusammenhang steht. In allen den Fällen, wo die Eiterung derartige Ausdehnung gewinnt, werden die Kräfte der Kranken durch den Säfteverlust und das fortwährende hohe Fieber, bisweilen auch durch anderweitige Complicationen (s. u.) erschöpft, und die Kranken erliegen nach längerer oder kürzerer Zeit. Bisweilen gehen die Patienten lediglich an Inanition zu Grunde, nachdem die Eiterung bereits aufgehört hat; bisweilen dauert sie, und mit ihr das Fieber, welches den Charakter der Febris hectica zeigt, fort, und die Kranken sterben unter colliquativen Erscheinungen. In nur seltenen Fällen tritt Genesung bei solcher Ausdehnung der Abscesse ein. Wenn der Eiter sich ins kleine Becken herabsenkt, so findet die Entleerung des Eiters manchmal mittelst einer Perforation des Abscesses durch die Scheide oder die Blase statt. Es kann in letzterem Falle das Bild eines Nierenabscesses, der in das Nierenbecken perforirte, vorgetäuscht werden (s. oben S. 23 die Beobachtung von Charnal). Wenn jedoch, was

---

auch beobachtet wurde, der perinephritische Abscess durch das Diaphragma in die Lungen und Bronchien durchbricht, so wird der
Abscess durch Expectoration grösserer Eitermengen, welche plötzlich
und auf einmal erfolgt, entleert. Bisweilen erfolgt darnach, ohne
dass eine weitere Complication von Seiten der Lunge oder Pleura
eintritt, schnelle Heilung [1]).

Der Durchbruch in die Peritonealhöhle ist der schlimmste Ausgang, welcher bei der eitrigen Perinephritis beobachtet wird. Es
entstehen die Symptome einer äusserst acut verlaufenden Peritonitis.
Es stellt sich Erbrechen ein, der Leib wird überaus schmerzhaft,
der Puls wird äusserst frequent, fadenförmig und der Tod erfolgt
unter den Zeichen des hochgradigsten Collapsus. — Das Verhalten
des Harns bei der Perinephritis wechselt nach den Ursachen derselben. Duffin fand in 24 Fällen darüber Folgendes. In 2 Fällen,
durch traumatische Ursachen bedingt, bestand Hämaturie. In 5 Fällen
bestand Pyurie (2 mal handelte es sich um puerperale Perinephritis, in je einem war Nierengries durch die Harnröhre entleert
worden; war in Folge von Steinzertrümmerung ein secundärer Nierenabscess entstanden, bestand eine ausserordentliche Blasenreizung).
In den übrigen 17 Fällen waren keine Symptome von Seiten der
Harnorgane vorhanden, obwol in 5 Fällen die Section schwere Nieren-
erkrankungen nachwies, nämlich 2 mal Nierenabscesse und in je
einem Fall calculöse Pyelitis, Phthisis renalis und cystöse Degeneration der Nieren.

Complicationen und Nachkrankheiten.

Es entwickeln sich in einer Reihe von Fällen eitriger Perinephritis Entzündungen an anderen Stellen, welche manchmal in causalen Beziehungen zur ursprünglichen Krankheit stehen und als
Processe, welche direct durch die Perinephritis veranlasst sind, betrachtet werden müssen, so z. B. Pleuritiden auf der kranken Seite.
Dieselben haben, da sie sich bei Individuen entwickeln, welche
durch die bestehende Suppuration schon heruntergekommen sind,
meist die Neigung, schnellwachsende Exsudate zu setzen. Ausserdem complicirt sich mit eitriger Perinephritis, wie mit anderen Eiterherden, ab und zu eine Nephritis. Beide Complicationen trüben die
Prognose enorm. Ein sehr lehrreicher Fall, welcher diese Complicationen treffend illustrirt, wurde neulich von Rahn beschrieben [2]).

1) In einem Falle von A. Gondouin (Union médic. 1874. No. 132) in vier
Wochen.
2) Inaugural-Dissertation. Berlin 1873.

Hier gesellte sich zu einer linksseitigen primären Perinephritis ein
linksseitiges Empyem, ohne dass ein directer Zusammenhang beider
nachweisbar gewesen wäre. Nachdem zuerst der perinephritische Eiterherd entleert worden war, machte die steigende Dyspnoe auch die
Thoracocentese [1] nöthig, bei welcher ein jauchiges eiteriges Exsudat
entleert wurde. Zu diesem Symptomencomplex gesellten sich noch
einige Tage vor dem Tode die Zeichen einer acuten Peritonitis. Ausserdem wurde der Urin schwarzbraun und zeigte. was früher nie der
Fall gewesen war, reichlich Eiweiss, Cylinder und Blut.

Auch Pneumonien wurden als Complicationen einer Perinephritis
suppurativa auf der kranken Seite beobachtet, manchmal auch neben
pleuritischem und pericardialem Exsudat. Senkt sich der perinephritische Abscess, so kann er zu Eiterungen im M. psoas Veranlassung
geben, indem sich die Entzündung auf diesen Muskel fortsetzt.

Diagnose.

Ich habe oben bereits hervorgehoben, dass die Symptomatologie
der primären acuten eitrigen Perinephritis sich hauptsächlich aus
meist acut auftretenden Schmerzen in der Nierengegend, neben erheblichen Allgemeinerscheinungen, besonders hohem Fieber, wozu
sich eine fluctuirende Geschwulst in der Nierengegend gesellt, zu-
sammensetzt. Dabei ist der Harn sehr oft frei von pathologischen
Beimengungen von Blut und Eiter. Es wird also auch die Diagnose
aus dem Vorhandensein dieser Symptome construirt werden müssen.
Indessen ist die Diagnose trotzdem häufig eine recht schwierige. Der
Schmerz an sich hat im Allgemeinen in der ersten Zeit der Krankheit wenig Charakteristisches. Jedoch gibt ein von dem Kranken
in der Tiefe localisirter Schmerz, welcher einseitig, nach bestimmten
Gelegenheitsursachen, Contusionen, heftigen Anstrengungen auftritt,
immerhin einen Fingerzeig. Unterstützt wird dieses Moment durch
ein anderes wichtiges Symptom: die Allgemeinerscheinungen, besonders das Fieber, welche bei anderen schmerzhaften Affectionen in
der Lendengegend vermisst werden. Neuralgische Affectionen sowie
auch der Muskelrheumatismus der Lendengegend verlaufen theils,
wie die ersteren, ohne Temperaturerhöhung, theils, wie letzterer,
höchstens mit geringfügigem, schnell vorübergehendem Fieber. Manchmal tritt, nachdem die Affection einige Tage mit Fieber und Schmerzen
bestanden, eine vorübergehende, mehr weniger vollkommene Remission aller Erscheinungen ein, welche sehr leicht in der Diagnose
irre führen und durch das Unterlassen der nothwendigen therapeu-

---

1) Aehnliche Fälle beobachteten Bowditsch und Martini. ersterer mit
glücklichem Erfolg.

tischen Maassnahmen für den weiteren Verlauf sehr verhängnissvoll
sein kann. Die Recrudescenz der Erscheinungen macht indess meist
schnell auf die schwere Erkrankung aufmerksam, und die Symptome
des sich entwickelnden Abscesses (zunächst undeutliche Fluctuation,
welche immer deutlicher wird, das in manchen Fällen auftretende
Oedem und Pseudoerysipel) befestigen die Diagnose immer mehr.
Ich habe oben bereits auseinander gesetzt, von welchem grossen
Werthe hier eine frühzeitige richtige Diagnose für eine erfolgreiche
Behandlung ist.

Was nun die Diagnose derjenigen eitrigen Perinephritisformen
betrifft, welche sich zu bereits bestehenden Nierenkrankheiten hinzugesellen, so ist die Sache weit schwieriger, und man muss sich,
was die Complication einer Perinephritis mit einer Pyelitis und Pyelonephritis anlangt, dahin aussprechen, dass die bestimmte Diagnose
nur dann mit Sicherheit gemacht werden kann, wenn man durch
Eröffnung des Abscesses die Anwesenheit eines Eiterherdes in der
Umgebung der Niere nachweist. Die lediglich chronischen schwartigen Formen der Para- und Perinephritis, welche sich in Folge
einer Reihe chronischer Nierenkrankheiten entwickeln, entziehen
sich begreiflicherweise ganz der Diagnose. — Ferner werden über
den schweren anderweitigen, besonders den Allgemeinerscheinungen
eine Reihe derjenigen Perinephritiden intra vitam übersehen, welche
sich manchmal zu schweren Allgemeinerkrankungen, zu puerperaler
Parametritis, welche sich auf das perinephritische Gewebe fortsetzt,
hinzugesellen.

Ausserdem können Entzündungs- und Eiterungsprocesse, welche
sich in der Umgebung der Niere und des sie umhüllenden Bindegewebes entwickeln, diagnostische Schwierigkeiten machen. In
erster Reihe steht hier die Verwechselung einer Perinephritis mit
den sogenannten Psoasabscessen.

Da die Stellung des Schenkels bei der eitrigen Perinephritis
analog der beim Psoasabscess ist, und zwar aus dem einfachen
Grunde, weil ein Theil des Eiters sich längs des an das perinephritische Gewebe grenzenden Psoasmuskels nach abwärts senkt, kann
die differentielle Diagnose zwischen beiden Affectionen, zumal wenn
die Perinephritis suppurativa, wie es bei den Psoasabscessen die
Regel ist, chronisch verläuft, auf sehr grosse Schwierigkeiten stossen.
Folgende klinische Erfahrungen verdienen in dieser Beziehung Berücksichtigung. In dem bereits oben erwähnten Falle von Rahn
erleichterten 2 Momente die Stellung der Diagnose auf einen perinephritischen Abscess, nämlich erstens der Umstand, dass die Krüm-

mung des Oberschenkels ohne wesentliche Schmerzensäusserung von
Seiten des Patienten bewirkt werden konnte, während zweitens ein
Druck auf die Regio renalis äusserst schmerzhaft war. Bei einer
Psoitis pflegt gerade das Gegentheil der Fall zu sein. Hier ist die
Flexion des Oberschenkels äusserst schwierig zu bewerkstelligen,
ein Druck auf die Regio renalis wird ohne Schmerz ertragen. Auf
Grund mehrfacher Erfahrungen geben Bowditsch und Duffin an,
dass die Stellung des Schenkels auch insofern bei der Perinephritis
von der beim Psoasabscesse abweiche, als bei ersterer das Becken
nach aufwärts geschoben ist, um die Lendenfalte soviel wie möglich
zu erschlaffen. Der Patient bleibt, wenn er sitzt, allein auf der
Tuberosität des entgegengesetzten Os ischii, um die kranke Seite
zu erleichtern. Trousseau empfiehlt gelegentlich der Besprechung
der Diagnose der perinephritischen Abscesse jedesmal bei einem
Tumor in der Lendengegend daran zu denken, dass an der Stelle,
wo derselbe am meisten hervorragt (zwischen dem M. quadrat. lumborum und dem hinteren Rande des äusseren schiefen Bauchmus-
kels), jene Art der Hernien entsteht, welchen J. L. Petit[1]) seinen
Namen gegeben hat. Er gedenkt dabei eines Falles, wo ein Irrthum begangen worden wäre, wenn nicht der betreffende Chirurg
vor der beabsichtigten Incision erst einen Reductionsversuch gemacht
hätte. In solchen seltenen Fällen dürften wohl nie die Symptome
der acut eingetretenen Einklemmung fehlen, welche dann vor Allem
auf die Diagnose führen müssen.

Dauer, Ausgang und Prognose.

Der Verlauf ist meist schnell, wenn es sich um eine primär
auftretende Perinephritis handelt. Häufig endet das Leiden innerhalb weniger Wochen günstig, wenn dasselbe im Beginn erkannt,
verständig behandelt und dem Eiter rechtzeitig Abfluss geschafft
wird. Die Prognose kann im Allgemeinen in solchen Fällen günstig
gestellt werden. Nach der Entleerung schliesst sich meist bei einfachen uncomplicirten Fällen die Wunde.

In einzelnen Fällen scheint Heilung zu Stande zu kommen, ohne
dass Eiterung eintritt. Lebert beschreibt einen solchen Fall[2]):
Hier bestand eine deutliche Anschwellung in der rechten Nierengegend mit ausserordentlicher Schmerzhaftigkeit und nachfolgender
Parese der unteren Extremität. Dem Sitze nach schien der Ent-

---

1) cf. Opérat. de chir. T. 2. p. 257.
2) Virchow's Archiv XIII. S. 532.

zündungsherd im Zellgewebe hinter den Nieren zu bestehen. Nach mehrfacher Anordnung von Blutegeln, Einreibungen von Ungt. cin. und späterer Application eines Vesicans kam Zertheilung und vollständige Heilung zu Stande.

Je länger aber die perinephritische Eiterung sich hinzieht, um so mehr trübt sich auch bei den primär entstandenen Fällen die Prognose, nicht nur weil sich der Eiter nach den verschiedensten Richtungen hin Wege bahnt, wodurch sich der Verlauf verhängnissvoll gestalten kann, sondern weil auch durch das langdauernde Fieber und den protrahirten Eiterungsprocess natürlich der Kräftezustand der Kranken untergraben wird. Ausserdem aber entwickeln sich auch mancherlei lebensgefährliche Complicationen, wie wir oben gesehen haben. Das Fieber nimmt, wenn der Eiter nicht rechtzeitig entleert wird, bisweilen ziemlich schnell den Charakter einer Febris hectica mit colliquativen Erscheinungen an. Weiterhin entwickelt sich ein Status typhosus und unter Coma und Delirien erfolgt der Tod. Bisweilen gehen die Kranken an Erschöpfung zu Grunde. Bricht aber ein Abscess des perinephritischen Gewebes, nachdem er die Musculatur in verschiedenen Richtungen unterwühlt, in der Lendengegend durch, dann dauert es im besten Fall lange Zeit, bevor sich die sinuösen vielfach gewundenen fistulösen Geschwüre schliessen. Indessen hat man auch nach Durchbruch des Abscesses in das Colon und die Bronchien mehrfach Heilung erfolgen sehen. Immerhin ist die Prognose bei so complicirten pathologischen Processen .eine sehr zweifelhafte. Beim Durchbruch in den Peritonealsack ist die Prognose absolut schlecht.

Bei der secundären Perinephritis, wie sie ab und zu als Complication von Puerperalprocessen und Infectionskrankheiten beobachtet wird, ist die Prognose in den meisten Fällen schon wegen der Schwere der Grundkrankheit ungünstig. Ebenso ist die Prognose eine mindestens zweifelhafte bei denjenigen Perinephritisformen, welche sich zu bestehenden chronischen Nierenkrankheiten, wie Pyelitis und Pyelonephritis, hinzugesellen. Sehr selten sind die Fälle, wo, wie in dem nachstehend mitgetheilten schliesslich Pyelitis und Perinephritis zur Heilung kommen[1]):

Der 44 jährige Patient, 1861 auf die Greifswalder medic. Klinik (Rühle) aufgenommen, litt seit Herbst 1860 an heftigen Schmerzen in der linken Lenden- und Hüftgegend, welche sich allmählich gesteigert hatten und nach Schenkeln und Genitalien ausstrahlten. Dabei bestand ein oft höchst lästiges Jucken in der Glans penis. Pat. war

---

1) Greifswalder medic. Beiträge. I. 1863 (S. 59 der klin. Berichte).

sehr heruuter gekommen. Ein Trauma hatte nicht stattgefunden. Es
liess sich bei der Untersuchung ein schmerzhafter Tumor der linken
Niere nachweisen. Der Harn enthielt ein reichliches eitriges Sediment.
Concremente fehlten. Dabei hohes Fieber, heftige Schmerzen. Der
Tumor wuchs bes. nach unten. Taubeneigrosse fluctuirende Geschwulst
unter dem l. Lig. Poupartii. Zeitweise Entleerung von Eiter mit dem
Stuhl. Durch eine Incision der Geschwulst unter dem l. Lig. Poupartii wurden ca. 2½ Liter eines höchst übelriechenden, grünlich-
gelben Eiters entleert (täglich ein warmes Bad, Dec. Chinae, Wein,
kräftige Kost). Der eitrige Ausfluss aus der Abscessöffnung verminderte sich mehr und verschwand ebenso wie der Eitergehalt des Urins.
Nach 5 Monaten wurde der Kranke ganz geheilt entlassen.

Therapie.

Obgleich die Therapie der primären perinephritischen Abscesse
eigentlich gänzlich vor das Forum der Chirurgie gehört, so müssen
die dabei erprobten Grundsätze dem inneren Arzt, welchem die
Krankheit vermöge ihres Sitzes und der damit verbundenen Allgemeinerscheinungen zunächst in die Hände kommt, sehr wohl gegen-
wärtig sein, damit er sich keine Unterlassungssünde zu Schulden
kommen lasse. Zunächst empfiehlt sich bei der primär auftretenden
Perinephritis, besonders bei der nach traumatischen Einflüssen entstehenden, die energische Anwendung der Kälte in Form von Eis-
beuteln oder eiskalten Compressen, sowie absolute Ruhe. Für Entleerung des Stuhls sorge man durch Klysmata. Ueber die Dauer
der Anwendung der Kälte entscheidet in einer Reihe von Fällen,
bei verständigen Kranken das eigene Gefühl des Wohlbehagens bei
der Application des Eises, im Allgemeinen jedoch die Schmerzhaftigkeit. Lässt dieselbe nach, so muss dessenungeachtet noch mehrere
Tage absolute Ruhe eingehalten werden, bis Schmerzen und Fieber
ganz vorüber sind. Bildet sich trotzdem aber eine Geschwulst in
der Tiefe, so kann man zunächst noch mit Mercurialpräparaten, besonders durch Einreibungen grauer Salbe, den Versuch zur Zertheilung machen, während man sich bemüht, die Schmerzen durch Morphium zu mildern und Schlaf durch Chloralhydrat herbeizuführen.
Hat sich erst Hautröthe gebildet, dann ist von der grauen Salbe
nichts mehr zu erwarten. Es empfiehlt sich dann zu kataplasmiren
und sobald die ersten Spuren von Fluctuation sich zeigen, zur Eröffnung des Abscesses zu schreiten[1]. Dieselbe geschieht am besten

---

1) Man muss aber tief genug incidiren, das zeigt ein Fall, welcher von
Almago (l. c. S. 423) mitgetheilt worden ist: Bei einem Mann, der seit einigen
Tagen krank ist, wird ein perinephritischer Abscess nach mehrfachen anderen

durch ausgiebige Freilegung des Eiterherdes mit dem Messer, um dem Eiter genügenden Abfluss zu verschaffen. Der Hautschnitt muss länger sein als die Einschnitte in die tieferen Schichten, damit der Eiterabfluss ganz frei erfolge. Die Trennung geschehe schichtenweise, jede durchtrennte Arterie werde unterbunden und, um jede Blutung zu vermeiden, geschehe die Durchschneidung der einzelnen Schichten auf der Hohlsonde. Der Schnitt ist jedenfalls der Eröffnung durch die Aetzpaste weit vorzuziehen; denn letzteres Verfahren ist langwierig, schmerzhaft, schützt nicht vor Blutungen und ist hier ganz zwecklos, weil gar nicht die Aufgabe vorliegt, Verwachsungen der Bauchwand mit dem tiefer liegenden Theile herbeizuführen, um das Hereinfliessen von Eiter u. s. w. in den Bauchfellsack zu vermeiden. Was die Entleerung dieser Abscesse mittelst der Chassaignac'schen Drainage betrifft, so verdient sie nicht vor dem Messer bevorzugt zu werden. Auch durch Punction hat man diese Eiterherde entleert, eine Methode, welche besonders in England eine grosse Verbreitung gefunden hat[1]). Die übrige chirurgische Behandlung, besonders die der etwaigen Eitersenkungen und Congestionsabscesse kann hier nicht weitläufiger erörtert werden. — Die innere Medication wird eine symptomatische und vorzugsweise eine roborirende sein müssen und hat insbesondere die Aufgabe, durch geeignete Mittel (Chinin, Acid. salicyl.) das Fieber thunlichst zu beschränken. Die Complicationen sind nach den speciellen dafür geltenden Vorschriften zu behandeln.

Diagnosen angenommen. Es wird eine Incision durch Haut- und subcutanes Zellgewebe gemacht. Da man aber von der Wunde aus keine Fluctuation mehr fühlt, wird die Wunde geschlossen und weiter kataplasmirt. Der Tod erfolgt nach 3 Tagen. Man findet eine enorme Eiteransammlung längs der Insertion des Zwerchfells, welche per contiguitatem eine Pleuritis bewirkt hatte.

1) Duffin's Mittheilungen sprechen für eine frühzeitige Punctur auf das Entschiedenste: In 20 Fällen verlief sie 18mal günstig, einer der unglücklichen Fälle war puerperalen Ursprungs, der andere Mann starb als Reconvalescent nach der Punction eines enormen Abscesses an Peritonitis, da er sich einer Erkältung ausgesetzt hatte.

Die degenerativen Processe der Nieren.

Die trübe Schwellung und fettige Degeneration der Nieren-epithelien.

Diese beiden Zustände sind deshalb hier gemeinsam zu betrachten, weil die durch die trübe Schwellung oder körnige (parenchymatöse) Degeneration der Nierenepithelien bedingte Veränderung derselben der fettigen Degeneration oft vorausgeht, und weil beide durch dieselben höchstens in verschiedener Intensität wirkenden ätiologischen Momente bedingt werden. — Ich sehe hier von den - Zuständen ganz ab, wo, wie bei einigen Thieren (Hunden, Katzen etc.) Fett unter anscheinend physiologischen Verhältnissen in den Nierenepithelien, ganz wie in den Leberzellen, beobachtet wird, weil für die menschliche Pathologie die Thatsachen fehlen, welche für eine solche Annahme eine sichere anatomische Handhabe bieten.

Aetiologie.

Die genannten degenerativen Processe treten als Theilerscheinungen einer Reihe von Erkrankungen auf, welche theils die Niere allein betreffen, theils sich auf den ganzen Organismus beziehen. Wir unterscheiden demnach allgemeine und locale Ursachen. Sind die ersteren wirksam, so finden wir dieselben Processe auch in anderen Organen, insbesondere in der Leber. In allen Fällen aber, wo die Nierenepithelien in dieser Weise entarten, handelt es es sich um eine Störung ihrer Nutritionsverhältnisse. Dieselbe kann 1) dadurch bedingt sein, dass sie nicht genügendes Ernährungsmaterial erhalten, sei es in Folge von Blutmangel überhaupt, oder einer mangelhaften Zuführung von Blut zu beiden oder einer Niere, oder auch nur zu einem Theil derselben (wobei die Degeneration auch nur den betroffenen Abschnitt befällt), oder 2) dadurch, dass die Nieren in Folge einer pathologischen Beschaffenheit des Blutes in fehlerhafter Weise ernährt werden. Die genannten Momente können sich in den einzelnen Fällen in verschiedener Weise combiniren. Tritt die Degeneration der Nierenepithelien lediglich in Folge einer mangelhaften Ernährung des Nierengewebes ein, dann erfolgt die fettige Entartung, ohne dass trübe Schwellung vorhergeht. Was die allgemeinen Ursachen betrifft, so können dieselben acut oder langsamer wirken. In ersterer Beziehung sind besonders eine grosse Anzahl von schweren infectiösen Krankheiten zu erwähnen, welche gewöhnlich mit sehr hohem Fieber verlaufen. Dahin gehören die typhösen Erkrankungen, die acuten Exantheme in einer Reihe von Fällen, Erysipele und phlegmonöse Processe, Pyämie und Septicämie, puerperale Erkrankungen etc.; ferner gehören hierher eine Reihe von Vergiftungen: die acute Phosphorvergiftung, die Vergiftungen mit Mineralsäuren, mit Arsenik, mit Carbolsäure, die Kohlendunstvergiftung etc. Bei Vergiftungen mit einzelnen dieser Substanzen, wie mit Mineralsäuren und der Carbolsäure, finden wir die Nieren entweder allein oder weit stärker als die Leber verändert, höchst wahrscheinlich weil diese reizenden Substanzen durch die Nieren ausgeschieden werden. Auch bei ausgedehnten Hautverbrennungen hat man diese degenerativen Processe an den Nierenepithelien beobachtet, eine Thatsache, behufs deren Erklärung man auf Grund der vorliegenden experimentellen Thatsachen daran denken muss, dass bei diesen Verletzungen die Erregbarkeit der vasomotorischen Nerven, im Besonderen der Hautarterien, abnorm gesteigert ist, wodurch ein Ansteigen der Innentemperatur begünstigt wird [1]. Was die perniciöse Anämie anlangt, so ist auffallender Weise dabei eine Degeneration der Nierenepithelien ein ganz inconstantes Vorkommen; Quincke [2] hebt besonders hervor, dass sich frische anatomische Veränderungen nicht in der Niere fanden, namentlich keine Trübung oder Verfettung der Epithelien. Auch Biermer fand die Nieren normal. Lépine [3] hebt in seiner Arbeit auf ein grosses Material verschiedener Beobachter gestützt hervor, dass man mehrfach bei mikroskopischer Beobachtung eine fettige Degeneration der Nierenepithelien beobachtet habe. Ferner hat man bei einer Reihe anderer chronischer Ernährungsstörungen in einzelnen Fällen eine mehr weniger hochgradige Verfettung der Nierenepithelien beobachtet, so bei krebsigen Erkrankungen, bei einzelnen Fällen von Diabetes mellitus etc. Unter den localen Ursachen, welche zu den in Frage stehenden degenerativen Veränderungen der Nierenepithelien führen,

---

1) Vergl. R. Heidenhain, Pflüger's Archiv. V. S. 78.
2) Volkmann's Samml. klin. Vorträge. Nr. 100.
3) Revue mensuelle. Iᵉ anné. p. 137.

gehören alle die Processe, welche durch eine locale d. h. die Nieren
allein betreffende Ursache mehr weniger hochgradige Anämie der
Nieren bewirken, sei es durch Verminderung oder Aufhebung des
arteriellen Blutzuflusses oder durch Erschwerung oder Behinderung
des Abflusses des venösen Blutes aus den Nieren. Diese localen
Ursachen können beide Nieren betreffen oder sie können auf eine
Niere oder nur einen Theil einer Niere beschränkt sein. In die
Kategorie der localen Ursachen gehören besonders entzündliche Processe der Nieren, Stauungen im Gebiet der Nierenvenen, embolischer
Verschluss der Nierenarterienäste mit vollkommener Ausschaltung
des entsprechenden Nierenparenchyms aus der Vorsorgung mit arteriellem Blut.

Pathologische Anatomie.

Vornehmlich in den acut verlaufenden Fällen von trüber Schwellung und fettiger Degeneration der Nierenepithelien wird die Niere
in toto etwas vergrössert. Die Kapsel ist leicht abziehbar und die
befallenen Theile erscheinen blutleer. Da es sich meist um eine
Affection der Nierencortex handelt, so zeigt sich grösstentheils ein
bemerkenswerther Contrast zwischen Cortical- und Marksubstanz.
Die erstere zeigt sich äusserst blutarm, graugelb, während die Pyramiden in Folge collateraler Fluxion dunkelblauroth erscheinen. Besonders erscheinen die gewundenen Abschnitte der Harnkanälchen
verändert. · Dieselben treten gegenüber den gerade verlaufenden
Abschnitten der Harnkanälchen im Cortex und der Medullarsubstanz
als graue oder graugelbliche Streifen hervor, innerhalb deren die
Glomeruli liegen. Erst weiterhin dehnt sich dieselbe Verfärbung
auch auf die anfänglich von dieser Veränderung nicht betroffenen
Theile aus. Bei ganz acuten degenerativen Processen erscheinen
die Glomeruli oftmals noch stark mit Blut gefüllt, indem die Vasa
afferentia noch ungenirt, die aus dem Vas efferens entspringenden, ·
zwischen den Harnkanälchen verlaufenden Capillaren aber comprimirt sind. Es kann dabei sogar in Folge der dadurch bedingten
Stauung zu Blutextravasaten kommen. Die Vergrösserung des Organs rührt von der Schwellung der getrübten Epithelien her. Dieselben erscheinen mikroskopisch im Beginn des Processes sehr
scharf begrenzt, stark lichtbrechend, homogen, sie werden später
feinkörnig, wie bestaubt, und endlich bestehen sie aus einer körnigen Masse, in welcher man feine Körnchen und deutliche Fett-
tröpfchen unterscheiden kann. Hieran schliesst sich unter Umständen ein Zerfall der Epithelien oder auch nur ausgedehnte Verfettungsprocesse derselben. Zwischen diesen verschiedenen Formen

der Degeneration, ihrer Ausbreitung und Intensität finden die mannigfachsten Uebergänge statt, welche genauer bei der Betrachtung der
einzelnen hier in Frage kommenden Krankheitsprocesse an den betreffenden Stellen dieses Werkes geschildert werden müssen. In
den mehr chronischen Fällen, wo sich Verfettungsprocesse aus allgemeinen Ursachen entwickeln, findet man oft keine oder eine nur
unerhebliche Volumszunahme der Niere. Indessen kommt eine solche
und zwar eine recht hochgradige doch auch in einzelnen Fällen vor,
besonders manchmal beim Diabetes mellitus. Ich habe im Winter
1874—75 solche bedeutend vergrösserte Nieren mit starker Trübung
und Verfettung ihrer Epithelien bei einem Falle von Diabetes mellitus, welcher plötzlich letal geendet hatte, untersucht. Interstitielle
Veränderungen fehlten
bei diesen Nieren voll-
kommen. Nach Ko-
chen mit Aether und
dadurch bedingter Lö-
sung des Fettes er-
schienen die Epithe-
lien trübe und liessen
die Kerne entweder
nur undeutlich oder
gar nicht erkennen.
Dieselben färbten sich
auch mit Hämatoxylin
meist gar nicht, nur
einzelne färben sich
ganz schwach. Die
Veränderung der Epi-
thelien betraf sowohl

Fig. 5a (Vergr. 90 : 1).

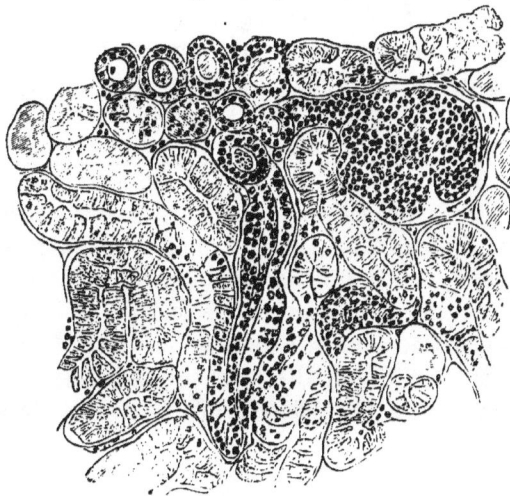

die gewundenen wie geraden Harnkanälchen. Besonders deutlich
traten an den Präparaten dieser Niere die von R. Heidenhain[1])
entdeckten Stäbchenkanälchen in den Epithelien der
gewundenen Harnkanälchen hervor und zwar schon

Fig. 5b (Vergr. 300 : 1).

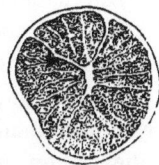

bei schwacher Vergrösserung. Die hier abgebildeten
Präparate sind den eben geschilderten Nieren eines
Diabetikers entnommen.
    Erklärung der Holzschnitte Figg. V^a
und V^b: Durchschnitte durch den Nierencortex mit

---

1) Schultze's Arch. f. mikrosk. Anatomie. Bd. X. Separatabdruck.

starker Trübung und Verfettung der Epithelien (Diabet. mellit.) Das
Fett ist durch Kochen mit Aether entfernt. Kernfärbung mit Hämatoxylin.

Fig. V^a: Die Stäbchenkanälchen in den Epithelien der gewundenen Harnkanälchen treten deutlich hervor.

Fig. V^b: Durchschnitt eines Harnkanälchens aus demselben
Präparate. In dem trüben körnigen Protoplasma ist das Verhalten
des Stäbchenkanälchens sehr gut sichtbar, Kerne sieht man in dem
trüben Zellprotoplasma nicht. Das Nähere vergl. oben im Text.

Symptomatologie.

Die trübe Schwellung und die Verfettung der Nierenepithelien
macht keine charakteristischen Erscheinungen. Tritt Albuminurie
auf, wie wir das in einigen Fällen sehen, so ist sie von den degenerativen Veränderungen der Nierenepithelien nicht abhängig,
weil in einer grossen Zahl von Fällen bei noch hochgradigerer Degeneration der Epithelien jede Beimengung von Eiweiss im Harn
fehlt. Hier sind andere Ursachen anzuklagen, welche je nach der
Ursache der Epitheldegeneration verschieden sind. Treten Cylinder
im Harn auf, welche mit verfetteten Epithelien oder freien Fett-
tröpfchen bedeckt sind, dann ist soviel sicher, dass an den Partien
der Nieren, denen diese Cylinder entstammen, fettige Entartung des
Inhalts der Harnkanälchen besteht. Da diese Degenerationen der
Nierenepithelien bei so verschiedenen Processen als Theil- und
Folgeerscheinungen auftreten, so wird auf das den speciellen Formen
Eigenthümliche bei Besprechung der dieselben veranlassenden Grundkrankheiten an anderen Stellen dieses Werkes näher eingegangen
werden.

Der hämorrhagische Niereninfarkt.

Virchow, Gesammelte Abhandlungen. — Cohnheim, Embolische Processe.
Berlin 1872. — v. Recklinghausen, Virchow's Archiv. Nr. 20. S. 205.

Aetiologie.

Die hämorrhagischen Niereninfarkte entstehen zunächst durch
embolische Verstopfung der Aeste der Art. renalis, indem Auflagerungen meist fibrinöser Natur bei Endocarditis sinistra besonders bei
chronischer Endocarditis der Mitralklappe und der Valv. semilun.
aortae mit dem arteriellen Blutstrom fortgeschwemmt werden. Sie
bleiben dann häufig in den Aesten der Nierenarterie stecken und
entziehen dem von ihnen mit arteriellem Blut versorgten Theil der
Niere, sofern sie den entsprechenden Ast vollkommen obturiren,

das Ernährungsmaterial. In den weitaus meisten Fällen entsteht danach ein hämorrhagischer Infarkt.

Den Entstehungsmodus der hämorrhagischen Infarkte, welche auf diesem Wege entstehen, im Allgemeinen näher zu schildern, ist hier nicht der Ort. Cohnheim's ausgezeichnete experimentelle Forschungen haben darüber grosse Klarheit verbreitet. Die Folgerungen, welche dieser Forscher aus seinen Experimenten an der Froschzunge für die Pathologie der Infarkte gezogen hat, haben sehr zahlreiche bisher vollkommen unverständliche Punkte, für deren Deutung die Phrase nur zu häufig eintreten zu müssen glaubte, in der wünschenswerthesten Weise aufgehellt. Es mag genügen, hier die wichtigsten, die Niereninfarkte betreffenden Punkte anzuführen. Die Grundbedingung dafür ist die Verstopfung eines Astes der Nierenarterie. Sehr selten treten Infarkte nach Verstopfung des Hauptstammes der Nierenarterie ein (s. unten). Die Nierenarterie erfüllt eine der ersten Bedingungen für das Zustandekommen eines Infarktes, sie ist nämlich eine sehr vollständige Endarterie, d. h. die Injection eines Zweiges der A. renalis vor seinem Eintritt in den Hilus füllt nur das directe Stromgebiet desselben und nur sehr spärliche kleine arterielle Anastomosen verbinden einzelne Aestchen der Kapselarterie mit der A. renalis. Dieselben genügen nicht, um bei Verstopfung eines Astes der Art. ren. eine Collateralcirculation hervorzurufen. Da nun die Nierenvenen klappenlos sind, so wird es bei Verstopfung eines solchen Astes der Nierenarterie keinen Anstand haben, sich nach den auf experimentellem Wege gewonnenen Anschauungen über die bei der Infarcirung obwaltenden Vorgänge eine Vorstellung von der Entstehung eines Niereninfarktes zu machen. Es kann aber auch statt der Infarcirung des von einer solchen Endarterie versorgten Nierenabschnittes zur Nekrose desselben kommen (s. Nierenbrand) und es müssen eine Reihe von Vorbedingungen erfüllt sein, wenn eben, bevor die Nekrose des Nierengewebes eintritt, ein Infarkt sich entwickeln soll, und zwar liegen dieselben in einem ausgebildeten rückläufigen Venenstrom und einer totalen wirklich obturirenden Thrombosirung des betreffenden Arterienastes. Alles, was den venösen Rückfluss aufhebt, verhindert und erschwert, wird auch die Infarcirung verhindern und der Gewebsnekrose Vorschub leisten. Wegen aller weiteren Details verweise ich auf das Cohnheim'sche Werk. Hier konnten eben nur die allgemeinsten Gesichtspunkte angedeutet werden.

Abgesehen von Verstopfungen der Nierenarterie durch embolische Processe kann auch eine Verletzung der Nierenarterie zur Infarkt-

bildung Veranlassung geben.   v. Recklinghausen beschreibt einen
solchen Fall.   Es handelte sich um einen 13jährigen Knaben, welcher 8 Tage nach einem Sturz aus einer beträchtlichen Höhe starb.
Die Nierenarterie sowie ein Zweig derselben zeigten circuläre Ein-
risse und Thrombusbildung.

Eine weiter unten mitzutheilende Beobachtung von Nottin (cf.
pathol. Anatomie der Thrombose der Nierenvene), wo u. A. die
Venae renales, suprarenales, V. cava infer., V. iliac. communis thrombosirt, die Nierenarterien aber frei waren und sich in der linken Niere
drei und in der rechten Niere ein in die Tiefe bis zu den Pyramiden erstreckende Infarkte fanden, weist darauf hin, daran zu
denken, ob nicht auch durch Venenverstopfung Infarcirungen wie
durch die Arterienverstopfung hervorgerufen werden können.   Gleiche
Erwägungen hat übrigens bereits Ponfick[1]) für die Milzinfarkte
bei Recurrens geltend gemacht, wo sich auch einzig und allein in
der aus dem Herde herausführenden Milzvene thrombotische Massen
nachweisen liessen.   Auch für die Niere passen die von Ponfick
(l. c.) angestellten Erwägungen und man wird die nicht abzuleug-
nende Möglichkeit, dass eine primäre Venenthrombose die hämorrhagische Infarcirung des rückwärts gelegenen, ihr zugehörigen Ge-
websgebietes bedingen könne, fernerhin auch bei denjenigen Nieren-
infarkten ins Auge fassen müssen, wo einmal keine Quelle für einen
Embolus nachweisbar ist und wo die Arterien der Niere sich frei,
die dem infarcirten Gebiet zugehörigen Venen aber durch thrombotische Massen verstopft finden.

Pathologie.

Pathologische Anatomie.

Der hämorrhagische Infarkt der Nieren präsentirt sich im frischen
Zustande als ein schwarzrother, derber, über das Niveau der Nachbarschaft ein wenig prominirender, dreiseitig begrenzter Keil.   Die
Basis desselben ist nach der Peripherie, die Spitze gegen das Centrum gerichtet.   Weiterhin, nach kurzer Zeit, fängt derselbe an sich
zu entfärben und nimmt sehr bald eine intensiv gelbe Farbe an.
Der Infarkt wird dabei etwas voluminöser, die Epithelien degene-
riren fettig.   Nach längerer Zeit tritt Schrumpfung des Infarktes ein,
der keilförmige Herd verschmälert sich und an die Stelle des Nierencortex tritt ein derbes Bindegewebe.

-----

1) Virchow's Archiv. 60. Bd. Separatabdr. S. 23.

Symptomatologie.

Die hämorrhagischen Infarkte der Niere machen keine Symptome intra vitam. Es gibt nur ganz vereinzelte Ausnahmen von dieser Regel. Traube hat einen solchen Fall beschrieben. Patient, an einer Insuff. valvul. aortae leidend, wurde, nachdem er sich am Abend noch ziemlich wohl, namentlich frei von Schmerzen befunden hatte, in der Nacht durch einen heftigen Schmerz in der rechten Nierengegend plötzlich aufgeweckt, welcher bis in den gleichnamigen Oberschenkel hineinging, Druck in der rechten Lendengegend, dicht unterhalb der 12. Rippe, nach innen und oben ausgeübt, ist höchst schmerzhaft. Bei ruhiger Lage auf der rechten Seite ist Patient fast schmerzfrei, bei Rumpfbewegungen und beim Husten ist der Schmerz um so stärker. Im Urin war kein Blut. Die Schmerzen gingen schnell vorüber. Fünf Tage nach dem Beginn dieser Symptome erfolgte der Tod. In der rechten Niere fand sich ein grosser Infarkt, derselbe prominirte über die Oberfläche der Niere, was andere gleichzeitig vorhandene Infarkte nicht thaten.

Für die Diagnose ergibt sich aus dieser Darlegung, dass dieselbe intra vitam auf hämorrhagische Niereninfarkte gemeinhin nicht gestellt werden kann. Sobald eine der Grundkrankheiten vorhanden. ist, welche zur Infarktbildung Veranlassung geben, wird man, wenn sich Zeichen einstellen, wie in dem Traube'schen Falle, an grössere Infarktbildung in der Niere denken dürfen.

Verlauf, Prognose.

Die Infarkte der Niere haben einen chronischen Verlauf. Von der Infarcirung bis zur Narbenbildung vergeht längere Zeit, die grosse Zahl von älteren und frischen Infarkten der Niere, welche bei den Sectionen gefunden werden, ohne dass während des Lebens eine Alteration der Nierenthätigkeit beobachtet wurde, lehren, dass sie als solche die Prognose nicht erheblich trüben. Dieselbe wird wesentlich bedingt von der Grundkrankheit und anderen schweren Complicationen derselben, worauf hier nicht näher eingegangen werden kann.

Therapie.

Dieselbe ist ohnmächtig, höchstens können, wie in Traube's Falle, bei excessiver Schmerzhaftigkeit locale Blutentziehungen angewandt werden.

7*

Brand der Nieren (Nekrose der Nieren).

Literatur: Die Seite 3 angegebenen Werke und Cohnheim, Untersuchungen über die embolischen Processe. Berlin 1872.

Aetiologie.

Wir haben bei Schilderung der suppurativen Nephritis gesehen, dass einzelne Partien des Nierengewebes in Folge dissecirender Entzündung und Eiterung aus dem organischen Zusammenhange losgelöst und als nekrotische Partien mit dem Harn entleert werden können (vgl. S. 24 u. 25). Ausserdem aber kommen Nekrosen des Nierengewebes auch in grösserer Ausdehnung zu Stande, wenn die Nierenarterien verstopft werden und zwar wenn die eben Seite 96 und 97 angeführten Bedingungen nicht vorhanden sind, um eine Infarcirung zu Stande kommen zu lassen. Die aus der Ernährung ausgeschlossenen Partien verfallen der Nekrobiose. Besonders oft tritt Nekrose und keine Infarcirung der Niere bei Verstopfung des Stammes der Art. ren. ein.

Pathologie.

Nach einer von Bartels und Cohnheim (l. c. S. 76) mitgetheilten genauen Beobachtung erleidet der Harn bei der Nekrose einer Niere in Folge Verstopfung einer Art. renalis keine krankhaften Veränderungen. Es handelte sich hier um einen 8jährigen Knaben, welcher in Folge ausgedehnter Thrombusmassen im linken Ventrikel, die zum Theil in das peripherische Aortensystem fortgeschwemmt worden waren, unter anderen auch eine Embolie der ganzen linken Nierenarterie erlitt. Diese Niere war im Breiten-, besonders aber im Dickendurchmesser vergrössert, Nierenkapsel, sowie das sie umgebende Fettzellgewebe waren geschwollen und saftreich. Kapsel leicht löslich, Oberfläche glatt marmorirt, es hoben sich hier ganz unregelmässige, verwaschene, nicht scharf begrenzte rothe Flecke von einem mattgraugelben lehmfarbenen Grunde ab. Consistenz mittelmässig. Auf der Schnittfläche erschien die ganze Rindensubstanz lehmfarben, saftlos, matt und fahl, äusserst undurchsichtig, wie todt, während die Pyramiden ziemlich lebhaft, bläulichroth gefärbt waren. Mitten in der Rinde und in einzelnen Markkegeln traten dann auch besonders tief blutigrothe Inseln hervor, ohne regelmässige Anordnung und scharfe Begrenzung. Hier waren die Glomeruli als rothe Punkte kenntlich, während sie in der lehmfarbenen Zone nicht mit Sicherheit wahrgenommen werden konnten. Sonst liessen sich makroskopisch die geraden und gewundenen Abschnitte der Harnkanälchen deutlich abgrenzen. Sämmtliche grössere durch den Schnitt getroffenen Arterien waren von einer festen dunkelrothen Pfropfmasse ausgefüllt, welche sich rückwärts ganz continuirlich bis in den Hauptstamm der A. renalis verfolgen liess. Dieselbe war, abgesehen von einem 1 Ctm. langen Stück an ihrem Anfangstheil, in ihrer ganzen Ausdehnung und ihren grösseren Aesten total obturirt, die grösseren Venen enthielten nur wenig dünnflüssiges Blut. Nierenbecken frei. Mikroskopisch zeichneten sich die Nierenepithelien der nekrotischen Niere lediglich durch eine stärkere körnige Schattirung aus. Die Blutgefässe in der Niere enthielten nur in den dunkelrothen Inseln reichlich Blut und konnten hier auch in dem Interstitialgewebe der Niere Blutkörperchen deutlich nachgewiesen werden. — Die Schwellung und Verdickung des pericapsulären Gewebes dürften als Beginn einer entzündlichen Reaction dieser Theile gedeutet werden, hervorgerufen durch den Reiz des nekrotischen Gewebes in den Nieren.

Amyloide Degeneration der Nieren. (Specknieren. Wachsnieren.)

Literatur, Definition und Geschichte.

Ausser der S. 3 angeführten Literatur:
Virchow, dessen Archiv VI. S. 468 u. 416. VIII. S. 140 u. 364. XI. S. 188. XIV. S. 187. XV. S. 232. Deutsche Klinik 1859. Cellularpathologie. Geschwülste. II. S. 616. — Meckel, Charité-Annalen. 4. Jahrgang. 2. Heft. Separat-Abdr. 1853. — Friedreich, Virch. Arch. X. S. 201 u. 507. XI. S. 387. XIII. S. 498. XV. S. 50. XVI. 50. — Beckmann, Virch. Arch. XIII. S. 94. — Todd, Clinical lectures on certain diseases of urinary organs. 1857. — Kekulé, Verhandlungen des naturhistor.-medic. Vereins in Heidelberg. 1858. S. 144. — Traube, Gesammelte Beiträge u. s. w. 1871. II. 1. S. 373 u. 378. (Diese Arbeiten datiren aus den Jahren 1858 u. 59.) — Derselbe, Die Symptome der Krankheiten des Respirat.- u. Circul.-Apparats. Lieferung 1. 1867. — Neumann, Deutsche Klinik. 1860. Nr. 37. — Pleischl u. Klob, Wien. med. Wochenschr. 1860. — C. Schmidt, Annalen der Chemie und Pharmacie. LX. 1859. S. 250. — E. Wagner, Archiv für Heilkunde, 1861. S. 481. — Grainger Stewart, Edinb. med. Journ. Febr. 1861. August 1864. — Kühne und Rudneff, Virchow's Archiv. XXXIII. 1865. — H. Fischer, Berl. klin. Wochenschrift. 1866. Nr. 27. — Beer, Eingeweidesyphilis. 1867. — J. Wilks, Guy's hosp. Rep. 1866. S. 45. — T. W. Pavy, ebenda. 1864. S. 315. — Pathologic. transact. London 1869. Vol. XX. p. 429—439 (Mittheilungen von Greenhow, Moxon, Dickinson). — Cohnheim, Virch. Archiv. XXXIII. S. 155 und LIV. S. 271. — Pilz, Jahrbuch f. Kinderheilk. Neue Folge. III. Separat-Abdr. — Gerhardt, Kinderkrankheiten. 1874. 3. Aufl. — Inaugural-Dissertationen von Fehr (Bern 1866), Münzel (Jena 1865), Tosca u. Taesler (Greifswald 1867), Wolff (Berlin 1869), J. Petri (Berlin 1876). — E. Modrzejewski, Archiv f. experimentelle Pathologie. I. S. 426. — Senator, Virchow's Archiv. LX. S. 476. — Johnson, Brit. med. Journ. 1873. — Führy-Snethlage, Deutsch. Arch. f. klin. Medicin. XVI. S. 539.

Die Ansichten über die amyloide Degeneration im Allgemeinen und die der Nieren insbesondere haben sich erst langsam und all-

mählich geklärt. Das veränderte Aussehen einzelner amyloid entarteter Organe war dem scharfen Beobachtungstalent der alten Aerzte
nicht entgangen. Antoine Portal beschreibt 1813 in seinen Leberkrankheiten S. 365 die Leber eines alten Weibes, welche verschiedene Exostosen und Geschwüre an den Geschlechtstheilen hatte, als
„réduit en une substance pareille à du lard soit pour la couleur soit
pour la consistance". Bei Budd[1]) finden wir unter der Rubrik
„scrophulöse Anschwellungen und Hypertrophie der Leber" ähnliche
Beobachtungen. Indessen gedenkt keiner dieser älteren Forscher
einer gleichzeitigen Erkrankung der Nieren, welche, wie die späte-
teren Erfahrungen gelehrt haben, bei Leberamyloid wohl nie vermisst wird. Ausserdem hatten diese Aerzte über die Natur und das
Wesen dieser Leberveränderung keine klare Vorstellung. Rokitansky schied zuerst 1842 die Speckniere, welche früher einfach
als Bright'sche Krankheit abgehandelt worden war, als besondere
(achte) Form des Morb. Brightii von den anderen Formen, schilderte
ihr grob anatomisches Verhalten, fasste die wesentlichen Charaktere
klar zusammen, erkannte die Zusammengehörigkeit mit den gleichzeitigen Affectionen der Milz und Leber und die Beziehungen derselben zu bestimmten Kachexien. Rokitansky nahm an, dass
bei dieser Erkrankung die Organe von einer speckig albuminösen
durchscheinenden Substanz infiltrirt würden. Länger als ein Decen-
nium blieb die Rokitansky'sche Auffassung ganz unberücksichtigt,
bis fast gleichzeitig Virchow und Meckel die in den betreffenden
verschiedenen Organen abgelagerte Substanz zum Gegenstand ihrer
Untersuchungen machten. Meckel stellte die verschiedenen ätiologischen Momente mit grosser Vollständigkeit zusammen, betrachtete
als das Wesentliche bei diesem degenerativen Process die Bildung
gewisser Fette und Speckstoffe, die mit dem Cholestearin mehr oder
weniger identisch sind. Er hat die Jod-Schwefelsäurereaction entdeckt, das Speckroth und Speckviolett als Unterart bei derselben
unterschieden und die Krankheit als Speck- oder Cholestearinkrank-
heit bezeichnet. Virchow wies das Irrthümliche der Meckel-
schen Beweisführung nach, lehrte, dass die Reactionen von Cholestearin und Specksubstanz in keiner Weise identisch seien, und
führte die Veränderung der Organe auf die Ablagerung einer eigenthümlichen Substanz zurück, welche nach ihren chemischen Reactionen an Körper der Cellulosengruppe erinnert, und bezeichnete
sie wegen dieser Eigenschaft als Amyloidsubstanz. Die Arbeiten von

---

1) Leberkrankheiten. Deutsch. 1845.

Friedreich, Kekulé und Carl Schmidt, sowie die späteren
von Kühne und Rudneff, haben die frühere Meinung, als ob
die amyloide Substanz zu der Gruppe der Kohlenhydrate gehöre,
vollständig widerlegt, und Modrzejewski hat neuerdings durch
den Nachweis, dass auch die Spaltungsproducte dieser Substanz mit
denen der Eiweisskörper identisch sind, einen weiteren Beitrag für
die Zugehörigkeit derselben zu den Eiweissstoffen geliefert. Abgesehen von den pathologisch-anatomischen und chemischen Fragen
hat die genannte Affection der Nieren in neuerer Zeit ein erhöhtes
Interesse gewonnen, indem sich die Diagnostik und bis zu gewissen
Grenzen auch die Therapie dieser Krankheit mit Erfolg bemächtigte.
Während Meckel für das Bedürfniss symptomatologischer Nomen-
clatur in der Praxis die Krankheit mit dem bis dahin noch ziemlich imponirenden Namen Morbus Brightii abfand, haben besonders
die Arbeiten von Todd, Traube, Grainger Stewart nach
dieser Seite hin die wichtigsten Anhaltspunkte geliefert, welche
durch eine weitere Reihe von Specialarbeiten und Casuistik vielfache Bereicherungen erfahren hat.

Was die Stellung der amyloiden Entartung der Nieren im pathologischen System anlangt, so wird sie auch heute noch von einem
Theil der Autoren bei den entzündlichen Affectionen im Anschluss
an den Morbus Brightii abgehandelt. Beide Processe compliciren
sich, wie wir sehen werden, so enorm häufig, dass die mannigfachsten
Berührungspunkte zwischen denselben stattfinden. Indessen ist die
amyloide Nierenaffection ihrem Wesen und ihrer Natur nach bei
den degenerativen Processen abzuhandeln.

Aetiologie.

Virchow charakterisirt die Aetiologie der amyloiden Degeneration in kurzer treffender Weise, indem er sagt: Immer gehört diese
Erkrankung der Kachexie an. Am häufigsten findet sie sich bei
der syphilitischen, scrophulösen und tuberculösen Dyskrasie. Aber
abgesehen von den bezeichneten Grundkrankheiten gibt es eine Reihe
anderer Affectionen, welche wenn auch seltener, amyloide Degeneration in ihrem Gefolge haben. Die amyloide Substanz entwickelt
sich bisweilen, ohne dass wir die Producte derartiger Dyskrasien in
der Leiche finden oder dass die Anamnese darüber Auskunft gibt.

In weitaus der grössten Mehrzahl der Fälle sind es solche Processe, welche langwierige Eiterungen, besonders in Folge chroni-
nischer Krankheiten der Knochen oder auch der Haut und anderer

Weichtheile unterhalten, die zur amyloiden Degeneration Veranlassung geben.

Im Nachfolgenden gebe ich eine Uebersicht der Erkrankungen, welche mehr weniger häufig zur Entwickelung der amyloiden Degeneration führen.

1) Chronische Knochenkrankheiten besonders Caries und Nekrose veranlassen sehr oft amyloide Degeneration und zwar können dieselben geheilt, oder in der Heilung begriffen sein, ehe die amyloide Degeneration auftritt. Bereits Rayer theilt eine grosse Anzahl von Fällen mit, bei denen zu derartigen Affectionen albuminöse Nephritis — eine Sonderung der amyloiden Degeneration kannte er noch nicht — sich hinzugesellte. Vor Allem geben zur amyloiden Degeneration Eiterungen der grossen Röhrenknochen Veranlassung. Ferner entwickelt sie sich oft bei fungösen Gelenkentzündungen grösserer Gelenke auf scrophulösem Boden. Traumatische, insbesondere Schussverletzungen der Knochen mit chronischer Eiterung sind hier ebenfalls zu erwähnen. Vom Eintritt reichlicher Suppuration bis zur Entwickelung der amyloiden Degeneration bedarf es hier nur weniger Monate.

Rokitansky gibt auch die Rachitis als Ursache der amyloiden Degeneration an. Jedenfalls sind diese Fälle bis jetzt vereinzelt und die Betheiligung der Nieren am amyloiden Process in derartigen Fällen ist überhaupt noch nicht festgestellt.

2) Chronische Unterschenkelgeschwüre mit langwieriger Eiterung und geringer Tendenz zur Heilung compliciren sich nicht selten mit amyloider Degeneration. Bei dieser Gelegenheit verdient die Beobachtung hervorgehoben zu werden, dass sich dieselbe meist erst nach längerem, bisweilen jahrelangem Bestehen des Ulcerationsprocesses der Weichtheile entwickelt, und zwar oft, aber keineswegs immer, wenn sich die meist umfänglichen, tiefgehenden Geschwüre zur Heilung anschicken. Die von Lindwurm[1]) gemachte Beobachtung der Complication einer eigenartigen chronischen Hautaffection mit amyloider Degeneration veranlasste H. Fischer[2]) die Beziehungen derselben zu den chronischen Unterschenkelgeschwüren genauer zu verfolgen. Er fand bei Beobachtung einer grösseren

---

1) Lindwurm beobachtete eine eigenthümliche Hypertrophie der Epidermis und Cutis mit amyloider Degeneration der letzteren. Der Urin war eiweiss frei. — Die Section des Falles konnte nicht gemacht werden. (Henle und Pfeufer, Zeitschrift für rat. Medicin. 3. Reihe. 14. B. 1862. S. 257.

2) Zur Lehre von der amyloiden Nephritis. Berl. kl. Wochenschr. 1866. Nr. 27.

Reihe chronischer Fussgeschwüre, dass sich ohne Entwickelung einer sonstigen Dyskrasie in 7 Procent Albuminurie, davon 4 Procent durch amyloide Nierendegeneration veranlasst, entwickelte. Seitdem hat sich die Zahl der einschlägigen Beobachtungen sehr vermehrt. Ueber die näheren Bedingungen, unter denen sich die amyloide Degeneration unter diesen Verhältnissen entwickelt, wissen wir nichts.

3) Amyloide Degeneration und Syphilis vergesellschaften sich oft mit einander. Rokitansky und Winckel[1]) haben bei angeborener Lues amyloide Degeneration von Nieren und Milz beobachtet. Indessen davon abgesehen kommt bei Erwachsenen, welche an constitutioneller Syphilis erkrankt sind, die amyloide Degeneration der Nieren ziemlich häufig vor. Oft findet man nur Residuen abgelaufener Syphilis ohne ein florides Symptom, bisweilen gibt nur die Anamnese über die vorangegangene Infection und ihre Folgen Aufschluss, so dass man dieselbe lediglich als kachektisches Stadium der constitutionellen Lues aufgefasst hat. Man hat vielfach behauptet, dass auch der Gebrauch des Quecksilbers bei der Syphilis an der Entwickelung der amyloiden Degeneration Antheil habe. Indessen ist nur so viel sicher, dass sich ab und zu, aber durchaus nicht immer, wie Kletzinsky meint, im quecksilberhaltigen Urin Eiweiss findet. Julius Müller[2]) u. A. fanden bei Anwesenheit von Quecksilber im Urin nie Eiweiss. Kussmaul glaubt, den Eiweissgehalt des Urins bei Hydrargyrose auf einen mercuriellen Katarrh zurückführen zu können, und hält es für nicht erwiesen, dass der Mercur auch amyloide Degeneration bedinge[3]). Für die Erkrankung der constitutionell Syphilitischen an amyloider Degeneration ist eine Beobachtung, welche vielfach gemacht worden ist, von Interesse und praktischer Bedeutung, dass nämlich durchaus nicht blos schlecht genährte Individuen davon befallen werden, sondern auch Leute mit gut entwickeltem Panniculus adiposus und noch kräftiger Musculatur.

4) Die chronische Lungenphthise vergesellschaftet sich ebenfalls nicht selten mit amyloider Degeneration, E. Wagner fand dieselbe bei 7 Procent der Tuberkulösen. Meckel erwähnt bereits die häufig zu constatirende Thatsache, dass gewöhnlich bei der Entwickelung und dem Weiterfortschreiten der amyloiden Degeneration keine Fortschritte in der Entwickelung der Lungenkrankheit beobachtet werden. Die weiteren Untersuchungen haben sogar gelehrt, dass öfter eine Schrumpfung der erkrankten Lungenpartie statt-

---

1) Berl. klin. Wochenschr. 1874. S. 343.
2) Arch. f. Pharmacie. CXCIV. S. 9.
3) Constit. Mercurialismus. 1861. S. 326.

hat. In einzelnen Fällen ist das primäre Lungenleiden so gering, dass es der Diagnose intra vitam entgeht. Von praktischem Interesse würde es sein, zu verfolgen, ob und wie häufig die an amyloider Degeneration erkrankten Phthisiker gleichzeitig an Syphilis leiden und gelitten haben.

5) Nach lange bestehenden Intermittenten, welche bereits zur Zerrüttung der Constitution geführt haben, entwickelt sich ab und zu amyloide Degeneration. Wie überhaupt diese Complication keine häufige ist, so bleibt in einzelnen Fällen die amyloide Degeneration eine beschränkte und lässt die Nieren ganz frei [1]).

6) Neben Krebskrankheit finden wir in einzelnen Fällen auch amyloide Degeneration. E. Wagner beobachtete sie in 109 Fällen 3 mal, nur 1 mal waren aber die Nieren betheiligt. Nach den geringen zur Zeit darüber vorliegenden Erfahrungen scheint das Carcinom des Uterus besonders gern mit amyloider Degeneration sich zu vergesellschaften. Blau [2]) fand unter 93 Fällen von Carcinoma uteri aus dem Berliner pathologischen Institut 4 mal amyloide Nierendegeneration. In einem von Waldeyer [3]) secirten Falle war bei Medullarcarcinom der rechten Niere ein Theil derselben, welcher nicht carcinomatös entartet war, sowie die andere, krebsfreie Niere im Zustande weit fortgeschrittener diffuser Nephritis mit amyloider Degeneration. Eine analoge Beobachtung berichtet Calmettes. [4])

7) Abgesehen von den bisher erwähnten gleichsam typischen Ursachen können auch andere Erkrankungen, freilich wieder besonders Eiterungsprocesse in sehr verschiedenen Organen, sich mit amyloider Degeneration der Nieren vergesellschaften. Dickinson hält das Vorangehen einer chronischen Eiterung für das wichtigste ätiologische Moment. Unter 60 Fällen von amyloider Degeneration fielen 52 mit Eiterung zusammen. Es dürfte hier ebenso unmöglich als unnütz sein, alle beobachteten Localisationen der ursächlichen Eiterungsprocesse anzuführen. Beispielsweise mögen hier erwähnt werden: fistulöse langdauernde Geschwüre bei Empyem, Bronchiektasen und chronische Bronchitiden, meist mit profuser Eiterung, grosse Geschwürsflächen im Darm, Lupus exulcerans, ferner im Gefolge von chronischen Eiterungen in den Nieren und im Nierenbecken, z. B. bei calculöser oder anderweit entständener Pyelitis

---

1) Frerichs' Klinik d. Leberkrkht. 1861. 2. Bd. S. 192 u. ff. (Beob. 31 u. 32.)
2) Inaugural-Dissertation. Berlin 1873.
3) cf. Dissert. von Jerzykowsky.
4) Bullet. de la soc. anat. Paris 1868. p. 272. 37 j. Frau. Krankheitsdauer 4 J. Krebs der linken, amyloide Degeneration der rechten Niere.

und Nephropyelitis einer Niere entarten bisweilen die andere Niere,
sowie andere Organe amyloid. Von anderen Krankheitsprocessen,
in deren Gefolge amyloide Degeneration eintritt, wäre hier noch zu
erwähnen die chronische interstitielle Nephritis. Litten erwähnt
ihr Vorkommen bei Schrumpfnieren im Gefolge von Arthritis urica
(cf. u. path. Anatomie der Nephrolithiasis). Virchow[1]) fand die
amyloide Degeneration auch bei der mit Nephritis verbundenen
Kachexie nach Scharlach — Johnson hält die lang dauernde Albuminurie bei chronischem Morbus Brightii für eine der Hauptursachen
der amyloiden Nierendegeneration — chronischer Peritonitis, chronischem Muskel- und Gelenkrheumatismus, Rheumatismus articul.
deformans (Tüngel). Aus Mosler's Klinik wird ein Fall berichtet[2]), wo kein anderer Grund als eine innerhalb fünfzehn Jahren
21 mal aufgetretene Pneumonie als Ursache für die amyloide Degeneration der Unterleibsorgane angesehen werden konnte. Einmal
fand ich hochgradige amyloide Degeneration der Unterleibsorgane als
einzigen pathologisch-anatomischen Befund neben einem grossen, nicht
vereiterten Echinococcussack der Leber bei einem 27 jährigen Manne.

Endlich gibt es eine Reihe von Fällen, wo weder die Anamnese
noch die Leichenöffnung eine primäre Affection nachweisen kann,
welche als ätiologisches Moment beschuldigt werden kann. Wilks
bezeichnet solche Fälle als simple lardaceous disease. Es bleibt der
Zukunft vorbehalten, hier die genetischen Beziehungen aufzufinden.

Man hat vielfach auf Grund der Analyse einer mehr weniger
grossen Zahl von Fällen die Statistik der ätiologischen Verhältnisse
der amyloiden Degeneration zu ermitteln gesucht. Fehr hat eine
solche bis zum Jahre 1866 reichende Zusammenstellung mit einer
grossen Sorgfalt gemacht. Ich habe das Material, soweit ich es erlangen konnte, aus der neuesten Zeit damit verglichen. Das Resultat bleibt das gleiche: die constitutionelle Syphilis, die Phthise
der Lungen und des Darms, Caries meist auf scrophulöser Basis,
stehen in erster Reihe. Auf die Wichtigkeit dieser ätiologischen
Momente für die Diagnose werde ich später eingehen.

Was das Alter und das Geschlecht betrifft, so ergibt sich,
dass die mittleren Lebensalter das grösste Contingent stellen, wo
auch die primären Affectionen am häufigsten beobachtet werden.
Eine Immunität besitzt kein Lebensalter. Männer werden öfter befallen als Weiber.

---

1) Virchow's Archiv. VI. S. 271.
2) Dissertat. von Posca.

Pathologie.

Pathologische Anatomie.

Amyloid entartete Nieren zeigen durchaus nicht immer dasselbe anatomische Bild. Sobald es sich lediglich um eine amyloide Degeneration in einzelnen Theilen des Gefässapparates der Nieren z. B. einer Reihe der Glomeruli handelt, ohne dass anderweite pathologische Processe in den Nieren vorhanden sind, können dieselben bei makroskopischer Betrachtung ohne Anwendung von Reagentien ein anscheinend ganz normales Verhalten zeigen. Was die Grösse der Nieren anlangt, so sind sie theils normal gross oder wenig vergrössert, in anderen Fällen ist ihr Volumen erheblich vermehrt, in seltenen Fällen verkleinert (s. u.). Man trifft die hochgradigsten Degenerationen der Nierengefässe ohne nennenswerthe Vergrösserung der Niere, während man andere Nieren von bedeutender Grösse sieht, in denen nur die Glomeruli amyloid entartet sind. Die Grösse dieser Volumzunahme hängt besonders von dem Zustande des übrigen Nierenparenchyms ab. Sie beschränkt sich ganz vorzugsweise auf den Cortex, welcher sich durch seine helle buttergelbe Färbung ganz besonders scharf von den gewöhnlich noch roth oder braunroth aussehenden Pyramiden abgrenzt. Der Blutgehalt des Cortex ist in hohem Grade vermindert. Das aus den durchschnittenen Gefässen austretende Blut ist stets hell und dünnflüssig. Das Blut bei amyloider Nierendegeneration ist nach Johnson arm an Hämoglobin und Eiweiss, aber reich an Harnstoff. Ausserdem zeigt der Cortex eine homogene Beschaffenheit, die vergrösserten Glomeruli erscheinen, wie sich Meckel ausdrückt, wie glänzende Thautröpfchen. Nur wenn die Pyramiden an der amyloiden Degeneration in höherem Maasse theilnehmen, werden auch sie blass und glänzend und die Niere bekommt ein consistentes, gleichmässiges Ansehen. Die Kapsel der Niere ist bei einfacher amyloider Degeneration leicht und ohne Substanzverlust abziehbar. Selten sieht man die Degeneration auf die Pyramiden allein beschränkt und zwar beobachtet man dann weit seltener eine amyloide Degeneration ihrer Gefässe, sondern oft lediglich eine amyloide Infiltration der verdickten Wände der Harnkanälchen. Die anatomische Diagnose der amyloiden Entartung der Nieren ist eine vorzugsweise chemische, ermöglicht durch die eigenthümliche Reaction der amyloiden Substanz. Man begnügt sich für den gröberen Nachweis mit dem Aufgiessen einer Jodlösung auf die vom Blut sorgfältig gereinigte Schnittfläche. In hochgradigen Fällen gelingt die Entfernung des Blutes leicht wegen der bedeu-

tenden Blutarmuth des Organs. Gallenfarbstoff verdeckt die Amyloidreaction. Bei geringfügiger amyloider Degeneration ist das nega-
tive Resultat dieser makroskopischen Probe nicht beweisend.
Gelingt die Reaction, dann zeigen die amyloid erkrankten Gewebe
eine mahagoni- oder rubinrothe Färbung. Giesst man nachher noch
Schwefelsäure auf, so nehmen diese Theile eine bald braune, bald
mehr violette bis blaue Färbung an. Da die amyloide Entartung
die kleinen und kleinsten Arterien und Capillaren betrifft, so bekommt man, wenn ein grosser Theil derselben erkrankt ist, eine
treffliche Uebersicht über die Verbreitung des Gefässapparates. Amyloide Degeneration der Venen ist sehr selten, sie wurde von Friedreich beschrieben. Für ein genaueres Studium ist die mikroskopische Untersuchung der Organe theils in frischem Zustande an mit
dem Doppelmesser gemachten feinen Durchschnitten, theils in ge-
härtetem Zustande unerlässlich. Man legt die feinen Durchschnitte
— sind sie dem frischen Präparat entnommen, so ist ein vorheriges
Abwaschen mit destillirtem Wasser nöthig — gleichgültig ob in
schwache Jod-Jodkaliumlösung oder verdünnte Jodtinktur oder in
wässerige Jodlösung und lässt nachher zu dem mit einem Deckglase
bedeckten Präparat langsam, damit keine Zerstörung eintritt, einen
Tropfen Schwefelsäure hinzufliessen. Nach einiger Zeit wandelt sich
die durch das Jod erzeugte Färbung entweder in ein tieferes Braunroth oder ein schmutziges Violett oder Blau um, in einzelnen Fällen
alterirt der Zusatz von Schwefelsäure die Jodfärbung gar nicht. Im
centralen Theil der Glomeruli bildet sich bald schneller bald langsamer eine blaugrüne Färbung aus dem Violett hervor. Bisweilen
sieht man durch Jod allein violette Färbung eintreten, welche bei
Zusatz von Schwefelsäure in diesen Fällen sich stets in das schönste
reinste Blau verwandelt. Als Reagentien für die amyloide Substanz
sind ferner Jod-Jodzinklösung (Munk), Chlorzink oder Chlorkalk
(Bernhardt) empfohlen. Indessen ist, und wie es mir scheint mit
Recht, die Jodlösung am meisten in der Praxis in Anwendung geblieben. Als mikroskopisches Reagens empfiehlt sich das von Jür-
gens empfohlene jodviolette Anilin (Jodviolett Nr. 2). Die
amyloid entarteten Gewebe nehmen in einer schwachen wässrigen
Lösung des Jodviolett nach 10 Minuten eine leuchtend rothe Färbung an, während die gesunden Partien eine violette bis bläuliche
Färbung zeigen. Die rothe Färbung steht der des Carmin sehr
nahe, sie hält sich sehr gut in Glycerin und nimmt im Laufe der
Zeit an Intensität eher noch zu, während die violette Färbung der
übrigen Theile abblasst.

Was die Verbreitung der amyloiden Substanz im Ge-
fässapparat der Niere betrifft, so .werden weitaus in der Mehrzahl der Fälle in erster Reihe die Glomeruli zuerst befallen (diese Thatsache leugnet, soviel ich sehe, nur Johnson); weiterhin werden die
Aa. rectae, sowie auch die Vasa afferentia, selten die Vasa efferentia
befallen.   Uebrigens zeigen die verschiedenen Präparate aus derselben Niere keineswegs immer die Veränderungen in derselben In-
und Extensität.   Nur wenn die amyloide Degeneration bereits zu
einem hohen Grade gediehen ist, betheiligt sich auch das die Harnkanälchen umspinnende Capillarsystem.   In vereinzelten Fällen zeigt
die Art. renalis selbst die amyloide Degeneration, während die zwischen den Tubulis rectis verlaufenden Arterien von der amyloiden
Metamorphose noch nicht ergriffen sind[1]).   Bei hochgradigeren Fällen von amyloider Degeneration der Nieren finden sich die Tunicae
propriae der Harnkanälchen nicht selten in gleicher Weise verändert.
Dieselben erscheinen verdickt und färben sich bei Behandlung mit
Jodviolettlösung roth.   Besonders erscheinen die Tunicae propriae
der geraden Harnkanälchen, der Henle'schen Schleifen aber auch
die der Tubuli contorti verändert.   Es werden ab und zu alle Gefässe und alle Tunicae propriae der Harnkanälchen amyloid entartet gefunden.   Die amyloide Degeneration der Epithelien der Harnkanälchen dagegen ist ein äusserst seltener, von manchen Beobachtern sogar ganz geleugneter Process.   Die Epithelien wandeln sich
in glasige, schollige Massen um, welche ebenso wie die Tunicae
propriae und die Blutgefässe die Amyloidreaction geben, und welche
das ganze Lumen der Harnkanälchen ausfüllen.   Bisweilen werden
auch in der Niere ausgedehntere Massen von Amyloidsubstanz gefunden.   Beckmann fand in den Nierenpyramiden eines alten
Selbstmörders sehr deutlich mit blossem Auge wahrnehmbare schnee-
weisse Flecken und Streifen, die von einer ganz ausgezeichnet reinen amyloiden Masse gebildet wurden, dagegen waren in der Cor-
ticalis nur spärliche Glomeruli amyloid entartet.   .
   Was ergibt nun die mikroskopische Untersuchung der amyloid
entarteten Gefässe?   Es sind eigenartige, zuerst an den Gefäss-
knäueln der Glomeruli constatirbare Veränderungen.   Die Kapsel
erscheint verdickt, lässt aber meist die Kerne ihrer Epithelien deutlich erkennen.   Die Glomeruli erscheinen vergrössert, und die Capil-
larschlingen, welche sie zusammensetzen, sind verdickt, matt glänzend, durchscheinend, homogen, und erscheinen in eine structurlose

---

1) Demme, Schweiz. Zeitschr. f. Heilkunde. I. S. 117.

Masse verwandelt. . Bisweilen sieht man nur einzelne Schlingen der Glomeruli entartet, die übrigen frei, was sich bei der Behandlung mit Jodviolett in sehr instructiver Weise ergibt. Ein ganz analoger sklerotischer Zustand der Glomeruli, wo man die Gefässknäuel in eine dichte Masse verwandelt sieht, wo aber die Jod-Schwefelsäurereaction kein Resultat gibt, wird auch zuweilen beobachtet.

Ganz ähnliche Veränderungen wie die amyloid entarteten Capillarwandungen zeigen die befallenen Arterienwände grösseren Kalibers. Es lässt sich hier oft durch das Jodviolett mit Bestimmtheit nachweisen, dass die amyloide Degeneration zunächst an der Media ihren Anfang nimmt. Indessen ist das doch nicht constant, denn Cornil und Ranvier geben an, dass in den Fällen, wo die Degeneration weniger vorgeschritten ist, die Intima allein betroffen ist. In hochgradigen Fällen findet man bei Behandlung mit Jodviolett die Intima und die glatten Muskeln der Media roth gefärbt. Beide Strata sind geschwellt und gleichmässig gefärbt. Die Venen verhalten sich in analoger Weise. Der Gefässinhalt — rothe und weisse Blutkörperchen — bleiben bei Zusatz von Jodviolett blau.

Besonders von Virchow ist es urgirt worden, dass bei den amyloid entarteten Nieren in Folge der Verengerung der feinen Gefässe, bedingt durch die Infiltration der Wandungen mit amyloider Substanz, eine Injection des Gefässapparates nicht vollständig ausführbar ist, auch die feinkörnigen Massen, welche wir für Injectionen anwenden, seien viel zu grob, um durch die verengten Gefässe hindurch zu gelangen. Münzel[1]) war im Stande, bei zwei, darunter einer hochgradig entarteten, Nieren die Glomeruli, ja über diese hinaus auch das zweite Capillarnetz der Rinde und des Markes zu injiciren, und wies auf diese Weise nach, dass der Durchmesser der Gefässbahn amyloid entarteter Niere sich in denselben Grenzen bewegen kann, welche gewöhnlich normale Nieren nach der Injection darbieten. Es gibt also jedenfalls auch hochgradig amyloid entartete Nieren, deren Gefässsystem für den Blutstrom vollkommen durchgängig bleibt.

Was nun die Epithelien der Harnkanälchen bei der amyloiden Degeneration der Nieren betrifft, so habe ich bereits erwähnt, dass auch sie in einzelnen seltenen Fällen amyloid entartet gefunden werden. Münzel beschreibt auch eine Wucherung der Epithelien bei amyloider Nierenentartung. Die hauptsächlichsten Veränderungen aber, welche die Epithelien der Harnkanälchen bei der amy-

loiden Degeneration erfahren, bestehen in einer Trübung derselben
und einer mehr weniger ausgesprochenen, bisweilen aber sehr hochgradigen fettigen Entartung. Cornil und Ranvier haben die
körnig fettige Entartung der Nierenepithelien nie vermisst.

Einige Beobachter haben diese pathologischen Veränderungen
der Epithelien zum grössten Theil wenigstens auf die amyloide Degeneration der Gefässe zurückgeführt, als deren Folgezustand man
sie ansah, indem angenommen wurde, dass durch die mangelhafte
Blutzufuhr bei den hochgradig verengten Gefässen die Ernährung
der Epithelzellen geschädigt werde. Indessen ist dieser Erklärungs-
modus für alle die Fälle nicht oder nur theilweise maassgebend, wo
die arterielle Gefässbahn der Nieren in ihrem Kaliber wenig oder
gar nicht beeinträchtigt ist. Im Allgemeinen hat die Anschauung,
dass die degenerativen Vorgänge, welche man an den Epithelien
beobachtet, Folgeerscheinungen derselben Grundkrankheit sind, wie
die amyloide Degeneration selbst und von der durch dieselbe bedingten Blutveränderung abhängen, eine grosse Wahrscheinlichkeit
für sich. Jedenfalls aber handelt es sich bei diesen Epithelverän-
derungen um degenerative Vorgänge, sei es in Folge localer
oder allgemeiner Ernährungsstörungen. Nach den Erfahrungen von
Cornil und Ranvier geht dem Auftreten der amyloiden Degeneration der Gefässe stets eine parenchymatöse Entzündung der Niere
voraus.

Die Harnkanälchen, sowol die gewundenen, wie die geraden
und die Henle'schen Schleifen sind vielfach mit Cylindern angefüllt, welche das Lumen derselben theils vollständig einnehmen,
sogar manchmal die Epithelien derselben etwas abplatten (Cornil und
Ranvier), theils einen gewissen Abstand von dem Epithel der Harnkanälchen haben. Diese Cylinder sind meist stark lichtbrechend,
theils vollkommen homogen, theils fein granulirt und von einer bisweilen leicht gelblichen Farbe. Die Amyloidreaction gaben mir
diese Cylinder nie. Daraus lässt sich schliessen, dass die sie bil-
dende Substanz von der Amyloidsubstanz verschieden ist. Der Streit,
ob das Auftreten von Cylindern in den Harnkanälchen von der Gerinnung eines durch die Capillarwände im gelösten Zustande trans-
sudirten Eiweisskörpers, also Blut- oder Exsudatfaserstoff bedingt
sei oder ob sie als Product einer Ernährungsstörung der Drüsen-
epithelien anzusehen seien, wird auch heute noch discutirt. Ich glaube,
dass die Cylinder auf beide Arten entstehen können. Soviel ist
sicher gestellt, dass sich auch bei ganz normalen Epithelien Cylinder in den Harnkanälchen bilden können (vergl. z. B. die Beobach-

tungen von Münzel). Ich habe nie gefunden, dass bei den mit
Cylindern angefüllten Harnkanälchen amyloid entarteter Nieren die
Epithelien untergegangen waren. Der Umstand, dass überaus spärliche Cylinder mit dem Harn von den an amyloider Degeneration
der Niere leidenden Patienten ausgeleert werden, darf nicht als Beweis dafür angesehen werden, dass auch wenig Harncylinder in den
Harnkanälchen vorhanden sind. Denn man darf annehmen, dass
die in den gewundenen Harnkanälchen gebildeten dicken Cylinder
nicht in den Harn gelangen, da sie jedenfalls ja die viel engeren
schleifenförmigen Kanälchen passiren müssten, was nicht erwiesen ist.

Was nun die pathologischen Veränderungen des interstitiellen
Gewebes bei der amyloiden Degeneration der Nieren betrifft, so
erreichen dieselben, wie es scheint, nur dann hohe Grade, wenn der
Process sich im Gefolge der Syphilis entwickelt hat. Hier kommt
es zu höheren Graden von Schrumpfung der Niere, was bei Nierenamyloid, welches sich neben Lungenphthise, Knocheneiterungen u. s. w.
entwickelt, äusserst selten der Fall ist. A. Beer hält eine diffuse,
zellige, interstitielle, über die ganze Niere verbreitete Wucherung
mit Speckentartung der Gefässe und mannigfaltigen Rückbildungs-
stadien der neugebildeten Massen, sowie eigenthümliche parenchymatöse Veränderungen, besonders kleine Fettherde, für die Nieren-
syphilis ohne Weiteres für charakteristisch. Sie stellen die schlimmste
und klinisch wichtigste Form der diffusen syphilitischen Erkrankung
der Nieren dar, welche ohne Speckentartung der Gefässe nach den
Beobachtungen von Beer, als Folge von Syphilis nur äusserst selten vorkommt. In diesen Fällen von syphilitischen Amyloidnieren
findet sich meist auch eine amyloide Degeneration der anderen
Unterleibsorgane. Ob hier die amyloide Degeneration das Primäre
ist, welche das Auftreten der interstitiellen Nephritis begünstigt —
wie Munck annahm — in Folge des Blutaustrittes aus berstenden
Gefässen, welcher als Entzündungsreiz wirkt, oder ob das Umgekehrte
der Fall ist oder endlich ob interstitielle Processe und amyloide Degeneration der Nieren gleichzeitig entstehen, das sind meines Erachtens heute noch offene Fragen, welche sich auf Grund positiver
anatomischer Thatsachen noch nicht entscheiden lassen. Wo man
bei Specknieren die höchsten Grade der Atrophie findet, geschrumpfte
Glomeruli mit verdickten Kapseln, stark verkleinerte Nieren, da
waren, nach der Annahme von Beer, welche gewiss eine grosse
Wahrscheinlichkeit für sich hat, die Nieren bereits geschrumpft, als
die Amyloidentartung der Gefässe auftrat, weil die amyloide Substanz jedweder regressiven Metamorphose entbehrt. Bei primär auf-

tretender amyloider Degeneration würde also die Nierenschrumpfung nur bis zu einem gewissen Grade eintreten können. Ausserdem kommen auch Fälle vor (Klebs), wo sich sehr ausgebreitete interstitielle Zellinfiltration in den Nieren findet neben geringfügiger amyloider Degeneration der Nieren, wo sich in keinem anderen Organe sonst amyloide Veränderungen finden und wo ätiologisch keine der bekannten Ursachen der amyloiden Degeneration sich nachweisen lässt.

Die amyloide Degeneration der Nieren kommt fast stets doppelseitig vor, meist, aber nicht immer, sind beide Nieren gleich stark afficirt. Man hat auch beobachtet, dass nur eine Niere amyloid entartet, wenn z. B. die andere Niere ganz fehlt oder sie der Sitz ausgedehnter Eiterungsprocesse oder krebsiger Erkrankung ist. Rühle beschreibt einen interessanten hierher gehörigen Fall. Die linke Niere war stark vergrössert und speckig infiltrirt (200 Grm. schwer), die rechte Niere auffallend verkleinert (60 Grm. schwer), nicht amyloid und vollständig granulirt. Daneben fand sich Milzamyloid, Hypertrophia cordis inprim. sinistr.[1]).

Ausser der amyloiden Degeneration der Nieren findet sich häufig derselbe Process in anderen Unterleibsorganen. Die Reihenfolge, in der die Organe erkranken, ist weder bei demselben Krankheitsprocess, noch viel weniger bei verschiedenen gleich. Carl Hoffmann[2]) fand unter 80 Fällen von amyloider Degeneration: die Milz 74, die Niere 67, Theile des Darms 52 und der Leber 50 mal ergriffen.

Was die Natur der amyloiden Substanz betrifft, so habe ich bereits oben, Seite 103 erwähnt, dass nach dem heutigen Stande unserer Kenntnisse sich die amyloide Substanz den Eiweisskörpern anschliesst. Am reinsten stellten sie Kühne und Rudneff dar in Form einer schneeweissen Substanz, welche die Jodschwefelsäurereaction in besonderer Schönheit gab. Obgleich sich die amyloide Substanz in vieler Beziehung dem Eiweiss, besonders dem coagulirten anschliesst, so hat sie doch auch viele von den Eiweisskörpern abweichende Eigenschaften. Die Uebereinstimmung beider Substanzen liegt in einer grossen Verwandtschaft in der chemischen Zusammen-

---

1) Greifswalder Beiträge. I. (S. 28 der Berichte aus klin. Instituten) 1863. Der erwähnte Fall hatte sich nach langdauernder Intermittens entwickelt, a. d. O. werden noch 2 Fälle amyloider Degeneration, auch der Nieren, durch dasselbe ätiologische Moment bedingt, berichtet. Ein 4. derartiger Fall ist l. c. S. 87 erwähnt.

2) Dissert. inaug. Berl. 1868.

setzung, beide geben die Xanthoprotein- und Millon'sche Reaction und sind, was neuerdings Modrzejewsky nachwies, wenn man sie in verdünnten Säuren kocht, in ihren Spaltungsproducten, dem Leucin und Tyrosin, conform. Dagegen unterscheidet sich die amyloide Substanz, abgesehen von den ihr eigenthümlichen Reactionen, durch ihre grosse Widerstandsfähigkeit gegen viele Lösungsmittel, insbesondere auch durch ihre vollständige Unlöslichkeit bei Digestion mit verdünntem Magensaft, ferner fault die amyloide Substanz selbst nach Monaten nicht und leistet auch der Zerstörung durch Eiterung hartnäckigen Widerstand. Ueber die Ursachen, welche die Bildung der amyloiden Substanz im menschlichen Körper veranlassen, sowie ihre Ablagerung in gewissen thierischen Geweben bewirken, wissen wir bis heute nichts Zuverlässiges. Virchow hält es für ziemlich wahrscheinlich, dass es sich bei der amyloiden Degeneration um eine allmähliche Durchdringung der Theile mit einer Substanz handelt, welche ihnen vom Blut aus zugeführt wird. Dagegen lässt sich nun die ungleiche Vertheilung der amyloiden Degeneration in den verschiedenen Organen und Geweben geltend machen, besonders aber die Thatsache, dass es noch nicht gelungen ist, die amyloide Substanz im Blute nachzuweisen, was doch der Fall sein müsste, wenn sie von ihm aus die Gewebe infiltriren sollte. Weit mehr Wahrscheinlichkeit hat die Ansicht, dass es sich um eine lokale Ernährungsstörung handele, welche sich in den verschiedenen Fällen in verschiedener Ausbreitung in den verschiedenen Organen entwickelt. Auch die Frage, auf welche Weise die amyloide Substanz entstehe, ist durchaus nicht klar, und man kann sich im Allgemeinen nur dahin aussprechen, dass es sich bei der Bildung der Amyloidsubstanzen um eine eigenthümliche Modification und Veränderung eiweissartiger Materien handelt. Besonders ist von mehreren Beobachtern auf die Umwandlung fibrinöser Massen in amyloide Substanz hingewiesen worden und auch Dickinson neigt sich der Ansicht zu, dass das Blutfibrin weit mehr als das Bluteiweiss das Material für die Amyloidsubstanz liefert. Einen weiteren wichtigen Factor spielt für ihn die Masse des Alkali, wahrscheinlich des kohlensauren in amyloid entarteten Organen. Er denkt sich den Vorgang nun so, dass das Gleichgewicht der Ernährungsverhältnisse durch Säfteverluste (Eiterung, Eiweissverluste) aufgehoben werde, und dass der in relativem Ueberschuss vorhandene Faserstoff, und zwar modificirt durch den Verlust von Alkali in den Geweben, abgelagert werde. Bevor man in eine Kritik dieser Theorie eintritt, müssen die Prämissen, auf denen sie aufgebaut ist, noch weiter bestätigt werden.

8*

Symptomatologie.

Die Symptome, welche die Kranken mit amyloider Degeneration der Nieren darbieten, sind zunächst nach der Grundkrankheit, welche die Nierenaffection veranlasste, verschieden, je nachdem eine chronische Knochenkrankheit, eine Lungenphthise, Symptome seitens der vielgestaltigen constitutionellen Lues vorhanden sind, je nachdem sich die Nieren allein an der Degeneration betheiligen · oder die Leber und andere Organe in gleicher Weise afficirt sind. Hier kann vorzüglich nur auf die von der Nierenaffection abhängigen Symptome Rücksicht genommen werden. Nur soweit sie für die Diagnose von Belang sind oder den Ausgang wesentlich beeinflussen, wird beiläufig auch der von der Erkrankung anderer Organe abhängigen Symptome gedacht werden.

Die an amyloider Degeneration der Nieren erkrankten Patienten leiden gewöhnlich an Zehrkrankheiten. Sie sind mager, blass, anämisch, klagen über zunehmende Schwäche und Hinfälligkeit und sie sind auch, wenn das durch die Grundkrankheit nicht bedingt sein sollte, kraftlos und unfähig zu jeder Arbeit. Das ist die Regel, aber dieselbe hat auch ihre Ausnahmen und man würde manche Missgriffe begehen, wenn man die Möglichkeit einer amyloiden Degeneration der Nieren bei gut genährten musculösen Individuen ausschliessen wollte. Anämie der Haut und Schleimhäute dürfte man aber kaum vermissen. Gut genährte Individuen mit Nierenamyloid findet man vorzugsweise bei constitutioneller Syphilis. Es erscheint unzweifelhaft, dass die amyloide Nierenerkrankung relativ frühzeitig auf die primäre Syphiliserkrankung folgen kann, zu einer Zeit, wo die Kranken noch wohl conservirt mit gutem Fettpolster und wenigstens leidlich entwickelter Musculatur ausgestattet sind.

Die Symptome, welche durch die amyloide Entartung der Niere als solche bedingt werden, sind zunächst fast lediglich abhängig von **Alterationen des Urins und der Urinsecretion.** Was zunächst die Urinmenge anlangt, so besteht über diesen Punkt leider noch nicht die gewünschte Einstimmigkeit unter den Autoren. Die englischen Beobachter nehmen eine Vermehrung der Urinmenge als das früheste Symptom an. Nach Stewart[1]) fangen die Kranken an zuerst reichliche Mengen von Urin zu lassen und viel zu trinken. In einzelnen Fällen werden die Kranken zuerst auf die wachsende Urinmenge nicht aufmerksam und sind nur dadurch beunruhigt, dass sie in der Nacht häufig uriniren müssen. Der Behauptung von

---

1) Edinb. med. Journ. August 1864.

Stewart, dass die Urinmenge vermehrt sei, stehen aber seine
eigenen Zahlenangaben entgegen, nach welchen dieselbe in weiten
Grenzen schwankt: 1080—6000 CC. Urin in 24 Stunden. Im ersteren Falle muss man ja vielmehr eine Urinverminderung annehmen.
Aehnlich wie Stewart spricht sich Johnson aus, dass das Auftreten eines reichlichen blassen Urins von geringem specifischem
Gewichte das früheste Symptom der amyloiden Nierendegeneration
sei. Auch Täsler fand in den ersten und mittleren Stadien der
amyloiden Nierenerkrankung die Harnmenge vermehrt. Nach den
Beobachtungen von Traube ist das Volumen des Harns bei der
amyloiden Degeneration der Nieren, besonders da, wo sie sich im
Verlaufe der chronischen Lungentuberkulose entwickelt, im Anfang
ein abnorm grosses oder ein nahezu normales. Aus diesen verschiedenen Angaben lässt sich soviel schliessen, dass in der Vermehrung der Harnmenge zunächst ein charakteristisches
Symptom nicht liegt, welches aber, wo es beobachtet
wird, nicht zu unterschätzen ist.

Die Reaction des Harns ist schwach sauer, die Farbe hellgelb, das specifische Gewicht ist im Allgemeinen niedrig, in anderen
Fällen normal, schwankt zwischen 1006—1016—1017. Der Harn
ist gewöhnlich reich an Eiweiss. Er ist klar, zeigt theils gar
kein Sediment oder es setzt sich nach längerem Stehen ein nur
geringes Sediment von weisslicher Farbe ab, welches auf dem Filter
kaum zu sammeln ist und das aus spärlichen, hyalinen, blassen Cylindern, einigen Lymphkörperchen und spärlichen, zum Theil verfetteten Epithelien besteht. Weder
die Cylinder noch die Zellen zeigen in der weitaus grössten Mehrzahl der Fälle die Amyloidreaction. Nur einzelne Beobachter, unter
ihnen besonders Stewart, geben an, manchmal die Amyloidreaction
bei den Harncylindern gesehen zu haben. Ganz ausnahmsweise
wurde auch Amyloidreaction der Epithelzellen beobachtet. Die
Harnstoffmenge ist im Allgemeinen vermindert, die Harnsäure desgleichen, bisweilen wurde ein vollkommenes Fehlen derselben beobachtet. Auch ein Abnehmen der Phosphorsäureausscheidung und
der Chloride wurde einige Male gesehen[1]. Senator bezeichnet
den Urin bei der amyloiden Nierendegeneration als ein durch Harn
verdünntes, nicht entzündliches Stauungstranssudat, welches durch
die Knäuel gepresst wurde. Es enthält nach ihm ausser Serumeiweiss auch Paraglobulin in deutlicher und grösserer Menge als

---

1) Taesler (l. c.) und Dickinson, Pathol. etc. of albuminurie. 1868.

die übrigen Eiweissharne, vielleicht auch Alkalialbuminat. Die Richtigkeit der von Senator gemachten Angabe, dass der Paraglobulingehalt des Eiweissharns bei amyloider Degeneration stärker sei, als bei Albuminurien aus anderen Ursachen, konnte von anderen Beobachtern (Führy, Snethlage, Petri) nicht bestätigt werden.

Bisweilen behält der Harn die oben angegebene helle klare Beschaffenheit bis zum Tode. In anderen Fällen dagegen wird der Harn sparsam, bei gleich hohem Eiweissgehalte. Er ist dann rothgefärbt, zeigt ein hohes specifisches Gewicht und hat eine Neigung zu harnsauren Niederschlägen. Nach den Beobachtungen von Traube tritt diese Eventualität dann ein, wenn im Verlauf der Krankheit sich eine fieberhafte Affection entwickelt oder wenn neben der amyloiden Degeneration der Nieren Zustände vorhanden sind, welche zu einer starken Stauung im Venensystem führen.

Von dem bisher gezeichneten Verhalten des Harns treten mannigfache Abweichungen auf. Zunächst kann bei demselben Kranken zeitweise das Eiweiss aus dem Urin verschwinden, ohne dass eine Besserung des Zustandes damit einhergeht. Ja, es sind Fälle in der Literatur beschrieben, wo im Verlauf der ganzen Krankheit kein Eiweiss im Urin beobachtet wurde. Schwankungen des Eiweissgehalts kommen öfter vor. Ferner können die in der grossen Mehrzahl der Fälle spärlichen Fibrincylinder reichlich vorhanden sein, bisweilen sind dieselben mit körnig infiltrirten Epithelien bedeckt. In solchen Fällen, wo ein stärkerer Bodensatz von organisirten Formbestandtheilen sich findet, kann man sicher sein, dass es sich um mehr als die blosse Entartung der Gefässe der Glomeruli handelt, dass die Entartung auch auf die anderen Gefässe oder die Epithelien übergegangen ist oder dass eine Combination mit noch anderen Processen, mit Stauung oder Entzündung, vorliegt. In einzelnen Fällen liessen sich keine Fibrincylinder auffinden. Virchow beobachtete in einem Falle äusserst starken Pigmentgehalt des Harns. Hier war die Rindensubstanz der Nebennieren auffallend stark amyloid entartet. Blut ist im Harn trotz der hier besonders reichlichen Anwesenheit von Serumeiweiss meist nicht vorhanden. Blutkörperchen werden höchst selten, meist auch dann nur bei langem Suchen gefunden.

Die amyloide Nierendegeneration ist ein fieberloser Process. Taylor gibt an, dass die Temperatur dabei erniedrigt sei. Bestätigungen für diese Angabe sind abzuwarten. Temperaturerhöhungen werden beobachtet, wenn entweder das Grundleiden eine solche bedingt oder sich complicirende fieberhafte Processe entwickeln.

Wassersucht fehlt bei der amyloiden Degeneration der Unterleibsorgane in den Anfangsstadien vollkommen. Bisweilen entwickelt sie sich auch im weiteren Verlaufe gar nicht. Todd erzählt
einen deutlich ausgesprochenen Fall, welcher einen Mediciner betraf,
wo nach einer 2 jährigen Krankheitsdauer kein Zeichen von Hydrops
vorhanden war. Wo aber bei der amyloiden Degeneration der
Unterleibsorgane auch die Nieren betheiligt sind, findet sich öfter
Hydrops als keiner. Die Zeit seines Auftretens ist aber sehr verschieden. Bisweilen kommt er, sich schnell entwickelnd, erst sub
finem vitae als schweres Terminalsymptom hinzu. In anderen Fällen
können Monate lang Oedeme um die Knöchel vorhanden sein, welche
erst in den letzten Stadien sich weiter ausbreiten. Bisweilen sind
derlei leichte Oedeme um die Malleolen, welche nur am Abend auftreten, nachdem die Patienten den Tag über ihren Geschäften nach-
gegangen, und die in der Bettruhe verschwinden, die ersten Zeichen,
welche die Aufmerksamkeit der Kranken auf sich ziehen. Der Hydrops
bleibt entweder auch in den späteren Stadien auf die Hautdecken
beschränkt, oder aber es entwickeln sich im weiteren Verlaufe auch
Ergüsse in der Brust- und Bauchhöhle. Letzteres ist nach Murchison [1]) nur dann der Fall, wenn in der Porta hepatis vergrösserte
Lymphdrüsen den Stamm der Vena portarum comprimiren. Indessen
fehlt bei hochgradiger amyloider Nierendegeneration nach anderen
Erfahrungen auch Hydrops der Körperhöhlen nicht.

Die Verdauung wird bisweilen trotz der amyloiden Degeneration der Nieren in keiner Weise alterirt. Ich habe es mehrfach
im Hospital beobachtet, wie besonders Individuen mit constitutioneller Lues, welche die unverkennbarsten Zeichen von Amyloidnieren
hatten, sich des besten Appetites erfreuten. In späteren Stadien
aber, besonders wenn sich auch amyloide Degeneration der Schleim-
hautgefässe des Verdauungskanals entwickelt, oder auch in früheren
Stadien, wenn von vornherein durch das Grundleiden die Verdauung
geschädigt ist, oder wenn sich im weiteren Verlauf Complicationen
in den Verdauungsorganen entwickeln, wie z. B. ausgedehnte Geschwürsbildungen im Darm, oder wenn sich in Folge des primären
Processes Stauungserscheinungen im Gebiet der unteren Hohlvene
mit daraus resultirenden Katarrhen des Verdauungstractus entwickeln
u. s. w., wird die Verdauung früher oder später mehr weniger geschädigt. Unter diesen Umständen verliert sich der Appetit, es
stellt sich Ekel vor den Speisen, Uebelkeit, Brechneigung, nicht

---

1) Dis. of the liver. London 1868. p. 452.

selten auch hartnäckiges Erbrechen ein. Im Gefolge chronischer
Darmkatarrhe, ausgedehnter Geschwürsbildungen im Darm und amyloider Degeneration der Gefässe der Darmschleimhaut entwickeln
sich profuse fast unstillbare Diarrhöen, welche den letalen Ausgang
beschleunigen.

Symptome von Seiten des Herzens und des Nervensystems
werden im Gefolge der amyloiden Degeneration eben so selten beobachtet, als sie bei diffuser Nephritis häufig sind. Hypertrophie
des linken Ventrikels entwickelt sich selten; es sind dann meist
solche Fälle, wo die allgemeinen Ernährungsverhältnisse noch nicht
zu sehr gelitten haben, wenn die Degeneration der Nierengefässe
bereits eine sehr ausgebreitete ist, und besonders wenn neben der
amyloiden Degeneration eine Nierenschrumpfung besteht oder sich
entwickelt; mit einem Worte: je mehr Widerstände im Aortensystem
bestehen, welche durch den linken Ventrikel überwunden werden
müssen. Die Eventualitäten für das Zustandekommen einer Hypertrophie des linken Ventrikels sind unter zwei Bedingungen besonders günstig: 1) wenn sich bei noch wohlgenährten Individuen neben
constitutioneller Syphilis amyloide Degeneration der Nieren entwickelt hat; 2) wenn sich zu einer Lungenphthise amyloide Degeneration hinzugesellt, der erstere Process rückgängig wird, und
die Ernährungsverhältnisse in Folge dessen sich besser gestalten.
In beiden Fällen muss natürlich die amyloide Degeneration ausgebreitet genug sein, um genügende Widerstände im Aortensystem zu
setzen. Der Umstand, dass diese Bedingungen sich bei ausgebrei-
teter amyloider Nierendegeneration, welche meist sehr frühzeitig zur
Kachexie führt, sehr selten erfüllen, erklärt uns, warum die Hypertrophie des linken Ventrikels nicht nur selten beobachtet wird, sondern auch kaum je die Grade erreicht, wie bei der genuinen oder
auch der secundären Nierenschrumpfung in Folge einer chronischen
Nephritis. Die Hypertr. ventric. sin. entwickelt sich ev. langsam
und allmählich und kennzeichnet sich durch die bei der Besprechung
der Herzhypertrophien geschilderten Symptome.[1]

Gleichwie die Hypertrophie des linken Ventrikels ist auch der
urämische Symptomencomplex bei amyloider Degeneration der Nieren
äusserst selten. Er wurde bisher bei solchen Fällen beobachtet,
wo gleichzeitig Hypertrophie des linken Ventrikels vorhanden war,
obgleich auch hier keineswegs constant. Die Retina erkrankt sehr

---

1) vgl. Bd. VI dieses Handbuchs.

selten bei der amyloiden Degeneration der Nieren, indessen gibt es
einige sicher gestellte Fälle[1]).

Complicationen.

Die amyloide Entartung der Nieren ist häufig mit der gleichen
Degeneration von Leber, Milz und der Schleimhaut des Verdauungstractus vergesellschaftet. Ausserdem befördert die amyloide Degeneration der Nieren wie andere Nierenkrankheiten, welche die Ausscheidung der wesentlichen festen Harnbestandtheile herabzusetzen
vermögen, das Zustandekommen von entzündlichen Processen. In
erster Reihe stehen hier die Entzündungen der serösen Häute, besonders des Peritoneum, welche ihrerseits entzündliche Ergüsse ins
Cavum abdominis setzen können. Pneumonien und Pleuritiden kommen auch nicht selten vor. Dagegen wird Pericarditis nur ausnahmsweise beobachtet. Ausgedehnte Zellgewebs- und Gelenkeiterungen
werden ab und zu als Complicationen des amyloiden Processes angegeben. In einzelnen Fällen entwickelt sich auch bei amyloider
Degeneration die sogenannte hämorrhagische Diathese, welche ab
und zu schwer zu stillende Blutungen aus der Nase und anderen
Organen, welche die Kranken schnell erschöpfen, veranlassen. Thrombosen der Schenkelvenen entwickeln sich nicht selten in Folge des
hochgradigen Marasmus und veranlassen Oedeme der Schenkel. Bisweilen werden neben der amyloiden Degeneration der Nieren anderweitige Leiden der Harnorgane beobachtet, z. B. Pyelitis, welche
ihrerseits das Auftreten reichlicher Eitermengen im Harn bewirkt,
welcher sonst, wo die amyloide Degeneration allein besteht, nie im
Harn vorkommt. Durch eine solche Complication kann die Diagnose
sehr erschwert werden. Der Urin ist unter solchen Umständen
natürlich weit eiweissreicher, als es der Menge des Eiterserums entsprechen würde.

Diagnose.

Für die richtige Erkenntniss der amyloiden Nierenentartung ist
die Berücksichtigung der oben ausführlich angeführten ätiologischen
Momente von ganz hervorragender Bedeutung. Stellt sich Albuminurie
im Gefolge von constitutioneller Lues, chronischer Lungenphthise,
langwierigen Eiterungsprocessen, insbesondere Knocheneiterungen

---

1) Förster, Beziehungen der Allgemeinleiden u. Organerkrankungen zu Veränderungen und Krankheiten des Sehorgans. Leipzig 1877. S. 81.

ein, so ist eine amyloide Nierendegeneration schon zu befürchten. Auch eine Vermehrung der 24stündigen Urinmenge ohne Eiweiss ist schon zu beachten. Der Verdacht wird zur grössten Wahrscheinlichkeit, wenn sich von Seiten der Milz, Leber und des Verdauungskanals Erscheinungen einstellen, welche an eine gleichartige Erkrankung dieser Organe denken lassen. Ferner ist das Verhalten des Harns, welches wir Seite 116 ff. als die Regel aufgestellt haben, von grosser Wichtigkeit für die Diagnose.

Der Harn ist gewöhnlich hell, klar, gelb, durchsichtig, schwach sauer, sehr arm an morphotischen Bestandtheilen und sehr häufig von niedrigem specifischem Gewicht. Das kann nun freilich Alles auch beim Harn bei Schrumpfnieren statthaben, jedoch ist hier das spec. Gewicht gemeinhin noch viel niedriger, als bei der amyloiden Degeneration, wo es wol nie unter 1006 sinkt. Denn der Gehalt des Urins bei den geschrumpften Nieren an Eiweiss und Harnstoff ist meist viel geringer. Wir haben oben gesehen, dass bei der amyloiden Degeneration nach den Erfahrungen Traube's sich unter gewissen Umständen ein stark eiweisshaltiger schwerer rother Harn, dessen Farbe durch einen abnormen Gehalt an Harnfarbstoff bedingt ist, findet. Traube schliesst in solchen Fällen auf amyloide Degeneration, wenn der Kranke bereits längere Zeit an Wassersucht leidet, welche entschieden nicht durch abnorme Spannung des Venensystems bedingt ist, die sich im Gefolge eines der oben angeführten ätiologischen Momente entwickelt, und wenn sich ein beträchtlicher Milztumor nachweisen lässt, welcher nicht als das Ergebniss einer Intermittens angesehen werden kann. Bei der Nierenschrumpfung nimmt der Harn auch dann keine rothe Farbe an, wenn eine fieberhafte Complication eintritt oder sich Stauungen im Körpervenensystem entwickeln. In Betreff der Harnbeschaffenheit bei der Nephritis und den übrigen renalen Albuminurien muss auf die erste Abtheilung dieses Bandes verwiesen werden. Daraus ergeben sich dann noch weitere diagnostische Anhaltspunkte. Bei Complicationen aber von Nephritis oder Schrumpfniere mit amyloider Entartung der Nieren lassen dieselben vollständig im Stich. Fehlende Hypertrophie des linken Ventrikels spricht ceteris paribus weit mehr für amyloide Degeneration als für Schrumpfniere. An der Hand dieser Erfahrungen lässt sich die Diagnose in den meisten Fällen wenigstens mit grosser Wahrscheinlichkeit stellen; fehlen aber einzelne derselben, fehlt insbesondere der ätiologische Nachweis, dann kann die Diagnose auf unübersteigliche Schwierigkeiten stossen.

Dauer, Ausgänge und Prognose.

Ueber die Dauer der amyloiden Nierenaffection lässt sich schwer ein allgemeines Urtheil abgeben, weil die ersten Anfänge der Krankheit sich nur in ausnahmsweisen Fällen mit irgendwelcher wünschenswerther Genauigkeit feststellen lassen. Stewart datirt den Beginn von dem Eintritt der Polyurie. Es ist darauf indess kein grosses Gewicht zu legen, weil das Symptom inconstant ist. Jedoch existiren genügende klinische Erfahrungen, durch welche erwiesen wird, dass die Krankheit eine ganze Reihe von Jahren bestehen kann und dass sie, wenn nicht die Grundkrankheit einen perniciösen Verlauf nimmt und wenn sich besonders nicht amyloide Degeneration der Verdauungsorgane hinzugesellt, verhältnissmässig leidlich ertragen wird. Besonders ist das auffällig bei Kranken der wohlhabenden Klassen, welche sich mit allem Comfort umgeben können und auf diese Weise die Effecte der Krankheit, besonders die täglichen Eiweissverluste ausgleichen. Die Prognose hängt aber sehr ab von der Art der primären Affection, welche die amyloide Degeneration veranlasste. Am relativ günstigsten erscheint sie noch bei der Syphilis, weil diese für die Therapie die besten Angriffspunkte bietet. Auch bei der Phthisis kann trotz der Complication mit der amyloiden Degeneration, wofern, was nicht selten geschieht, der Lungenprocess stillsteht, der Verlauf ein sehr chronischer sein. In der Literatur existiren sogar einige Heilungsfälle der amyloiden Degeneration. Gerhardt hält die Prognose namentlich für das Kindesalter weit günstiger, als man gewöhnlich annimmt. Wo die zu Grunde liegenden Krankheiten heilbar sind, lässt die Amyloidentartung sich nach den Angaben dieses Beobachters ziemlich sicher beseitigen. Trotz alledem ist die Affection eine sehr schwere, die im Allgemeinen über kurz oder lang zum Tode führt. Auch das vorübergehende Verschwinden des Eiweisses aus dem Urin berechtigt nicht zur Stellung einer besseren Prognose, wenn nicht eine Besserung der allgemeinen Erscheinungen damit Hand in Hand geht, weil die Erfahrung gelehrt hat, dass das Eiweiss zeitweise verschwinden, ja dauernd fehlen kann, und die Krankheit ihren Verlauf ad pejus weiter fortsetzt. Der Tod tritt übrigens selten in Folge der amyloiden Degeneration der Nieren allein ein, sondern meist in Folge complicirender Processe, sei es in Folge einer über mehre Organe verbreiteten amyloiden Degeneration oder secundärer Entzündungsprocesse. Manchmal erfolgt der Tod durch einfachen Marasmus.

Therapie.

Die erste Aufgabe derselben muss eine prophylaktische sein. Man müsste bei Anwesenheit einer der bekannten Grundkrankheiten der Entwickelung amyloider Degeneration entgegenarbeiten. Leider fehlen uns für die Erfüllung dieser Aufgabe alle Angriffspunkte. Wir wissen nur, dass je länger diese Processe dauern, um so mehr die Gefahr des Eintritts der amyloiden Degeneration zunimmt. Die baldmöglichste Heilung derselben tritt deshalb als erste und wichtigste Aufgabe an uns heran. Ferner hat die Erfahrung gelehrt, dass die amyloide Entartung im Gefolge von Syphilis ziemlich früh eintreten kann. Die praktische Forderung, bei Leuten mit constitutioneller Syphilis frühzeitig und öfter wiederholt den Urin zu untersuchen, liegt daher klar zu Tage. Wenn die Behandlung überhaupt noch Nutzen bringen soll, muss sie früh einschreiten. Man sieht dann bisweilen bei geeigneter Behandlung mässige Albuminurien mit Oedemen der unteren Extremitäten schwinden, leider auch nur in einzelnen Fällen. Am meisten empfiehlt sich hier der fortgesetzte Gebrauch von Jodpräparaten, kleinen Dosen Jodkali, Jodeisen u. s. f. Grainger Stewart[1]) sah einen Fall von amyloider Degeneration der Nieren, bedingt durch Syphilis, beim Gebrauch von Jodeisensyrup fast (?) vollständig heilen. Man beobachtete sogar bei dieser Behandlung eine erhebliche Verkleinerung der Leber- und Milztumoren, welche auf dasselbe ätiologische Moment zurückgeführt werden mussten. — In einem Falle (von Rühle beobachtet, Greifswalder Beiträge) bewirkte bei einem syphilitischen Weibe der Gebrauch von Alkalien eine sehr merkliche Verkleinerung der Leber und Milz und eine sehr entschiedene Abnahme der Albuminurie. Obgleich auch diese Methoden leider sehr häufig im Stich lassen, ist in analogen Fällen doch immer von ihnen ein vorsichtiger Gebrauch zu machen. Sogar in den Fällen, wo sich die amyloide Degeneration zur Lungenphthise hinzugesellt, haben therapeutische Eingriffe öfter noch entschiedenen Nutzen. Hier empfiehlt sich der Leberthran als vortreffliches Palliativum. Wenn auch die Nierenkrankheit unverändert bleibt, so können dadurch und durch eine angemessene Ernährung doch unter Umständen die durch die Krankheit gesetzten Verluste ausgeglichen werden. Ja, der Kranke nimmt manchmal an Gewicht zu und seine blassen Wangen röthen sich. Mit der wachsenden Dichtigkeit des Blutes schwindet auch öfters der Hydrops, ein Fortschritt, der von grösster Wichtigkeit ist. In

---

1) Med. Times. 1873. Juni 7.

anderen Fällen sah man bei ruhiger Bettlage unter starker Schweiss-secretion ohne jede Medication den Hydrops schwinden. Bei anderen Kranken bewirken erst kräftige harntreibende Mittel nicht nur die vermehrte Ausscheidung des Urins, sondern vermehren auch vor-übergehend den Harnstoffgehalt. Es haben sich in dieser Beziehung hülfreich erwiesen die Sol. Tart. boraxati (15,0—30,0 : 180,0). Auch das Dct. Chinae (8,0 : 180,0) entfaltete in einzelnen Fällen eine diuretische Wirkung. Sind keine Diarrhöen vorhanden, so kann das Chinadecoct mit Tart. depur. verbunden werden; sind Diarrhöen da, so setzt man statt dessen Extr. Nuc. vom. aq. zu. Um die diu-retische Wirkung zu steigern, kann man zwischendurch Einreibungen mit Linim. Stokes machen lassen. Auch beim Gebrauch des Ferrum lactic. (0,12 pro dosi) zeigte sich manchmal eine, wenn auch nicht zu grosse diuretische Wirkung. Das sind ungefähr die Methoden, deren Anwendung sich, wenn auch nur in vereinzelten Fällen, hülf-reich erwiesen hat. Leider in der Mehrzahl der Fälle schreitet der Process trotz aller therapeutischen Bestrebungen unaufhaltsam weiter. Man muss sich dann damit begnügen, durch milde, nahrhafte Kost und gute Pflege die Kräfte möglichst lange zu unterhalten und der Kachexie vorzubeugen und die häufig so grossen Beschwerden durch eine umsichtige symptomatische Behandlung möglichst zu mildern.

Geschwülste der Nieren, des Nierenbeckens, der Ureteren und des paranephritischen Gewebes.

Literatur: Die S. 3 angeführte; Virchow's Vorlesungen über die krankhaften Geschwülste. Berlin 1863. I. II. III.

Ich gedenke zunächst einiger Geschwulstformen, welche zwar insofern ein geringeres praktisches Interesse haben, als sie kaum Gegenstand der Diagnose werden dürften, aber die wichtig genug sind, um hier nicht ganz übergangen zu werden. —

Was zunächst die bindegewebigen Neubildungen anlangt, so ist zuerst der Fibrome (Nephritis interst. tuberosa Virchow) zu gedenken. Sie haben klinisch keine Bedeutung. Sie stellen meist kleine linsen-, höchstens kirschkerngrosse Knötchen dar. Sie bestehen meist aus einem sehr derben fibrösen Gewebe, innerhalb dessen eine Anzahl atrophischer Harnkanälchen verläuft. Sie finden sich bald neben einer diffusen interstitiellen Nephritis, bald ohne dieselbe.

Im Nierenbecken wurden neben chronischer Pyelitis mit Dilatation am Ursprung des Ureters von Lebert[1]) kleine gestielte Fibrome beobachtet.

Knorpel- und Knochengeschwülste wurden in seltenen Fällen, in denen sie übrigens keine Symptome während des Lebens gemacht hatten, in den Nieren gefunden. Gleichfalls ohne klinische Bedeutung sind die Lipome und Myxome. Die letzteren werden entweder als kleine Knoten oder combinirt mit Sarkomen als grössere Tumoren beschrieben. Ein sehr interessantes derartiges Präparat: „myxomatöses Sarkom der rechten Niere", klein apfelgross, von einer 70jährigen Frau, findet sich in der Sammlung des Breslauer pathologischen Instituts[2]). Was die Lipome anlangt, so machen die seltenen infectiösen Formen bisweilen Ablagerungen in dem para- und perinephritischen Gewebe. Sie können

---

1) Anatomie pathol. Paris 1857—1861. p. 372.
2) A. C. 1866. Nr. 32.

eine erhebliche Grösse erreichen und zur Abplattung der Niere führen [1]). Fälle, wo sie auf die Nieren selbst übergegangen wären, sind mir nicht bekannt geworden.

Ferner zeigt auch die Fettkapsel der Niere häufig bei allen den Erkrankungen eine ungewöhnliche Entwickelung (Lipoma capsulare), wo es zur Schrumpfung oder Verödung der Nieren gekommen ist [2]). Ausserdem beobachtet man auch subcapsuläre Lipome. Sie bestehen aus einem etwas lappigen Fettgewebe und sind nicht zu verwechseln mit überzähligen, dahin versprengten, übrigens an ihrer Schichtung leicht erkennbaren Nebennieren. Von besonderem Interesse ist die Umwandlung des Nierengewebes selbst in Fettgewebe. Man hat dieselbe in seltenen Fällen [3]) in atrophischen Nieren gefunden. Das Gewebe verhielt sich wie gewöhnliches Fettgewebe, wie ein Lipom. Sehr bemerkenswerth erscheint folgender Fall, wo beide Nieren in Fettgewebe umgewandelt waren [4]).

Es handelte sich um eine 45j. Frau mit beträchtlichem Embonpoint. Sie hat seit 2 Wochen angeblich keinen Harn gelassen, die Blase war ganz leer. Tod am 3. Tage nach der Aufnahme ins Hospital, ohne dass Harnentleerung erfolgt war. Die Section ergab sehr viel Fett im Unterhautzellgewebe, im Netz und an den Därmen. Sehr starke Fettkapsel der Nieren. Die Nieren selbst von natürlicher Form und Grösse sind in zwei Massen Fett umgebildet, worin einige Reste der Nierensubstanz erhalten waren. Nierenbecken und Ureteren gesund.

Ich habe 1865 einen ganz analogen Fall im Allerheil.-Hospital in Breslau beobachtet, der indess nur eine Niere betraf. Es handelte sich um eine alte Frau, welche marantisch zu Grunde ging. Der Harn zeigte nichts Auffälliges, war eiweissfrei. Die rechte Niere war gesund, die linke war um mehr als das Doppelte vergrössert. Die starke Fettkapsel war gegenüber der fehlenden auf der rechten Seite auffallend; das Bemerkenswertheste war, dass die ganze Niere selbst aus Fettgewebe bestand, ohne eine Spur von Nierengewebe. Der Cortex grenzte sich als Mantel der von einander scharf gesonderten Pyramiden ab. Die Kapsel adhärirte untrennbar der gelben Fettmasse. Blutgehalt sehr spärlich. Nierenbecken und Harnleiter gesund.

---

1) Schillert, Ueber infectiöse Lipome. Inaug.-Dissert. Breslau 1870. p. 20.

2) Vergl. die sehr instructive Abbild. bei Carswell l. c. Cap. Atrophy Plate. I. Fig. 4 u. 5.

3) Bullet. de soc. anat. 1835. p. 68 (Barth), 1869 p. 13 (Hayem). Ich habe in einer hochgradigst durch einen grossen Tumor der Retroperitonealdrüsen comprimirten Niere kleine inselförmige, im Parenchym zerstreute Herde von Fettgewebe beobachtet, von denen einige atrophische Glomeruli einschlossen.

4) Rayer l. c. III. p. 616. (Fall von Bricheteau).

Einen, wie es scheint analogen Fall, hat Hilton Fagge[1]) neuerdings unter dem Namen Carcinoma lipomatosum beschrieben.

Eine grössere Bedeutung als die ebengenannten Geschwülste der Nieren haben gerade in neuester Zeit die

Sarkome der Niere

gewonnen, wo die Materialien für eine genauere Beobachtung des Gegenstandes sich gemehrt haben.

Ausser der S. 3 angeführten Literatur vergleiche:

H. Tellegen, het.-primäre Nier-Sarcom. Dissert. Groningen 1875. — Sturm, Arch. d. Heilk. XVI. 1875. S. 193. — Cohnheim, Virch. Archiv 65. S. 64. — Baginsky, Berl. kl. Wchschr. 1876. S. 249. — Pasturaud et Gossaux, Bullet. de la soc. anat. de Paris 1875. p. 262 und die im Text angebene Literatur.

Aetiologie.

Sarkome kommen in der Niere primär und secundär vor. Letzteres hielt man bis in die neueste Zeit für das ausschliessliche Vorkommen. Indessen haben gerade die letzten Jahre eine Reihe von Erfahrungen über primäre Sarkome der Nieren gebracht. Ganz besonders finden sich diese Geschwülste bei ganz kleinen Kindern, so dass bei mehren die Annahme eine äusserst wahrscheinliche ist, dass es sich hier um congenitale Neubildungen handelt. Sturm meint, dass die bei Kindern beschriebenen soliden Geschwülste der Nieren den Sarkomen, nicht den Carcinomen zuzutheilen seien. Ich werde unten bei Besprechung der Nierenkrebse auf diesen Punkt zurückkommen, insbesondere auch darauf, dass auch Nierenkrebse congenital vorkommen. Ich führe die mir bekannt gewordenen Fälle von Nierensarkomen bei ganz kleinen Kindern hier kurz an. Es sind folgende: 1) Hahn legte der Gesellschaft für Geburtshülfe in Berlin[2]) ein kindskopfgrosses Sarkom der rechten Niere eines zehn Monate alten Kindes vor, welches sich in vier Wochen zu dieser Grösse entwickelt hatte. Die Urinsecretion war während dieser Zeit nicht gehemmt. Bei einer Nierengeschwulst, welche

---

1) Brit. med. Journ. Nov. 13, 1875: It occurred in a woman aged 57, who had no urinary symptoms during life. The left kidney was granular, and weighed four ounces and a half. The other was smooth, with whitish nodules, which were extensions from a mass in the hilus which looked like fat, and grew into the kidney and renal vein. On microscopic examination, it looked like fat-globules in cells, rectangular or of various shapes. When hardened, it was found to be a true carcinoma, but of the very rare form called carcinoma lipomatosum. There was no secondary cancer.

2) Berl. kl. Wochenschr. 1872. S. 269.

Eberth[1]) als Myxoma sarcomatodes renum bezeichnet und welche von einem 17 Monate alten Mädchen herrührt, blieb es freilich unentschieden, ob dieselbe von den Nieren oder Nebennieren ausging. 3) Cohnheim (l. c.) hat ein durch seine Grösse und seinen histologischen Bau interessantes, angeborenes, quergestreiftes Muskelsarkom bei einem fünf Vierteljahre alten Mädchen beobachtet. 4) Férèol[2]) beschrieb ein Spindelzellensarkom der linken Niere von beinahe 10 Pfund Gewicht bei einem 10 monatl. Negerkinde. 5) Martineau[3]) hat ein Spindelzellensarkom der linken Niere von 1980 Grm. Gewicht bei einem 2½ jähr. Mädchen beobachtet. 6) Baginsky[4]) beschreibt ein Spindelzellensarkom der linken Niere bei einem 7 monatl. Kinde. Die anatomische Diagnose wurde von Virchow gestellt. 7) Pasturaud und Garsaux[5]) demonstrirten der anatomischen Gesellschaft in Paris ein Sarkom der rechten Niere, welches bei einem 6 j. Mädchen beobachtet worden war. 8) Der Güte meines Collegen Ponfick verdanke ich die Demonstration eines mannsfaustgrossen Rundzellensarkoms der linken Niere, welches von einem 18 Wochen alten Kinde stammt. Das Kind fiel dadurch auf, dass es von seiner Geburt an sehr unruhig war. 9)—12) betreffen 4 von Sturm (l. c.) beschriebene Fälle, welche bei je einem 5 j., einem 8 j., einem 9 monatl. und einem 15 j. Mädchen beobachtet wurden. Die anatomische Diagnose bei den ersten beiden dieser Fälle war auf „reines Sarkom" beim 3. und 4. Falle auf „Adenosarkom" gestellt.

Auffallend ist im Verhältniss mit diesem relativ häufigen Vorkommen der Nierensarkome bei kleinen, meist ganz jungen Kindern, das seltene Vorkommen bei älteren Individuen. Mein College Ponfick hatte die Güte mir eines dieser seltenen Präparate zu zeigen. Es handelte sich um die linke Niere eines 52 j. Mannes. Neben einem grossen Rundzellensarkom bestand eine sehr hochgradige Erweiterung des linken Nierenbeckens.

Pathologie.

Pathologische Anatomie.

Die primären Nierensarkome erreichen, wie bereits aus vorstehender kurzer Uebersicht entnommen werden kann, oft eine be-

---

1) Virchow's Archiv. LV. S. 518.
2) Union médicale 1875. Nr. 56.⎫ Corneil et Ranvier l. c. p. 1079.
3) Gaz. des hôp. 1875. Nr. 39. ⎭
4) Berl. klin. Wchschr. 1876. p. 249.
5) Bullet. de la soc. anat. de Paris 1875. p. 262.

deutende Grösse. Die Nierenkapsel erscheint manchmal ansehnlich
verdickt. Bisweilen ist die ganze Niere in die Geschwulstmasse
aufgegangen, oft sind noch grössere oder kleinere Reste der Drüse
erhalten, an denen, z. B. in dem von Virchow untersuchten Falle,
die Harnkanälchen normale Epithelien zeigen. Die Geschwulstmasse selbst erscheint in diesen grossen Sarkomen meist weich,
markig, weiss oder gelb, und bekommt häufig durch zahlreiche Gefässe eine röthliche Färbung. Oft finden sich in dem Sarkomgewebe
Hämorrhagieen, Cysten, welch letztere manchmal so zahlreich sind,
dass die Geschwulst einen cavernösen Charakter bekommt. In
einigen Fällen erreichen die Cysten eine bedeutende Grösse. Dieselben enthalten meistentheils eine chocoladenbraune oder bräunliche, in einzelnen Fällen (so berichten Pasturaud und Garsaux
bei ihrer Beobachtung) theilweise wenigstens eine weissliche Flüssigkeit. Die Lagerungsverhältnisse dieser Geschwülste sind denen anderer grosser Nierengeschwülste analog, besonders denen der Carcinome. Die Nierensarkome sind theils Spindel-, theils Randzellen-
sarkome, bisweilen sind beide Arten vertreten. Das Sarkomgewebe
hat eine grosse Neigung zur Verfettung und breiigem Zerfliessen,
die Geschwulstmasse wächst öfters in das Nierenbecken hinein. Dass
Combinationen von Sarkomen und Carcinomen der Niere öfter als
an anderen Organen vorkommen, wird gelegentlich der Nierencarcinome noch erwähnt werden. Von besonderem Interesse ist das Vorkommen von quergestreiften Muskelfasern in dem von Cohnheim
mitgetheilten Fall, betreffs deren Entwickelung derselbe an die
Möglichkeit erinnert, dass sich durch eine fehlerhafte Abschnürung
einige von den Muskelzellen der an der Urwirbelplatte entwickelnden Musculatur der ersten Urnierenanlage beigemischt haben, welche
dann erst in den fertigen Nieren zur weiteren Entwickelung gelangt
sind. Neben primärem Nierensarkom finden sich bisweilen Sarkomknoten auch in anderen Organen. Secundäre bes. metastatische
Sarkomknoten kommen in den Nieren, ebenso wie in der Leber oft
genug vor. Auch Melanosarkome sind in dieser Weise in den Nieren
beobachtet. Bisweilen finden sich bei Melanosarkomen anderer Organe nur Pigmentzellen ohne weitere Geschwulstbildung in den Ge-
fässschlingen der Glomeruli und den Harnkanälchen der Niere,
welche auf embolischem Wege in erstere gelangt sind [1]).

---

1) Vergl. Eberth, Virchow's Archiv 58. Bd. S. 62.

Klinisches.

Die klinischen Symptome der primären Nierensarkome, welche nicht nur palpirbare, sondern auch überaus grosse Geschwülste bilden, sind denen der Nierencarcinome durchweg so analog, dass füglich auf die Symptomatologie der Nierenkrebse verwiesen werden darf. Es entsteht nun die Frage, ob es überhaupt diagnostische Anhaltspunkte gibt, um ein Nierensarkom von einem Nierencarcinom zu unterscheiden.

Man wird nach den eben mitgetheilten Erfahrungen bei grossen Nierengeschwülsten ganz junger Kinder daran denken müssen, dass es sich dabei ebenso gut um ein Sarkom wie ein Carcinom handeln kann. Die Explorativpunction des Tumors hat bis jetzt keine positiven Anhaltspunkte geliefert. Es werden hier übrigens nicht die deutlich fluctuirenden Stellen punktirt werden dürfen, weil man hierbei wahrscheinlicherweise nur Flüssigkeit und einzelne so veränderte, verfettete oder zerfallene Geschwulsttheilchen erhalten kann, woraus sich die Diagnose nicht machen lässt. In dem von Baginsky mitgetheilten Falle lieferte die Punction 470 Grm. dunkelbraune Flüssigkeit, welche viel Blut, auch Harnstoff und Harnsäure enthielt. Hieraus würde also höchstens die Zugehörigkeit der Geschwulst zum Harnapparat erwiesen sein. Die in dem Falle von Pasturaud und Garsaux gemachte Punction ergab Blut mit einer gallertartigen Masse gemischt, welche gekochter Tapioca glich. Aus der mikroskopischen Untersuchung konnten sie nur soviel entnehmen, dass es sich um keine Hydatidencysten handelte. Bei der Combination von Sarcom. und Carcin. renale würde übrigens auch das alleinige Auffinden von Geschwulsttheilchen, welche für letzteres sprechen, nicht ausschliessen, dass daneben auch Sarkom vorhanden sei.

Ferner wird es in gewissem Grade wahrscheinlich sein, dass es sich um Nierensarkom handelt, wenn sich im Gefolge einer äusseren, der directen Untersuchung zugänglichen und als Sarkom erkannten Geschwulst ein Neoplasma der Niere entwickelt. Bei melanotischen Geschwülsten der Niere könnte auch die dunkle Farbe des Harns die Diagnose unterstützen. Die weichen schnell wachsenden Nierensarkome verlaufen meist rasch letal und weichen in ihren Folgeerscheinungen etc., so weit sich nach den bisherigen Erfahrungen sagen lässt, nicht wesentlich von den Carcinomen ab. Die Therapie ist auch bei ihnen eine rein symptomatische.

Gliome werden von Virchow als weiche, weisse, sehr zarte, durchscheinende kleine, bis kirschengrosse Knoten in den Nieren

beschrieben. Sie entwickeln sich in der Rindensubstanz, sind blutarm und entschieden von medullarem Ansehen.

Angiome der Niere kommen von ganz analogem Bau wie in
der Leber vor, bisweilen in beiden Organen gleichzeitig. Virchow
sah sie meist an der Oberfläche dicht unter der Kapsel, selten in
den obersten Theilen der Marksubstanz. Es sind meist abgekapselte
Knoten von der Grösse eines Kirschkerns bis zu der einer Wallnuss.
Klinische Bedeutung haben sie nicht.

Syphilitische Gummata kommen in den Nieren Erwachsener ganz ausnahmsweise vor. Ueber die anderweiten im Gefolge
der constitutionellen Syphilis auftretenden Nierenaffectionen habe
ich gelegentlich der amyloiden Degeneration gesprochen.

Cornil[1]) beschrieb einen recht instructiven Fall von Gummabildung in den Nieren bei einem Erwachsenen. Dieselben coinci-
dirten mit amyloider Degeneration der Niere und Gummabildung in
der Leber. Es fanden sich ca. 20 hanfkorn- bis kleinerbsengrosse,
theils isolirte, theils inselförmig gruppirte Knoten. Sie waren schon
makroskopisch sehr charakteristisch durch ihre fibröse Beschaffenheit und durch ihre im Centrum vorhandene, käsige Entartung. Sie
sassen alle im Nierencortex. Bei schwacher Vergrösserung zeigten
sie eine peripherisch durchscheinende und eine centrale opake, käsige
Partie. Die Neubildung bestand aus jungem Bindegewebe, zwischen
dem einige Malpighische Kapseln deutlich hervortraten, die Harnkanälchen waren in dem Bindegewebe noch sichtbar, zum Theil
aber atrophirt. Einzelne Glomeruli waren auch in dem käsigen Gewebe sichtbar.

Der grösste Gummiknoten der Niere scheint der von Moxou
beschriebene zu sein.

Er fand einen Gummiknoten von der Grösse einer kleinen Kar-
toffel in der linken Niere einer syphilitischen Frau. Der Knoten hatte
eine regelmässige Oberfläche, bestand aus gelbweisser Substanz, von
ganz gleichmässigem Ansehen, von fester, harter und trockener Beschaffenheit. Derselbe war in eine grosse, weisse Speckniere eingebettet.

Auch die Beobachtung von Klebs erscheint bemerkenswerth.

Sie betrifft ein neugeborenes, gut entwickeltes Kind vom Ende
des 6. Monats, welches bald nach der Geburt starb. Die Leber war
gross, mit zahlreichen tiefen strahligen Einziehungen von narbiger Beschaffenheit, Milz sehr gross, die Lungen stellenweise im Zustand der
weissen interstitiellen Pneumonie, Pankreas zeigte drei kugelige An-

---

1) Lésions du rein dans l'albuminurie. Thèse. Paris 1864.

schwellungen von der Grösse einer kleinen Kirsche, die sonst äusserlich normalen Nieren zeigten sowol auf der Oberfläche wie auf dem Durchschnitt rundliche, leicht hervortretende, weissliche, derbe Partien, welche die ganze Dicke der Rinde, zum Theil die Column. Bertini einnahmen, Pankreas und Nieren waren in gleicher Weise verändert, indem die Acini des Pankreas resp. die Harnkanälchen durch breite Züge dicht aneinander gelagerter Spindelzellen auseinander geschoben worden waren. Ausserdem bestand eine frische Peritonitis. —

Die Nieren Neugeborener mit hereditärer Syphilis erscheinen übrigens häufig auffallend blass und derb; die feineren Veränderungen sind noch genauer zu verfolgen.

Von einer grösseren praktischen Bedeutung als die zuletzt geschilderten Geschwülste der Nieren sind wenigstens zum Theil

die Cysten der Nieren und der Harnleiter, sowie die cystische Degeneration der Nieren.

Literatur.

Bright, Guy's hosp. Rep. 1839. — Frerichs, Bright'sche Krankheit. S. 28. — Derselbe, Colloidcysten der Nieren. Göttinger Studien. 1847. 1. Abthlg. — Virchow, Gesammelte Abhandlungen. S. 837. 864. — Derselbe, Geschwülste. I. 270 und III. S. 94. — Heusinger, Angeborene Blasenniere. Marburg 1862. — Folwarzny. Würzb. med. Zeitschrift. I. 1860. S. 151. — Beckmann, Virchow's Archiv. IX. S. 121. — Erichsen, ebendaselbst XXXI. S. 371. — Hertz, ebendaselbst XXXIII. S. 232. — Joh. Klein, ebendaselbst XXXVII. S. 504. — Brückner, ebendaselbst XLVI. S. 503. — Koster, Nederl. Ark. II. III. (Virchow-Hirsch's Jahresber.) — Ranvier, Journ. de l'anat. et physiol. 1867. S. 445. — Schlenzka, Dissert. inaug. über congen. Cystennieren. Greifswald 1867 und die S. 3 angegebene Literatur.

Pathologie.

Nierencysten sind sehr häufig vorkommende Bildungen und zeigen zahlreiche Verschiedenheiten. Dieselben kommen theils angeboren vor, theils entwickeln sie sich erst im späteren Lebensalter. Betrachten wir zuerst die letzteren, welche unverhältnissmässig häufiger zur Beobachtung gelangen. Dieselben zeigen in ihren Grössenverhältnissen alle möglichen Uebergänge von den makroskopisch kaum sichtbaren bis zu denen von Faustgrösse und darüber (s. u.). Die letzteren kommen fast stets solitär vor, und zwar in Nieren, an denen sich im Uebrigen nichts Krankhaftes nachweisen lässt. Die kleinen Formen finden sich in den allermeisten Fällen in grösserer Anzahl. Gar nicht selten ist es, dass gleich-

zeitig Cystenbildung in der Leber und den Nieren stattfindet [1]). Der
Cysteninhalt ist verschieden. Cysten mit klarem, farblosem oder
leicht gelblichem Inhalt sind ziemlich häufig. Man beobachtet sie
in übrigens normalen Nieren jüngerer Individuen, besonders aber
auch bei alten Leuten mit mehr weniger atrophischen Nieren. Diese
Cysten liegen inmitten normalen Nierengewebes und sind mit einem
Plattenepithel ausgekleidet. Ihre Wand besteht aus einer dünnen
Schicht faserigen Bindegewebes. Weit häufiger sind aber die Cysten
und Nieren mit Hyperplasie des interstitiellen Gewebes
bei chronischer Nephritis mit secundärer Schrumpfung und genuinen
Schrumpfnieren. Da derselben in der 1. Hälfte dieses Bandes bereits gedacht ist, will ich hier darüber nur wenige Bemerkungen
beifügen. Man sieht in solchen Fällen die Cysten sehr zahlreich
in der Corticalsubstanz. Sie sind mit colloidem Inhalt angefüllt.
Bisweilen finden sie sich auch in den Markkegeln, woselbst sie ein
ganzes System von Cysten bilden können. Ich lasse hier die Beschreibung eines solchen recht typischen Befundes folgen, welchen
ich der Gefälligkeit meines Collegen Ponfick verdanke. Es ergibt
sich aus demselben sehr klar die Entstehung dieser Cysten durch
Erweiterung der Harnkanälchen, sowie eine Uebersicht des Inhalts
derselben, welcher übrigens mannigfach variiren kann, indem einzelne der hier gefundenen oft fehlen.

Die Nieren gehörten einem 65 j., in der Göttinger med. Poliklinik
in Folge einer chronischen linksseitigen Endocarditis am 24. Oct. 1876
gestorbenen Mann. Die Sectionsdiagnose lautete: Endoc. mitr. et aort.
Peric. fibrin. purul. circumscr. Sclerosis aortae. Hydrothor. lat. dextr.
Compressio lobi inferior. pulm. sin. Synechiae pulm. dextr. Emphys.
et Oedema pulmonum. Bronchitis chronica. Induratio lienis. Hepar
moschat. atroph. Angioma hepatis. Malacia ventriculi. Malacia fusca
et cystic. in nodo lenticulari d. et dimid. sin. pontis Varoli. Hydrops,
Anasarc. — Beide Nieren verkleinert, die rechte mehr als die linke.
An der Oberfläche eine Reihe von kleinen Cysten mit klarem Inhalt,
sowie einige sternförmige Narben. Gewebe etwas weicher und lockerer,
fleckig graugelb. Auf dem Durchschnitt erscheint die Rinde allgemein
doch nicht gleichmässig verschmälert; ebenfalls mit Cysten durchsetzt.
In einzelnen Markkegeln dichtgedrängte weisse Streifen.

In beiden Nieren zeigen sich ausserdem je zwei Markkegel in ihrem der Papille nahe gelegenen Theil cystisch
verändert. Es findet sich hier ein lockeres, weitmaschiges Gewebe
von schmutzig-bernsteinfarbenem Aussehen, indem man festere Balkenzüge und eine Reihe unregelmässiger, etwa stecknadelkopf- bis linsen-
grosser Hohlräume unterscheidet. Letztere enthalten theils eine dünne,

---

1) Bullet. de la soc. anat. 1867. p. 439; 1868. p. 231; 1869. p. 244.

gelbliche, etwas trübe Flüssigkeit, theils (und zwar die grösseren) festere leimähnliche Körner und Klumpen, theils endlich kleine schwärzliche Concremente in Gestalt von Plättchen, seltener von Körnchen. Das Gebiet unmittelbar um die Papille ist stets unbetheiligt; diese selbst von ganz normaler Configuration. Die Abgrenzung in peripherischer Richtung ziemlich scharf.

Mikroskopisch erweisen sich die geschilderten Hohlräume als stark kugelig oder elliptisch erweiterte Harnkanälchen, deren Wand stark verdünnt ist und mitunter die unmittelbare Begrenzung eines nachbarlichen Sackes bildet. Innerhalb grösserer Balken sieht man daneben einzelne schleifenförmige Kanäle, die mit alten Blutpfröpfen gefüllt sind. Der trübe dünnflüssige Inhalt enthält zerfallene Blut- und Eiterkörperchen in Gestalt von Pigment- und Fettkörnchenhaufen, dichte Ansammlungen von Harnsäurekrystallen, reichliche, nadelförmige, zumeist in Büscheln angeordnete Krystalle (Fettsäurekrystalle) etc.; die grösseren und festeren „colloiden" Füllungen bestehen aus einer durchscheinenden Gallertmasse, der, entsprechend den mehr bräunlichen Partieen, ebenfalls körniges Pigment beigemengt ist. Ausserdem trifft man hier auf grosse schwarzbraune Concremente, die hart und starr sind und sich aus einer innigen Mischung von Pigment und einer völlig verkalkten Grundlage zusammensetzen.

Sowohl die faserigen Balkenzüge zwischen den Säcken als die, welche die peripherische Abgrenzung bilden, sind arm an Gefässen und dichter als das normale Zwischengewebe der Marksubstanz; auch hier am äusseren Umfang eine Reihe durch alte Blutergüsse verstopfter Henle'scher Schleifen.

Schleimhaut der bezüglichen Kelche und Becken ganz unbetheiligt, die Papillen nirgends abgestumpft.

Weit seltener als die durch Erweiterung der Harnkanälchen entstandenen Nierencysten können dieselben auch bei den angegebenen Nierenkrankheiten durch Anfüllung und Ausdehnung der Malpighi'schen Kapseln mit colloider Masse entstehen. Ausserdem kann es in Folge der Blutungen in der Höhle der Kapsel auch zur Bildung von Nierencysten kommen. Man findet in letzterem Falle die Cysten mit geronnenen, geschichteten Fibrinmassen angefüllt. Man kann in solchen Nierencysten, welche durch Ausdehnung der Malpighi'schen Kapseln entstanden sind, die atrophischen, comprimirten, wandständigen Gefässknäuel erkennen. Endlich ist noch zu erwähnen, dass von Beckmann, Erichsen und Hertz auch die Entstehungsmöglichkeit der Nierencysten aus den Bindegewebszellen der Nieren für einzelne Fälle urgirt worden ist.

Gegenstand klinischer Beobachtung werden Nierencysten nur dann, wenn sie, was ausnahmsweise geschieht, eine sehr bedeutende Grösse erreichen. In einem Falle [1]), der eine 60jährige Frau betraf,

1) Folwarzny, Würzburger med. Zeitschr. 1860. S. 151.

fand sich in der Niere eine Cyste, welche mindestens den Umfang von zwei Fäusten hatte und die mit den Nierenkelchen und dem Nierenbecken nicht communicirte. Der dunkelgelbe Cysteninhalt reagirte sehr schwach alkalisch, enthielt u. a. Eiweiss und Bernsteinsäure, Harnstoff und Kreatin fehlten. Man war intra vitam zweifelhaft, ob es nicht die ausgedehnte Gallenblase sein möchte.

Von hervorragendem Interesse ist ein von Murchison[1]) beobachteter „enormer cystöser Tumor" der rechten Niere. — Derselbe betraf einen 16jähr. Knaben und ist deshalb noch von besonderem Interesse, weil man trotz der Communication des Hohlraums in der Niere mit dem Nierenbecken und der Wegsamkeit der Harnwege, wahrscheinlich wegen der klappenartigen Beschaffenheit der Communicationsöffnungen, nie während der 8jähr. Krankheitsdauer abnorme Beimischungen im Urin beobachtet hatte. Der Sitz der Geschwulst war deshalb auch nie in die Niere verlegt worden, man hatte dieselbe während des Lebens für einen Hydatidentumor der Leber gehalten. Der Knabe trug den Tumor erweislich seit 8 Jahren, wo die Mutter ein Dickerwerden der entsprechenden Stelle des Bauches beobachtete, was stetig zunahm. Man bemerkte den Tumor zuerst nach einem heftigen Trauma, welches den Rücken und die rechte Seite betraf und von mehrmonatlicher Krankheit (Schmerzen in loco affecto, Erbrechen, Convulsionen) gefolgt war. Veränderungen im Urin waren weder zu dieser Zeit noch im ganzen späteren Verlauf bemerkt worden, obgleich die Section nachwies, dass die Cyste mit 3 schiefen und klappenartigen Oeffnungen mit dem Nierenbecken communicirte, welche einen Katheter bequem passiren liessen. Der rechte Ureter war eher eng, aber gut durchgängig. Der Tumor hatte etwa die Grösse eines Mannskopfes, lag hinter den Därmen und war durch feste Adhäsionen an die hintere Fläche der Leber, die falschen Rippen und die Bauchwand angewachsen. Er reichte bis zum Beckeneingang nach abwärts und erstreckte sich über die Mittellinie nach links. Die Cyste fand sich am äusseren oberen Theil der rechten Niere, ihre Innenfläche zeigte ein fibröses, faltiges Ansehen. Sie enthielt ca. 200,0 Ccm. dünnen Eiters. Harnstoff war nicht vorhanden. Zeichen einer Echinococcuscyste fehlten bei der anatomischen Untersuchung durchaus. Der obere Theil der rechten Niere war in ein narbenreiches, innig mit der Cyste verwachsenes Gewebe umgewandelt. Die linke Niere war ums Doppelte vergrössert.

Von der Krankengeschichte erscheint noch bemerkenswerth, dass das Befinden des Knaben nach den erwähnten heftigen Initialerscheinungen, bis auf das allmähliche Wachsthum des Tumors, ungetrübt war. Erst eine Woche vor der Aufnahme ins Hospital erfolgte, wie es scheint, wieder in Folge einer äusseren Schädlichkeit eine Zunahme der Erscheinungen. Es erschien eine Punction der Cyste in-

1) Diseases of the liver. London 1868. p. 115.

dicirt, durch welche über 5000 Ccm. einer anfangs klar fliessenden, bräunlichen Flüssigkeit (spec. Gew. 1010, viel Chloride, viel Eiweiss), weiterhin aber einer eiterigen Flüssigkeit entleert wurden. Echinococcen oder Haken derselben fehlten. Am 9. Tage nach der Operation erfolgte der Tod.

Die operative Behandlung der grossen Nierencysten wird nach den später bei Schilderung der Hydronephrose zu erörternden Grundsätzen geleitet werden müssen.

Es ist jetzt der vereinzelten Fälle zu gedenken, in denen man bei Erwachsenen eine vollkommen cystöse Degeneration beider Nieren beobachtet. Die Nieren sind dann mehr oder weniger vergrössert und können Dimensionen erreichen, dass sie während des Lebens gefühlt werden. Man findet beide Nieren ergriffen, wenn auch bisweilen nicht beide in gleichem Grade, die Nierensubstanz ist in eine Reihe von geschlossenen Cysten umgewandelt, welche in reichliches Bindegewebe eingebettet sind und deren Grösse von sehr geringfügigem Volumen bis zu Orangengrösse schwankt. Sie enthalten ein zäh gelbliches oder röthliches Serum, andere eine gelatinöse Substanz. Der Inhalt ist stets eiweisshaltig, enthält häufig Harnbestandtheile, besonders in kleineren Cysten. Es wurden darin grosse Mengen von Harnsäure, Oxalatkrystalle etc. gefunden. Es beruht die Entstehung derselben offenbar auf Secretretention. In sehr vorgeschrittenen Fällen fehlt jede Spur von Nierengewebe, oft aber bleiben Reste davon zwischen dem Bindegewebe zurück. Blase, Ureter und Nierenbecken sind gewöhnlich gesund. Die Cysten sind mit einem einfachen, aus polygonalen platten Zellen bestehenden Epithel ausgekleidet. Ob die Entwickelung derselben mit congenitalen Zuständen (s. u.) zusammenhängt, ist zur Zeit noch nicht erwiesen.

Die klinische Geschichte dieser Affection ist noch unvollkommen studirt. Die meisten Kranken, bei denen man solche cystös degenerirte Nieren beobachtete, waren meist Individuen zwischen 50—60 Jahren, das jüngste war 30 Jahre alt. Von denselben waren doppelt so viel Männer als Frauen. Die Symptome sind nicht sehr charakteristisch. Der Verlauf ist chronisch. Eine Urinverminderung findet im Allgemeinen nicht statt, in vorgerückten Stadien scheint das specifische Gewicht des Harns ziemlich niedrig zu sein. Albuminurie und gelegentlich wieder eintretende Hämaturie gehören zu den constantesten Symptomen. Im Allgemeinen ist der Verlauf latent und tückisch, und wenn überhaupt die Kranken der Nierenaffection erliegen, erfolgt der Tod gewöhnlich plötzlich unter urämischem Coma und Convulsionen. Im Breslauer pathologisch-anatomischen Institut[1]) befindet sich eine solche Niere.

Sie gehörte einer Frau von 64 Jahren, bei welcher die Legalsection gemacht wurde und welche an Verblutung in Folge von Berstung der hinteren Wand des linken Vorhofs des Herzens plötzlich starb. Das Herz war bedeutend vergrössert, die Mitral- und Aortenklappen verdickt, verkalkt, nicht schlussfähig. Beide Nieren gleich gross (15, 9, 4 Cm.), zeigen auf der ganzen Oberfläche hirse- bis fast wallnussgrosse Cysten, welche sich vorzugsweise in der enorm vergrösserten Rindensubstanz entwickelt haben, zwischen denselben findet sich noch viel anscheinend unverändertes Parenchym, welches wegen vorgeschrittener Fäulniss leider nicht genauer untersucht werden konnte. Die Kapsel liess sich ziemlich leicht und unversehrt entfernen. Diese Cysten enthalten theils eine klare seröse, in Alkohol nicht gerinnende, theils eine bräunliche, in Alkohol zu einer festen Masse erstarrende Substanz, andere enthalten fast reine blutige Massen. In der Leber finden sich ausgedehnte Narbenzüge und eine Reihe hirsekorn- bis erbsen- und eine haselnussgrosse Cyste an der Oberfläche. An den Lab. pudend. alte Narben.

Was nun die intrauterin sich entwickelnden Nierencysten betrifft, so werden bei **Neugeborenen** einestheils **kleine hirsekorngrosse Cysten**[2]) auf der Oberfläche der Nieren beobachtet, wodurch die Tunica propria blasenförmig in die Höhe gehoben wird, anderntheils eine vollkommene **cystöse Degeneration der Nieren**. Die Nieren werden in letzterem Falle 9—15 Cm. lang, 5 bis 10 Ctm. breit und dick. Sie haben in ihrem Aussehen und ihrer Entwickelung eine bedeutende Aehnlichkeit mit den cystös entarteten Nieren der Erwachsenen. Dass letztere aus der Fötalzeit mit herübergenommen sind, erscheint nicht wahrscheinlich, weil die Individuen, um die es sich handelt, meist ziemlich bejahrt gestorben sind, und die Erfahrung lehrt, dass nur geringe Grade cystöser Nierendegeneration post partum ertragen werden. Ob diese geringen Grade nach der Geburt sich langsam zu höheren entwickelt haben, darüber fehlen zur Zeit noch ausreichende Erfahrungen. Was den Cysteninhalt betrifft, so enthält er auch hier wenigstens in den jüngeren Cysten Harnbestandtheile, die Entstehung der Cysten beruht also auf einer Retention des Secrets. An der Bildung derselben betheiligen sich die Harnkanälchen und die Malpighi'schen Kapseln. Cornil und Ranvier lassen diese Cysten von den Glomerulis aus entstehen, deren Membran sehr dilatirt und deren Gefässknäuel

---

1) Acc. Katal. 1867. Nr. 62.
2) F. Weber, Beitr. z. path. Anat. d. Neugeborenen. 3. Lief. S. 78. Kiel 1851.

atrophirt an einem Punkt der Peripherie der Cyste liegt; eine Annahme, welche in dieser Allgemeinheit bestimmt nicht zutreffend ist.
Was die Entwickelung dieser angeborenen cystösen Nierendegeneration betrifft, so beruht sie ganz generell ausgedrückt in mechanischen Hindernissen, welche zu einer Aufstauung des
Harns in den harnbereitenden Organen selbst führen.
Virchow führt ihre Entstehung auf eine embryonale Nephritis
zurück, welche vielfache Verengerungen der Harnkanäle setzt und
zu einer Atresie der Nierenpapillen führt. Dabei kann das Nierenbecken obliterirt oder offen, ja sogar erweitert sein. Koster dagegen sieht die Ursache der angeborenen Cystenniere in einem pri-
mitiven Bildungsmittel der harnleitenden Apparate. Indessen hat er
bei seiner Deutung die Fälle mit offenen Nierenbecken und Ureteren
unberücksichtigt gelassen, für welche es eine andere Deutung als
die Virchow'sche nicht gibt. Jedoch ist auch die interstitielle Bindegewebswucherung keine nothwendige Vorbedingung für das Zustandekommen der congenitalen Cystennieren, denn Klebs hat dieselbe
fehlen sehen. In solchen Fällen sucht Klebs die Ursache der congenitalen Cystennieren in mechanischen Störungen, welche von
Aussen her auf die Nieren eingewirkt haben. Diese congenitale
cystöse Degeneration der Nieren kommt meistentheils doppelseitig
vor. Die Entwickelung derselben ist auch für den Fötus oft von
den schlimmsten Folgen, da die meisten dieser Kinder vorzeitig zur
Welt kommen. Werden die Früchte ausgetragen, so kann, wie oben
bereits bemerkt, nur bei geringer Entwickelung solcher Nierenveränderungen, das Leben weiter bestehen. Die hohen Grade dagegen
bedingen entweder ein absolutes Geburtshinderniss und machen sogar die Zerstückelung der Frucht nöthig oder die Ausdehnung des
Bauches des Neugeborenen ist, wofern sie lebend geboren werden,
doch so bedeutend, dass die Zwerchfellsbewegungen erschwert werden und die Kinder an Athmungsinsufficienz schnell zu Grunde gehen.

Bemerkenswerth ist, dass diese Cystennieren nicht selten gleichzeitig mit anderweitigen congenitalen Störungen combinirt sind, ein
Umstand, welchen Klebs auch dafür anführt, dass diese Missbildung
der Nieren mechanischen Störungen, welche von Aussen her eingewirkt haben, ihren Ursprung verdankt. Einen sehr interessanten
Fall congenitaler Cystendegeneration der Niere beobachtete Heusinger. Hier fand sich rechterseits eine Cystenniere neben Mangel
der rechten Unterextremität und der rechten Hälfte der weiblichen
Genitalien, während auf der linken Körperhälfte keine Abnormität
bestand. Merkwürdig erscheint ferner das Auftreten der congeni-

talen Cystennieren bei mehreren Kindern derselben Mutter, besonders aber, dass bisweilen abwechselnd Kinder mit Cystennieren und gesunde Kinder von vollkommen normalen und gesunden Müttern geboren werden.

Wie in dem Heusinger'schen Falle eine Niere gesund blieb, gibt es in der Literatur auch Fälle, wo die cystöse Degeneration in beiden Nieren eine ungleiche Entwickelung erreichte. Schwartz[1]) berichtet einen Fall, wo die rechte Niere um das Vierfache vergrössert war, neben kleineren Cysten eine sehr beträchtliche Erweiterung und strotzende Füllung des Nierenbeckens zeigte und nur stellenweise und spärlich Nierenparenchym erkennen liess. Die linke Niere war von natürlicher Grösse, an der Peripherie wie im Parenchym mit zahlreichen bis erbsengrossen Cysten durchsetzt. Beide Ureteren waren durchgängig, aber nur für eine Haarsonde. Es handelte sich hier um eine 6 monatliche, während oder unmittelbar nach der Geburt und ohne Athmung abgestorbene männliche Frucht.

Abgesehen von diesen verschiedenen Modificationen der congenitalen cystösen Degeneration der Nieren, welche bisher erwähnt wurden, kommt dieser Process, wie ich glaube, selten auch mit Schrumpfung der Nieren vor. Ein interessantes Beispiel davon findet sich im Breslauer path.-anat. Museum[2]).

> Die linke Niere ist bohnen-, die rechte halb so gross. Beide zeigen keine Spur von Nierensubstanz, sondern zeigen sich aus lauter kleinen Cysten zusammengesetzt, in denen sich mikroskopisch colloidentartete Zellen erkennen lassen. — Blasenmusculatur verdickt, auf der Mucosa, besonders des Fundus, eine zellige Hypertrophie. Einmündung des rechten Ureters deutlich, derselbe ist aber weiterhin verschlossen; linker Ureter frei; beide verlaufen gerade. Recessus der Blase. Harnröhre fehlt. Hoden in der Bauchhöhle. — Pes varus sin.

Cystenbildungen im Ureter sind ungemein selten. Es erklärt sich das in zwangloser Weise nach Virchow dadurch, dass aus den weiten offenen Krypten das Secret leicht herausfliessen kann. Ob Schleimdrüsen im Ureter vorhanden sind, ist mehr als fraglich. Henle leugnet sie. Darnach kann man auch nicht daran denken, dass sie durch Retention ihres Inhalts zu Cystenbildungen Veranlassung geben. Litten beschreibt eine hochgradige cystische und polypöse Degeneration der Ureteren, hervorgegangen

---

1) Vorzeitige Athembewegungen. Leipzig 1858. S. 63.
2) 1869. Obd. Prot. 103.

durch Retention des Schleimhautsecretes des Ureters, zu dessen reichlicher Bildung ein hochgradiger Katarrh jener Schleimhaut in Folge von Nephrolithiasis Veranlassung gegeben hatte.

Hydronephrose.

Literatur und Geschichte.

Die S. 3 angeführte Literatur und ferner:
Albers, Beobachtungen aus dem Gebiete der Pathologie. 1836. I. S. 40. — Virchow, Verhandlg. der Würzb. medic. Ges. V. — Derselbe, Geschwülste. 1863. I. S. 267. — Derselbe, Gesamm. Abhandlungen. 1856. S. 812. — Todd, Clinical lectures etc. London 1857. — Kussmaul, Würzb. med. Zeitschr. IV. 1863. S. 42. — Saexinger, Prager Vierteljahrschrift. 1867. I. — W. Krause, Langenbeck's Archiv. VII. S. 219. — Spencer Wells, Med. Times 1868. — Cooper Rose, ebendaselbst. — Ackermann, Deutsch. Archiv f. klin. Med. I. 456. — Heller, ebendaselbst. V. S. 267. VI. S. 276. — Hotz, Berl. klin. Wochenschrift. 1869. Nr. 23. — Hildebrand, Volkmann's Sammlung klinischer Vorträge Nr. 5. — Gusserow, ebendaselbst Nr. 18. — E. Fränkel, Tageblatt der Breslauer Naturforscherversammlung. 1874. — Simon, Volkmann's Sammlung klin. Vorträge. Nr. 88.

Obgleich die Bezeichnung „Hydronephrose" für die in Rede stehende Affection erst von Rayer gewählt wurde, war dieselbe doch schon den früheren Beobachtern sehr wohl bekannt. So gibt Friedrich August Walter 1800 (l. c.) nicht nur eine sehr treffende Beschreibung derselben, sondern auch einige geschichtliche Notizen. Er sagt, dass bereits vor ihm mehrere Schriftsteller einer ähnlichen Nierenkrankheit Erwähnung gethan haben. Dahin gehören besonders Ruysch, welcher sie theils als Expansio renum, theils als Hernia renalis bezeichnet[1]). Walter selbst nannte diesen Zustand Hydrops renalis; indessen ist heute die Bezeichnung Hydronephrose die geläufige.

Die klinische Geschichte der Hydronephrose gehört der neuesten Zeit an und zwar datirt sie besonders seit der Zeit, wo die moderne Chirurgie die Radicalheilung von Bauchtumoren auf operativem Wege in ihr Bereich gezogen hat und seitdem diagnostische Irrthümer, besonders Verwechselungen zwischen Hydronephrose und Ovariencysten, bereits mehrfach verhängnissvoll geworden sind. Inwieweit derartige Verwechselungen sich mittelst der zur Zeit gegebenen diagnostischen Hülfsmittel werden in Zukunft vermeiden lassen und welche Erfolge die operative Behandlung der Hydronephrosen gehabt hat, wird unten näher besprochen werden.

---

1) Vgl. auch A. de Haen, Heilungsmethode. Deutsch v. Platner. Leipzig 1779. I. S. 75.

Aetiologie.

Die Hydronephrosen — Dilationen des Nierenbeckens mit con-
secutivem mehr minder hochgradigem Schwund des Nierenparenchyms — entwickeln sich, wenn dem regulären Abflusse des secernirten Harns einige Zeit Hindernisse entgegenstehen und derselbe
nur unvollkommen event. gar nicht entleert werden kann. Diese
Abflusshindernisse können bedingt sein durch obturirende Körper
oder durch Stenosirungen, sei es dass letztere durch Erkrankung
der Wand der Harnwege oder durch Compression derselben von
Aussen bedingt sind. Es kann nun diese Behinderung der Urinentleerung in den verschiedensten Abschnitten der harnableitenden
Wege liegen; im Nierenbecken, den Harnleitern, der Blase oder der
Harnröhre. Je tiefer im harnableitenden Apparat das Abflusshinderniss sitzt, um so extensiver wird natürlich die Ausdehnung. Die
Abflusshindernisse können entweder angeboren oder post partum erworben sein. Die ersteren sind zum Theil bedingt durch
Vitia primae formationis und dann oft mit anderen Missbildungen
vergesellschaftet, z. B. mit Atresia ani, Klumpfuss, Hasenscharte
u. s. w., zum Theil sind sie durch Erkrankungen der Harnwege im
Foetalleben veranlasst. Nicht immer lässt sich scharf entscheiden,
ob es sich um ein congenitales oder post partum erworbenes Abflusshinderniss handelt. Congenitale Zustände verschlimmern sich
übrigens oft nach der Geburt.

Die Mannigfaltigkeit der pathologischen Processe, welche zur
Entwickelung von Hydronephrosen Veranlassung geben, ist eine
sehr grosse, so dass eine vollständige Aufzählung aller verschiedenen Möglichkeiten kaum erzielt werden dürfte. Die bemerkens-
werthesten sind folgende:

In einer Anzahl von Fällen werden Nierensteine, welche
auf dem Wege von den Nieren zur Blase in den Ureteren fest eingekeilt sind, Ursachen von häufig colossalen Hydronephrosen. Sie
entwickeln sich, wie bei Schilderung der durch Nierensteine bedingten pathologischen Veränderungen in den Nieren weiter dar-
gethan werden soll, meist im Gefolge von Pyonephrosen. Man findet
bisweilen bei der Section die Concretionen nicht mehr, welche die
Erweiterung des Nierenbeckens und des Harnleiters veranlasst haben.
Es ist das durchaus kein häufiges Vorkommniss und erklärt sich
folgendermassen. Die im Ureter eingekeilten Steine zerbröckeln im
Laufe der Zeit, wozu der stetig wachsende Druck der Flüssigkeits-
säule und andere Momente das Ihrige beitragen und die Bröckel

geben nachträglich ab. Die Anwesenheit von Steinen in hydronephrotischen Säcken berechtigt nicht einen Rückschluss darauf zu
machen, dass diese Steine auch das veranlassende Moment für die
Entwickelung der Hydronephrose waren, da sie sehr wohl sich auch
nachträglich entwickelt haben können. Es ist sehr wohl möglich,
dass auch bereits im intrauterinen Leben harnsaure Niederschläge
Veranlassung zur Bildung von Hydronephrosen geben können, indem sie die harnableitenden Wege verstopfen. Diese Thatsache ist
deshalb von grossem Interesse, weil sich dadurch ganz zwanglos das
Zustandekommen einer Reihe im frühesten Kindesalter beobachteter
Hydronephrosen erklärt, für die sich eine andere Deutung bei der
anatomischen Untersuchung nicht finden lässt. Denn werden bei
der gesteigerten Urinsecretion post partum diese Concretionen ausgeschwemmt, so dürfte unter Umständen Nichts die Ursachen der
bisweilen hochgradigen congenitalen Hydronephrosen erklären. Anderweitige Körper dürften kaum zur Verstopfung der Harnwege mit
nachfolgender Erweiterung führen: denn Blutcoagula, Echinococcus
blasen, welche hier etwa in Frage kommen, werden weit eher zersetzt, zerfallen und werden dann ausgeschwemmt.

Zu den seltenen congenitalen Ursachen der Hydronephrosen gehören anomale oder überzählige Nierenarterien, welche in Folge ihres
eigenthümlichen Verlaufes durch Umschlingung des Ureters denselben
comprimiren und so ein Abflusshinderniss für den Urin bedingen.

In häufigeren Fällen entstehen Hydronephrosen in Folge ausgedehnter narbiger Processe oder Excrescenzen der Schleimhaut des
Ureters oder Verengung seines Lumens durch Verdickung seiner Wand.
Hier spricht alles dafür, dass diese Veränderungen durch entzündliche oder geschwürige Processe veranlasst worden sind. Bisweilen
findet man Narbenstränge als Residuen abgelaufener Parametritis,
welche den Ureter am Beckenrände comprimiren. Dieses letzt-
erwähnte ätiologische Moment führt uns zur Constatirung einer seit
lange bekannten generellen Thatsache, dass überhaupt beim
weiblichen Geschlecht die Ureteren ungemein häufig
in Folge von Erkrankungen der Genitalorgane comprimirt werden, wodurch je nach dem Grade der Compression hoch- oder geringgradige Erweiterungen der
harnableitenden Organe entstehen. Deshalb ist auch beim
weiblichen Geschlecht die Hydronephrose häufiger als beim männlichen. Hierher gehört die Compression der Ureteren durch den retro-
flectirten schwangeren und nicht schwangeren Uterus.
Es ist dieses letztere Moment besonders neuerdings von Hilde-

brand hervorgehoben und der Mechanismus dargelegt worden, wie auf diese Weise doppelseitige Hydronephrosen zu Stande kommen können. Die Ureteren verlaufen bekanntlich auf ihrem Wege zur Blase rechts und links neben der Portio vaginalis uteri herab. Wird nun der mittlere Theil des Uterus winklig eingeknickt, so kann es sehr leicht geschehen, dass auch beide Ureteren mit eingeknickt und dadurch nach hinten herabgezerrt werden. Dann stagnirt nothwendig der Urin auf seinem Wege zur Blase oberhalb der Knickungsstelle, wo er ein Hinderniss vorfindet. Er dehnt den Ureter aus und die Stagnation setzt sich oberhalb weiter fort bis auf die Nierenbecken und bedingt so Hydronephrose. Sehr oft vergesellschaftet sich Carcinom des Uterus mit Hydronephrose. Die Verengerung oder totale Unwegsamkeit der Harnleiter beim Gebärmutterkrebs kommt äusserst selten durch krebsige Affection derselben zu Stande, sondern einmal — und das ist der häufigere Fall — durch krebsige Infiltration oder narbige Verdickung des Beckenzellgewebes, das andere Mal durch krebsige Erkrankungen der hinteren Blasenwand im Bereich des Trigonum Lieutaudii. Als seltenere Ursachen von Hydronephrosen mögen folgende 2 Beobachtungen Tüngel's[1]), welche gleichfalls Erkrankungen der weiblichen Genitalien betreffen, hier Platz finden: 1) Erweiterung des linken Nierenbeckens und Harnleiters in Folge von Druck des von Menstrualblut ausgedehnten Uterus bei Verwachsung der Scheide. 2) Unpaarige Niere, atrophisch in Folge einer Dilatation des Ureters und Nierenbeckens. Diese Hydronephrose war durch eine seltenere Missbildung der Gebärmutter bedingt, indem sich in der einen Hälfte eines Uterus bipartitus mit Atresie des Muttermunds das Menstrualblut angehäuft und den Ureter comprimirt hatte. Die Menstruation war während des Lebens durch die andere normale Hälfte des Uterus erfolgt. Auch in Folge von Prolapsus uteri kommen Hydronephrosen zu Stande. Virchow zeigte, dass bei dem Vorfall der Gebärmutter auch ohne Senkung ihres Grundes nur durch Vergrösserung ihres Cervix eine Inversion der Scheide unterhalten werden kann, welche ihrerseits eine Dislocation der Harnblase nach sich ziehen muss. Indem nun die Stelle, wo die Harnleiter einmünden, bis unter die Symphyse vorgezogen wird, wird dieselbe comprimirt und somit eine Stauung des Harns nach rückwärts ermöglicht. Es entstehen daher, je nach der Intensität des für den Abfluss des Harns gesetzten Hin-

---

1) Klin. Mittheilungen von d. med. Abtheil. des Hamb. Krankenh. pro 1859. S. 173.

dernisses grössere oder geringfügigere hydronephritische Erweiterungen. Auch Ovarial- und andere Tumoren im kleinen Becken können zu einer Verengerung des Ureters mit nachfolgender Hydronephrose führen.

Ferner geben auch Recessus der Blase, wie sie sich ab und zu bei beiden Geschlechtern finden, wofern sie sich, was nicht selten geschieht, im Bereich der Ureterenmündungen befinden, zur Entstehung von Hydronephrosen Veranlassung. Ein intereressantes Präparat im Breslauer pathol.-anatom. Institut erläutert das am Besten [1]).

Es handelte sich um einen Kranken, bei welchem wegen eines Blasensteines von Prof. Middeldorpff die Sectio lateralis gemacht worden war. Am Fundus der Blase, welche eine katarrhalisch afficirte Schleimhaut und Geschwürsbildung zeigte, findet sich ein kinderfaustgrosser Recessus. Die Ausmündungsstellen beider Ureteren befinden sich im Bereich dieses Recessus. Die Ureteren sind bis auf die Grösse einer Dünndarmschlinge erweitert, aber nicht dislocirt. Ihr Inhalt lässt sich durch mässigen Druck noch in die Harnblase entleeren. Beide Nieren sind ausserordentlich vergrössert, stellen unregelmässige höckrige Massen dar, die linke Niere ist vollständig in einen hydronephrotischen Sack umgewandelt, vom Nierenparenchym ist kaum eine Spur vorhanden. Die rechte Niere ist weit weniger afficirt, jedoch auch ausserordentlich hydronephritisch entartet.

Wenn Neubildungen in der Harnblase — insbesondere sieht man das bei Carcinom — die Ausmündungsstelle des Ureters verlegen, so führt das ebenfalls zur Dilatation desselben und des Nierenbeckens, desgleichen haben die Vergrösserungen der Prostata und anderweitige, aus so mannigfachen Ursachen entstehende Verengerungen der männlichen Harnröhre Hydronephrose und gleichzeitige Erweiterung der Blase zur Folge. Hohe Grade erreichen die dann natürlich doppelseitigen Erweiterungen nicht, weil vorher meist der Tod aus anderweitigen mit der Zersetzung des sich stauenden Harns zusammenhängenden Processen, wie Pyelonephritis (s. S. 51) erfolgt.

Von den angeborenen Ursachen der Hydronephrosen sind — abgesehen von den bereits oben erwähnten Anomalien der Nierenarterien, den bereits im Foetalleben entstandenen Harnconcretionen, dem Recessus der Blase, welche nicht selten congenital vorkommen — folgende noch besonders zu erwähnen. Zunächst finden sie sich gern bei in der Entwickelung zurückgebliebenen, tiefgelager-

ten Nieren. Ferner können angeborene Anomalien der Harnleiter
den Abfluss des Harns verhindern oder erschweren. So findet man
manchmal den Ureter obliterirt, als soliden Strang. In anderen
Fällen geht er nicht, wie gewöhnlich, trichterförmig in das Nierenbecken über, sondern nachdem er eine gewisse Strecke in der Wand
des Nierenbeckens schief verlaufen ist, sieht man ihn in dasselbe
einmünden und ein klappenartiges Hinderniss bilden, welches mit
der Ausdehnung des Nierenbeckens nothwendig wachsen muss. Eine
vom Ureter her eingeführte Sonde dringt frei in das Nierenbecken,
die klappenartige Vorrichtung hindert aber wie ein Ventil den Abfluss des Urins. Simon hat neuerdings hervorgehoben, dass derartige Formfehler auch post partum zu Stande kommen können.
Dieses ätiologische Moment bewirkt die grössten Hydronephrosen,
welche überhaupt beobachtet werden. Bisweilen findet man congenitale Knickungen[1]) oder Stenosirungen des Ureters, welche den
Abfluss des Urins erschweren. So berichtet Steiner[2]) als Ursache
der Hydronephrose bei einem 3½ jährigen Kinde einen dicken Wulst
am Blasenorificium des linken Ureters. Der letztere war zur Weite
einer Dünndarmschlinge ausgedehnt. Ferner gehören hierher die
Fälle von angeborenen Abnormitäten der Harnröhre, wie besonders
angeborener totaler oder partieller Verschluss der Urethra, angeborene Hypertrophien der Prostata etc.[3]). Unter solchen Umständen
werden die Blase, die Harnleiter, die Nierenbecken mehr weniger
hochgradig ausgedehnt. Bei einem sicher nicht geringen Bruchtheil
dieser Fälle spielen dabei nicht eigentliche Vitia primae formationis,
sondern entzündliche Processe während des Fötallebens eine bedeutende Rolle. Intrauterin entstandene Concrementbildungen mögen
dabei öfter das primäre ätiologische Moment sein als man gewöhnlich annimmt. Recht instructiv und besonders die Schwierigkeiten
der Deutung solcher Fälle gut erläuternd ist nachfolgender von
Baréty[4]) mitgetheilter Fall:

Ein männliches schlecht genährtes Kind, mit den Zeichen eines
Sclerem an den unteren Partieen der Glieder, bekam mit 7 Tagen
Durchfall und Erbrechen, nach 5 Tagen sistirte Beides, das Kind nahm
die Brust nicht mehr, es war beinahe unbeweglich. Es zeigte die Zeichen einer doppelseitigen Bronchopneumonie. Das Kind starb 15 Tage

1) Weigert, Berl. kl. Wochenschr. 1876. S. 234 (Colossale Hydronephrose
bedingt durch angeborene Ureterknickung).

2) Compend. der Kinderkrkht. 2. Aufl. 1873. S. 320.

3) vergl. Englisch. Ueber Hemmnisse der Harnentleerung bei Kindern. Jahrb.
der Kinderheilk. Neue Folge. VIII. 1875. S. 59.

4) Bulletins de la soc. anat. Paris 1874. p. 166.

den Hydronephrosen, so lange das Abflusshinderniss besteht, die
Wasserabscheidung aus den Nieren, auch wenn das Nierenparenchym noch wenig beeinträchtigt ist, abnehmen muss, liegt auf der
Hand. Bekanntlich ist die Harnsecretion um so reichlicher, je grösser
der Blut- und je geringer der Gegendruck in den Harnkanälchen
ist. R. Heidenhain[1]) fand bei Kaninchen den Zeitraum eines
Tages als genügend, um nach Unterbindung des Ureters die Wasser-
secretion der entsprechenden Niere aufzuheben. Nun wird ja bei
den fraglichen Hydronephrosen die Sache sich anders gestalten, weil
der Harnabfluss nicht plötzlich, sondern meist langsam und allmählich vermindert wird. Aber in jedem Falle wird der Gegendruck
in den Harnkanälchen in Folge des sich stauenden Harns die Harnsecretion beschränken. Es wird uns daher nicht befremden, wenn
wir in den sehr grossen hydronephrotischen Säcken, wo noch dazu
die absondernde Nierensubstanz auf ein Minimum reducirt ist, wenig
oder gar keinen Urin finden. Es handelt sich in diesen Fällen ganz
vorwiegend um Secrete des Nierenbeckens und der Nierenkelche,
um serös schleimige und eiweisshaltige Flüssigkeit. Durch Zerreissungen von Gefässen kann derselben auch Blut beigemischt werden. Im Verlauf der Zeit kann der Inhalt der Hydronephrose sich
metamorphosiren. Man findet darin manchmal colloide Massen, auch
Cholestearin. Ferner findet man bisweilen Metalbumin und Paralbumin. Von letzterem behauptete man einige Zeit irrthümlich,
dass es für die Ovariencystenflüssigkeit charakteristisch sei. In kleineren hydronephritischen Säcken findet man aber Urinbestandtheile
in mehr weniger reichlicher Menge: am häufigsten Harnstoff, seltener
Harnsäure und harnsaure Salze so wie andere Harnsalze.

Bisweilen ergibt die mikroskopische Untersuchung der Hydronephrosenflüssigkeit auch Krystalle von oxalsaurem Kalk. Die mikroskopische Untersuchung des Cysteninhalts ergibt ferner Epithelzellen, welche dem die Nierenbecken und die Kelche auskleidenden
Epithel entstammen. Diese epithelialen Zellen sind aber oft sehr
spärlich vorhanden. Bei blutigen oder eitrigen Beimischungen finden
sich Blut- und Eiterkörperchen der Flüssigkeit beigemischt.

Was die feinere Untersuchung einer solchen hydronephrotischen Niere betrifft, so ist bereits erwähnt, dass sich in den höchsten Graden nur vereinzelte gewundene Kanälchen und spärliche
Bowman'sche Kapseln finden. In den früheren Stadien des Pro-

---

1) Versuche über den Vorgang der Harnabsonderung. Pflüger's Archiv IX.
Sep.-Abdr. S. 10.

cesses gibt die Niere das Bild einer Schrumpfniere, welches, je
weiter derselbe fortschreitet, um so deutlicher wird. Man findet
reichliche Bindegewebswucherung, welche in grösserer oder geringerer
Ausdehnung alle übrigen Elemente verdrängt, dasselbe zeigt mehr
weniger reichliche spindelförmige Kerne, welche an den Stellen, wo
das Bindegewebe reichlicher angehäuft ist, oder dichter und derber
erscheint, fehlen. Die Harnkanälchen zeigen getrübte, kleine, manchmal verfettete Zellen, besonders ist letzteres auffällig an den gewundenen Harnkanälchen, wo ich sehr niedrige Zellen mit deutlichem
Kern und keine Spur des Heidenhain'schen Stäbchenepithels[1]) gefunden habe. Einzelne Harnkanälchen fand ich cystös erweitert,
andere mit Cylindern erfüllt. Je vorgeschrittener die Atrophie ist,
um so seltener werden die Glomeruli. In den Anfangsstadien sieht
man um dieselben reichliches Bindegewebe mit vielen Kernen, die
Kapseln sind von concentrischen Lagen dichten Bindegewebes umgeben. In vorgeschritteneren Fällen sieht man statt der Glomeruli
nur homogene runde Körper, von sehr verjüngtem Volumen gegenüber normalen Glomerulis. Makroskopisch erscheint solches Nierengewebe gelb oder gelbbräunlich blass, derb, zähe und lässt in vorgeschrittenen Stadien bei Besichtigung mit blossem Auge wenig oder
gar nichts mehr von der normalen Nierenstructur erkennen. Diese
pathologischen Veränderungen sind grösstentheils der durch die Compression des Organs gesetzten Gewebsreizung zuzuschreiben: auf ihre
Rechnung kommen wol allein die hochgradigen interstitiellen Veränderungen. Man könnte dabei noch die venöse Stauung beschuldigen, welche, wie Ludwig bereits nachgewiesen hat, bei Anfüllung des Ureters besteht, indem durch dieselbe der venöse Rückfluss
aus der Niere gehemmt wird. Aber Litten und Buchwald[2]) fanden bei hochgradigster venöser Stauung, wie sie dieselbe durch Unterbindung der Nierenvene bei Thieren erzeugten, keinerlei Entzün-
dungs- und Wucherungsvorgänge. Freilich würde dadurch das Eintreten derselben bei geringgradigerer Stauung nicht ausgeschlossen
sein. Die epithelialen Trübungen und Verfettungen erklären sich
aus der arteriellen Anämie, welche einmal abhängig ist von der
venösen Stauung ferner von der Compression der Arterien in dem
vermehrten interstitiellen Gewebe.

Die Harnleiter finden sich natürlich gar nicht erweitert, wenn die
Ursache der Hydronephrose am Ostium pelvicum sitzt. Im Gegen-

---

1) Schultze's Archiv 10.
2) Virchow's Archiv 66. Sep.-Abdr.

theil findet er sich dann meist verengt, weil kein Harn denselben passirt hat. Bei Klappenverschluss am Ostium pelvicum kann man mit der Sonde vom Ureter in das Nierenbecken frei passiren, füllt man aber den Nierensack auch unter bedeutendem Druck mit Wasser, so fliesst kein Tropfen ab. Bei Abflusshindernissen in den tieferen Abschnitten des Ureters erreicht derselbe über dem Hinderniss oft eine bedeutende Ausdehnung, bis zur Dicke des Daumens oder Dünndarms ja darüber, und der Ureter zeigt ausserdem einen exquisit geschlängelten Verlauf. In den meisten Fällen betrifft die Hydronephrose die Niere in toto, indessen kommen auch partielle Hydronephrosen zu Stande, wenn z. B. nur einige Nierenkelche verstopft sind (es gibt dann auch 1 oder 2 kammerige Hydronephrosen) oder wenn eine Niere je 2 Nierenbecken und Harnleiter besitzt, von denen nur eines unwegsam ist. Heller[1]) beobachtete eine solche partielle Hydronephrose, welche intra vitam für ein Hydrovarium gehalten worden war. Es bestanden zwei Nierenbecken und zwei Ureteren an der erkrankten rechten Niere. Der der Hydronephrose zugehörige Ureter endete blind an der Blasenwand genau der Stelle vor Abgang der Urethra entsprechend. Weigert[2]) beobachtete bei einem männlichen Individuum eine beträchtliche Erweiterung des oberen Nierenbeckens und Harnleiters der rechten Niere. Der obere Harnleiter mündete dicht über dem Colliculus seminalis. Er kreuzte sich mit dem Harnleiter des unteren Nierenbeckens, welch letzterer an normaler Stelle einmündete. Die Abflusshindernisse muss man bei der Obduction aufsuchen, bevor man die Harn- und Beckenorgane aus ihrer Lage entfernt, weil nachher Compressionen des Harnleiters durch Narbenstränge etc. nicht mehr sichtbar und nachweisbar sind. — Grosse hydronephrotische Geschwülste bedingen bemerkenswerthe Lageveränderungen der umliegenden Organe. Bei linksseitiger Hydronephrose werden das Diaphragma und die Lungen nach oben, das Herz nach oben und rechts verdrängt, der Magen mit dem Colon transversum wird nach rechts verschoben; bei rechtsseitiger Hydronephrose werden Zwerchfell und Lungen nach oben, die Leber nach vorn und links gedrängt. Magen und Duodenum werden an der inneren Seite der Geschwulst vertical gestellt. Das Colon transversum ist mit dem Fundus ventriculi nach unten dislocirt, es krümmt sich um diesen herum nach links und oben, wo es in die Flexura coli sin. und in das Colon descendens, die in ihrer normalen Lage geblieben sind, übergeht. Am frühesten

---

1) Deutsch. Arch. f. kl. Medic. V. S. 267.
2) Berl. kl. Wchschr. 1576. S. 234

und constantesten werden das Colon ascendens oder descendens, je nachdem der Tumor rechts oder links liegt, verschoben, weil diese Darmabschnitte unmittelbar vor der Hydronephrose liegen. Sie weichen anfangs nach vorn gegen die Bauchdecken und dann nach innen gegen die Linea alba aus. Bei einem von Fränkel mitgetheilten Fall, wo 2 colossale hydronephrotische Säcke beider Nieren das ganze Abdomen einnahmen, fand sich die Milz, stark nach oben gedrängt und horizontal gelagert, der Dünndarm in einem dicken Convolut vor der Geschwulstmasse, das Colon ascend. zwischen rechter und linker Geschwulst in die Höhe steigend, also nach links verdrängt, das Colon transversum quer über die linke Geschwulst hinwegziehend, das Colon descendens senkrecht nach unten vor dem linken Tumor herabsteigend.

Die Hydronephrosen von bedeutendem Volumen sind in ihrer ganzen Ausdehnung durch dichtes Bindegewebe mit den umgebenden Theilen fest und innig verbunden. Sie hängen insbesondere auch mit dem Bauchfell fest zusammen. Intraperitoneale Adhäsionen finden sich selten, am häufigsten noch mit Milz, Magen, der hinteren Fläche der Leber, dem Dünndarm. Gewöhnlich besteht nur auf einer Seite ein grosser hydronephrotischer Tumor, einmal weil die Ursachen meist einseitig sind, ferner aber auch weil der letale Ausgang bei doppelseitigen hochgradigen Abflusshindernissen für den Urin eher erfolgt, bevor eine hochgradige doppelseitige Hydronephrose zu Stande kommt. Finden sich doppelseitige Hydronephrosen, so sind sie beide gewöhnlich verschieden gross und in der einen ist dann mehr secernirende Nierensubstanz vorhanden als in der anderen. Bei einseitiger Hydronephrose ist die andere Niere meist gesund, gewöhnlich im Zustande compensatorischer Hypertrophie. Sie übernimmt dann vicariirend die Function für die erkrankte atrophische Niere. Manchmal findet man auch die andere Niere secundär erkrankt, indem sich Entzündungs- oder degenerative Processe in derselben entwickeln. — Eine sehr interessante Complication von hochgradiger Hydronephrose mit Sarkom der entsprechenden Niere zeigte mir mein College Ponfick.

Es handelte sich um die linke Niere eines 52jähr. Mannes. Derselbe hatte seit langer Zeit ohne Beschwerden, mit Ausnahme häufiger Obstipation, einen Bauchtumor getragen. Die Wand des grossen hydronephrotischen Sacks besteht aus einer Reihe sehr derber, dichter Bindegewebslagen mit dazwischen eingeschobenen Resten entzündlicher Producte. Der Ureter inserirt sich am medianen Umfange des Sacks, nachdem er fast 2 Ctm. lang schräg durch die Lagen desselben verlaufen und endet mit einer engen, halbmondförmigen, durch eine leistenartige Falte verdeckten Oeffnung. Die umfängliche, der Nierensubstanz selbst angehörige Geschwulst ist von festweicher, ungleichmässiger Consistenz, von grauröthlicher Färbung, markig, mit gelblichen, theils verfetteten, theils breiig erweichten Partieen dazwischen. Diese Nierengeschwulst ist ein Rundzellensarkom. Neben dichtgedrängten Rundzellen finden sich reichliche, dünnwandige Gefässe mit mehr oder weniger fortgeschrittener, fettiger Metamorphose (s. S. 129).

Symptomatologie.

Die Erscheinungen, welche die Hydronephrosen während des Lebens machen, sind sehr verschieden. Diese Verschiedenheiten hängen nicht allein ab von der Grösse und Dauer des Abflusshindernisses für den Harn und der dadurch bedingten Ausdehnung der Hydronephrose, sondern insbesondere auch davon, ob der Abfluss des Harns aus einer oder beiden Nieren gehindert ist, ob demnach eine einseitige oder eine doppelseitige Hydronephrose sich entwickelt. Ferner gestalten sich die Symptome auch verschieden, je nach den Veränderungen, welche im Verlaufe der Krankheit die Hydronephrosen selbst erleiden. Der Entwickelung der Hydronephrose gehen häufig Erscheinungen voraus, welche nicht von ihr selbst, sondern von der sie veranlassenden Grundkrankheit bedingt sind, z. B. die der Nephrolithialis, des Carcin. uteri etc. Wir beschränken uns hier wesentlich auf die von der Hydronephrose selbst bedingten Symptome. In den Fällen, wo ein dauerndes Abflusshinderniss für den Harn besteht, handelt es sich darum, ob dasselbe hoch- oder geringgradig, einseitig oder doppelseitig ist. In den Fällen aber, wo das Abflusshinderniss nach längerer oder kürzerer Zeit beseitigt wird, muss es für die Beurtheilung der Dignität der zurückbleibenden Hydronephrose von besonderer Wichtigkeit sein, bis zu welchem Grade das secernirende Nierenparenchym durch die Druckatrophie in Folge der Harnstauung gelitten hat.

Geringgradige Hydronephrosen, seien sie einseitige oder doppelseitige, bei welchen der Abfluss des Urins nur in geringem Grade, wenn auch dauernd beeinträchtigt wird, können lange Zeit, ja bis zum Tode ganz latent bleiben. Wird das Abflusshinderniss aber hochgradiger, natürlich ohne dass die Obturation vollständig ist, so wird die secernirte Flüssigkeit immer noch abfliessen können, besonders vorausgesetzt, dass ihre Menge so gross ist, um die bestehenden Widerstände zu überwinden. Zu diesem Zweck wird immer erst hinter dem Abflusshinderniss eine gewisse Menge Flüssigkeit vorhanden sein müssen. Ist Letzteres nicht der Fall, so wird, trotz fortdauernder Secretion, doch keine Entleerung nach Aussen stattfinden und es wird in solchen Fällen bei doppelseitigem Abfluss-hinderniss so lange Anurie bestehen, bis sich wieder in der Hydro-nephrose soviel Flüssigkeit angesammelt hat, um das Hinderniss zu überwinden. Ein Beispiel mag das erläutern: E. Fränkel (l. c.) beobachtete in einem Falle von doppelseitiger Hydronephrose, welcher eine 22jährige Frauensperson betraf, mehrmals eine vor-übergehende totale Anurie. Dieselbe trat 3 mal ein und war einmal von 2, einmal von 1 tägiger und das letzte Mal von 12 stün-diger Dauer. Sie wurde nach jeder der drei von Fränkel unter-nommenen doppelseitigen Punctionen beobachtet, während sonst die Menge der durch die Blase entleerten Flüssigkeit normal war. Fränkel hält es, gewiss mit vollem Rechte, für das Wahrschein-lichste, dass die abgesonderte Flüssigkeit zunächst die durch die Punction entleerten hydronephrotischen Säcke anfüllte und ausdehnte und erst dann nach Aussen entleert wurde, wenn das Gewicht des angestauten Secrets gross genug war, um die für die Entleerung derselben bestehenden Hindernisse (klappenförmiger Verschluss am Ostium pelvicum mit Verlauf des obersten Theiles des Ureters in der Wand des Nierenbeckens[1])), zu überwinden. In derartigen Fällen wird die sich anhäufende hydronephrotische Flüssigkeit immer zu einer Ausdehnung der Harnwege, so weit sie hinter der Verenge-rung liegen, sowie zu einer Distensionsatrophie der Nieren führen, wodurch zu einem klinisch wichtigen Symptom der Hydronephrosen, nämlich der Geschwulstbildung, Veranlassung gegeben wird. Fälle, wie der eben erwähnte, wo beiderseits in Folge von Hydro-nephrosis duplex bedeutende Geschwülste sich entwickeln, sind über-aus selten; meistentheils erfolgt weit früher der Tod, ehe es zur Entwickelung palpabler Tumoren kommt. Die Geschwulstbildung erreicht in denjenigen Fällen von Hydronephrose die höchsten Grade, wo ein Ureter vollständig und dauernd verschlossen ist. Wenn auch hier aus dem oben entwickelten Grunde die Wasserausscheidung aus dem erkrankten Organ bedeutend herabgesetzt wird und mit dem vollkommenen Untergang des Nierenparenchyms ganz erlöschen kann und wenn auch ein Theil der Flüssigkeit immer wieder re-sorbirt wird, so wächst der Tumor doch erfahrungsmässig sehr be-deutend, weil die innere Auskleidung des hydronephrotischen Sacks durch ihr eigenes Secret zu seiner Vergrösserung Veranlassung gibt. Anders gestaltet sich die Sache, wenn das Abflusshinderniss nach einer gewissen Zeit dauernd beseitigt wird. Hier entwickeln sich

---

1) Simon l. c. II. Theil. S. 308.

die Verhältnisse verschieden, je nachdem das Abflusshinderniss einseitig oder doppelseitig bestand, ob es hochgradig war oder nicht und welchen Einfluss dasselbe auf das Nierenparenchym gehabt hat. Je hochgradiger das Abflusshinderniss war, um so mehr wird es natürlich ceteris paribus das Nierengewebe alterirt haben. Entwickelt sich, um durch einige Beispiele das Gesagte zu erläutern, eine einseitige hochgradige Hydronephrose mit Verödung des ganzen Nierengewebes in Folge eines in den Harnleiter eingekeilten Nierensteines, welcher nachträglich ausgeschwemmt wird, so werden unter Umständen alle Symptome verschwinden und nach Entleerung des Sackes auch Heilung, natürlich mit Atrophie der entsprechenden Niere, eintreten können. Ist nämlich die andere Niere gesund, so werden, indem dieselbe die Function der geschwundenen übernimmt, weitere nachtheilige Folgen verhütet. Ist aber noch ein Theil des Nierenparenchyms von dem erkrankten Organ vorhanden, so wird derselbe entsprechend weiter functioniren. Analoge günstige Ausgänge können auch bei doppelseitiger Hydronephrose eintreten, sobald die Remedur frühzeitig geschieht, wenn die Abflusshindernisse vor ernstlicher Schädigung der Nieren rechtzeitig beseitigt, werden so z. B. bei geeigneter Behandlung einer Procidentia oder einer Retroflexio uteri. Auch bei doppelseitiger Hydronephrose im Gefolge eines Carcinoma uteri kann der Harnabfluss in Folge des Zerfalls der die Ureteren comprimirenden Krebsmassen wieder frei werden; und wofern die Nieren noch leistungsfähig sind, kann von dieser Seite die Gefahr für das Leben aufhören. Aber natürlich schliesst ja das krebsige Grundleiden in diesem Stadium ohnedies jede Möglichkeit der Genesung aus. Hat in Folge der Hydronephrose der Untergang des Nierenparenchyms weitere Fortschritte gemacht und genügen die vorhandenen secernirenden Elemente nicht mehr, um die Endproducte des Stoffwechsels zu entfernen, so kann die deletäre Wirkung, welche daraus resultirt, nicht ausbleiben. Zunächst kann sich ein Symptomencomplex entwickeln, welcher an den der genuinen Nierenschrumpfung erinnert. Endlich aber wird über kurz oder lang der Tod oft plötzlich unter urämischen Symptomen eintreten. Eine vermehrte Aufnahme von Flüssigkeit und eine oft hochgradige Vermehrung des Harnvolumens vermag bis zu einem gewissen Grade compensirend zu wirken und die urämische Intoxication hintanzuhalten.

Nachstehender von Strange[1]) mitgetheilter Fall illustrirt das

1) Archiv of medic. 1862. XII. p. 276. (Henle u. Pfeufer, Ztschr. 3. Reihe. XIX. B. 1861. p. 384. Ref. v. Meissner.)

Gesagte in sehr instructiver Weise. Es dürfte kein Zweifel darüber obwalten, dass es sich bei demselben um die hochgradigste Hydronephrosis duplex gehandelt hat.

Ein 18jähr. Mensch, welcher in der Entwickelung etwas zurückgeblieben war, trank seit einer Reihe von Jahren grosse Mengen von Wasser und entleerte täglich etwa 7 Liter Harn. Appetit und Allgemeinbefinden waren nicht gestört. Der Harn hatte ein spec. Gewicht von 1007, keine abnormen Bestandtheile, Chloride normal, Ür leider nicht bestimmt. Als der Mensch in ärztliche Behandlung kam, wurde die Menge des Getränks beschränkt, worauf sich die Harnmenge verminderte, aber merkwürdigerweise auch das spec. Gewicht. Es trat Durchfall ein und nach und nach, obwol man den begangenen Fehler allmählich einsah und wieder gut zu machen suchte, bildete sich ein urämischer Zustand aus, woran der Kranke starb. Der Mensch war durch Beschränkung der Wasseraufnahme getödtet worden. Die Section ergab nämlich statt der Nieren zwei grosse Säcke mit membranösen Septen, die sich in ausserordentlich erweiterte Ureteren fortsetzten. Die Flüssigkeit, die in ihnen post mortem gefunden wurde, enthielt keinen Harnstoff. Sonst fand sich nichts Pathologisches, nur kindlicher Habitus. Ob eine angeborene Missbildung der Nieren oder ein früh, jedenfalls aber seit langer Zeit erworbener Mangel des Nierengewebes vorlag, blieb unentschieden. Es war aber offenbar, dass der Mensch durch die bedeutende Wasseraufnahme die Leistung einer normalen Niere gleichsam zu ersetzen gesucht und ersetzt hatte. Harn war vermöge der übermässigen Wassermenge in jene Nierensäcke in genügender Menge stets transsudirt; als aber dies nothwendige Vehikel beschränkt wurde und stärkere Darmsecretion auch nicht ausreichte, wurde kein Ür mehr abgesondert, in Folge dessen Urämie eintrat und ein bedeutend spärlicherer Harn. Eine Lücke in der Untersuchung ist es freilich, dass der Harn vor Beginn der Behandlung nicht auf seinen Harnstoffgehalt untersucht war. Indessen darf man wol mit dem Verf. annehmen, dass Harnstoff im Körper gebildet und in einer der schwächlichen Körperentwickelung entsprechenden Menge in der ganzen Reihe von Jahren abgesondert wurde, während welcher der Mensch sich bis auf den Durst und die Polyurie wohl befand.

Als Pendant zu diesem bemerkenswerthen Falle mag eine analoge Beobachtung, welche ich Herrn Collegen Koppen, Kreisphysikus in Heiligenstadt verdanke, hier Platz finden. Derselbe hatte die Freundlichkeit mir das anatomische Präparat, sowie Notizen über den Krankheitsverlauf zu überlassen. Leider dauerte die Beobachtung erst wenige Tage, als der letale Ausgang erfolgte.

Der Fall betraf einen 10jähr., körperlich sehr verkommenen Knaben, dessen Durst und Urinmenge seit Jahren aufgefallen war. Er soll in der Nacht oft gegen 1500 Ccm. Urin entleert haben. Derselbe hat ein spec. Gewicht von 1004. Schmerzen oder Behinderung bei der Urinentleerung bestanden nicht. Der Appetit war seit lange

bedeutend verringert. 3 Tage vor dem Tode entwickelten sich die
Zeichen einer Laryngostenose, Emetica schafften keine Erleichterung,
der Knabe wurde comatös. Auch die Tracheotomie besserte den Zustand nicht. Der Exitus letalis erfolgte schnell. Die Section ergab:
Schwellung der Kehlkopfschleimhaut, insbesondere an den Stimmbän-
dern. Kehlkopfknorpel zum Theil verknöchert. Katarrh der Trachea,
Oedema pulmonum. Harnröhre von normalen Dimensionen. Blase stark
erweitert, Musculatur derselben hochgradig verdickt. Die Ureterenmündungen in die Blase sind voll-
kommen frei, beiderseits passirt
durch dieselben vollkommen leicht
eine Sonde von 0,5 Ctm. Durchmesser. Der linke Ureter hat
an seiner Einmündung in das Nierenbecken eine Circumferenz von
1 Ctm., er erweitert sich in seinem weiteren Verlauf und zeigt
in seiner Mitte 2 sackförmige Erweiterungen, welche einen Umfang von 4 Ctm. erreichen; an
der Einmündungsstelle in die
Blase verjüngt sich die Circumferenz wieder auf 2 Ctm. Der
rechte Ureter, welcher in seinem oberen Theil einen Umfang
von 2 Ctm. hat, erweitert sich
in seiner unteren Hälfte zu einer
sackförmigen Ausbuchtung, welche im Maximum eine Circumferenz von 6 Ctm. zeigt. Nierenbecken und Nierenkelche
zeigen beiderseits eine bedeutende Erweiterung: Nierensubstanz hochgradig atrophirt, besonders die der linken Niere;
die Oberfläche der von einer
ziemlich dicken Fettkapsel um-
gebenen Nieren zeigt sich ge-
lappt. An der Schnittfläche der
Niere lassen sich vielfach makroskopisch die Grenzen zwischen
Rinden- und Marksubstanz nicht
mehr unterscheiden.

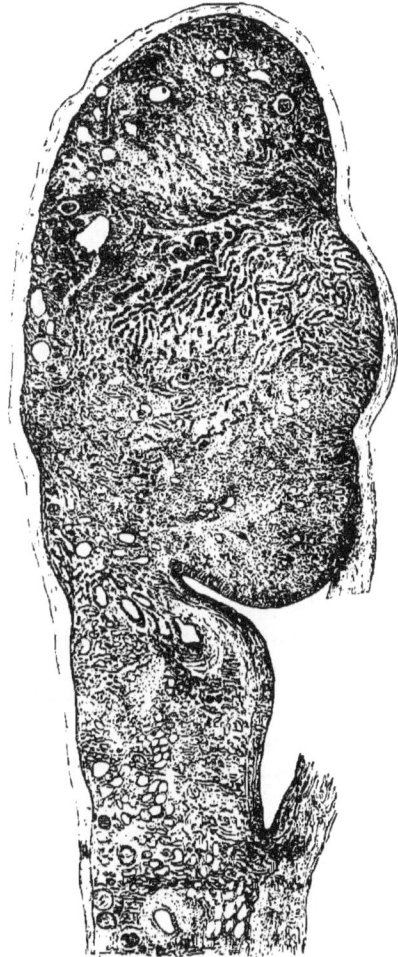

Fig. 6.

Der nebenstehende Holz-
schnitt zeigt bei einer schwachen
Vergrösserung (10 : 1) zwei atrophische in einen Calyx ausmündende
Renculi der linken Niere. Die Atrophie ist in beiden sehr ungleich
fortgeschritten. Mark und Rindensubstanz grenzen sich deutlich von

einander ab. Die Veränderungen des Gewebes entsprechen vollkommen denen bei Nierenschrumpfung. Das interstitielle Gewebe ist in
den Pyramiden zum Mindesten eben so stark vermehrt wie im Cortex.
Ein grosser Theil der Harnkanälchen ist verödet, die Zahl der in-
tacten Glomeruli sehr gering, die meisten sind atrophirt, zum Theil
kaum erkennbar. In allen im vermehrten interstitiellen Gewebe noch
als Harnkanälchen erkennbaren Bildungen sieht man bei stärkeren
Vergrösserungen die entsprechend verjüngten und getrübten, aber
nirgends verfetteten Epithelien. Ein Theil der Harnkanälchen besonders in der Rinde ist cystös erweitert. Ihnen entsprechen eine
Reihe der in der Zeichnung sichtbaren Lücken, bei einem anderen
Theil derselben handelt es sich um Gefässlumina, deren Inhalt
grösstentheils herausgefallen ist. Der Papillartheil der Pyramiden
(in dem Holzschnitt schraffirt gezeichnet) zeigt eine besonders reichliche Infiltration mit Rundzellen. Der Epithelbelag der Papillen, der
Nierenkelche und des Nierenbeckens zeigt sich bei stärkerer Vergrösserung wohl erhalten.

Dieser Fall ist nicht nur klinisch, sondern auch ätiologisch in
hohem Grade interessant. Das Abflusshinderniss muss hier am Ori-
ficium urethrae intern. gesessen haben, denn die Urethra war der
einzige nicht erweiterte Theil der Harnwege. In der Leiche liess
sich aber keinerlei Hemmniss für den Urinabfluss auffinden. Ueber
die Natur desselben lässt sich jetzt etwas Bestimmtes nicht mehr
ausmachen. Jedenfalls kann es kein vollständiges gewesen sein,
weil sonst das Leben nicht hätte so lange bestehen können, bis es
zur Entwickelung einer so hochgradigen Hydronephrose gekommen
ist. — Derartige Fälle scheinen nicht häufig vorzukommen und sie
dürften unter allen Umständen der klinischen Beurtheilung grosse
Schwierigkeiten machen.

In den meisten Fällen folgt bei doppelseitigen Abflusshindernissen für den Harn, wofern sie irgend welche Bedeutung erreicht
haben, schneller oder langsamer je nach der Hochgradigkeit derselben der Tod unter urämischen Erscheinungen. Es handelt sich
hierbei meist um Compressionen der Harnleiter von Aussen, wie sie
besonders gern als Complicationen mancher Erkrankungen der weiblichen Geschlechtsorgane beobachtet werden. Da die Compressionen
nicht vollständig sind und der Urin durch die Harnleiter sich, wenn
auch mühsam, zum grösseren oder geringeren Theil in die Blase
entleeren kann, so ist die bei diesen Formen der Hydronephrosen
zu beobachtende Geschwulstbildung keine sehr hochgradige.

Wir können diesen Verlauf besonders häufig beim Gebärmutter-

krebs verfolgen, wo mit Vorliebe beide Ureteren in ihrem untersten
Theil durch die wuchernde Krebsmasse mehr oder weniger von
Aussen comprimirt werden. Denn nur selten wuchert der Krebs
dabei in die Harnleiter hinein. Je nach dem Grade der Compression der Harnleiter, welche sich aus der immer mehr abnehmenden
Menge des Harnvolumens taxiren und in ihrer meist stetigen Zunahme verfolgen lässt, treten bei diesen unglücklichen Frauen die
Symptome der Urämie ein. Ich habe während nahezu 10 Jahren
die an Gebärmutterkrebs leidenden Weiber im Breslauer Allerheiligenhospital beobachtet und besitze Aufzeichnungen über 49 Fälle. Unter
diesen traten 3 mal die Zeichen der acuten Urämie: heftige Convulsionen, vorübergehende Amaurosen u. s. w. auf, 30 Frauen starben unter dem Symptomencomplex der chronischen Urämie; die
Patientinnen lagen Tage, Wochen, ja Monate lange comatös da, bevor der letale Ausgang erfolgte. Einzelne Beobachter haben den
Tod in solchen Fällen unter heftigen Convulsionen während eines
acuten urämischen Anfalls eintreten sehen. Nur manchmal gelingt
es in diesen Fällen bei sehr mageren Kranken mit schlaffen Bauchdecken die von den hydronephrotisch entarteten Nieren bedingten
Geschwülste zu fühlen. Die Hydronephrose beschleunigt auf diese
Weise in sehr vielen Fällen von Uteruskrebs den ja natürlich schon
durch die Grundkrankheit bedingten unvermeidlichen letalen Ausgang. Bei den Hydronephrosen im Gefolge von Retroflexionen des
Uterus erreicht die Erweiterung manchmal höhere Grade. Es wird
dann wohl möglich, die erweiterten Ureteren oberhalb des Poupart'-
schen Bandes bei sorgfältiger Palpation als wulstförmige Anschwellungen zu fühlen. Die Geschwulst kann unter diesen Umständen
die Grösse eines Kindskopfs erreichen. Hildebrand hat die auf
diese Weise entstehenden Hydronephrosen genauer studirt. Man ist
hier im Stande, nachdem der Uterus mit der Sonde aufgerichtet und
der Katheter in die Blase eingeführt ist, den Urin mit Hülfe des
äusseren Druckes auf die Bauchdecken zu entleeren und so eine
beträchtliche Verkleinerung der Geschwulst herbeizuführen. Auch
bei geringgradigerer durch dieselbe Ursache bedingten Hydronephrose
gibt die genaue objective Untersuchung manchmal noch positive Anhaltspunkte, wie ein von Hildebrand mitgetheilter Fall lehrt,
welcher zur Illustration hier kurz angeführt werden mag. Bei der
sorgfältigsten Untersuchung in der Rückenlage liess sich hier keine
Anschwellung fühlen. Bei der Untersuchung im Stehen fand sich
neben und etwas oberhalb des Uterus linkerseits eine Geschwulst,
welche, wenn man sie der von der Vagina aus touchirenden Hand

durch die andere auf den Bauchdecken ruhende entgegendrückte,
eine längliche Form zeigte und etwas schmerzhaft erschien, bei zu
verschiedenen Zeiten vorgenommenen Untersuchungen aber in Form,
Grösse, Prallheit und Weichheit der Wandungen wechselte. Sie
verschwand auf die Dauer, als die Flexion des Uterus wesentlich
gebessert wurde. Ich habe bei einem Fall von Procidentia uteri mit
sehr bedeutender Elongation des Cervicaltheils des Uterus, welchen
eine den untersten Ständen angehörige Weibsperson seit vielen Jahren
trug, unter den Symptomen der chronischen Urämie den Tod erfolgen sehen. Die Section ergab hochgradige Erweiterung beider
Ureteren, mässigen hydronephrotischen Tumor und sehr bedeutenden Schwund des Nierenparenchyms. Weit hochgradigere, oft colossale Hydronephrosen als in den ebengenannten Fällen entwickeln
sich, wenn der Abfluss des Harns vollständig und dauernd aufgehoben ist. Auch einseitige Hydronephrosen füllen dann den Bauch
mehr oder weniger vollständig aus, beschweren den Kranken durch
ihr Gewicht und machen ihn zur Arbeit unfähig und ausserdem
bleiben die nachtheiligen Rückwirkungen nicht aus, welche so grosse
Bauchtumoren auf die anderen Organe des Bauchs und die Organe
des Thorax ausüben. Durch Compression und Dislocation des Magens und Darms leidet die Verdauung und in Folge der Compression der Lungen entstehen hochgradige dyspnoctische Beschwerden.
Die Beweglichkeit der grossen hydronephrotischen Tumoren ist gleich
Null. Auf die Beziehungen dieser Tumoren zu den Baucheingewei-
den incl. zu dem Colon bin ich bereits bei Besprechung der anatomischen Verhältnisse näher eingegangen. Entsprechend dem Tumor
ist der Percussionsschall gedämpft und gibt nur im Bereich der über
denselben verlaufenden Theile des Colon einen tympanitischen Percussionsschall, wofern der Darm nicht vollständig comprimirt oder
mit Koth angefüllt ist. Der Tumor entwickelt sich von den Nieren
gegen die Unterleibshöhle; derselbe bleibt auch bei stärkerem Wachsthum vollkommen schmerzlos, nur bei den im Gefolge von Nephrolithiasis entstandenen Hydronephrosen gehen oft die für die Nierensteine (s. u.) charakteristischen Beschwerden voran. Auch bei Druck
entstehen gewöhnlich keine Schmerzen. Die grossen Hydronephrosen
geben eine sehr deutliche, nicht selten grosswellige Fluctuation. Bei
kleineren noch in der Tiefe liegenden Säcken ist dieselbe nur undeutlich zu fühlen. Der Verlauf ist bei Hydronephrosen vollkommen
fieberlos, der Kräftezustand leidet nicht im Geringsten. Erst durch
die Beeinträchtigung der Verdauung bei Compression des Magens
und Darms durch sehr grosse Geschwülste leidet die Ernährung.

Bei doppelseitigen hydronephrotischen Säcken fühlt man in beiden Seiten des Bauches, wofern die Tumoren beträchtlich angewachsen sind, fluctuirende Geschwülste, von denen die eine gewöhnlich grösser als die andere ist. — Das Verhalten des Urins bei der Hydronephrose hängt besonders davon ab, ob der Verschluss des Harnleiters der erkrankten Niere ein vollständiger oder unvollständiger ist, im ersteren Fall ist der Harn bei gesunder zweiter Niere normal, im letzteren abnorm. Die Beschaffenheit des Harns kann auch wechseln. Ein abnormer Urin kann normal werden, wenn der unvollständige Verschluss vollständig wird; dann vergrössert sich der Tumor, das ist ein ungünstiges Zeichen. Auf der anderen Seite kann ein normaler Urin abnorm werden, wenn das Abflusshinderniss, z. B. ein obturirender Nierenstein, ausgeschwemmt wird, oder wenn dasselbe temporär überwunden wird. Die abnormen Beimengungen zum Urin bestehen meist aus Schleim, Eiter und Blut. Bei doppelseitigen Hydronephrosen enthält der Urin immer fremdartige Beimischungen; in demselben Grade als hier der Schwund der Niere fortschreitet, nimmt die Urinmenge mehr und mehr ab; dasselbe ist der Fall, wenn die compensatorisch vergrösserte, vicariirend functionirende Niere erkrankt.

Diagnose.

Die Diagnose der Hydronephrosensäcke ist in den Fällen leicht, bei denen die Entwickelung der Geschwulst beobachtet wurde und von Seiten der Harnorgane die oben angeführten Erscheinungen vorhanden sind. In anderen Fällen ist die Diagnose schwer, ja ganz unmöglich. Die leichteren Grade der Hydronephrose sind der Diagnose während des Lebens nicht zugänglich, nur mit einer gewissen Wahrscheinlichkeit kann in solchen Fällen an die Anwesenheit einer Hydronephrose gedacht werden. Treten z. B. im Verlauf eines Uteruskrebses, ohne dass ein hydronephrotischer Tumor fühlbar ist, urämische Symptome auf, so ist bereits eine gewisse Berechtigung vorhanden, an das Vorhandensein einer Hydronephrosis duplex nach analogen Erfahrungen zu denken. Einen zuverlässigeren Halt gewinnt diese Ansicht, wenn es möglich ist, den hydronephrotischen Sack zu fühlen. Ferner ist es möglich die Diagnose in den Fällen ohne grosse Schwierigkeit zu stellen, wo es, wie in den von Hildebrand beschriebenen Hydronephrosen bei Retroflexio uteri gelingt, die fühlbaren Tumoren bei Druck auf die Bauchdecken durch die Blase zu entleeren oder wenn eine Nierengeschwulst unter Entleerung einer grossen Menge urinöser Flüssigkeit verschwindet. Bisweilen

aber stellen sich bei grossen Hydronephrosen der Diagnose sehr
grosse Hindernisse entgegen. Verwechselungen können vorkommen
mit anderen von der Niere ausgehenden Tumoren und mit Geschwulst-
bildungen in anderen Bauchorganen. Von dem grössten praktischen
Interesse ist in letzter Beziehung die Verwechselung von Hydronephrosen mit Ovariencysten, da ja im letzteren Fall die Frage,
ob die Ovariotomie auszuführen sei, sofort in den Vordergrund tritt.
Die Verwechselung ist hier besonders leicht, weil beide Geschwulstformen in Symptomen und Verlauf manche Analogien haben können.
Entscheidend wird hier vor Allem die Frage der ersten Entwickelung sein, welche natürlich bei Ovarientumoren immer vom kleinen
Becken ausgeht. Indessen weiss jeder erfahrene Arzt, wie viel oder
wie wenig in dieser Beziehung auf die Angabe der Kranken zu
geben ist, man kann daher die genaue Untersuchung unter keinen
Umständen entbehren. Manchmal führt Inspection, Palpation, Percussion des Bauchs verbunden mit Exploration der Scheide und des
Rectums, zum Ziele. In den meisten Fällen genügt das nicht. Hier
ist die manuale Rectaluntersuchung G. Simon's angezeigt
und liefert den besten Aufschluss, ob die Cyste mit den Becken-
organen zusammenhängt, oder von höher gelegenen Theilen ausgeht.
Bei sehr engem Mastdarm oder Beckenausgang ist sie nicht ausführbar. — Ferner hat man bei der Diagnose der Hydronephrose,
wie bei der anderer Nierengeschwülste auf die Lageverhältnisse der
Hydronephrose zum Colon asc. und desc., besonders gestützt auf
Spencer Well's Autorität, ein grosses Gewicht gelegt. Hotz
gab sogar an, dass man aus dem Umstande, dass das Colon hinter
dem Tumor liege, eine Hydronephrose bei Hufeisenniere vermuthen
könne. Aber so constant sind die Lagerungsverhältnisse des Colon
durchaus nicht und man sah mehrfach das Colon an der hinteren
und äusseren Seite der Hydronephrosensäcke liegen. Anderentheils
sind auch Fälle von Ovariencysten bekannt, wo Darmschlingen zwischen Bauchdecken und Geschwulst lagerten. Von grosser diagnostischer Bedeutung ist ferner die Probepunktion und die mikroskopische, bes. aber die chemische Untersuchung der entleerten
Flüssigkeit. Ergibt die letztere viel Harnbestandtheile, so wird man
natürlich an ihren Zusammenhang mit der Niere und zunächst an
die häufigsten grossen Cystengeschwülste der Niere, nämlich Hydronephrosen, denken müssen. Denn weit seltener als diese sind grosse
Cysten, die in der Niere selbst sich entwickelt haben und noch
seltener Communicationen von Ovariencysten mit dem Nierenbecken,
wodurch also in erstere Harnbestandtheile gelangen können. Aber

es existiren Fälle in der Literatur, wo Harnbestandtheile vollkommen in der Hydronephrosenflüssigkeit fehlten oder in so geringer Menge vorhanden sind, dass eine recht genaue Untersuchung nothwendig ist, um die kleinen Spuren zu ermitteln. Anderntheils hat man auch Harnstoff in Cystenflüssigkeiten aus anderen Organen gefunden, so z. B. Munk in der Echinococcusflüssigkeit, welche aus der Leber stammte. (Virchow's Archiv 63. Sep.-Abdr. S. 4.) Man glaubte eine Zeit lang in dem von Scherer entdeckten Paralbumin einen integrirenden und charakteristischen Bestandtheil der Ovariencystenflüssigkeit gefunden zu haben. Es wurde aber nicht nur in der Peritonealflüssigkeit, sondern von Esmarch sogar in der Hydronephrosenflüssigkeit gefunden. Findet man bei der mikroskopischen Untersuchung Cylinderepithelien, so deutet das auf Ovariencysten, während der Nachweis der geschichteten Pflasterepithelien der Harnwege für Hydronephrosen spricht. Die Spärlichkeit der zelligen Elemente kann das Auffinden derselben in der reichlichen Flüssigkeit ganz unmöglich machen. Die Probepunktion muss in allen diagnostisch zweifelhaften Fällen gemacht werden, bevor man die in Frage kommende Laparatomie behufs Exstirpation einer Ovariencyste unternimmt. Man bedient sich dazu am zweckmässigsten des Dieulafoy'schen Saugapparates event. eines sehr feinen Trocarts, dessen Canüle vorher in 2% Carbolsäurelösung einige Minuten lang behufs gehöriger Desinfection gekocht werden muss. Den bisherigen diagnostischen Hülfsmitteln zur Unterscheidung zwischen Ovariencysten und Hydronephrosen hat Simon noch ein weiteres hinzugefügt, nämlich die Sondirung des Inneren der Geschwulst nach geschehener Punktion vor, während und nach deren vollständiger Entleerung vermittelst feiner Metallsonden, welche durch die Canüle des Trocarts in die Höhle eingeführt werden. Diese Untersuchung gibt genaue Anhaltspunkte nicht nur über die Ausdehnung der Geschwulst, sondern auch über die Adhärenzen, welche sie mit anderen Organen hat. Ist man trotz aller angegebenen Hülfsmittel immer noch nicht zur sicheren Diagnose einer Hydronephrose gelangt, so ist man doch zu dem Resultat gekommen, dass die Cystengeschwulst in so weiter Ausdehnung mit den Bauchorganen und der hinteren Bauchwand verwachsen ist, dass an eine Exstirpation nicht gedacht werden kann. Es bleibt zur Heilung dann kein anderes Mittel als nach Wiederfüllung der Cyste die mehrfache Punktion derselben und einige Tage darauf die Incision zu machen (s. Therapie der Hydronephrose) und die Wunde offen zu erhalten. Diese Methode passt, gleichviel ob es sich um eine Hydronephrose oder eine so vielfach verwachsene Ovariencyste handelt. Nach der Incision kann die vollständige Sicherheit der Diagnose gewonnen werden, wenn man das Innere der Cyste mit dem Finger untersucht und die Nierenkelche nachweist. Ist die Diagnose der Hydronephrose nach der Incision auf diese Weise definitiv entschieden, so wird man, da eine Obliteration derselben unmöglich ist, für die Anlegung einer dauerhaften äusseren Nierenbeckenfistel sorgen. Auch von anderen Cystengeschwülsten der Nieren (eigentliche Nierencysten, Echinococcuscysten) sind die Hydronephrosen manchmal schwer zu unterscheiden. Es muss in dieser Beziehung auf die betreffenden Kapitel dieses Buches verwiesen werden; event. wird die Diagnose schon durch die Probepunktion bei Echinococcen oder, wofern bei einfachen Nierencysten operative Eingriffe nöthig werden, durch die Incision mit nachfolgender Untersuchung der Innenwand der Cyste gestellt, indem bei den Nierencysten die Nierenkelche nicht fühlbar sind. — Zur Unterscheidung der Hydronephrosen von cystischen Geschwülsten anderer Unterleibsorgane hat man sich der eben geschilderten Untersuchungsmethoden zu bedienen. Es kommen hier Cysten der Leber und Milz in Betracht, indessen erreichen wol nur Echinococcuscysten derselben eine sehr bedeutende Grösse. Diese der Leber und Milz zugehörigen Geschwülste machen die Respirationsbewegungen mit, die Explorativpunktion klärt hier in der Regel die Sache auf. In Betreff weiterer Details muss auf den über die Diagnose der Nierenkrebse handelnden Abschnitt verwiesen werden, wo über die Diagnose der Nierentumoren ausführlicher gesprochen wird. Vor Verwechselung mit Ascites schützt in der Regel eine genaue Percussion. Bei einseitiger Hydronephrose ist die Sache ziemlich einfach. Es findet sich dann die Dämpfung nur einseitig, während beim Ascites Dämpfung in beiden seitlichen Partien des Bauches nachweisbar ist. Doppelseitige Hydronephrosen unterscheiden sich vom Ascites dadurch, dass bei ersteren auch bei der Seitenlage die Dämpfung bestehen bleibt, während bei letzteren dann die Dämpfung an dem höchstgelegenen Punkte verschwindet.

Dauer, Verlauf, Ausgänge und Prognose.

Die Dauer und der Verlauf der erworbenen Hydronephrosen sind sehr verschiedene und besonders abhängig von der Natur des Grundleidens, ob das Abflusshinderniss einseitig oder doppelseitig, hochgradig oder geringgradig, dauernd oder temporär ist und welche Veränderungen sich an der hydronephrotischen Geschwulst selbst einstellen. Diese und andere Factoren erschweren eine generelle Beantwortung der Frage über die Dauer der Hydronephrosen, wozu noch kommt, dass sich der Anfang der Erkrankung, welche sich ja meist sehr schleichend und langsam, ohne dem Kranken wahrnehmbare Symptome, entwickelt, gewöhnlich nicht feststellen lässt. Was den hydronephrotischen Tumor betrifft, so ist zunächst so viel sicher, dass er durchaus nicht in allen Fällen ein stetiges Wachsthum zeigt, sondern dass er sehr lange Zeit stationär bleiben und dann in relativ kurzer Zeit schnell zunehmen kann. Man sieht das z. B. bei einer Reihe von Fällen, welche in der Jugend des Kranken beginnen, bis zur Pubertätszeit in mässigen Grenzen bleiben und dann eine bedeutende Höhe erreichen. Die Gründe dafür können verschieden sein, sei es dass ein unvollständiges Abflusshinderniss ein vollständiges wird, oder dass Resorption und Secretion in dem hydronephrotischen Sack nicht mehr das vorherige gleichmässige Verhältniss einhalten. In anderen Fällen ist das Wachsthum ein schnelles und schon im jugendlichen Alter können dieselben eine sehr bedeutende Grösse erreichen und sogar den ganzen Bauch ausfüllen. Der Verlauf ist verschieden. In einzelnen Fällen erfolgt ein schneller letaler Ausgang durch Ruptur der Cyste oder durch eitrige Entzündung derselben. In den bis jetzt bekannt gewordenen Fällen erfolgte die Ruptur nie extraperitoneal, sondern immer in das Cavum peritonei, nach welcher Seite der Widerstand am geringsten ist. Die Ruptur des Hydronephrosensacks braucht übrigens nicht den letalen Ausgang herbeizuführen, in einzelnen Fällen erfolgte sie sogar mehrere Male bei ein und demselben Individuum, ohne dass sie den Tod bedingte. Auf der anderen Seite entsteht aber nach der Perforation auch keine Heilung, der Riss schliesst sich, wie es scheint, regelmässig wieder und die Cyste füllt sich aufs Neue. In solchen Fällen, wo der Verlauf der Cystenruptur ein gutartiger ist, ist die Flüssigkeit eine serösschleimige oder albuminöse mit Urin untermischt; blutige, eitrige, jauchige Hydronephrosenflüssigkeiten bedingen dagegen regelmässig eine acute Peritonitis. Die Ruptur der Cysten kann spontan erfolgen, weit häufiger aber erfolgt sie durch Traumen, durch Fall, Stoss, Schlag auf die Geschwulst. Die gleiche Veranlassung bedingt auch acute suppurative Entzündung, welche auch nach operativen Eingriffen, so z. B. nach einfachen Punktionen der Geschwulst erfolgen kann. Diese acute suppurative Entzündung, wobei sich die Cyste binnen wenigen Tagen mit eitrigem oder jauchigem Inhalt straff anfüllt, ist eine sehr schlimme Eventualität. Der Tod erfolgt in Folge von Septicämie. Weitere

Gefahren drohen von Seiten der vicariirend functionirenden gesunden Niere, wofern dieselbe sympathisch erkrankt. Die Gefahren der doppelseitigen Hydronephrose wurden bereits auseinandergesetzt. Der endliche Ausgang ist in der weitaus grössten Mehrzahl der Fälle der Tod: wo derselbe nicht, wie in den angegebenen Fällen acut erfolgt, gehen die Kranken marantisch in Folge der sich immer mehr vergrössernden Geschwulst zu Grunde. Bisweilen sterben aber auch die Kranken an der die Hydronephrose vermittelnden Grundkrankheit, so besonders bei den im Gefolge eines Carcinoma uteri entstandenen.

Bei hochgradiger congenitaler Hydronephrose bleibt das Leben selten längere Zeit erhalten[1]). Es kommen die Früchte entweder todt zur Welt oder sterben gemeinhin kurz nach der Geburt schon in Folge von Beengung der Thoraxorgane durch den abnorm ausgedehnten Bauchraum. Die Restitutio ad integrum kann bei einer hydronephrotischen Niere natürlich nie eintreten, und im besten Falle entwickelt sich eine Heilung mit Defect. Am häufigsten beobachtet man das noch bei den durch Steine veranlassten Formen. Gehen die Steine ab, dann kann, nachdem die Passage frei geworden, der Inhalt des hydronephrotischen Sackes abfliessen und es kann, wenn nicht neue Ansammlungen aus irgend einem Grunde stattfinden, das weitere Wachsthum des Sackes aufhören. Ferner können auch die durch Lageveränderung des Uterus bedingten Fälle von Hydronephrose nach Beseitigung der Grundkrankheit auf diese Weise in Genesung übergehen.

Therapie.

Wir haben gesehen, dass in einzelnen Fällen von Hydronephrose, welche sich im Gefolge von Nephrolithiasis entwickelt, Spontanheilung eintritt. Desgleichen kann bei der zweckentsprechenden Behandlung einer Procidentia oder Retroflexio uteri, welche eine Hydronephrose bewirkte, auch Heilung dieser letzteren erfolgen. Die vollkommene Aussichtslosigkeit der inneren Behandlung bei grossen Hydronephrosensäcken hat in neuester Zeit dazu geführt, be-

---

1) Einen sehr interessanten derartigen Fall beobachtete Baum: Ein Kind brachte eine grosse Geschwulst in der linken Bauchseite mit zur Welt, die an Stelle der Niere lag und dunkel fluctuirte. Allmälig im Verlauf des 1. und 2. Jahres traten gewaltige Entleerungen von gesundem Urin ein und damit verschwand die Geschwulst. Das Kind wuchs zu einer gesunden Frau heran. (Heusinger, angeborene Blasenniere. Marburg 1862. S. 17.)

hufs der Heilung derselben chirurgische Eingriffe anzuwenden. Gehört dieser Theil der Therapie auch in die Chirurgie, so mag eine kurze Erörterung derselben hier doch an ihrem Platze sein. Die chirurgische Behandlung der Hydronephrosen stellt sich die Aufgabe, dieselben, da sie das Leben immer ernstlich bedrohen, durch Radicalheilung unschädlich zu machen. In dieser Beziehung kommen zunächst dieselben operativen Eingriffe in Frage, welche bisher bei allen Geschwülsten des Unterleibs angewendet worden sind: nämlich die Exstirpation und die Versuche diese Tumoren zur Obliteration zu bringen. Die Exstirpation des hydronephrotischen Sacks wurde theils von der Vorderseite des Unterleibs durch die Peritonealhöhe, theils von der extraperitonealen Seite versucht. Letzteres geschah nur einmal von G. Simon: er musste wegen der enormen Blutung nach Excision eines Theils der Nierensubstanz die Operation unterbrechen und die Wunde schliessen, welche übrigens ohne bedeutendere Reaction heilte, erstere wurde bis jetzt 6 mal bei Verwechselung mit Ovariengeschwülsten versucht und 2 mal durchgeführt. Alle Fälle verliefen letal. Alles zusammengenommen lässt sich von der Exstirpation nach keiner dieser beiden möglichen Methoden ein günstiger Ausgang erwarten, ja die Exstirpation der Hydronephrosen vom Bauch aus muss wegen der sachlichen Schwierigkeiten als ungerechtfertigt erscheinen. Was nun die andere Methode der Radicalheilung der Hydronephrosen betrifft, welche die Obliteration derselben zu erzielen sucht, so sind hier wieder 2 Wege möglich und beschritten worden. a) die Entleerung der Cyste unter Occlusion (einfache Punktion, Punktion mit Jodinjection), b) die offene Cystenbehandlung nach Eröffnung der Hydronephrose. Die einfache Punktion mit dünnem Troicart und Luftabschluss ausgeführt, ist der ungefährlichste operative Eingriff. Indessen wird meist dadurch nur eine sehr kurze Zeit dauernde Erleichterung erzielt und eine öfter in kurzen Zwischenräumen wiederholte Punktion bedingt häufig eitrige Umwandlung des Cysteninhalts. Nur ganz ausnahmsweise kommt bei einfacher Punktion Heilung zu Stande. Die Jodinjection ist zwar wirksamer aber weit gefährlicher als die einfache Punktion. Von den zur offenen Cystenbehandlung nach Eröffnung des Sackes empfohlenen Methoden verdient die von Simon angegebene hervorgehoben zu werden: Sie besteht darin, dass man nach mehrfacher Punktion mit stark gekrümmten Troicarts die Canülen liegen lässt, um Verwachsungen zwischen Cysten- und Bauchwand zu erzielen. Es entwickelt sich gleichzeitig Suppuration in der Cyste und die dabei entstehende Eiteransammlung macht es nöthig, damit keine Ruptur des Sackes eintrete, am ersten und allen folgenden Tagen 80—100 Cctm. Flüssigkeit abzulassen. Der Ausfluss von Cystenflüssigkeit neben der Canüle durch die Stichöffnung beweist, dass die Verwachsung zwischen Cysten- und Bauchwand eingetreten ist. Dieser Ausfluss tritt am 3. bis 7. Tage ein. Nachdem die Verwachsung eingetreten, wird die Incision innerhalb der Grenzen derselben gemacht. Simon wählt als Operationsfeld die seitlichen Partien der Cysten — den seitlichen Bauchnierenschnitt — entprechend der Axillarlinie oder etwas mehr nach vorn. Die Incision wird schichtenweise gemacht, wobei Blutungen leicht zu vermeiden sind, und zwar muss die Incisionsöffnung so gross sein, dass der Inhalt nirgends zurückgehalten wird und dass man bequem mit 2 Fingern eingehen und das Innere auf Nierenkelche, die Anwesenheit von Steinen etc. untersuchen kann. Zur Nachbehandlung wird die Cyste mehrfach täglich mit lauem Wasser oder mit sehr verdünnten desinficirenden Flüssigkeiten ausgespült und der Eiter mit Hülfe eines elastischen Katheters aus allen Buchten der Höhle ausgesaugt. Man kann die Lister'sche antiseptische Behandlung wählen oder mit einem Charpie- oder Watteverband die Wunde lose bedecken. Indessen wurde auch durch diese Methode die Verödung des Nierensacks nicht erreicht. Es wird dies verhindert durch die Unmöglichkeit allseitiger Schrumpfung des plattenförmigen Nierenrudiments und die fortdauernde Absonderung grösserer Flüssigkeitsmengen von Seiten der wenig veränderten Schleimhaut der Hydronephrose. Die Heilung bleibt daher auch hier insofern eine unvollkommene, indem eine äussere Nierenbeckenfistel zurückbleibt. Indessen ist dieses Resultat doch ein sehr zufriedenstellendes, denn das Leben der Patienten wird gerettet. Die durch die fortdauernde Secretion der Nieren gesetzten Beschwerden werden relativ gut ertragen. Man muss bei dieser Operation durch Anlegung einer ausgiebigen Wunde dafür sorgen, dass eine lippenförmige Fistel hergestellt wird, bei welcher die äussere Haut mit der Schleimhaut des Nierenbeckens verwächst, sodass eine Schliessung und erneute Füllung des Sackes nicht statthaben kann. Es bleibt noch eine dritte Heilmethode der Hydronephrosen übrig, das ist die Beseitigung des Abflusshindernisses für den Harn. In einem Falle ist das durch einfache Manipulationen möglich gewesen. Roberts (l. c. S. 494) gelang es in einem Falle, der ein 8jähr. Mädchen betraf, durch wiederholte Knetung einer weichen fluctuirenden Geschwulst des Abdomen die Entleerung einer grossen Menge Harns zu bewirken, worauf der Tumor verschwand und sich, solange die kleine Patientin in Behandlung war, auch nicht wieder zeigte. Roberts empfiehlt daher bei Hydronephrose die zeitweise Wiederholung solcher Manipulationen. Ich brauche wol nicht ausführlich darauf aufmerksam zu machen, dass solche Manipulationen sehr vorsichtig ausgeführt werden müssen, wenn man nicht die Berstung des Sackes dadurch bewirken will. Uebrigens scheint auch in seltenen Fällen spontan eine derartige Entleerung nach Aussen durch die Blase stattzufinden. Tüngel[1]) erzählt einen solchen Fall:

> Ein 35jähr. Drechsler verlor plötzlich nach Entleerung einer sehr reichlichen Menge Harns eine ihm schon länger beschwerliche, deutliche Anschwellung des linken Hypochondrium. Die Beschwerden kehrten bei sparsamer Harnentleerung vorübergehend, wenn auch in geringem Grade wieder und verschwanden bei gesteigertem Harnlassen.

In beiden Fällen von Roberts und Tüngel erscheint mir die Diagnose der Hydronephrose jedoch durchaus nicht gesichert, da es sich um einfache Nierencysten, welche nach dem Nierenbecken durchgebrochen sind, gehandelt haben kann. Die Heilung der Hydronephrosen, indem man durch chirurgische Maassnahmen die freie Passage des Harnleiters bewirkt, ist für eine Reihe von Fällen a priori unmöglich und in den möglichen Fällen sind die dazu erforderlichen Maassnahmen zur Zeit noch durch nicht unübersteigliche Schwierigkeiten behindert. (Vergl. Näheres über den Stand dieser eben so interessanten als wichtigen Frage bei Simon, Chirurgie der Nieren. II. Stuttg. 1876. S. 245 u. fg.) Jedoch wollen wir mit Simon hoffen, dass man durch die von ihm in neuester Zeit geübte Katheterisirung des Harnleiters beim Weibe im Stande sein werde bei Hydronephrosen mit nur klappenförmigem Verschluss des Harnleiters in das erweiterte Nierenbecken zu gelangen, die daselbst angesammelte Flüssigkeit zu entleeren und so eine Heilung dieser Geschwülste zu bewirken.

Nierenkrebs.

Literatur und Geschichte.

Ausser der S. 3 angeführten allgemeinen Literatur: Graef, De fungo medull. renum. Dissertat. inaug. (Jenae 1829.)[2]) — Bright, Guy's hosp. rep. London

---

1) Mittheilungen a. d. med. Abth. d. Hamburg. Krankenhauses pro 1862—63. S. 59.

2) Nur der 1. der von Graef beschriebenen Fälle gehört hierher, beim 2. Falle handelt es sich um eine Hydronephros. dupl., augenscheinlich veranlasst durch eine Uteruserkrankung, welche auf die Blase übergegangen war.

1839. p. 208. — Walshe, The nature and treatement of cancer. London 1846. — Köhler, Krebs- und Scheinkrebskrankheiten. Stuttgart 1853. S. 415. — — Todd, Clinical lectures on certain diseases of the urinary organs etc. London 1857. p. 42. — Wagner, Arch. f. phys. Heilk. 1859. — Derselbe, Archiv d. Heilkde. 1860. — West, Kinderkrankheiten. 3. Aufl. 1860. — Monti, Jahrbb. für Kinderheilk. VI. 1863. S. 179. — Kussmaul, Würzburger med. Zeitschrift. 1863. S. 38. — Habershon, Guy's hosp. Rep. 1865. p. 203. — Waldeyer, Virchow's Archiv. Bd. XLI. u. LV. — Pereverseff, ebenda. Bd. LIX. — Emile Neumann, Essai sur le cancer du rein. Paris 1873. — Kühn, D. Arch. f. kl. Medicin XVI. S. 306. — Sturm, Archiv der Heilkunde. XVI. 1876. S. 193. — Dissertationen von Döderlein (Erlangen 1860), C. Beyerlein (Erlangen 1867), Eberhard (Tübingen 1869), Lütkens (Würzburg 1869), Jerzykowsky (Breslau 1871), Michels (Berlin 1872), Pillmann (Göttingen 1873), C. F. Rohrer (Zürich 1874), K. Schröder (Kiel 1874), Dutil, Thèse de Paris 1874.

Der Krebs der Nieren zog wegen seiner Seltenheit verhältnissmässig spät die Aufmerksamkeit der Aerzte auf sich. Während Baillie in seinem berühmten Kupferwerke „A series of engravings" am Anfange dieses Jahrhunderts eine recht naturgetreue Abbildung der Phthisis renalis gibt, verlautet bei ihm vom Krebs der Niere nichts. Mit Ausnahme einzelner brauchbarer Beobachtungen, z. B. in Wilson's Nierenkrankheiten, London 1817, und G. König's Abhandlung über Nierenkrankheiten, Leipzig 1826, findet sich in der Literatur bis in die dreissiger Jahre nichts Verwerthbares. Freilich werden wir heut von König's diagnostischen Feinheiten, welcher zwischen Scirrhus, Steatom, Fungus, Medullarsarkom der Niere intra vitam Verschiedenheiten in den Symptomen aufstellte, keinen Gebrauch machen können. Gründlicher wurde auch diese Krankheitsform von Cruveilhier in seiner Anatomie pathologique 1829 gewürdigt, welcher sich die Arbeit Rayer's in seinem classischen Werk über Nierenkrankheiten anschliesst. Hierauf folgten die bekannten Arbeiten von Walshe, welcher eine gute Uebersicht über das bisher Geleistete gab, und Lebert, welcher die primitive Krebserkrankung der Niere besser als seine Vorgänger von den consecutiven und secundären Formen sonderte. Die neueste Literatur hat eine ziemlich reichliche Casuistik und mehrere monographische Arbeiten geliefert, wodurch eine klinische Darstellung des primären Nierenkrebses sehr gut ermöglicht ist. Die secundären Nierenkrebse werden fast nie Gegenstand klinischer Beobachtung und sollen hier bei der Schilderung der anatomischen Verhältnisse nur kurz berührt werden.

Aetiologie.

Ueber die wirkliche Veranlassung der Nierenkrebse wissen wir ebenso wenig etwas Zuverlässiges wie über die Pathogenese der Krebse anderer Organe. Eine ererbte Disposition für Nierenkrebse

lässt sich aus den vorhandenen Materialien mit Exactheit nicht feststellen. Nur in einzelnen Fällen von Nierenkrebs lässt sich eine
gewisse Familiendisposition für Krebserkrankungen nachweisen.

Ballard[1]) erzählt die Geschichte einer 70jähr. Dame, welche an
linksseitigem Nierenkrebs starb. Dieselbe hatte freilich viele Kinder, aber es ist immerhin auffällig, dass 2 derselben (eine 40jähr.
Tochter an Zungenkrebs und ein ebenso alter Sohn an einer bösartigen Neubildung des Beins, welches amputirt werden musste) an
analogen Krankheiten zu Grunde gingen. Solcher Beispiele existiren
mehrere in der Literatur.

Es existiren einige zuverlässige Beobachtungen, dass Nierenkrebse intrauterin entstehen[2]) können. In ätiologischer Beziehung
verdient ferner ein Moment auch für die Nierenkrebse unsere Beachtung, auf welches besonders von Virchow bei der Aetiologie
der malignen Geschwülste überhaupt die Aufmerksamkeit gelenkt
wurde, nämlich die Reize verschiedener Art, mechanische, chemische u. s. f. Die geschützte Lage der Niere bewahrt dieselbe allerdings weit mehr als die meisten anderen Organe vor mechanischen
Insulten, und stricte Beweise lassen sich heut für die Sache nicht
beibringen, da der Einwand sich nicht beseitigen lässt, dass das
Nierencarcinom zur Zeit, wo das Trauma statt hatte, bereits bestand,
und dass die nach dem Trauma eintretenden Symptome (Hämaturie etc.) die Aufmerksamkeit auf die bisher latent verlaufene Nierenaffection lenkten. Indessen wächst die Wahrscheinlichkeit, dass
den Traumen allein ein Einfluss zukomme mit der Zahl der Belege,
und deshalb mögen einige dieser Fälle hier kurz angeführt werden.

Bereits Chomel (1829) erwähnt einen Nierenkrebs, welcher durch
einen Schlag entstanden sein soll. Er wurde so gross, dass er einen
Theil der vorderen Bauchwand zerstörte. Bright ferner beschreibt
die Geschichte einer jungen Frau, welche 5 Monate vorher ein ge-
sundes Kind geboren hatte und welche einige Monate nachher am Krebs
der rechten Niere starb. Sie war 3 Monate vorher von einer Treppe

---

1) Transact. of the patholog. society of London. Vol. X. 1859.
2) Hasse beobachtete ein kindskopfgrosses Nierencarcinom bei einem Neugeborenen (mündl. Mittheilung an Kühn l. c. S. 325). C. Weigert beobachtete
bei einem Todtgeborenen ein Adenocarcinom beider Nieren. Die
Beobachtung ist wegen der genauen mikroskopischen Diagnose von besonderem
Werthe (Virchow's Archiv Bd. 67. Taf. XVI. Sep.-Abdr.). Es ist sehr wohl möglich,
dass eine Reihe der bei sehr jungen Kindern beobachteten Nierenkrebse angeboren sind, welche sich post partum weiter vergrössern. Der von Weigert mitgetheilte Fall und eine Reihe klinischer Thatsachen über die Nierenkrebse bei
Kindern machen das sehr plausibel.

herunter gefallen und von dieser Zeit an datirte sie ihre Leiden. —
In Manzolini's[1]) Fall handelte es sich um einen 7jährigen Knaben,
der vor $^1/_2$ Jahre einen Fusstritt in die linke Seite bekommen hatte
und der nachher Fieber und Hämaturie bekam. Nach 14tägiger Dauer
hörten diese Symptome auf. Der Knabe starb an Markschwamm der
linken Niere. — W. Brinton[2]) erzählt die Geschichte eines 40jähr.
Kochs, bei welchem sich nach einem Stoss Blut im Harn, und zwei Jahre
später eine Geschwulst im Unterleibe fand, welche sich später als Nierencarcinom erwies. — Der Fall von Lütkens betraf einen 46jähr., bis
vor 2 Jahren gesunden Mann. Damals hatte er nach einem Sturz auf
die rechte Seite (man glaubte eine Beckenfractur annehmen zu müssen)
äusserst heftige Schmerzen in der rechten Nierengegend gehabt. Er
starb an rechtsseitigem Nierencarcinom (l. c. S. 29). — Bemerkenswerth
endlich ist der in der Dissertation von Jerzykowsky mitgetheilte
Fall. Eine den guten Ständen angehörige Dame fiel vor 17 Jahren
mehrere Treppenabsätze hinunter, wobei sie eine Contusion der rechten
Bauchseite erlitt. In Folge derselben behielt sie einen lange dauernden Schmerz in der rechten Hüften-, Lumbal- und Bauchgegend zurück.
Unmittelbar darauf hatte sie an geringer Hämaturie mit wochenlangen
Intermissionen zu leiden. $^1/_2$ Jahr nach jenem Falle bemerkte Patientin
unter dem rechten Rippenrande eine geringe Anschwellung. 1 Jahr
vor ihrem Tode hatte der Tumor bereits eine enorme Ausdehnung.
18 Jahre nach dem Fall starb die Dame in Folge eines Nierencarcinoms.

Jedoch wenn auch in diesen Fällen das Trauma die Entwickelung des Nierencarcinoms veranlasst hätte, müssen wir immer fragen,
warum sich in dem einen Falle von Trauma eine Nephritis, in dem
zweiten eine Perinephritis, in dem dritten ein Carcinom entwickelt?
Das sind Räthsel, welche wir zur Zeit nicht lösen können und welche
uns die Annahme einer individuellen, höchst wahrscheinlich localen
Prädisposition, welche vielleicht fötalen Ursprungs (s. u.) ist, nicht
entbehren lassen. Jedenfalls ist das Trauma höchstens als Gelegen-
heitsursache, als beförderndes Moment für die Entwickelung eines
Nierenkrebses anzusehen. — Es dürfte nach dem Mitgetheilten die
Frage berechtigt sein, ob nicht Reize in der Niere selbst bei vorhandener localer Disposition derselben für Krebserkrankung der Entwickelung dieser bösartigen Neubildung Vorschub leisten können.
Ein sehr beachtenswerther Fall, von Habershon (l. c.) berichtet,
scheint mir dafür zu sprechen.

    Es handelte sich um einen 66jähr. Mann, welcher erweislich seit
seinem 13. Jahre an einer Erkrankung litt, welche zu einer Nephropyelitis dextra mit Vereiterung des Organs führte und welche durch

1) Schmidt's Jahrbb. 94 S. 74.
2) Ebenda 97. S. 150.

ein grosses Concrement im Nierenbecken bedingt war. Schliesslich entwickelte sich an ihrem hinteren Theil eine weiche Krebsgeschwulst, welche sich nach oben erstreckte und das Zwerchfell durchbrochen hatte.

Der primäre Nierenkrebs ist ein seltenes Leiden, indessen häufiger als man gewöhnlich annimmt und weitaus nicht so selten, wie Tanchon angibt. Derselbe fand nämlich unter 8300 Fällen von letal verlaufenen Carcinomen, welche er aus den Mortalitätslisten des Seinedepartements von 1830—40 zusammenstellte, nur 3 Fälle von primärem Nierenkrebs. Weit näher der Wahrheit als die nicht sehr glaubhaften Angaben Tanchon's kommen die Erhebungen in dem mit Recht berühmten Werke Marc d'Espine's über die Mortalitätsstatistik des Canton Genf innerhalb dreizehn Jahren[1]). Er fand unter 889 durch Krebs vermittelten Todesfällen 2 Fälle von Nierenkrebs, d. i. 0,3 Proc. Seinen Zahlen kommen die von Virchow[2]) ermittelten Zahlen ziemlich nahe. Virchow's überwiegend auf anatomischen Befunden beruhende Daten umfassen die innerhalb vier Jahren in Würzburg an Carcinom, Cancroid, Sarkom erfolgten Todesfälle. Auf die Nieren kommen 0,5 Proc. sämmtlicher letal verlaufener Fälle bösartiger Neubildungen. — Willigk stellte die Sectionsergebnisse der Prager pathologisch-anatomischen Anstalt zusammen[3]). Er fand in 4,6 Proc. der gefundenen Carcinome Nierencarcinom; natürlich sind hier die secundären Krebse mit eingerechnet. Die Seltenheit der Nierenkrebse beweist auch der Umstand, dass Steiner[4]) unter 100,000 Kindern im Prager Kinderhospital nur 4 Fälle von Nierenkrebs, und zwar bei Kindern im Alter von 3 bis 5 Jahren fand, und doch wird im Kindesalter kein Organ der Brust- und Bauchhöhle so häufig von malignen Neubildungen ergriffen als die Nieren. — Auf Frerichs' Klinik in der Charité in Berlin wurden innerhalb zehn Jahren 3 Fälle von Nierenkrebs registrirt[5]). Unter den spärlichen Krebsfällen, welche Griesinger[6]) in Aegypten beobachtete, fand sich ein doppelseitiger Nierenkrebs. Er betraf einen etwa 30jähr. Fellah.

---

1) Essai analytique et critique de statistique mortuaire comparée. 1858. p. 369.
2) Beiträge zur Statistik der Stadt Würzburg. 1859. Sep.-Abdr. S. 18 u. 19.
3) Schmidt's Jahrbb. 1856. Bd. XCII. S. 285.
4) Compend. der Kinderkrankheiten. 2. Aufl. 1873. S. 318.
5) Michel's Inaug.-Dissert. (1872.)
6) Arch. f. phys. Heilkunde 1853. S. 545.

Die früheren Autoren glaubten meist, dass Nierenkrebse im kindlichen Alter als Curiosa anzusehen seien und dass der Nierenkrebs wie der Krebs anderer Organe ganz vorzugsweise das höhere Lebensalter betreffe.[1]) Aus den neueren Arbeiten, welche sich auf einer breiteren casuistischen Grundlage bewegen, geht hervor, dass sich besonders in zwei Lebensaltern die Fälle von Nierenkrebs vorfinden, vor Allem in der frühesten Kindheit, bis etwa zum 5. Jahre, ferner, wenn auch weniger häufig, in dem Alter über 50 Jahre, während das Jünglingsalter und die Blüthejahre des Lebens weit seltener befallen werden. Der Nierenkrebs ist der häufigste Krebs des Kindesalters. Hirschsprung[2]) fand unter 29 Fällen von Krebs bei Kindern 15 mal die Nieren befallen[3]). Unter 102 aus der Literatur gesammelten Fällen entfallen auf das Alter von

0—1	1—2	2—5	5—10	11—20	21—30	31—40	41—50	51—60	61—70	über 70 Jahre
6	10	17	6	4	8	11	10	20	8	2

d. i. von 1—10 J. 39   von 11—50 J. 33   v. 51—70 J. u. darüber 30 Fälle

Von 102 Fällen von Nierenkrebs kommen also auf das 1. Altersdecennium 38,2 %, also mehr als auf die nächsten 5 Altersdecennien zusammen genommen, welche nur mit 32,3 % betheiligt sind, während auf die Zeit vom 50. Lebensjahre bis zum Lebensende 29,4 % entfallen.

Wenn im Allgemeinen Krebse beim weiblichen Geschlecht häufiger vorkommen als bei Männern, wobei ein Hauptantheil auf das häufige Befallenwerden der weiblichen Genitalien, insbes. des Uterus, kommt, prävaliren, wie beim Oesophagus und Bulbuskrebs, so auch beim Nierenkrebs die Männer, was bereits von Marc d'Espine und Lebert hervorgehoben wurde. Alle späteren Autoren stimmen damit überein. Ich fand unter 108 Fällen von Nierenkrebs, bei

---

1) Bright (l. c. S. 219) bemerkt indessen bereits ganz richtig: „fungoid diseases of the most remarkable and rapid growth, occur in children of the most tender age.

2) Virchow's-Hirsch Jahresber. 1868.

3) Sturm (l. c. S. 230) will die „sogenannten Nierenkrebse" bei Kindern in jeder Beziehung von den Drüsenkrebsen der Nieren alter Leute streng gesondert wissen. Die von ihm angegebenen Gründe sind aber zum Theil nicht zutreffend und überdies grossentheils so unbestimmt formulirt, dass ich eine derartige Scheidung darauf hin nicht für zulässig halte. Indessen ist es mehr als wahrscheinlich, dass eine Reihe der als Krebse beschriebenen Nierengeschwülste entweder Sarkome oder Mischgeschwülste von Sarkom und Carcinom waren. — Eine klinische Trennung beider Geschwulstarten ist zur Zeit durchaus nicht opportun, vgl. das S. 128 über Nierensarkome Mitgetheilte.

denen das Geschlecht angegeben war, 73 Männer und 35 Weiber.
Jedoch scheint sich diese Prädisposition der Männer fast nur auf
das höhere Lebensalter zu erstrecken. Denn unter 31 Kindern im
1. Altersdecennium waren 17 Knaben und 14 Mädchen, während
unter 77 Kranken über 10 Jahr 56 männliche und 21 weibliche Individuen von Nierenkrebs befallen waren.

Pathologie.

Pathologische Anatomie.

Man beobachtet Carcinom in den Nieren theils als eine primär,
theils als eine secundär auftretende Neubildung. Die letztere
kommt in den Nieren weit häufiger vor, einmal neben secundären
Krebsen in noch anderen Organen, als Theilerscheinung weitver-
breiteter Carcinose, das andere Mal als directe Fortleitung der krebsigen Erkrankung eines Nachbarorgans auf die Nieren. Im ersteren
Falle finden sich die secundären Krebse auch meist in beiden, in
letzterem meist nur in einer Niere. Secundäre Nierenkrebse erreichen nur selten eine erhebliche Grösse. Die Grösse einer Wallnuss ist schon ziemlich bedeutend, dagegen sind sehr kleine, miliare
Krebsknötchen, wie sie öfter in der Leber vorkommen, sehr selten,
die kleinsten, welche ich beobachtete, waren erbsen- bis stecknadel-
kopfgross.

Primäre Nierenkrebse beschränken sich meist auf eine Niere.
Gewöhnlich wurde angenommen, dass häufiger die rechte befallen
wird. Selten erkranken beide Nieren. Unter 125 aus der Literatur
gesammelten Fällen von Nierenkrebs betrafen 55 die rechte, 57 die
linke, 13 nur beide Nieren. Die von Rohrer gemachte Angabe,
dass in verschiedenem Lebensalter bald die rechte, bald die linke
Niere häufiger befallen werde, beruht auf zu kleinen Zahlen, um
aus denselben auch nur annähernd richtige Schlüsse machen zu
können. — Die krebsigen Nieren erreichen gewöhnlich das Doppelte
oder Dreifache der normalen Grösse, nur ausnahmsweise zeigen die
Nieren mit primärem Nierenkrebs das Volumen einer normalen Niere.
Relativ häufig erreichen die Nierenkrebse excessive Grössen. Spencer
Wells sah bei einem 4jährigen Kinde eine Krebsniere, welche 16
bis 17 Pfund schwer war. Die Grösse der Nierenkrebse nimmt nicht
in geradem Verhältnisse mit dem Alter der befallenen Individuen
zu, sondern gerade im Gegentheil, vornehmlich im kindlichen Alter
kommen nicht nur die relativ, sondern fast auch die absolut grössten

Nierenkrebse vor. Das Wachsthum geschieht sehr häufig schnell. Indessen fehlt es auch nicht an Ausnahmen. In der Beobachtung von van der Byl[1]), welche einen 8jähr. Knaben betraf, der an linksseitigem Nierenkrebs zu Grunde ging, ist ausdrücklich bemerkt, dass der Bauch bald nach der Geburt dicker war und mehr als unter normalen Verhältnissen zunahm. Das Wachsthum war hier also ein allmähliches. Ein so ausserordentlich rasches Wachsthum ist, ohne gerade dem Nierenkrebs ausschliesslich zuzukommen, hier häufiger als beim Krebs anderer innerer Organe. Bleibt die eine Niere frei von Krebs, so hypertrophirt sie meist. In einigen Fällen wurde dieselbe amyloid entartet angetroffen, auch in der krebsigen Niere selbst hat man an krebsfreien Partien eine amyloide Entartung der Glomeruli beobachtet.

Beim Nierenkrebs verbreitet sich in einer Reihe von Fällen das Neoplasma als gleichmässige diffuse Einlagerung über das ganze Organ. Die Form der Niere ist dann im Allgemeinen erhalten. Nur ist dieselbe etwas plump, rundlich. Oefter ist man auf dem Durchschnitt des krebsigen Organs noch zu erkennen im Stande, wie sich Mark- und Rindensubstanz gegen einander abgrenzen. Carswell bildet (l. c. Taf. III. Fig. 3. Abschn. Carcinoma) den Durchschnitt einer Niere ab, wo der Krebs anscheinend aus dem Hilus in die Niere selbst hineingewuchert ist und sich mit Freilassung der Pyramiden durch die zwischen ihnen liegenden Fortsätze in den Cortex erstreckt, welcher übrigens auch nur zum grösseren Theil mit Krebsmasse durchsetzt ist. In anderen Fällen bildet die Krebsniere eine mit vielen grossen und kleinen Höckern bedeckte knollige Geschwulst.

Nachdem die ganze Niere oder ein grosser Theil derselben in die Neubildung aufgegangen ist, wuchert der Krebs in das Nierenbecken, ja bisweilen in die Harnleiter. Während die Nierenkrebse mit gleichmässiger Infiltration des ganzen Gewebes eine homogene, weissliche oder gelbe Schnittfläche zeigen, treten bei der Form mit höckriger Oberfläche auch auf der Schnittfläche einzelne Knoten hervor, welche von der Umgebung mehr weniger scharf geschieden, bisweilen deutlich abgekapselt sind. Das zwischen den einzelnen Knoten liegende Nierengewebe ist bisweilen gesund, öfter hyperämisch, gelockert, das interstitielle Gewebe ist oft sehr vermehrt. Es treten sehr häufig bei den grösseren Knoten an einzelnen Punkten Erweichungen ein, ausserdem treten in Folge der Ruptur der zahlreichen sehr dünnwandigen Gefässe häufig Blutextravasate in den Nieren-

---

1) Pathol. transact. etc. London 1856. T. VII. p. 265.

krebsen auf. Man findet in einzelnen Fällen bis mannsfaustgrosse, mit dünnflüssigem oder breiigem, ab und zu stinkendem Inhalt — Detritus und fetzigen Massen — gefüllte Höhlen, so dass dieselben einen Abscess vortäuschen können. Der Detritus besteht, genauer untersucht, aus körnig und fettig zerfallenen Zellen. Hie und da findet man darin auch Fettkrystalle. Man begegnet unter den Nierenkrebsen den verschiedenen Formen der Krebse: dem Scirrhus, dem Markschwamm (Carcin. medullare) und dem zwischen beiden stehenden Carcinoma simplex. Sie unterscheiden sich makroskopisch hier, wie an anderen Localitäten, leicht je nach dem verschiedenen Grade ihrer Consistenz und Festigkeit. Diese Differenzen in der äusseren Beschaffenheit sind abhängig von dem grösseren oder geringeren Gefäss- und Zellenreichthum. Denn eine reiche Gefässentwickelung bedingt auch stets eine starke Entwickelung der Krebskörper. Es kommt bei den weichen, medullaren Nierenkrebsen vor, dass das Gerüst lediglich aus dünnwandigen Gefässen, stellenweise ohne jedes andere Zwischengewebe besteht, während beim Carcinoma simplex und besonders dem Scirrhus das Bindegewebsgerüst nicht nur reichlicher entwickelt ist, sondern auch in den Vordergrund treten kann. An den Grenzen zwischen den Resten der Nierensubstanz und der Neubildung findet sich oft, wie dies häufig auch z. B. bei den Leberkrebsen der Fall ist, eine bindegewebige Kapsel. Man findet öfter in der Literatur statt der Bezeichnung weiche oder medullare Nierenkrebse die Bezeichnung „Fungus haematodes" gewählt. Das ist dem Umstande zuzuschreiben, dass die Nieren- ganz wie manche Leber- und Hodenkrebse auffällig reich an weiten, dünnwandigen Gefässen sind. Dieselben zeigen bisweilen particlle aneurysmatische Erweiterungen (Cornil). Bei der medullaren Form überdecken die reichlichen, bisweilen sehr kleinen Zellen oft das bei dem Carcinoma simplex und dem Scirrhus immer weit deutlicher hervortretende Krebsgerüst, so dass oft erst nach dem Auspinseln das aveolare Gerüst klar zu Tage tritt. In einzelnen Fällen fand man die Zellgrenzen nicht scharf abgegrenzt. Es schien sich dann manchmal um einen diffusen Protoplasmahaufen mit eingestreuten Kernen zu handeln. Bisweilen wechseln in ein und demselben Krebs weiche und härtere, selbst scirrhöse Partien mit einander ab. Im Allgemeinen aber kann man sich dahin aussprechen, dass die Mehrzahl der Nierenkrebse bei Erwachsenen dem Carcinoma simplex, bei Kindern dem Carcinoma medullare angehört. Bei den scirrhösen Formen finden sich einzelne Stellen, wo in Folge einer indurativen Bindegewebswucherung eine Verödung des Nierenparenchyms eingetreten ist. Das Bindegewebe ist hier theils sehr zellenarm und enthält dann viele durch Schrumpfung oder Verfettung obsolescirte Harnkanälchen, an anderen Orten findet sich eine reichliche kleinzellige Wucherung. Scirrhöse Entartungen, welche eine ganze Niere einnahmen, sind von Cruveilhier, Walshe und Lebert beschrieben worden. In einzelnen Nierenkapseln findet man die Malpighi'schen Kapseln erweitert und cystös entartet. Von einer krebsigen Entartung derselben spricht nur Braidwood, welcher irrthümlich die bei den Nierenkrebsen so oft vorkommende Hämaturie für eine Folge der krebsigen Entartung der Glomeruli hält.

Auch der primäre Cylinderkrebs kommt in der Niere in vereinzelten Fällen vor. E. Wagner beschreibt einen solchen Fall, wo sich secundäre Knoten mit derselben Anordnung der epithelialen Elemente in der Leber fanden. In demselben Falle war eine eigrosse knochenharte, aus verkalktem Bindegewebe bestehende Partie der Neubildung interessant. Ferner kommen Mischgeschwülste vor. Hierher gehören z. B. die Fälle von Nierengeschwülsten, von denen E. Wagner zwei beschreibt, welche ähnlich dem sogenannten Siphonoma, Cylindroma u. s. w. eine Combination von Krebs, Sarkom und Drüsengeschwulst darstellen. Bei der Untersuchung eines primären Nierenkrebses habe ich das Gerüst zum Theil auch aus bündelförmig angeordneten spindelförmigen Zellen bestehend gefunden, während an anderen Partien desselben Tumors das Gerüst in nichts von den gewöhnlichen Krebsgerüsten abwich. In einzelnen, wie es scheint, sehr seltenen Fällen sind auch in den Nieren Gallertcarcinome beobachtet worden. Solche Fälle finden sich bei Gluge und Rokitansky erwähnt. Letzterer beobachtete es zweimal. In neuester Zeit sah Schüppel[1]) einen 10 Kilo schweren Krebs der rechten Niere, welcher theils die Charaktere eines in fettiger Entartung begriffenen Markschwammes, theils eines alveolaren Gallertcarcinoms zeigte. Ob die von Bright, Rokitansky, Lebert mitgetheilten Fälle von Cancer melanodes sarkomatöser oder carcinomatöser Natur waren, ist schwer auszumachen. Neuere Beobachtungen von melanotischem Nierenkrebs sind mir nicht bekannt geworden.

Was die Entwickelung der Nierenkrebse betrifft, so führt man dieselbe, wie bei den anderen Drüsenkrebsen, auf einen epithelialen Ursprung zurück, indem man die die Carcinomalveolen ausfüllenden Zellen, die Krebskörper Waldeyer's, deren Aehnlichkeit mit Epithelien schon längst aufgefallen war, aus einer aty-

---

1) Dissertation von Eberhard.

pischen Wucherung der Epithelien der Harnkanälchen hervorgehen lässt. Diese Krebskörper stellen durchaus unregelmässig geformte, keinen bestimmten Typus einhaltende epitheliale Zellenhaufen dar. Darin liegt das Wesentliche des Carcinoms, wodurch es sich von einfachen Wucherungen der Harnkanälchen, den Adenomen der Niere auf das Bestimmteste unterscheidet. Es kommen jedoch hier manche Uebergänge vor, welche Klebs als Adenoma carcinomatodes bezeichnet. Gerade diese Mischformen zwischen Adenom und Krebs sind eine Stütze für die Ansicht, dass die Entwickelung des letzteren eine epitheliale ist. Sturm betrachtet den Drüsenkrebs der Niere stets als ein längere Zeit bestehendes Adenom und das Nierenadenom ist für ihn häufig ein beginnender Nierenkrebs, Adenom der Niere und beginnenden Nierenkrebs hält er für identische Bezeichnungen. Ausserdem rechnet Sturm zu den Adenomen resp. den beginnenden Drüsenkrebsen der Niere eine Reihe unter anderem Namen in der Literatur beschriebene Geschwülste[1]). Weitere Untersuchungen haben hier eine Reihe offener Fragen zu klären. Pereverseff hat gerade beim Nierencarcinom den gegen die Theorie der epithelialen Carcinomentwickelung gemachten Einwurf, dass sich an der Krebszellenbildung die Blut- und Lymphgefässendothelien betheiligt haben, durch den Nachweis der Thatsache entkräftet, dass die „krebsigen" Epithelzellen noch von der Tunica propria der Harnkanälchen umschlossen sind und dass in ein und demselben Harnkanälchen an einer Strecke normale, an der anderen Strecke gewucherte Epithelien vorhanden waren, so dass man die Uebergänge zwischen beiden verfolgen konnte. Das Krebsstroma wurde in den Anfangsstadien lediglich durch die Tunicae propriae und das wenige sie verbindende Bindegewebe gebildet. Erst in den grösseren Knoten, wo keine normalen Harnkanälchen mehr vorhanden waren, fand sich auch eine interstitielle Bindegewebswucherung.

Ausser den Drüsenkrebsen der Niere, welche als die weitaus häufigsten angesehen werden müssen, haben zunächst Zenker und späterhin unter A. Heller's Leitung Karl Schröder auf das Vorkommen einer besonderen Art von Nierencarcinomen aufmerksam gemacht, die von diesen Beobachtern als paranephritische bezeichnet werden und die sich dadurch charakterisiren, dass sie dem

---

1) Sturm rechnet hierher ausser dem bereits erwähnten Adenocarcinom (Klebs, Waldeyer) das Lymphangiom (Heschl), Nierencysten mit colloidem und melicerisähnlichem Inhalt, angebliche Eiterherde bei Nephritis simplex der Autoren u. A. m.

äusseren Habitus nach als Nierencarcinome erscheinen, dass sie aber
gar nicht von der Niere selbst ausgegangen sind, sondern in der
nächsten Umgebung derselben, und zwar am Hilus entstanden, sofort in die Nierenkapsel eindringen, um nun innerhalb derselben
weiter wuchernd erst secundär die Niere zu zerstören. Schröder
neigt sich der Annahme zu, dass solche Carcinome aus den Gefäss-
endothelien hervorgehen und dass sie von den echten epithelialen
Carcinomen demnach loszutrennen sind. In ganz analoger Weise
finde ich das Verhalten eines von Lütkens beschriebenen Falls.
Recht treffend sagt derselbe (l. c. S. 38): Das Ganze sah aus, als
wenn sich der Tumor vom Fettgewebe des Hilus aus in das Nierengewebe eingeschoben hätte.

Nierenkrebse gehen gewöhnlich frühzeitig Verwachsungen mit
den Nachbarorganen ein, durch welche meistentheils die Dislocation
der Neubildung gehindert wird. In einzelnen Fällen tritt dieselbe
dennoch ein, worauf bereits Troja aufmerksam machte. Eine scirrhöse Geschwulst der Nieren kann bisweilen wegen ihrer Schwere
aus ihrer natürlichen Lage weichen und als eine Geschwulst unter
den falschen Rippen gefühlt werden. Einige andere Beispiele von
Lageveränderungen krebsiger Nieren aus der neueren Literatur sind
weiter unten und in dem Abschnitt über bewegliche Nieren mitgetheilt.
In Robin's Fall von Epitheliom der Niere lag das kranke Organ
auf der Wirbelsäule, wie auf ihr reitend, auf. Die erwähnten Adhärenzen entwickeln sich, indem entweder die Neubildung auf die
Kapsel der Niere, das dieselbe umgebende Bindegewebe und weiterhin auf benachbarte Organe übergeht, oder indem sich rein bindegewebige Verwachsungen mit der Umgebung entwickeln. Im letzteren Falle sieht man die fibröse Kapsel mehr weniger verdickt,
oft mit stark injicirten Gefässen durchzogen. Auf die Nebennieren,
aber auch auf die retroperitonealen Drüsen wuchert der Krebs von
den Nieren gern weiter, seltener, nach der Verwachsung rechtsseitiger Nierenkrebse mit der unteren Fläche der Leber, auf diese
selbst. Ausserdem kommen Verwachsungen mit dem Darm bisweilen
vor, z. B. mit dem über das Carcinom hinlaufenden Colon desc.
oder mit den in den tiefen Partien des Bauchs liegenden Dünndarm-
schlingen (Faludi). In seltenen Fällen ist beim Carcinom der
rechten Niere Verwachsung mit dem verengten Duodenum erwähnt.
Es kann dabei durch Compression desselben zu einer Ektasie des
Magens kommen, so in einem Falle von F. v. Niemeyer[1]). Rayer

1) Dissertation von Eberhard.

theilt sogar eine Beobachtung mit, wo es zu einem Durchbruch eines Nierenkrebses in das Duodenum gekommen war. Ausserdem wurde, wie es scheint nur einmal (Abele)[1]), der Durchbruch durch die Bauchdecken bei einem mit denselben verwachsenen Nierenkrebs beobachtet.

Dieser Fall betraf ein 3 jähriges Mädchen. Hier bildete sich auf einer der Neubildung der Niere entsprechenden Geschwulst der Haut-decke eine rosenartige Entzündung aus. Es entstand ein Geschwür, aus dem über Nacht eine Neubildung mit den charakteristischen Merk-malen des Markschwammes hervorsprosste.. Neben derselben schob sich ein Darmstück vor, welches brandig abstarb, so dass sich, bevor der letale Ausgang erfolgte, 5 Tage lang bräunliche, breiartige Fäkal-materie aus der Oeffnung ergoss.

Dass der Nierenkrebs sehr häufig auf das Nierenbecken und die Harnleiter übergeht, wurde früher bereits erwähnt. Abgesehen von den krebshaften Affectionen des Nierenbeckens können auch anderartige Anomalien desselben neben Nierenkrebsen vorkommen. In dem in der Dissertation von Jercykowsky mitgetheilten Fall ist eine eigenthümliche Verzerrung des Nierenbeckens beschrieben, indem nämlich von demselben 10—20 mit Schleimhaut ausgekleidete Ausläufer nach allen Richtungen hin ausstrahlten. Es waren hier die Nierenkelche nicht nur enorm ausgedehnt, sondern auch sehr in die Länge gezogen. Ab und zu finden sich beim Nierenkrebs im Nierenbecken Blutcoagula, bisweilen ganz so geschichtet wie die in Aneurysmen. Die Neubildung, welche sich in einzelnen Fällen bis in den Ureter hinein erstreckt, verstopft denselben bisweilen voll-kommen mit krebsiger Masse. Manchmal auch findet sich derselbe durch Blutgerinnsel obturirt, wieder in anderen Fällen durch Krebs-massen von Aussen comprimirt.

Ebenso häufig wie das Nierenbecken pflegen auch beim Nieren-krebs die Vv. renal. alterirt zu werden. Gewöhnlich wird die von allen Seiten von Carcinommasse umgebene Nierenvene mitergriffen, nur selten bleibt sie frei. Die Gefässwand wird zuerst mehr weniger comprimirt, weiterhin wuchert der Krebs durch dieselbe hindurch, und das Venenlumen wird allmählich mit Krebsmasse erfüllt. Auf diesem Wege wuchert die Krebsmasse weiter und gelangt bisweilen in die untere Hohlvene[2]). Damit ist Gelegenheit zu secundärer Krebs-

---

1) Schmidt's Jahrbb. V. (1835) S. 379.
2) In einem Falle wucherte die Krebsmasse durch die V. cava inferior bis ins rechte Herzohr. Der Fall betraf einen 45 jähr. Mann. Cancer du rein gauche, envahissement progressif de la veine rénale et de la veine cave inf́er.; obliteration

infection in die Lunge durch Embolie krebsiger Thrombusmasse gegeben. Gintrac sah in einem Falle auch die Vena azygos mit
Krebsmasse ausgefüllt. Naunyn[1]) fand die Venen des Mesocolon
der über einen grossen Nierenkrebs verlaufenden Flexura colica sin.
zum Theil mit carcinomatösen Massen erfüllt. Es fanden sich in
diesem Falle zahlreiche Neubildungen derselben Art in der Leber.

Im Gefolge der Nierenkrebse entwickeln sich also secundäre
Ablagerungen in anderen Organen theils durch Fortwucherung der
Neubildung in der Continuität, theils in Folge embolischer Verbreitung der Krebse nach verschiedenen Organen. Secundäre Carcinome
entwickeln sich in mehr als der Hälfte der Nierenkrebse; in der
kleineren Hälfte handelt es sich um solitäre Nierenkrebse. Von
44 Fällen von Metastasen bei Nierenkrebsen entfallen nur 8 auf das
Alter von 1—10 Jahren, die übrigen 36 auf spätere Lebensalter;
von diesen hatten 19 Individuen das 50. Lebensjahr überschritten.
Am öftersten finden sich secundäre Ablagerungen in den Lymphdrüsen des Nierenhilus, den Retroperitoneal- und Mesenterialdrüsen.
Bisweilen entstehen in Folge der carcinösen Erkrankung der Niere
und der in der Nachbarschaft derselben gelegenen Lymphdrüsen
sehr grosse Tumoren, bei denen die Frage, von wo die Neubildung
ihren Ausgang genommen, gar nicht entschieden werden kann, so
in den Fällen von Döderlein (26jähr. Mann) und Monti (4jähr.
Mädchen).

Beinahe ebenso häufig wie die erwähnten Lymphdrüsen wird
auch die Lunge secundär krebsig erkrankt gefunden, wie es scheint,
immer in Folge des Transports von Krebselementen durch den venösen Blutstrom zu den Lungen. Dass hier gewisse causale Beziehungen bestehen, wusste bereits Cruveilhier[2]), weiterhin machten Budd[3]) und Andere darauf aufmerksam. Aber erst die Entdeckung der Embolie gab eine befriedigende Erklärung dieser
Thatsachen. In analoger Weise entwickeln sich secundäre Krebse
in der Leber, jedoch seltener als in den Lungen, aber merkwürdigerweise öfter als in den Nebennieren. Als vereinzelte Vorkommnisse sehen wir Krebsmetastasen im Herzfleisch, Gehirn, Wirbelsäule,

totale de ces vaisseaux, jusqu'à l'orifice de la veine cave dans l'oreillette droite.
Champignon cancéreux faisant saillie dans l'oreillette droite, qu'il remplit, pres-
que complétement. Mort par péritonite. (Bullet. de la soc. anat. Paris 1871.
p. 239.)

1) Reichert und Du Bois' Archiv 1866. S. 722.
2) Anat. pathol. Tome I. Paris 1829—35. Livrais. XVIII Pl. 1.
3) Krankheiten der Leber. Deutsch von Henoch. Berlin 1846. S. 352.

Rippen, Extremitätenknochen, der Pleura und dem Mediastinum; letzteres in einem Falle von Todd, wo ein hämorrhagisch-pleuritisches Exsudat in Folge von secundärem Pleura- und Mediastinalkrebs, die sich neben einem Nierenkrebs entwickelt hatten, dem Leben ein Ende machte. Sehr bemerkenswerth erscheint auch in dieser Hinsicht der bereits oben (S. 172) erwähnte Fall von Habershon, wo ein Krebs der rechten Niere das Zwerchfell durchbrochen und in die rechte Pleurahöhle, wo er ein acutes pleuritisches Exsudat veranlasst hatte, durchgebrochen war. Die Leber war fast frei geblieben, nur nahe am Diaphragma erstreckte sich die weiche Markschwammmasse in die Leber. — In vereinzelten Fällen wurden auch secundäre Krebsknoten in der Milz gefunden, desgl. im Uterus, der Glandul. thyreoid.[1])

Man hat vielfach die Frage ventilirt, ob bei doppelseitigem Vorkommen des Nierenkrebses der Krebs der einen Niere als Metastase der anderen aufzufassen sei. Nachdem Weigert (vgl. oben S. 171) bei einem Todtgeborenen ein doppelseitiges Adenocarcinom nachgewiesen, hat ein primärer Sitz der Geschwulst in beiden Nieren nichts Befremdliches, da ja die erste Anlage derselben durch einen abnormen Entwickelungsvorgang bedingt sein kann, die sich erst später, vielleicht besonders in Folge gewisser Gelegenheitsursachen z. B. von Traumen weiter vergrössert.

Sehr merkwürdig ist, dass nur in äusserst seltenen Fällen, trotz der anatomischen und functionellen Beziehungen, Krebs der unteren Harnwege neben Nierenkrebsen vorkommt. Bemerkenswerth dagegen ist die relative Häufigkeit, mit der im Gefolge des Hodenkrebses Nierenkrebse vorkommen. Einer von F. v. Niemeyer's Patienten hatte ein Carcinom des Hodens, welches er von dem Schlag einer Peitsche ableitet, während er bei einem gleichzeitig vorhandenen Nierencarcinom den Druck einer schweren Geldtasche, welche er immer trug, beschuldigte.[2]) Flemming[3]) beobachtete bei einem

---

1) Bullet. de la soc. anat. 1869. p. 278. Kindskopfgrosser Krebs der rechten Niere. Beginn wird 2 Jahr zurück datirt. Keine anderen Symptome als die durch das Gewicht des Tumors bedingte Unbequemlichkeit. Keine Abgrenzung des Tumors von der Leber. Vor dem Tumor Darm. Sub finem vitae gastrische Erscheinungen (Ekel, Erbrechen), Empfindlichkeit des Leibes. Intra vitam Diagnose: Leberkrebs. Ausser den genannten secundären Krebsen fanden sich zahlreiche Herde in der Leber, den Mesenterialdrüsen, den Lungen. Von der Schilddrüse war der linke Lappen krebsig degenerirt. (Beob. v. Alling.)

2) Dissertation von Eberhard.

3) Dublin. Journ. 1867. Aug. 235.

60jährigen Manne Krebs der Prostata, die Blase war gesund, dagegen war Krebs in beiden Nieren vorhanden.

Was anderweitige Anomalien betrifft, die im Gefolge der Nierenkrebse vorkommen, so sind in einer Reihe von Fällen Nierensteine
theils in der gesunden, theils in der krebsig erkrankten Niere beobachtet worden. Nur in sehr seltenen Fällen dürfte zu sagen sein,
ob in der krebsigen Niere das Neoplasma oder der Stein das Primäre war (vgl. S. 172 den Fall von Habershon).

Die anderen Organe der Bauchhöhle erfahren meist Lageveränderungen, welche um so bedeutender sind, je bedeutender das Volumen des Tumors ist. Das Colon findet sich dann theils ein- oder
auswärts (Colon ascend.), theils vor der Geschwulst (Colon transversum und descend.). Das ist die Regel. Die Dünndärme werden
nach der dem Tumor entgegengesetzten Seite gedrängt. Ist die
rechte Niere erkrankt, so wird die Leber nach links verschoben,
oft um die transversale Axe gedreht, so dass die obere Fläche
eine verticale Richtung einnimmt und sich an den Rippenbogen und
die Bauchwand anlegt. Besonders wird das beobachtet, wenn, wie
in dem Falle von Döderlein, die Geschwulst vom oberen Ende
der Niere ausgeht, und nach dem rechten Hypochondrium hin wuchert.
Wenn der Tumor von der linken Niere ausgeht, wird der Magen
nach rechts verschoben und die Milz rückt hoch hinauf in die Kuppel
des Zwerchfells. In selteneren Fällen wurde neben Nierenkrebs eine
bewegliche Milz beobachtet. In einem Falle von Roberts wurde
die Milz in der Fossa iliaca gefühlt. Erreicht die Nierengeschwulst
eine sehr bedeutende Ausdehnung, so werden dadurch auch die Eingeweide des Thorax comprimirt und dislocirt.

Symptomatologie.

Fast nur die primären Krebse werden Gegenstand klinischer
Beobachtung, von der Anwesenheit secundärer Nierenkrebse erhält man gewöhnlich erst am Leichentisch Kenntniss. Aber auch
die Symptome des primären Nierenkrebses sind wie die der krebsigen Degenerationen einer Reihe anderer innerer Organe im Anfang
durchaus dunkel. Bisweilen treten zuerst Schmerzen in der Lendengegend auf. Sie sind zunächst meist geringfügig, werden von
den Kranken häufig wenig beachtet und dem Arzt fehlen zur richtigen Deutung die nöthigen Anhaltspunkte. Die vor Allem wichtigen Symptome, welche hier in Frage kommen, sind die Geschwulst

der Nieren und die Hämaturie [1]). Letztere kann in einem sehr
frühen Stadium der Erkrankung zur Beobachtung kommen, lange
bevor man im Stande ist, eine Vergrösserung der Niere zu constatiren. ·Diese angegebenen Hauptsymptome sind aber nicht constant,
in manchen Fällen fehlt eins derselben, in manchen beide. Im letzteren verläuft die Krankheit oft ganz latent, ohne dass man je an
die Erkrankung der Niere denken konnte. Ich beobachtete einen
solchen Fall im Jahe 1873 in Breslau auf meiner Abtheilung. Er
betraf eine hochbejahrte Frau, welche an einer Bicuspidalinsufficienz
zu Grunde ging. Bei der Section fanden sich in beiden Nieren, besonders aber in der linken· eine mässige Anzahl von weissen, derben Knoten, deren bedeutendster die Grösse einer Kastanie erreichte.
Das Organ war wenig vergrössert. Der Urin war nie verändert gewesen. In der Leber waren einige erbsen- bis kirschgrosse Knoten.
An beiden Orten, in Niere und Leber, handelte es sich um Carcinoma simplex.

Die Hämaturie ist bisweilen das erste Symptom eines Nierenkrebses. Sie tritt manchmal auf, ohne dass andere Symptome, ohne
dass Schmerzen vorhergegangen sind. Es ist aus diesem Symptom
nichts Bestimmtes zu diagnosticiren, wenn es in dieser Weise ganz
isolirt auftritt, obgleich eine Nierenblutung, welche sich ohne äussere
Ursache und ohne Schmerz vollzieht, immer an Nierenkrebs denken
lässt. Bestimmter gestaltet sich der Symptomencomplex, wenn sich
ein anderes sehr häufiges Zeichen hinzugesellt; nämlich eine Geschwulst der Niere. Roberts geht so weit zu behaupten, dass
in jedem Falle von Nierenkrebs, bevor er letal verläuft, wenigstens
eins dieser Symptome oder beide — Tumor oder Hämaturie — vorhanden seien. Das ist allerdings etwas zu viel behauptet, aber
Ausnahmen von der Regel erscheinen verhältnissmässig selten. Dahin
gehört u. A. zunächst mein eigener eben erzählter Fall, ferner eine
Beobachtung von Flemming und eine von Hirtz. In letzterem
Falle waren nur unstillbare Diarrhöen, wachsender Marasmus, Oedeme
der Beine vorhanden. — Oefter als die Hämaturie tritt im Gefolge
des Nierenkrebses eine Geschwulstbildung in dem erkrankten
Organ auf. Dieselbe erreicht wenigstens in den späteren Stadien

---

1) Bereits Cruveilhier sagt: . . . hématurie, symptôme, que j'ai vu man-
quer rarement, et qui, coincidant avec une douleur rénale, avec une tumeur,
appréciable par la région lombaire, bien mieux encore que par la région antérieure
de l'abdomen, me paraît permettre d'établir assez positivement le diagnostic de
la maladie (l. c.).

oft eine solche Grösse, dass sie dem aufmerksamen Beobachter nicht entgehen kann. Besonders verdient es der Erwähnung, dass bei Kindern der krebsige Nierentumor oft geradezu enorme Dimensionen erreicht. Nierenkrebse stellen im Durchschnitt die grössten Tumoren, besonders unter den Bauchtumoren dar, welche überhaupt bei Kindern vorkommen. Das Carcinoma renale beginnt meist in den seitlichen Partien des Bauchs, der Lendengegend, zwischen den unteren Rippen und der Crista ossis ilei, palpabel zu werden, wächst dann nach oben, besonders aber nach unten und vorn nach den Pubes und dem Nabel hin. Es wäre ein grosser Irrthum, bei einem Nierentumor stets eine vergrösserte Dämpfung in der Lendengegend zu erwarten. Aus den vorliegenden Beobachtungen ergibt sich, dass die krebsigen Neubildungen der Nieren sich oft genug nach vorn, nach dem Bauchraum zu, entwickeln, wo die weichen nachgiebigen Eingeweide weit geringeren Widerstand als die Lendenmuskeln bieten. Die krebsigen Nierentumoren werden erst bei einem gewissen Volumen der Begrenzung durch die Percussion und Palpation zugänglich. Je nachdem der Krebs die rechte oder die linke, die ganze Niere oder den oberen oder unteren Theil derselben einnimmt, sind die Lagerungsverhältnisse und die durch ihn bedingten Verdrängungserscheinungen verschieden. Die hier in Betracht kommenden Möglichkeiten sind zu mannigfach, die Combination der Lagerungsverhältnisse zu zahlreich, um die Details der einzelnen Beobachtungen hier weiter zu analysiren. Fast jeder Fall hat seine Eigenthümlichkeiten, welche genau gewürdigt werden müssen. Nur die Hauptgesichtspunkte und einzelne Momente, welche für die Diagnose besonders belangreich sind, kann ich hier anführen. In seltenen Fällen füllt der Tumor den ganzen Bauch aus. Die Percussion des Tumors gibt nur dann gedämpften Ton, wenn er der Bauchwand anliegt. Wenn sich aber zwischen ihm und der Bauchwand Darmschlingen finden, ist er, den letzteren entsprechend, mehr weniger gedämpft-tympanitisch. Die Lage der Darmschlingen in ihrem Verhältniss zum Nierentumor erfordert specielle Aufmerksamkeit. Bei grossen Krebsgeschwülsten der rechten Niere wird der Dünndarm nach links gedrängt, Coecum und der untere Theil des Colon ascendens finden sich meist entweder an der äusseren, oder auch an der inneren Seite des Tumors, während der obere Theil des Colon ascendens sich in die Höhe richtet und schief von rechts nach links vor dem kranken Organ verläuft. Beim linkseitigen Nierenkrebs liegt fast stets das Colon descendens und bisweilen ein Theil des Dünndarms vor dem Tumor und trennt ihn von der

Bauchwand[1]). Man hat hier mit Recht auf die Lagerung des Darms vor der Niere viel Gewicht gelegt, und sie muss bei der Untersuchung sofort sorgfältig ins Auge gefasst werden. Sie gestattet bei normaler Lagerung der Organe meist die Unterscheidung einer Geschwulst der Niere von der eines anderen Organs. Meist gibt die Percussion über die Anwesenheit des luftgefüllten Darms vor der Geschwulst Aufschluss. Indess manchmal comprimirt der Tumor das Colon, die Wände desselben werden aneinander gedrückt und die Percussion gibt, trotz des die Geschwulst überlagernden Darms, einen gedämpften Schall. Aber bei sorgfältiger Palpation bei nicht gespannten Bauchdecken kann es bisweilen auch dann gelingen, den leeren, comprimirten, absteigenden Grimmdarm zwischen Tumor und Bauchwand als eine cylindrische Wulst zu fühlen. In einzelnen Fällen ist sogar das über den Tumor laufende Colon schon durch die Inspection erkennbar.

In einem Falle von Faludi[2]) war es bei einem 5jährigen Knaben mit Nierenkrebs besonders bei Anfang der Erkrankung deutlich zu beobachten, dass über die Geschwulst eine Längsfalte verlief, welche dieselbe in zwei Theile zu theilen schien. Dieselbe verschwand zeitweise, kam dann wieder zum Vorschein, je nachdem das auf der Oberfläche der Geschwulst herabsteigende Colon descendens durch Darmkoth oder Gase angefüllt wurde, oder nach Abgang derselben wieder zusammenfiel.

Der Nierentumor folgt den Bewegungen des Zwerchfells nicht und ist meist unbeweglich. Verhältnissmässig selten sind krebsige Nieren trotz ihrer bedeutenden Grösse und Schwere beweglich, und zwar wegen der Verwachsungen, welche das degenerirte Organ mit der Umgebung eingeht. Rollet erwähnt eine bewegliche krebsige Niere und in der Lancet 1865, 18. März, wird von einer rechtsseitigen krebsigen Wanderniere berichtet, welche für einen Ovarialtumor gehalten wurde. Bei der Palpation zeigen die krebsigen Nierentumoren fast stets eine gewisse Elasticität. Bald sind sie glatt und rund, bald höckrig und unregelmässig lappig. Die einzelnen Höcker erscheinen oft von verschiedener Härte. Bisweilen täuschen einzelne Theile oder selbst die ganze Geschwulst das Gefühl der Fluctuation vor. Es gibt auch durch Carcinom bedingte Nierentumoren, über denen die Auscultation ein blasendes Geräusch ergibt. Ballard[3]) berichtet einen solchen Fall und gibt an, dass das Ge-

---

1) Vergl. Deutsch. Arch. f. kl. Medic. Bd. XVI. Taf. II u. III zu der oben citirten Arbeit von Kühn gehörig.

2) Jahrbb. f. Kinderheilk. VII. 1865.

3) Transact. of the pathol. soc. of London. X. 1859.

räusch so stark war, dass B r i g h t sich veranlasst sah, ein Aneurysma
der Nierenarterie zu diagnosticiren. B r i s t o w e [1]) und H o l m e s [2])
beobachteten analoge Fälle.

Dass H ä m a t u r i e beim Nierenkrebs seltener vorkommt als
G e s c h w u l s t b i l d u n g, und dass beide nicht nebeneinander vorzukommen brauchen, ist eine bereits oben erwähnte, durch eine
nunmehr ziemlich reichliche, klinische Casuistik festgestellte Thatsache. Allerdings ereignen sich Blutungen auch bei N i e r e n krebsen
am häufigsten bei den weichen Formen, weil dieselben die reichlichsten und dünnwandigsten Gefässe haben. Da nun die weich-
sten Formen zugleich die grössten sind, sollte man a priori glauben,
dass Hämaturie und Tumor öfter gleichzeitig vorkommen, als es in
der That der Fall ist. Das dürfte sich daraus erklären, dass nicht
alle Blutungen zu Hämaturie führen. Vielfach erfolgt die Blutung
mitten ins Krebsgewebe, und wo ferner das Nierenbecken und der
Ureter mit Krebsmasse verstopft sind, wird der Abfluss des Blutes
nach Aussen verhindert. In solchen Fällen entsteht in Folge der
Blutung nicht selten eine auffällige acute Schwellung des Tumors. Ist
die Hämaturie auch kein constantes, ist sie ausserdem auch kein
pathognomonisches Zeichen für den Nierenkrebs — denn man beobachtet sie bei vielen Krankheiten der Harnorgane, besonders auch
der Nieren — so ist sie nichts desto weniger, wo sie vorhanden,
ein sehr werthvolles Zeichen, indem sie bei ihrem häufig frühzeitigen
Auftreten schon anfangs die Aufmerksamkeit des Arztes auf sich
zieht. Die Hämaturie tritt, wie bemerkt, häufig weit eher auf, als
der Tumor. In gar nicht seltenen Fällen tritt sie gleich beim Beginn des Leidens ein, um nachher bis zum Tode nicht wiederzukehren. Es kann zwischen diesem initialen Auftreten der Nierenblutung und dem Eintritt anderweiter Symptome längere Zeit vergehen.

In einigen Fällen von Nierencarcinom ging bei gleichzeitiger
Nephrolithiasis einige Zeit nach einer solchen Hämaturie ein Nierenstein ab, der dieselbe zu erklären schien. In anderen Fällen dauert
die Nierenblutung längere Zeit und kehrt häufig wieder. Sie stellt
sich dann nach unregelmässigen Zwischenräumen wieder ein, in
Wochen, Monaten oder nach einigen Tagen. In einzelnen Fällen
tritt die Nierenblutung erst kurz vor dem Tode, ja in einem von
G a i r d n e r beobachteten Falle trat die Hämaturie erst am Todestage

1) Med. Times. 1854. II. p. 395.
2) Transact. of the path. soc. of London. XXIV. 1873. p. 149.

ein. Gewöhnlich erfolgt sie, ohne dass man eine äussere Schädlichkeit beschuldigen kann. Indessen lässt sich nicht leugnen, dass Schlag oder Fall, oder ein anderes Trauma, besonders ein solches, welches die Lendengegend betrifft, öfter unmittelbar vorhergeht. Brinton[1]) beschreibt einen Fall, wo eine Hämorrhagie aus den Harnwegen in Folge eines Trauma das einzige Symptom eines Nierenkrebses war. Diese Hämaturien sind besonders, wofern sie durch Traumen bedingt sind, manchmal sehr profus, andernfalls im Allgemeinen mässiger, aber auch die spontan auftretenden Hämaturien sind beim Carcinom der Niere nie so spärlich, dass man zur Auffindung des Blutes des Mikroskopes bedarf. Die Blutkörperchen sind bald intact, bald verändert, mehrfach fand man mit Blutkörperchen bedeckte Cylinder. Gewöhnlich ist das Blut innig mit dem Urin gemischt, welcher nach der Blutmenge verschiedene Färbungen annimmt. Bald ist er mehr weniger roth, bald schwärzlich, bald fleischwasserähnlich. Auch bei Kindern ist die Nierenblutung selten excessiv und erschöpfend. Der Urin enthält bisweilen auch grössere Faserstoffgerinnsel in reichlicherer oder spärlicherer Menge, indem das Blut in dem Nierenbecken oder dem Harnleiter gerinnt und die Gerinnsel erst später mit dem Urin fortgeschwemmt werden.

Die Blutungen selbst erfolgen gewöhnlich ohne dass heftige Schmerzen vorhergehen. Sie unterscheiden sich dadurch von den durch Anwesenheit von Nierensteinen veranlassten Blutungen. Kommt es aber zu Gerinnselbildung im Nierenbecken und zur Entleerung der Gerinnsel, so ist das, wie wir bald sehen werden, häufig mit grossen Beschwerden verbunden. Bisweilen hört die Blutentleerung plötzlich auf. Es liegt das öfter an einer Verstopfung des Ureters, welche durch Blutgerinnsel oder andere obturirende Massen bedingt werden kann. Die Verstopfung des Ureters kann auch durch Compression von Seiten des Nierentumors veranlasst werden. Bei der Verstopfung des Ureters der kranken Seite wird der Urin aus der gesunden Niere allein ausgeschieden. Der Hämaturie folgt bisweilen auch eine vollkommene Anurie, nämlich bei Verstopfung des Blasenhalses oder der Harnröhre durch ein Gerinnsel. In diesen letzteren Fällen gelingt es mit dem Katheter dem Urin Abfluss zu verschaffen.

Die Reaction des Harnes beim Nierenkrebs bietet nichts Bemerkenswerthes. Die Harnmenge ist fast stets normal. In einigen Fällen ist sogar eine reichliche Harnmenge beobachtet worden. Bisweilen wurde eine, meist nur geringe Verminderung derselben be-

---

1) Brit. med. Journ. 1857.

obachtet. Bei der Hämaturie lässt sich im Harn natürlich auch Eiweiss nachweisen. Albuminurie ohne Hämaturie ist selten. Man hat das in den seltenen Fällen, wo Nephritis das Carcin. renale complicirte, beobachtet und findet dann bei mikroskopischer Untersuchung wol meist Harncylinder. (Fall von Lütkens.) Ferner findet man bei gleichzeitiger Pyurie Eiweiss im Harn, also in den Fällen, wo der Krebs der Nieren mit Eiterungsprocessen innerhalb der Harnwege, besonders mit Pyelitis (hierher gehört die das Carc. renale manchmal complicirende Pyelit. calculosa), einhergeht. Man findet dann gewöhnlich ein reichlicheres, eitriges Sediment. In einem Falle (Jerzykowsky) wurde sehr häufig unter heftigem Pressen ein eigenthümliche gallertartige Massen enthaltender Urin entleert. Leider wurden dieselben nicht genauer untersucht. Ballard erwähnt in seinem Falle den zeitweisen Abgang merkwürdiger, wie aus scrophulösen Abscessen stammender Massen mit dem Urin; Handfield Jones untersuchte dieselben, fand aber keine krebsigen Gewebe.

Die Gegenwart von Krebsmassen im Urin, welche vielfach als Symptom der Nierenkrebse erwähnt wird[1]), scheint überhaupt höchstens in ganz vereinzelten Fällen beobachtet zu sein, obgleich man gerade auf diesen so wichtigen Punkt eine grosse Aufmerksamkeit gerichtet hatte. Fl. Heller[2]) gibt an, dass er in einigen Fällen von Cancer renum Ablagerung von Harnsäure sowohl auf abgegangenen Flocken vom Krebs, als auch auf den nach der Section erhaltenen Aftergebilden gefunden habe. In vielen anderen der als beweiskräftig angesehenen Beobachtungen haben zweifelsohne Verwechselungen mit Epithelien des Nierenbeckens und der tieferen Harnwege stattgefunden. Das gilt auch sicher von der viel citirten Beobachtung Moore's[3]), welcher den Urin noch dazu post mortem aus der Blase entnommen hatte und welcher aus der Anhäufung rundlicher und geschwänzter Zellen u. s. w., einen Krebs diagnosticiren zu dürfen glaubte. Das Auffinden von gewissen Zellformen im Harn ist für die Diagnose des Krebses ohne allen Werth; nur das Auffinden von Krebspartikelchen mit alveolarer Structur kann als bedeutungsvolles Symptom angesehen werden. — Quantitative Veränderungen des Urins sind bis jetzt beim Nierenkrebs wenig angetroffen worden. Döderlein fand in seinem

1) So noch in Johnson's Nierenkr. Deutsch v. Schütze 1856. 2. Aufl. S. 388.
2) Harnconcretionen. Wien 1860.
3) Medico-chir. transactions XXXV. Case of a pulsating tumor, in which. the urine contained cancer-cells.

Falle den Umsatz der stickstoffhaltigen Bestandtheile des Körpers trotz der in der letzten Zeit gesunkenen Körperwärme, verlangsamter Athmung und sehr geringer Aufnahme von Nahrung auffallend gross und gesteigert.

Der Schmerz ist beim Nierenkrebs ein Symptom von äusserst wechselnder Bedeutung. Er tritt bald häufig, bald selten, bald intensiv, bald geringfügig auf; er kann überaus quälend sein, kann aber auch bei grossen Tumoren ganz fehlen, besonders auch bei Kindern. Ausschliessen darf man die Anwesenheit eines Nierenkrebses bei fehlenden Schmerzen nicht.

Der Schmerz besteht bald in heftigen Paroxysmen, bald ist er dumpf, tief, andauernd. Er nimmt am öftersten die ganze Lendengegend und das Hypochondrium der kranken Seite ein. Bisweilen klagen die Kranken über das Gefühl der Compression der leidenden Seite. Der Schmerz verbreitet sich ziemlich häufig längs der letzten Intercostalräume; bisweilen sind die Ausstrahlungen längs der untern Extremität vorhanden, so dass man es mit einem Hüftweh zu thun zu haben glaubt. So lange der Tumor nicht vorhanden ist und die Hämaturie fehlt, wird bisweilen die Ischias für eine rheumatische gehalten. Die Schmerzen, welche meist durch Compression des Ischiadicus durch carcinomatös entartete Lymphdrüsen bedingt werden, steigern sich zu unerträglicher Höhe. Es stellen sich bedeutende Sensibilitätsstörungen ein, denen alsdann Abmagerung der betreffenden Extremität folgt. Bisweilen lässt sich erst in diesem vorgeschrittenen Stadium der Tumor constatiren. Bei manchen Kranken tritt der Schmerz spontan auf, bei manchen erst nach Druck, welcher auf die kranken Partien ausgeübt wird. Retraction des Hodens, wie sie bei Nephrolithiasis öfter beobachtet wird, ist bei Nierenkrebsen selten vorhanden. Diese Schmerzen können Nierensteine vortäuschen, welche in der That gar nicht so selten neben Nierenkrebs gefunden werden. Weit häufiger aber kommen solche Schmerzen bei Entleerung von Fibringerinnseln vor, wie sie nach Nierenblutungen nicht selten auftreten. Bisweilen klemmen sich dieselben am untern engen Ende des Ureters ein und es entstehen heftige Kolikschmerzen.

Recht häufig findet man beim Nierenkrebs Verdauungsstörungen. Sie treten manchmal sehr frühzeitig auf. Der Appetit fehlt, Ekel und Erbrechen gesellen sich im weiteren Verlauf häufig dazu. Nur selten fehlen diese Zeichen vollständig. Sehr selten leidet die Nahrungsaufnahme in den Magen, indem der Nierentumor den Magen comprimirt und seine Höhle verkleinert. In einigen Fällen wurde guter Appetit, sogar Heisshunger, neben sonderbaren Appetiten bei

Kindern, in vereinzelten Fällen neben vermehrtem Durst beobachtet. Meist ist Obstipation während des grössten Theils der Krankheit vorhanden. In den vorgerückteren Perioden wechselt öfter entweder Diarrhoe mit Verstopfung oder manchmal ist fortwährend Diarrhoe vorhanden, wodurch der letale Ausgang wesentlich beschleunigt wird. Einige Male wurde in Folge von Compression des Ductus choledochus, bei rechtsseitigem Nierenkrebs, Ikterus beobachtet.

Der allgemeine Kräftezustand ist je nach den verschiedenen Stadien, in denen sich die Krankheit befindet, sehr verschieden. Bei Erwachsenen vergeht, trotz des Vorhandenseins eines Tumors bisweilen Jahr und Tag, ehe das Allgemeinbefinden leidet; bei vielen Patienten stellt sich ein frühzeitiger Kräfteverfall, kachektisches Aussehen ein: chronische Störungen der Magenverdauung, profuse Diarrhöen, öfter wiederkehrende Hämaturien befördern dieselben sehr.

Der Puls zeigt manchmal nichts Auffallendes, öfter ist er beschleunigt, meist klein, leicht comprimirbar der Ernährungsstörung entsprechend. In einigen Fällen wurde eine bemerkenswerthe Pulsverlangsamung notirt. Fieber fehlt meist, dagegen finden sich subnormale Temperaturen öfter sub finem vitae. Bisweilen übrigens treten gerade da febrile Complicationen ein. Die Athmung wird bei schnell wachsenden grossen Tumoren häufig frühzeitig gestört, wenn die Geschwulst die Lungen comprimirt und die Bewegung des Zwerchfells hindert. Durch secundäre Krebsablagerung in den Lungen können weitere Störungen der Respiration hervorgerufen werden. Oedeme treten häufig auf, theils beschränkt, besonders auf die unteren Extremitäten, in Folge von Thrombose der unteren Hohlvene, theils anderer grosser Venen des Unterleibs. Aus demselben Grunde besonders erscheinen auch öfter die Hautvenen des Bauches erweitert. Dieselben verlaufen nicht selten als stark dilatirte Venennetze geschlängelt, in exquisiten Fällen bis zur Dicke eines Federkiels und vermitteln durch reichliche Anastomosen den Rückfluss des venösen Blutes. Ab und zu entwickeln sich auch allgemeine Oedeme in Folge der wachsenden Anämie und Hydrämie. Die geistigen Functionen bleiben bis zum letalen Ausgang, der am häufigsten durch Erschöpfung erfolgt, meist intact. In seltenen Fällen treten im Verlauf des Nierenkrebses u r ä m i s c h e Symptome auf, welche auch den letalen Ausgang vermitteln können. Die Bedingungen, unter denen Urämie in solchen Fällen auftritt, sind nicht immer klar und durchsichtig. [1])

_____

1) vgl. den mehrfach erwähnten Fall von L ü t k e n s aus B a m b e r g e r's Klinik (Würzburg 1869). Hier war nur die rechte Niere erkrankt, die linke war im

Complicationen.

Am häufigsten werden dieselben noch durch secundäre Krebse anderer Organe bedingt. Indessen ist das auch selten. So machen die secundären Lungenkrebse oft keine Symptome. Die secundären Krebsknoten der Leber werden manchmal so gross, dass sie gefühlt werden können. Secundäre Knochenkrebse manifestiren sich durch sehr heftigen Schmerz, beim Fortschreiten des Krebses auf die Wirbelkörper kann es zu Compressionserscheinungen des Rückenmarks mit schmerzhaften Paraplegien u. s. w. kommen.

Cornil hat einen derartigen Fall mitgetheilt.[1]) Bei einer 33jährigen Frau hatte sich in Folge einer krebsigen Degeneration der linken Niere der Process u. A. auf die beiden letzten Lendenwirbelkörper und die Dura mater spin. fortgesetzt und hatte auf diese Weise Compression der Nerven der Cauda equina bewirkt. Motorische Lähmung beider Beine, fast vollkommene Anästhesie und aufgehobene Reflexerregbarkeit derselben waren die Folgen dieser secundären Krebsablagerungen.

Ausserdem kann auch der Tod durch andere Complicationen, beträchtliche Blutungen, Peritonitis, wie sie manchmal durch Ruptur des Krebses zu Stande kommt, erfolgen. In einem Falle Bright's erfolgte der Tod durch Berstung des Carcinoms und letale Blutung ins Cavum abdominis.

Diagnose.

Die Diagnose des Nierenkrebses ist fast immer eine schwierige, öfter ist sie ganz unmöglich. Wer den Kranken während des ganzen Verlaufs der Krankheit zu beobachten Gelegenheit hat, dem wird es aus der Entwickelungsgeschichte, dem Verlauf der Krankheit, dem successiven Auftreten von Hämaturie und Geschwulst der Nieren u. s. w. leichter werden Sitz und Natur der Geschwulst zu erkennen. Die Kenntniss mancher Erfahrungen kommt hierbei bei der Stellung der Diagnose zu Statten. So werden kolossale Nierengeschwülste bei jungen Kindern kaum anders als durch Cystendegeneration, echte Hydronephrose und namentlich primäre Medul-

---

Wesentlichen normal. Dass die Symptome wirklich urämische waren, erscheint mir zweifellos, da sie gleichzeitig mit der Verminderung der Harnmenge eintraten und mit der Vermehrung derselben wichen. Bemerkenswerth erscheint besonders auch die Amblyopie und Amaurose, welche mit den übrigen urämischen Symptomen begann und aufhörte.

1) Mém. de l'acad. de méd. XXX. p. 337.

larcarcinome oder Sarkome (vgl. S. 128) veranlasst. Da die beiden
ersten als congenitale Geschwülste auftreten, so wird die Exclusions-
diagnose auf Medullarcarcinom oder Sarkom bei Nierengeschwülsten
der Kinder, welche wenigstens als palpable Tumoren kaum angeboren sind, eine an Gewissheit grenzende Wahrscheinlichkeit haben.
Fehlen die oben geschilderten Hauptsymptome: der Tumor und die
Hämaturie, dann ist auch eine annähernde Wahrscheinlichkeits-
diagnose gemeinhin unmöglich: denn der Schmerz in der Nierengegend, auch wenn er vorhanden, kommt bei einer Reihe Nierenaffectionen vor und es fehlen ihm alle unterscheidenden charakteristischen Eigenthümlichkeiten. Wenn indessen die Nierenschmerzen
andauernd heftig sind, wenn der Krebs in anderen Organen unver-
kennbar ist, wenn die Ausrottung krebsiger Hoden diesem Leiden
voranging, dann lassen die Schmerzen allein an die Ausbreitung des
Krebses auf die Nieren, wenn auch eine Reihe anderer Symptome
fehlen, denken. Wenn man bei einem Kranken einen Bauchtumor
findet, wozu sich gleichzeitig Hämaturie gesellt, so muss sich unter
anderen Möglichkeiten auch der Gedanke an eine krebshafte Nierenerkrankung sofort aufdrängen. Die Zahl der Möglichkeiten ist
hier freilich sehr gross, so dass bei Beurtheilung der Fälle die grösste
Vorsicht nöthig ist. F. Holmes[1]) berichtet einen Fall, wo ein
kleiner Krebsknoten der Niere zu gelegentlichen Hämaturien Veranlassung gab, der grosse maligne Bauchtumor aber, den man als
der Niere angehörend hielt, vom linken Hüftbeinkamm ausging. Dieser
Fall genügt allein, um die Schwierigkeit der Deutung klar zu legen.
Unten sollen noch einige andere Beispiele, welche die mannigfachen
Fehlerquellen für die Diagnose illustriren, Platz finden. Fälle, wo
nur eine Anschwellung der Niere vorhanden ist, können auch der
Diagnose trefflicher Beobachter entgehen, wofern sie übrigens ganz
latent verlaufen; so erwähnt Lebert[2]) einen Fall, wo er bei der
Leichenöffnung einer an Pleuritis und Pericarditis gestorbenen Frau
ein fast faustgrosses Nierencarcinom fand, welches ganz symptomlos
verlaufen war. Wird ein Tumor gefunden, so ist zunächst natürlich
die Frage zu beantworten, ob der fragliche Tumor auch wirklich
der Niere angehört. Das ist sehr oft keine leichte Aufgabe. Schon
Bright hebt hervor, dass von den verschiedenen Unterleibstumoren
wenige so schwer zu erkennen sind, wie Nierentumoren. Geschwülste
der Nieren werden erfahrungsgemäss sehr häufig mit Tumoren an-

1) Transact. of the pathol. soc. London. XXIV. 1873. p. 150.
2) Virchow's Archiv. XIII. S. 532.

derer Bauchorgane verwechselt, und zwar die Tumoren der rechten
Niere mit Drüsentumoren in der Porta hepatis, Geschwülsten in der
Leber, Erkrankungen des Pylorus, des Blinddarms und des Colon
ascendens; — Tumoren der linken Niere mit Milztumoren und krankhaften Zuständen des Colon descendens; — Tumoren beider Nieren
mit Geschwülsten der Glandulae mesenteriales et retroperitoneáles,
der Ovarien und des Uterus.

Folgende differentiell diagnostische Momente sind für die klinische Diagnose der Nierentumoren im Allgemeinen hervorzuheben:

Von Vergrösserungen der Leber unterscheidet man Nierengeschwülste dadurch, dass diese letzteren nicht hoch in den Thorax
hineinragen und auch die Leber nicht beträchtlich in die Höhe drängen. Man kann gewöhnlich in der Rückenlage der Kranken mit der
Hand zwischen der Rippenwand und der Geschwulst eingehen. Das
ist nicht der Fall bei einer Lebergeschwulst. Bereits Bright hat
auf dieses wichtige Unterscheidungsmerkmal aufmerksam gemacht.
Es könnten hier höchstens Lebergeschwülste in Frage kommen,
welche aus den hinteren Partien derselben isolirt hervortreten. Sie
erheben sich aber wohl nie so weit aus dem Lebergewebe, in das
sie eingebettet sind, um zu Verwechselungen mit Nierengeschwülsten
Veranlassung zu geben. Vor den Nierentumoren liegt ferner fast
immer, wenn nicht eine Verlagerung der Därme statthat, das Colon
ascendens, welches von unten rechts schief nach oben und links verläuft. Das ist bei der Leber, einzelne Fälle von Missbildung und
Atrophie ausgenommen, wohl nie der Fall. Der tympanitische Percussionsschall oder der Gang der Blähungen pflegt für die Lage
des Colon genügende diagnostische Anhaltspunkte zu geben. Wenn
Leber- und Nierengeschwülste miteinander complicirt sind, was bisweilen, besonders bei bösartigen Neubildungen der Fall ist, kann
es ganz unmöglich sein, sich in diagnostischer Beziehung über das
Bereich der Vermuthungen zu erheben. Aber wenn der Urin Anhaltspunkte (Hämaturie) bietet und man harte Knoten in der Leber
fühlt, kann die Diagnose doch mit einer gewissen Wahrscheinlichkeit gemacht werden.

Ausdehnung des Coecum und Colon ascendens durch
Ansammlung von Koth und Darmgasen hat — wie zu so vielen diagnostischen Irrthümern — auch Veranlassung zu Verwechselungen
mit Nierengeschwülsten gegeben. Doch der stellenweise gedämpfte,
stellenweise tympanitische Percussionsschall, das teigige Anfühlen,
die durch Kneten veränderliche Form des Tumors, die genaue Berücksichtigung der anamnestischen Anhaltspunkte, vor Allem der Ein-

fluss der Abführmittel bieten in der Regel ausreichende Anhaltspunkte für die Diagnose, dass die Geschwulst dem Darm angehört.

Sitzt der Tumor auf der linken Seite, so kann die Entscheidung, ob Milz- oder Nierentumor — eine Frage, welche
bereits Troja ventilirt — oft grössere Schwierigkeiten machen. Der
Nierentumor erstreckt sich tiefer nach abwärts und nicht so hoch
hinauf wie der Milztumor. Der vordere Rand der vergrösserten Milz
ist gewöhnlich sehr leicht und deutlich zu fühlen. Es gelingt auch
meist mühelos, den Finger an die untere Fläche des Milztumors zu
bringen und die häufig vorhandenen Einkerbungen der Milz zu fühlen.
Ausserdem ist von besonderer diagnostischer Wichtigkeit, dass bei
Nierengeschwülsten das Colon descendens meist vor der Geschwulst
verläuft, was bei Milzgeschwülsten nicht der Fall ist. Spencer
Wells hat neuerdings empfohlen, in den Fällen, wo man nicht
weiss ob eine Darmschlinge über den Tumor verläuft, per rectum
Luft zu injiciren, um das collabirte Darmstück aufzublasen und die
Diagnose zu ermöglichen. Indessen gibt es auch von diesen Lage-
rungsverhältnissen des Darmes manche Ausnahmen. Rosenstein
erwähnt ein linksseitiges Nierencarcinom bei einem Knaben, wo die
Milzdämpfung unmittelbar in die durch den Nierentumor hervorgerufene
Dämpfung überging. Bei der Section fand sich das Colon descendens völlig nach hinten geschoben und plattgedrückt. Verwechselungen von Nierenkrebsen mit Milztumoren kommen denn auch ab
und zu vor. Gjoer[1]) hat einen Fall von faustgrossem Carcinom
der linken Niere beobachtet, wo ca. 4 Wochen vor dem Tode an-
dauernde Hämaturie und ein Tumor vorhanden war. Er liess sich
dadurch, dass nach Injection von Eisenchloridlösung in die Blase
die Hämaturie auf ca. 8 Tage sistirte, verleiten eine Blasenkrank-
heit zu diagnosticiren. Den palpablen Nierentumor hielt er für eine
Milzgeschwulst. Uebrigens darf man bei einem grossen linksseitigen
Bauchtumor und gleichzeitiger Hämaturie sich nicht verleiten lassen,
die Diagnose ohne Weiteres auf Nierenkrebs zu stellen. Auch bei
Leukämischen kommen bisweilen profuse Hämaturien vor. Roberts
erzählt einen Fall, wo bei einem enormen leukämischen Tumor der
Milz einige Tage lang profuse Hämaturie beobachtet wurde. Dessenungeachtet wurden bei dem einige Monate später erfolgenden Tode
die Nieren und die Blase gesund gefunden. Hier hätte die mikroskopische Untersuchung eines Bluttropfens die Sache aufgeklärt.

Eierstockgeschwülste werden seltener mit Nierenkrebs als

---

1) Virchow-Hirsch, Jahresber. pro 1870. S. 183.

mit anderen von den Nieren ausgehenden Tumoren verwechselt. Indessen kommen solche diagnostische Irrthümer vor, wenn der Tumor nach vorn gegen den Nabel, die Scham- und Hüftbeingegenden sich entwickelt, wie es bei der krebsigen Wanderniere der Fall sein kann (vgl. Diagnose der Wanderniere). Die Entwickelung des Tumors aus der Höhle des kleinen Beckens spricht hier natürlich für Ovarientumoren (wenn nicht etwa die in die Höhle des kleinen Beckens verlagerte Niere krebsig degenerirte). Aber da sich die Entwickelung der Geschwulst meist nur aus den Angaben der Kranken erfahren lässt und dieselben bei den wenigsten Kranken gerade in diesen Punkten zuverlässig genug sind, so muss man meistentheils andere diagnostische Anhaltspunkte aufsuchen. Vor einem Ovarialtumor liegen fast nie Darmschlingen, dieselben werden von ihm mit seltenen Ausnahmen nach hinten gedrängt, wo sie einen lauten Percussionsschall geben; also genau an der Stelle, wo die Dämpfung am Intensivsten zu sein pflegt, wenn von der Niere der Tumor ausgeht. Das Symptom dient auch als Anhaltspunkt, wo es darauf ankommt, Nieren- von Uterusgeschwülsten zu unterscheiden. Ausserdem liefert wohl auch die innere Exploration, eventuell die volle Rectaluntersuchung nach Simon bestimmte Anhaltspunkte. Indessen bietet auch hier die differentielle Diagnose manchmal grosse Schwierigkeiten. Greenhalgh[1]) beobachtete einen vermeintlichen Ovarientumor als Complication während zwei Schwangerschaften. Man debattirte gerade die Opportunität der Ovariotomie, als die Kranke wieder schwanger wurde. Sie starb vor der Niederkunft ohne recht klare Todesursache. Der vermeintliche Ovarientumor war ein Markschwamm der Niere im vorgerückten Stadium.

Die Explorativpunktion muss solche Fälle klären, ehe man einen schweren operativen Eingriff unternimmt.

In vereinzelten Fällen sind auch Verwechselungen von Nierenkrebsen mit Aneurysmen beobachtet worden, besonders dann, wenn bei der Auscultation und Palpation schwirrende Geräusche an dem Tumor gehört und gefühlt wurden. Verwechselungen mit Ascites wurden auch beobachtet und zwar bei sehr weichen Nierenkrebsen, welche das ganze Abdomen ausfüllen. Im St. Georges Hosp. Rep. II. ist ein solcher Fall, der ein 3jähr. Mädchen betraf, mitgetheilt worden. Beim Ascites sind indessen beide seitlichen Bauchpartien gedämpft, was beim Carcinoma renale nur auf einer Seite der Fall ist.

---

1) St. Barth. Hosp. Rep. Vol. I.

Weit häufiger sind Psoasabscesse, besonders im kindlichen Alter, mit Nierenkrebsen verwechselt worden. Abgesehen von den allerersten Stadien, wo eine differentielle Diagnose beider Affectionen überhaupt nicht möglich ist, hat auch nach erfolgter Geschwulst. bildung die Entscheidung oft grosse Schwierigkeiten. In beiden Fällen nimmt der Tumor die Lendengegend ein und ragt nach vorn in den Unterleib vor. Die Fluctuation des Abscesses ist oft schwer, oft gar nicht fühlbar. Ist sie aber fühlbar, dann erschwert der Umstand, dass auch grosse weiche Krebse das Gefühl der Fluctuation in ganz deutlicher Weise geben, die Diagnose. Indessen entwickeln sich die Psoasabscesse nie so hoch hinauf in die Bauchhöhle, wie die Nierenkrebse, auch ist die Empfindlichkeit beim Psoasabscess gewöhnlich weit grösser, als beim Nierencarcinom. Bei aufmerksamer Untersuchung gelingt es wol meist die Wirbelerkrankung aufzufinden, welche die Psoaseiterung veranlasst, und welche beim Nierenkrebse fehlt. Im weiteren Verlauf klären die Senkungen des Eiters beim Psoasabscess die Diagnose.

Bei Kindern muss man auch ausserdem auf die bisweilen so enorm grossen käsigen Drüsenpackete des Unterleibes achten, welche ab und zu bei ihrer symmetrischen Lage in beiden Hypochondrien leicht zu Verwechselungen mit Nierengeschwülsten Veranlassung geben. Besonders grosse und unüberwindliche Schwierigkeiten kann unter Umständen die Diagnose zwischen Nierentumoren und Tumoren der Retroperitonealdrüsen machen, insbesondere auch die Frage, ob die Nieren bei einer Affection der Retroperitonealdrüsen mitergriffen sind. Besonders instructiv ist in dieser Beziehung ein Fall, welchen im Jahre 1876 Herr Dr. Hempel während seiner Staatsprüfung unter meiner Leitung bearbeitete.[1]

Derselbe betraf einen 41 jähr. Mann. Im December 1875 hatte bei ihm Prof. König einen rechtsseitigen, stark faustgrossen Hodentumor, mikrosk. Diagnos. Chondrosarkom, welcher sich langsam seit 1870 entwickelt hatte, exstirpirt. Am 30. März 1876 zeigte der sehr abgemagerte Kranke eine starke Auftreibung des Bauches, besonders der Oberbauchgegend. Links neben dem Nabel fand man einen glatten harten Tumor, welcher sich nach hinten in die Lendengegend, nach unten in die Regio iliaca, nach oben in das linke Hypochondrium verfolgen liess, woselbst man bequem tief unter den Rippenbogen eingehen konnte. Bei tiefen Inspirationen bewegte sich die Geschwulst nicht. Dieselbe gab einen gedämpften Percussionsschall. Auf der Ge-

---

1) Herr Alfred Weber hat diesen Fall in seiner Inauguraldissert. Göttingen 1877 ausführlich beschrieben.

schwulst fand sich, etwa der Lage des absteigenden Colon entsprechend, ein tympanitisch klingender Schall, besonders ausgesprochen im obern Theil, welcher für bedingt durch das in diesem Darmtheil eingeschlossene Gas erachtet werden musste. Rechts von diesem Tumor liessen sich sowohl in der Mittellinie um den Nabel herum als auch noch weiter nach rechts mehrere Geschwülste bei tiefer Palpation im Bauche auffinden. Ausserdem fand sich ein Tumor, welcher als mit Bestimmtheit der Leber zugehörig erkannt wurde. Die 24stündige Urinmenge am 30. März 1876 betrug 1260 Grm., er war gelblich, sauer, eiweissfrei. Es liess sich fast täglich ein Wachsthum der Geschwulst constatiren. Am 30. April 1876 erfolgte der Tod. Vom Sectionsbefund interessirt uns hier besonders das Verhältniss der Nieren.

Die linke Niere war durch einen enorm grossen Tumor, welcher den Retroperitonealdrüsen angehörte, verschoben. Sie erschien nicht unbedeutend vergrössert, derb, blutreich und hatte augenscheinlich auch für die rechte Niere functionirt. Letztere war von der rechten Hälfte des gedachten Tumors nach vorn gegen die Bauchwand gedrängt worden. Sie war von derselben nur durch das hintere hervorgetriebene Peritonealblatt geschieden. Die hochgradigst comprimirte rechte Niere hatte ihre bohnenförmige Gestalt beibehalten. Ihr interstitielles Gewebe war sehr stark vermehrt, sie verhielt sich wie eine Schrumpfniere. Sie war mit dem Tumor verwachsen. Ihre Gefässe waren enorm gedehnt und in die Länge gezogen. In dem Retroperitonealdrüsentumor, welcher wesentlich ein Chondrosarkom war, fanden sich ausserdem acinöse, mit Cylinderepithel ausgekleidete Drüsen und quergestreifte Muskelfasern. Auf der linken Seite des Tumors verlief das absteigende Colon, desgleichen fand man das Colon transversum quer über die Geschwulst ziehen. Die mikroskopische Untersuchung ergab ein analoges Resultat, wie bei dem primären Hodentumor.

Der Fall beweist, dass grosse, von den Retroperitonealdrüsen ausgehende Tumoren, von denen ein grosser Theil, wie im vorliegenden Falle, hinter beiden Nieren sich entwickelt, während ihres weiteren Wachsthums dieselben Beziehungen zu den übrigen Organen der Bauchhöhle, insbesondere auch zum Darm, haben können, wie es betreffs der grossen Nierengeschwülste angegeben wurde. Drängte auch in diesem Falle die ganze Configuration der Tumoren an eine Erkrankung der Retroperitonealdrüsen zu denken, so musste man doch fragen, ob die Nieren nicht auch an der Tumorbildung betheiligt seien. Die normale Beschaffenheit des Harns konnte nicht dagegen sprechen, da eine solche bei malignen Nierengeschwülsten öfter beobachtet wird.

Hat man nun feststellen können, dass die Geschwulst den Nieren angehört, so hat man sich von der Natur derselben zu überzeugen. Für bösartige Neubildungen sprechen: das rasche

und unregelmässige Wachsthum der Geschwulst, die Un-
ebenheit und Höckrigkeit der Oberfläche, ihre strecken-
weise verschiedene Consistenz, an einzelnen Stellen sind sie
härter, an anderen weicher. Die schnell wachsenden Geschwülste
machen die Kranken frühzeitig kachektisch. Der Verlauf ist fieberlos. Zeitweise, ohne voraufgegangene Schmerzen auftretende Hämaturien unterstützen die Diagnose, welche noch wahrscheinlicher wird,
wenn sich in anderen Organen deutliche secundäre Geschwulstknoten
durchfühlen lassen. Ueber die Schwierigkeit der differentiellen Diagnose zwischen Carcinom und Sarkom der Niere war oben (S. 131)
bereits die Rede. Von den einzelnen Erkrankungen der Niere,
welche zur Bildung von Nierengeschwülsten führen und die in differentiell diagnostischer Beziehung hier in Betracht kommen, sind zu
berücksichtigen: die Hydatiden der Niere, die Cystennieren, eitrige
Pyelonephritis, eitrige Perinephritis, Hydronephrosen. Die differen-
tiell-diagnostischen Anhaltspunkte sind bei jeder dieser Affectionen abgehandelt. Combiniren sich diese verschiedenen Affectionen mit einander, wie gar nicht selten die Nephrolithiasis mit Carcinom, dann ist
die Diagnose oft sehr schwer. Ich werde gerade auf diesen Punkt
bei Besprechung der Nierenconcretionen nochmals zurückkommen.

Von einem Hülfsmittel der Diagnose, nämlich der Explorativpunktion ist nur selten in der Praxis Gebrauch gemacht worden.
In Döderlein's Falle wurde sie angewandt. Es wurde eine weiss-
röthliche hirnmarkähnliche Gewebsmasse zu Tage gefördert, worin
das Mikroskop ein zartes bindegewebiges Stroma, in welchem unzählige Kerne eingebettet waren, zeigte. Dadurch wurde die Diagnose
über den Charakter der Geschwulst festgestellt. Nachtheile hatte
der Eingriff nicht verursacht. Schüppel[1] theilt eine einen 40jäh-
rigen Mann betreffende Beobachtung mit, welcher neben einem starken Ascites einen kolossalen Tumor im rechten Hypochondrium hatte.
Man vermuthete eine Echinococcusgeschwulst. Bei der Probepunktion
entleerten sich kleine Gallertkörper von dem Umfange eines Pfeffer-
korns bis zu dem einer Erbse, in welchen weder Haken noch Membranen, sondern nur eine homogene Gallertmasse mit vereinzelten
körnig und fettig entarteten Zellen erkannt wurde. Ob die Punktion
irgend welchen Nachtheil gehabt, ist nicht erwähnt. In einem auf
der inneren Abtheilung des Ernst-August-Hospitals in Göttingen 1876
beobachteten Falle, wo bei einem 12jähr. Mädchen mit einem grossen
Bauchtumor die Diagnose auf Nierenkrebs gemacht worden war,

---

1) Dissert. von Eberhard S. 17, vgl. oben S. 183.

wurde durch die Explorativpunktion ein hanfkorngrosses Partikelchen entleert. Man fühlte mit der Canüle, dass man sich in einer festweichen Masse befand. Ich hatte Gelegenheit die mikroskopische Untersuchung der entleerten Masse zu machen. Dieselbe bestand aus einem deutlich alveolären Gerüst von faseriger Textur. Die Alveolen waren mit ziemlich grossen, zum Theil ovalen, zum Theil etwas unregelmässig gestalteten Zellen ausgefüllt. Irgend welchen Nachtheil hatte die Punktion nicht. Irrthümlicherweise wurden einige Male Nierencarcinome punktirt, welche man für Abscesse hielt.[1])

Jedenfalls wird man in irgendwie streitigen Fällen behufs Klärung der Diagnose, die Explorativpunktion als diagnostisches Hülfsmittel verwerthen, um so mehr da sie, vorsichtig ausgeführt, keinerlei Gefahren hat.

Dauer, Verlauf, Prognose.

Die Dauer der Nierenkrebse ist nicht genau anzugeben, weil der Anfang der Krankheit sich nicht mit Sicherheit, sondern höchstens mit annähernder Wahrscheinlichkeit schätzen lässt. So viel kann man im Allgemeinen sagen, dass die Nierenkrebse im kindlichen Alter, wo sie auch schneller wuchern, schneller verlaufen, als im vorgerückten Alter. Bei zarten Kindern lässt sich die Dauer oft nach Wochen zählen. In einem Falle betrug die Zeitdauer, in welcher die objectiven Symptome beobachtet werden konnten, 5 Wochen. Im Durchschnitt beträgt die Dauer etwa $^3/_4$ Jahre, fast nie mehr als höchstens 1—1$^1/_2$ Jahre, nur ein Mal wurde eine zweijährige Dauer beobachtet. Bei Erwachsenen aber kann sich der Verlauf, obgleich manchmal auch hier der letale Ausgang binnen Jahresfrist erfolgt, über Jahre erstrecken, gewöhnlich nicht über 3—4 Jahre. In einem Falle nur betrug die Dauer erweislich 18 Jahre (Jercykowsky).

Der Ausgang ist unabwendbar letal, die Prognose absolut schlecht. In einzelnen Fällen scheinen Stillstände, scheinbare Besserungen einzutreten. Brinton gibt an, dass in seinem Falle bei kräftiger innerlicher und äusserer Anwendung von Jodpräparaten eine auffällige Besserung eingetreten sei. Der Tod erfolgte in diesem Falle plötzlich durch eine Hämorrhagie in das Gewebe des Tumors.

Therapie.

Die ärztliche Thätigkeit feiert beim Nierenkrebs ebensowenig Triumphe wie bei Krebsen anderer innerer Organe. Es handelt

---

1) Barth, Bullet. de l'acad. XXXV. 1870. Nov.

sich nur darum, die Kranken durch gute diätetische Pflege so lange
als möglich bei Kräften zu erhalten, auftretende Schmerzen durch
Narcotica thunlichst zu mildern und gefahrdrohende Symptome, wie
profuse Hämaturien zu bekämpfen. Bei diesen Nierenblutungen ist
absolut ruhige Lage, Eisblase auf die dem Tumor entsprechende
Stelle des Abdomens, der innere Gebrauch von Plumbum acet., Acid.
tannicum, Alumen, die subcutane Anwendung des Ergotin das Beste,
was man thun kann. Stockt nach solchen Blutungen der Abfluss
des Urins, so ist nachzusehen, ob Gerinnsel die Harnröhre verstopfen; dieselben sind mit dem Katheter in die Blase zurückzustossen und nachher durch Injection mit lauem Wasser möglichst zu
entfernen. Die Exstirpation krebsiger Nieren, welche einige Male
in Folge diagnostischer Irrthümer unternommen wurde, gehört nicht
in das Bereich therapeutischer Bestrebungen. Den günstigsten Erfolg erzielte noch Wolcott.[1]) Er exstirpirte eine krebsige Niere,
welche er für eine Lebercyste hielt. Die Geschwulst wog ungefähr
2½ Pfund. Der Kranke überlebte den Eingriff 14 Tage.

Unter den **lymphatischen** Neubildungen verdienen zunächst
diejenigen Erwähnung, welche bei der Leukämie zuerst von Virchow[2]), später von Friedreich, Böttger u. A. beschrieben worden sind und welche ausserdem auch beim Abdominaltyphus
von E. Wagner[3]) und später von C. E. Hoffmann genauer beschrieben wurden. Es treten diese lymphatischen Neubildungen theils
als circumscripte, theils als diffuse Formen auf. Erstere sind selten.
Es entwickelt sich zuerst eine Ablagerung von Lymphzellen um die
Glomeruli. Dieselben werden wie die Harnkanälchen von der wachsenden Neubildung comprimirt. Sie sind in derselben indessen noch
im atrophischen Zustande nachweisbar. Von den Tuberkeln unterscheiden sie sich durch die mangelnde Verkäsung. Ferner gehören
hierher

die Tuberkeln der Niere.

Literatur.

Beer, Die Bindesubstanz der menschlichen Niere. 1859. S. 187. — Virchow, Geschwülste. II. S. 654. — Wilh. Müller, Structur und Entwickelung

---

1) Phil. med. and surg. rep. p. 126.
2) Arch. V. Ges. Abh. S. 208.
3) Dessen Archiv 1860. S. 325.

der Tuberkeln in den Nieren. 1857. — E. Wagner, Archiv f. Heilkunde. XII. S. 10 u. 12. — Derselbe, Tagebl. d. Leipziger Naturforscherversammlung. 1872. S. 214. — Cornil, Arch. de phys. normale et pathol. I. (1868) p. 105.

Pathologie.

Die Tuberkulose der Niere ist meist eine Theilerscheinung der allgemeinen Miliartuberkulose, bei welcher sich, wie in einer Reihe anderer Organe, miliare Tuberkeln entwickeln, welche oft von einem stärker injicirten Hofe umgeben sind. Die oberflächlich oder in den Tubulis contortis der Rindensubstanz liegenden haben eine runde, die zwischen den gestreckten Kanälen des Marks und der Rinde liegenden eine mehr längliche, streifige Form. Die Epithelien der Niere finden sich meist hochgradig körnig degenerirt. Im Symptomencomplex der acuten Miliartuberkulose entsteht durch diese Betheiligung der Nieren keine Aenderung. Sie hat also kein klinisches Interesse.

Es war und ist heut zu Tage noch eine sehr verbreitete Ansicht, dass die miliaren Nierentuberkeln durch ihr Zusammentreten zu Gruppen — was allerdings häufig beobachtet wird — auch zu grösseren Knoten und Infiltrationen verschmelzen, welche das Bild der Verkäsung zeigen, weiterhin zerfallen, phthisiche Vomicae bilden und alsdann das Bild der Nephrophthise darstellen. Man hat diese Form als primäre Nierentuberkulose beschrieben. Ich habe in der vorliegenden Darstellung der Nierenkrankheiten die Nephrophthise (S. 61) von der Tuberkulose der Nieren abgetrennt, weil die erstere häufig als der Ausgang einer chronischen Entzündung mit käsiger Metamorphose anzusehen ist und nicht als entstanden aus verkäsenden confluirten Tuberkelherden. Dass beide Processe neben einander häufig genug vorkommen, ist bei der Schilderung der Nephrophthise bereits erwähnt worden. Die Tuberkeln sind aber dann etwas Accidentelles, wie sie z. B. auch in der Umgebung käsiger Entzündungsherde der Lunge sich entwickeln. Wie wir aber diese heut nicht mehr zur Tuberkulose rechnen, d. h. entstanden durch Confluenz, Verkäsung, Zerfall etc. von Miliartuberkeln, ebenso wenig erscheint das bei den analogen Processen in den Nieren, den Nierenbecken und den Harnleitern zulässig.

Fremde Körper in der Niere, dem Nierenbecken und Harnleiter.

Nephrolithiasis.

(Nierensand, Nierengries, Nierensteine, Concremente der Nieren, Calculi renum.)

Geschichte und Literatur.

Seit den ältesten Zeiten haben die Nierensteine und die von ihnen hervorgerufenen Erscheinungen die Aufmerksamkeit der Aerzte erregt und in mancher, besonders gerade in symptomatologischer Beziehung ermangeln ihre Schilderungen nicht einer gewissen Vollständigkeit. Mit der Entwickelung des Studiums der pathologischen Anatomie seit Morgagni wurden auch die von den Nierensteinen hervorgerufenen anatomischen Veränderungen in den Nieren, den Nierenbecken und Harnleitern genauer studirt. Die chemischen Untersuchungen über die Nierensteine blieben lange eine terra incognita. Die Aerzte und Chemiker von Galen bis auf Paracelsus, von Paracelsus bis auf van Helmont und Boerhave, haben durch ihr schwankendes und oft unverständliches Raisonnement über diesen Gegenstand keine brauchbaren Materialien für die Lehre von der Zusammensetzung der Harnsteine geliefert. Erst durch die grosse Entdeckung des berühmten schwedischen Chemikers Scheele 1776 wurde nicht nur die Harnsäure als Bestandtheil der Harnsteine, sondern auch als normaler Harnbestandtheil erkannt. Freilich war Scheele's Forschung durch den Glauben eingeengt, dass alle Harnsteine aus Harnsäure beständen. Nach Scheele's Entdeckung haben Fourcroy und Vauquelin in Frankreich und Wollaston in England, der Entdecker des Cystin und das Auffinden phosphorsaurer Salze in den Steinen am meisten dazu beigetragen, die Kenntniss der Harnsteine auf ihre jetzige Höhe zu bringen. Den genannten Forschern schlossen sich Marcet, Berzelius und eine Reihe anderer Forscher würdig an. Damit wurden die Harnconcretionen, welche lediglich ihrem äusseren Ansehen nach beurtheilt worden waren, in das Gebiet der Chemie herüber gezogen, welche sich ihrer fast ganz bemächtigte. Dadurch gewann das Thema der steinauflösenden Mittel, obgleich seit alten Zeiten angeregt und besprochen, eine vom aprioristischen Standpunkte sichere Basis, indem man den aus bestimmten Bestandtheilen gebildeten Concretionen bestimmte chemische Lösungsmittel entgegen stellte. Diese therapeutischen Fragen erregten Discussionen, welche, wie z. B. von Civiale, mit grosser Erbitterung geführt wurden. Es fehlte dabei nicht an vielfachen Ausschreitungen, durch welche die ganze Methode discreditirt zu werden drohte, welche erst im Laufe der Zeit auf das richtige Maass eingeschränkt wurden.

Die ältere Literatur der Nierensteine findet sich zusammengestellt in dem VI. Bande des Handbuchs der medicinischen Klinik von Naumann, Berlin 1836 und dem Handbuch der medicinischen Klinik von Canstatt, IV. 3. Abth. 2. Aufl., Erlangen 1845. Für die vorliegende Darstellung wurde benutzt die Seite 3 zusammengestellte allgemeine Literatur und ferner:

Joh. Varandaeus, Tractatus de affectibus renum. Hanoviae 1617. — Boerhave de calculo. Londini 1741. — Sydenham's Werke. II. Bd. Deutsch. Wien 1787. S. 487. — Jacob Huber, Observ. anatom. in Sandifort. Thesaur. Dissert. etc. Vol. II. Rotterdam 1769. p. 248. — Joh. Peter Frank (1810), Spec. Pathol. und Therapie. Deutsch von Sobernheim. II. Bd. S. 440. 1840. — Marcet, Versuch einer chemischen u. s. w. Geschichte der Steinkrankheiten. Deutsch. Bremen 1818. — Magendie, Recherches etc. sur les causes etc. de la gravelle. Paris 1827. Deutsch v. Meissner. Leipzig 1830. — Brodie, Vorlesungen über die Krankheiten der Harnwerkzeuge. Deutsch. Weimar 1833. — Civiale, Ueber die medicinische Behandlung u. s. w. des Steins und Grieses. Deutsch. Berlin 1840. — Willis, Krankheiten des Harnsystems. Deutsch 1841. — Bence Jones, Ueber Gries, Gicht und Stein. Deutsch. 1843. — Prout, Ueber das Wesen u. s. w. der Krankheiten u. s. w. der Harnorgane. 3. Auflage. Deutsch 1843. — Schlossberger, Archiv f. phys. Heilkde. 1850. — Hodann u. Müller, Günsburg's Zeitschrift f. klin. Medicin II. (1851) S. 264. — Rilliet et Barthez, Traité des maladies des enfants. 1853. 2me éd. T. II. p. 38. — Hodann, Verhandlungen d. schles. Gesellsch. u. s. w. 1855. — Virchow, Gesamm. Abhandlungen. 1856. S. 533. — Meckel, Mikrogeologie. 1856. Berlin. — Todd, Clinical lectures etc. of the urinary diseases. 1857. — Heller, Die Harnconcretionen. 1860. Wien. — Garrod, Die Natur u. s. w. der Gicht. Deutsch. 1861. — Beale, L. S. urine, deposits and calculi. 2. edit. London 1864. — Basham, on dropsy. London 1858. p. 201 u. 215. — Hirsch, Handbuch der historisch-geographischen Pathologie. II. S. 349. 1862. — Owen Rees, On calculous diseases etc. London 1856. — Thompson, Clinical lectures etc. of the urinary organs. London 1868. — Julius Müller, Archiv der Pharmacie. 1872. 51. Jahrg. S. 308. — Braun, Balneotherapie. 3. Aufl. — G. Simon, Verhandlungen der deutschen Gesellschaft für Chirurgie. II. 1873. Berlin 1874. — Derselbe, Volkmann's Samml. klin. Vorträge. Nr. 58. — Beneke, Grundlinien der Pathologie des Stoffwechsels. Berlin 1874. — E. Brücke, Vorlesungen über Physiologie. I. 2. Aufl. Wien 1875. S. 404. — Neubauer u. Vogel, Analyse des Harns. 7. Aufl. 1876. — Thompson, The preventive treatement of calc. diss. II. ed. London 1876. — Charcot, Leçons sur les maladies des vieillards etc. Paris 1874. p. 103, sowie die im Texte angegebene Literatur.

Aetiologie.

Der Nierensand und die grösseren Nierenconcretionen bestehen resp. entwickeln sich aus normalen und abnormen Harnbestandtheilen. Um sich die Genese der grösseren Concretionen klar zu machen, knüpft man naturgemäss an die Ausscheidung des Nierensandes, d. i. der pulverförmigen Sedimente, welche mit dem Urin entleert werden. Sie bilden den Ausgangspunkt und die Grundlage des Nierengrieses und der Nierensteine selbst.

Man begnügte sich früher, und zum Theil geschieht das wohl auch jetzt noch, bei der Deutung der Entstehung des Nierensandes mit der Annahme gewisser Diathesen, d. h. man dachte sich, dass die steinbildenden Substanzen entweder als ein Plus normaler Harnbestandtheile, wie z. B. der Harnsäure oder als ganz pathologische Harnbestandtheile, wie z. B. das Cystin unter gewissen constitutionellen Bedingungen in den Nieren ausgeschieden und in denselben oder in den abführenden Harnwegen niedergeschlagen würden, woselbst dann aus ihnen unter gewissen Umständen grössere Concremente gebildet würden. Man unterschied nach den hauptsächlichsten Kategorien der Nierenconcretionen besonders eine harnsaure, eine oxalsaure, und eine phosphatische Diathese. Obwohl in dieser Anschauung einiges Richtige liegt, so ist sie doch in dieser Allgemeinheit ausgedrückt falsch. Denn es können sich alle diese Concretionen bilden ohne dass irgend welche Diathese vorhanden ist und ohne dass ein Plus gewisser die Harnconcretionen bildenden Urinbestandtheile ausgeschieden wird. Am schlimmsten steht es mit der Begründung der phosphatischen Diathese, denn die Phosphate fallen aus der Lösung aus und bilden phosphatische Concretionen, sobald in Folge einer Entzündung der Harnwege oder aus irgend einer andern Ursache[1]) der Urin alkalisch wird. Es braucht dabei die Menge der Phosphate nicht vermehrt zu sein. — Was die sogenannte harnsaure Diathese anlangt, so wäre es ganz unrichtig, wenn man behaupten wollte, dass sich die harnsauren Concretionen sämmtlich aus constitutionellen Ursachen entwickeln. Die Beweisgründe, welche man früher dafür beibrachte, waren falsch; denn aus dem Ausscheiden harnsaurer Niederschläge lässt sich niemals ohne Weiteres auf eine Vermehrung der Harnsäure im Organismus schliessen. Es ist gewiss ganz richtig, dass eine vermehrte

---

1) Z. B. bei manchen Magenkrankheiten, vergl. hierüber die unter Prof. chem. Tollens' und meiner Leitung gearbeitete Inauguralabhandlung von Stein (Deutsch. Arch. f. klin. Medic. XVIII. S. 207).

Bildung der Harnsäure im Körper, wie bei der Gicht, die Ursache einer Abscheidung derselben innerhalb der Nieren werden kann und wird; jedoch auch bei normaler, ja verminderter Menge der Harnsäure kann es zu demselben Effecte kommen, vorausgesetzt, dass Bedingungen eintreten, wobei die normale oder die verminderte Harnsäuremenge nicht in Lösung gehalten werden kann. Unter diese Bedingungen gehört der Gehalt des Harns an saurem phosphorsauren Natron, welches nach den Untersuchungen von Voit und Hofmann[1]) die Bildung von Harnsäuresedimenten bewirkt, indem es unter der Bildung von basisch phosphorsaurem Salz zersetzend auf das im Urin gelöste harnsaure Alkali einwirkt. Gleich nach der Bildung des sauren Harns beginnt diese Einwirkung des sauren phosphorsauren Natrons auf das harnsaure Alkali und die Harnsäure fällt um so eher aus, je reichlicher die Ausscheidung des sauren phosphorsauren Natrons oder je concentrirter der Harn ist. Beginnt diese Fällung schon innerhalb der Harnwege, so kann sie zur Bildung von harnsauren Concretionen Veranlassung geben.

Ferner wird Harnsäure, ohne dass mehr harnsaures Alkali als normal ausgeschieden wird, aus der Lösung ausfallen, wenn der Harn in Folge der sauren Gährung stärker sauer wird. Die saure Gährung des Harns[2]) tritt zwar meist erst nach der Entleerung desselben ein, bisweilen aber doch schon innerhalb der Harnwege. Der Säuregehalt nimmt dabei, wahrscheinlich durch eine Zersetzung der Farb- und Extractivstoffe des Harns zu. Der Schleim der Harnwege scheint als das die saure Harngährung einleitende Ferment zu wirken. Alles was den Schleim in den Harnwegen vermehrt, kann auf diese Weise Veranlassung zur Bildung von Nierenconcretionen werden, besonders auch noch deshalb, weil die Schleimflöckchen, wie alle fremden Körper in den Harnwegen das Herausfallen der festen Harnbestandtheile aus der Lösung sehr befördern. Die Ansicht von Magendie und Ségalas, dass eine Verminderung der Körpertemperatur als Ursache oder Prädisposition der Greise für harnsaure Concretionen anzusehen sei, indem Harnsäure und ihre Verbindungen bei niederer Temperatur eher ausfallen, beruht auf einer unrichtigen Voraussetzung, indem die Temperatur mit dem Vorschreiten des Alters keine nennenswerthe Modification erfährt.[3])

Was die sogenannte oxalsaure Diathese betrifft, so gilt von ihr ungefähr das Gleiche, wie von der harnsauren. Die Oxalate in

---

[1] Zeitschrift f. anal. Chemie. Bd. 7. S. 397.
[2] Vgl. Scherer, Untersuchungen zur Pathologie. 1843.
[3] Charcot, Leçons sur les maladies des vieillards. Paris 1874. p. 251.

den Harnconcretionen rühren wesentlich von der Harnsäure her, welche
zerfällt und als eines ihrer Zersetzungsproducte Kleesäure bildet,
weitaus seltener stammen sie von Oxalsäure haltigen Nahrungsmitteln
(Sauerampfer, Früchten von Solanum licopersicum, Liebesäpfeln etc.)
oder von Medicamenten (Rheum etc.) her. Schultzen[1]) fand Oxalsäure im Harn unter normalen Verhältnissen, und Fürbringer[2]),
wenngleich er die von Schultzen angegebenen Werthe zu hoch
findet, rechnet sie auch zu den normalen, vielleicht constanten Harnbestandtheilen, deren Menge unter gesundheitsgemässen Verhältnissen nach seinen Untersuchungen 20 Milligr. pro die nicht zu über-
schreiten scheint. Sie verbindet sich wegen ihrer grossen Verwandtschaft zum Kalk mit demselben zu oxalsaurem Kalk, welcher durch
seine zierlichen Oktaëder (Briefcouvertform) mikroskopisch sehr leicht
erkennbar ist und bei seiner schweren Löslichkeit gern zu gries-
förmigen Ausscheidungen Veranlassung gibt. Das hauptsächlichste
Lösungsmittel für den oxalsauren Kalk im Harn bildet das saure
phosphorsaure Natron (Neubauer). Je reichlicher dasselbe ist,
um so weniger fällt oxalsaurer Kalk aus. Es kann ein solcher Harn
dabei weit reicher an Oxalaten sein als ein anderer, in dessen Sediment man zahlreiche Krystalle von oxalsaurem Kalk findet. Es
fällt ceteris paribus um so mehr Kalkoxalat aus, je geringer der
Säuregrad des Harns ist. — Von den abnormen Harnbestandtheilen, welche Nierenconcretionen bilden, gedenke ich kurz des
Cystin. Es entsteht im Körper unter uns vollständig unbekannten,
wie es scheint, stets pathologischen Bedingungen. Einige haben sein
Auftreten mit Rheumatismus in Zusammenhang gebracht. Das ist
aber eine durchaus unbewiesene Behauptung und würde überdies
die Genese des Cystin nicht erklären. In einem von mir beobachteten Falle von Cystinurie[3]) fanden sich bestimmte Beziehungen
zwischen der Ausscheidung des Cystin und der schwefelsauren Verbindungen in der Weise, dass mit einer steigenden Menge der Schwefelsäure auch die des Cystin stieg. Aehnliches beobachtete Beale.
Ausserdem war bei meinem Falle eine verringerte Ausscheidung der

---

1) Reichert's u. Du Bois' Archiv. 1868. S. 719.
2) Paul Fürbringer, Deutsch. Arch. f. klin. Medic. XVIII. Bd. S. 143. 1876.
3) Beschrieben in der Inauguralabhandlung von A. Niemann: Beiträge
zur Lehre von der Cystinurie des Menschen. Göttingen 1876. Dieselbe ist im 18. Band des Deutschen Arch. f. klin. Medicin abgedruckt. Sie enthält eine Uebersicht der einschlägigen Literatur. Ueber die Entstehung des Cystin
vgl. ferner F. Külz, Versuche zur Synthese des Cystins. Dissert. inaug. 1871. Marburg.

Harnsäure auffallend, eine Beobachtung, welche uns bei einer ganzen Reihe von Cystinuriefällen entgegentritt. Freilich ist dieses Verhältniss nicht constant. Marowsky hat einen Fall von Cystinurie bei chronischer Atrophie der Leber beschrieben. Er nimmt an, dass das Cystin vicariirend für das Gallentaurin durch die Nieren ausgeschieden worden sei. Ohne in eine Discussion über die Bildung des Cystins aus Taurin einzutreten, welche vom chemischen Standpunkte aus ganz plausibel ist, will ich hier nur so viel bemerken, dass der Fall von Marowsky als Beweis für diese Hypothese nicht verwerthet werden kann, und zwar schon deswegen nicht, weil die Cystinausscheidung keine continuirliche war, während die Acholie und die Störung der Leberfunction dauernd bestand. Man müsste ja doch eine fortdauernde vicariirende Thätigkeit der Niere verlangen, um diese Ansicht vom klinischen Standpunkt als plausibel anerkennen zu dürfen. — Hat sich durch Ausfällung der Harnbestandtheile aus der Lösung Nierensand gebildet, so entwickeln sich beim Fortschreiten der Steinbildung die eigentlichen Concretionen, indem sich der vorhandene Nierensand zu grösseren Körnern gruppirt, welche den Kern darstellen, um den sich neue Ablagerungen bilden. Wie die allermeisten Harnsteine, wie wir sehen werden, aus Harnsäure bestehen, so besonders gerade der Kern. Inmitten dieses soliden Kerns sieht man in einer Reihe von Fällen eine Lücke. Hier war ursprünglich ein weicher Körper, eine kleine Schleimflocke, möglicherweise auch ein geringfügiges Blutgerinnsel vorhanden, um welches sich die festen Harnbestandtheile zuerst abgelagert haben.[1]) Das, was jetzt als Defect erscheint, repräsentirt also den Uranfang des Steins. Meckel nahm einen besonderen schleimbildenden Katarrh als Bedingung für die Bildung der Nierenconcretionen an und zwar sollte der oxalsaure Kalk das Versteinerungsmittel für den in dem Nierenbecken producirten Schleim sein. Indessen so geistreich diese und andere Theorien, welche er in seiner Mikrogeologie über die Harnsteine niederlegte, sind, wie ihr doppeltes Wachsthum theils durch Apposition neuer Schichten von Aussen, theils durch Intussusception, der in ihnen stattfindende ewige Stoffwechsel, die Transsubstantiation der Steine u. a. m. — sie erwarben sich nicht die allgemeine Anerkennung, weil ihnen die thatsächliche Begründung fehlt.

---

1) In dem Nierenparenchym dienen vielleicht ab und zu Harncylinder als Ablagerungspunkte für krystallinische Ausscheidungen, besonders der Oxalsäure. In Aegypten sah Griesinger die Eier von Distoma haematobium die Kerne von Nierensteinen bilden.

Aus dem Vorstehenden lässt sich soviel aussagen, dass Veranlassung zur Bildung von Harnconcretionen überall da gegeben ist, wo aus irgend einem Grunde normale oder abnorme Harnbestandtheile nicht in Lösung bleiben, sondern sich innerhalb der Harnorgane niederschlagen. Man hat nun mit grösserer oder geringerer Berechtigung gewisse Verhältnisse als sogenannte prädisponirende Momente für die Entwickelung der Harnsteine angenommen. Dieselben betreffen das Geschlecht, das Alter, die Lebensweise, die Art der Ernährung, die verschiedenen Landstriche, in denen die Kranken leben u. s. f.

Was nun die Dignität dieser prädisponirenden Momente für die Entwickelung der Nierensteine betrifft, so fehlt es leider bis jetzt an sorgfältigen statistischen Erhebungen über diese Punkte. Wir besitzen zur Zeit nur vereinzelte Materialien über die Statistik der Harnsteine im Allgemeinen, welche August Hirsch in seinem klassischen Werke über historisch-geographische Pathologie II. S. 348, 1862 gesammelt, gesichtet und kritisirt hat. Wenn nun auch der grösste Theil aller Harnsteine aus den Nieren stammt, indem die Nierensteine, nachdem sie den Ureter passirt, in der Blase liegen bleiben und sich dort vergrössern (nach Heller's Erfahrungen stellt sich das Verhältniss wie 100 : 1), so sind doch die Resultate dieser Untersuchungen zur Zeit nicht ohne Weiteres auf die Nierensteine zu übertragen.

Was das Alter betrifft, in welchem Nierensteine zur Beobachtung kommen, so findet man sie, was bei Gallensteinen nur ganz ausnahmsweise der Fall ist, bereits im Kindesalter und in diesem gerade sehr häufig vor. Schon im Fötalzustande kann es zu Concrementbildung in den Nieren kommen, wovon sich bereits in der älteren Literatur eine Reihe von Beispielen findet.[1]) Diese Thatsache wird ganz verständlich, wenn man erwägt, dass im fötalen Organismus, wie es besonders von Schwartz[2]) erwiesen ist, normale und regelmässige Bildung von Harnstoff und Harnsäure Statt hat. Schon aus diesem Grunde hat auch die Annahme der intrauterinen Entstehung des harnsauren Infarkts (vgl. S. 215) ihre vollständigste Berechtigung. Brücke nimmt sogar an, dass ein grosser Theil der Steine aus früher Jugend herrührt, und dass die Steinkrankheit mit dem Harnsäureinfarkt der Neugeborenen in directem Zusammenhange steht. Concretionen von verschiedener Grösse fin-

1) Vgl. Grätzer, Krankheiten des Fötus, Breslau 1837, sowie Naumann, Handbuch der medic. Klinik. VI. Bd. 1826. S. 462.
2) Die vorzeitigen Athembewegungen. Leipzig 1858. S. 61.

den sich ziemlich häufig in den Nierenbecken und Nierenkelchen
junger Kinder, besonders solcher, welche einige Monate alt geworden sind. Fast stets sind es kleine bis linsengrosse Steine aus
Harnsäure oder harnsaurem Ammoniak.[1]) Schon in den ersten Lebensmonaten kann sich der volle Symptomencomplex der Nephrolithiasis entwickeln. J. P. Frank citirt zwei Beobachtungen, wo
bei einem Kinde von 2 und einem anderen von 8 Tagen der Tod
während des Abgangs kleiner Steine durch Convulsionen erfolgte.

Henoch[2]) erzählt die Geschichte eines 5 Monate alten, an der
Mutterbrust genährten, dennoch aber sehr mageren und schwächlichen Kindes, welches schon von Geburt an vor jeder Urinentleerung stark geschrien haben sollte und welches unter eklamptischen
Zufällen, die von eigenthümlichen Contracturen der Extremitäten
und Rigidität der Hals- und Nackenmuskeln gefolgt waren, im Verlauf von 4 Wochen wiederholt harnsaure Concretionen entleerte. Vor
Allem ist das jugendliche Lebensalter bis zu 5 Jahren das am häufigsten befallene, nächstdem das bis zu 15 Jahren. Unter 5900 Steinen, welche in verschiedenen Orten beobachtet wurden, zählte Civiale 45 pCt. bei Kindern. In den Jünglings- und Blüthejahren
vermindert sich die Neigung zur Steinbildung, um in späteren Le-
bensjahren wieder stärker hervorzutreten.

In wie weit die Erfahrung, dass die an Blasenstein leidenden
Kinder der ärmeren Volksklasse und die von dieser Krankheit heim-
gesuchten Erwachsenen der günstiger situirten Minderheit der Bevölkerung angehören, auch auf die Nierenconcretionen in Anwendung
gebracht werden darf, dafür existiren bis jetzt keine auf genügen-
dem Beobachtungsmaterial basirten Erfahrungen.

Das männliche Geschlecht betheiligt sich bei den Harnsteinen in überwiegender Menge. Auf 5497 Kranke männlichen Ge-
schlechts kamen nur 309 weibliche Steinkranke.[3]) Das gilt von Erwachsenen wie auch von Kindern. Rilliet und Barthez fanden
unter 8 Steinkranken im Hospital 6 Knaben und 2 Mädchen. Aehnlich stellte sich das Verhältniss in ihrer Privatpraxis. Gleiche Erfahrungen theilte unter anderen neueren Beobachtern Neupauer[4])
mit, welcher unter 100 Fällen nur 5 Mädchen fand. Ein nicht zu
unterschätzendes Moment bei der Steinkrankheit liegt in der Erb-

---

1) Vgl. Bednar, Krankh. der Neugeborenen und Säuglinge. III. Theil. 1852.
S. 190.
2) Beiträge zur Kinderheilk. Neue Folge. Berlin 1868. S. 357.
3) Oesterlen, Handbuch der medic. Statistik. 1865. S. 649.
4) Jahrb. der Kinderheilk. V. Heft. 4. 1872.

lichkeit und Familienindividualität. Interessant sind, was
die erstere anlangt, besonders die Beziehungen zwischen harnsauren
Concrementen und der Gicht (vgl. unten die Complicationen der
Nephrolithiasis). Eine ausgesprochene Familiendisposition findet sich
in einer grösseren Anzahl von Fällen bei der Cystinurie. Man nahm
früher an, dass einzelne Gegenden eine Immunität von der
Steinkrankheit hätten. So z. B. sollte in den Tropen die
Steinkrankheit unbekannt sein. Das ist ein Irrthum. Allan Webb[1])
kam auch von seiner Ansicht zurück, dass der Stein eine in Indien
unbekannte Krankheit sei, indem er in seinem Museum circa 300
verschiedene Exemplare von Steinen fand, welche sämmtlich von
Patienten, die in ganz Indien operirt wurden, herrühren. Desgleichen
beobachtete Heinemann[2]), dass in Vera Cruz Nierensteine und
ihre Folgezustände ziemlich häufig sind. Wir wissen jetzt, dass die
tropischen und subtropischen Gegenden zum Theil in ganz hervorragender Weise von dieser Krankheit heimgesucht werden. Es ist
das auch ohne Weiteres sehr gut begreiflich, weil der Urin um so
saturirter ist, je reichlicher die Haut secernirt und weil die Geneigt-
heit zu Harnniederschlägen resp. Gries- oder Steinbildung in einem
geraden Verhältniss zur Sättigung des Harns mit festen Stoffen, besonders mit Harnsäure, steht. Desgleichen ist auch die frühere Annahme, dass ein feuchtkaltes Klima eine wesentliche Bedingung für
die Entstehung der Steinkrankheit sei, als jeder Berechtigung ent-
behrend aufzugeben. Jedenfalls ist das endemische Vorkommen der
Steinkrankheit z. B. im östlichen England und in den Niederlanden
nicht auf klimatische Einflüsse zurückzuführen. Denn was England
betrifft, so gibt es dort klimatisch ungünstigere Gegenden als gerade
den Osten und in den Niederlanden hat die Steinkrankheit seit Anfang dieses Jahrhunderts bedeutend abgenommen, ohne dass ein
Klimawechsel sich constatiren lässt. Die Lebensweise und die
Ernährungverhältnisse haben entschieden einen hervorragen-
den Einfluss auf die Bildung der Harnsteine. Wenn auch die Angabe früherer Beobachter, z. B. von Boerhave, dass allein in
Folge langer ruhiger Lage des Körpers sich Nierensteine entwickeln
können, nicht auf ausreichendes und zuverlässiges Beobachtungsmaterial gestützt erscheint, so spricht das Vorherrschen der Krankheit im höheren Lebensalter bei der wohlhabenden Klasse, welche
neben einer ruhigen trägen Lebensweise den Tafelfreuden besonders

---

1) Pathol. indica. p. 245. Calcutta 1848.
2) Virch. Arch. LVIII. S. 153.

huldigt, dafür, dass die mangelnde Körperbewegung neben einer
dafür viel zu opulenten Kost einen nicht zu unterschätzenden Factor
in der Aetiologie der Harnsteine bildet. Auf der anderen Seite hat
man das vorzugsweise Vorkommen bei den Kindern der ärmeren
Klassen ganz besonders auf die durch grobe, schwer verdauliche,
vorwiegend amylumhaltige Nahrungsmittel gesetzten Verdauungsstörungen bezogen. Das endemische Vorkommen der Harnsteine in
manchen Gegenden möchte vielleicht weit eher auf derartige Miss-
stände in den Ernährungsverhältnissen, als auf ungünstige klimatische Eigenthümlichkeiten der betreffenden Gegenden zurückzuführen
sein. Indessen sind auch diese Verhältnisse nicht zu überschätzen;
denn im Vergleich mit diesen ausgebreiteten und fast durchweg
gleichmässig vorkommenden Uebelständen in der Ernährung der
ärmeren Volksklassen sehen wir doch verhältnissmässig nur sehr
selten Harnsteinbildung, und wir vermissen dieselben häufig ganz in
den Gegenden, wo die beregten Schädlichkeiten in der ausgezeich-
netsten Weise vorhanden sind. Auch von dem sauren jungen Wein
und anderen Dingen, welche vielfach als Ursache der Harnsteinbildung beschuldigt wurden, lässt sich dasselbe aussagen. Soviel
steht ferner auf Grund vieler gut constatirter Behauptungen fest,
dass in einer grossen Zahl von Fällen trotz reichlicher und anhaltender Entleerung von Harngries dennoch keine Bildung grösserer
Concremente erfolgt. Den Grund dafür suchen wir in solchen Fällen
wesentlich in dem Ausbleiben entzündlicher Processe in Folge des
Nierensandes, deren Producte sicher einen Hauptantheil an der Bildung grösserer Concremente haben, indem sich an ihnen besonders
gern die betreffenden Harnbestandtheile in reichlicher Menge niederschlagen. Die individuelle Disposition zur Entstehung derartiger
entzündlicher Processe ist jedenfalls eine sehr verschiedene.

Ob und in wie weit eine der ältesten und verbreitetsten Annahmen, dass das Trinkwasser, besonders sein grosser Kalkgehalt,
zu der Bildung der Nierensteine Veranlassung gebe, berechtigt ist,
lässt sich dahin beantworten, dass in manchen Gegenden mit har-
tem kalkhaltigem Wasser die Steinkrankheit ausserordentlich selten
ist, während anderwärts bei wenig kalkhaltigem Trinkwasser dieselbe häufig beobachtet wird. Auf der anderen Seite jedoch ist
a priori nicht zu leugnen, dass ein grosser Kalkgehalt des Trink-
wassers einen Einfluss auf die Bildung von Harnsand innerhalb der
Harnorgane haben kann, einmal indem ein vermehrter Kalkgehalt
des Wassers den Anlass für die Secretion eines schwächer sauer oder
gar alkalisch reagirenden Harns gibt, wodurch der Bildung von Harn-

sand Vorschub geleistet wird, das andere Mal indem der mehr Kalk-salze enthaltende Urin die Harnwege stärker reizt, zur Entstehung entzündlicher Processe in denselben Anlass gibt und so ebenfalls das Ausfallen von Harnbestandtheilen aus der Lösung innerhalb des Körpers befördert.

Pathologie.

Pathologische Anatomie.

A) Die Niederschläge und die Concretionen in den Nieren und in den Nierenbecken und Harnleitern.

Niederschläge von Harnbestandtheilen in den Nieren finden sich bereits beim Neugeborenen: als die sogenannten harnsauren In-farkte. Beim Erwachsenen sind diese Infarkte nicht beobachtet. Sie sind von geringer Ausdehnung und veranlassen wahrscheinlich niemals irgend welche Störungen der Nierenthätigkeit. Sie wurden bereits von Rayer beschrieben, indessen erkannte erst Schloss-berger (1842) ihre Zusammensetzung, während Virchow[1]) (1856) die Geschichte derselben nach den verschiedensten Richtungen hin aufs Genaueste verfolgte.

Die Pyramiden erscheinen gelb-röthlich, bräunlich oder gelblich gestreift, ihre Papillen strotzen von einer beim Druck austretenden dicklichen, röthlichen Flüssigkeit. Selten erstrecken sich die Streifen durch die ganze Länge der Pyramiden, noch seltener finden sich die Papillen frei und nur der breitere Theil der Pyramiden erscheint in der beschriebenen Weise verändert. In solchen Fällen ist die Ent-leerung der die Harnkanälchen erfüllenden Massen aus dem papil-laren Theil bereits erfolgt. Man findet dieselben dann auch oft im Nierenbecken noch vor. Dieselben bestehen aus harnsauren Salzen, theils harnsaurem Natron, besonders aber auch harnsaurem Ammo-niak. Beim Zusatz von Salzsäure oder concentrirter Essigsäure kry-stallisirt die Harnsäure aus. Das ist das Experimentum crucis für die Feststellung der Natur dieser Niederschläge. Dieselben sind als bräunliche oder braunröthliche Massen von fein- oder grobkörniger Beschaffenheit in die Harnkanälchen eingelagert, welche sie bis-weilen ganz erfüllen. In den schwächsten Graden finden sich nur die Epithelzellen mit in feinkörniger Form abgelagerten Salzen in-krustirt. Diese harnsauren Infarkte der Nieren Neugeborener be-

---

1) Virchow, Ges. Abh. S. 559.

schränken sich, worauf Henle[1]) bereits aufmerksam machte, ausschliesslich auf die offenen Kanäle der Pyramiden.

Virchow urgirte mit besonderem Nachdruck, dass sich der harnsaure Infarkt nur bei solchen Neugeborenen findet, deren Lungen ausgedehnt waren, dass er also bei todtgeborenen Früchten nicht vorkommt. Darauf basirte er die forensische Bedeutung desselben; indem der harnsaure Infarkt allein beim Fehlen anderer Symptome, oder wenn dieselben wegen eingetretener Fäulniss der Frucht so undeutlich geworden sind, dass sie sich nicht mehr verwerthen lassen, mit einer an Gewissheit grenzenden Wahrscheinlichkeit für das Leben der Frucht ausserhalb des Uterus sprechen soll. Der harnsaure Infarkt bleibt auch bei weit fortgeschrittener Verwesung noch deutlich sichtbar. Hodann konnte ihn noch nach 45 Tagen in den faulen Nieren nachweisen.

Was die Ursachen dieses harnsauren Infarkts der Neugeborenen betrifft, so hat die meisten Anhänger die Ansicht Virchow's, welcher ihn für den Ausdruck des gesteigerten physiologischen Stoffumsatzes hält, welcher nach der Geburt in Folge des Eintritts der Respiration, der Verdauung und Wärmebildung eintritt.

Diese Ansicht, sowie die forensische Bedeutung werden hinfällig, wenn der harnsaure Infarkt, sei es auch nur in einem Falle, bei einem todtgeborenen Kinde, beobachtet würde. Die von E. Martin[2]) und Hoogeweg[3]) mitgetheilten Fälle wurden von Virchow nicht anerkannt, weil die Lungen gut mit Luft gefüllt waren: er vermisste den Nachweis eines Falles, in welchem luftleere Lungen mit Harnsäureinfarkt zusammen beobachtet worden sind: wo also ein unzweifelhaft todtgeborenes Kind den Infarkt gezeigt hätte. H. Schwartz[4]) hat diesen Nachweis geliefert: Das Kind zeigte noch einen schwachen Herzschlag, konnte aber nicht zum Athmen gebracht werden. Lungen klein, braunroth, völlig luftleer. Die gestreckten Harnkanälchen beider Nieren waren mit röthlichen, harnsauren Sedimenten erfüllt. Seitdem hat sich die Zahl der Beobachtungen, welche unzweideutig die Möglichkeit intrauteriner Entstehung der Harnsäureinfarkte liefern, gemehrt.[5])

---

1) Hdbch. der Anat. II. 1866. S. 318.
2) Jena'sche Annalen. 1850. I. S. 126.
3) Casper's Vierteljahrschr. 1855. I. S. 33.
4) Die vorzeitigen Athembewegungen. Leipzig 1858. S. 58. (Beob. II. J. N. 5580.)
5) Mir hat ein Präparat aus der Samml. des Breslauer path. Instituts vorgelegen, welches von Waldeyer herrührt: Harnsäureinfarkt der Duct. papill. Todtgeborenes Kind. Gynaekol. Klinik. 1866. (Präparat 63 aus d. J. 1866) vgl. ferner Bullet. de soc. anat. Paris 1875. p. 498.

Alle Beobachter stimmen aber darin überein, dass der Infarkt
am seltensten bei Neugeborenen beobachtet wird, welche bald nach
der Geburt starben, häufiger in den Fällen, wo der Tod am ersten,
am häufigsten, wenn er zwischen dem 2.—14. Lebenstage erfolgt.
Von da ab findet eine stetige Abnahme in der Frequenz bis zum
Ende des 2. Lebensmonates statt; indessen ist auch noch im 3.—5.
Lebensmonat der Harnsäureinfarkt in vereinzelten Fällen von Virchow beobachtet worden.

Der harnsaure Infarkt findet sich nur in der kleineren Hälfte
der Nieren Neugeborener (etwa 47 pCt.), es sind also die Bedingungen dafür inconstant.[1])

Bei Erwachsenen finden sich nicht selten in einzelnen Harnkanälchen der Pyramiden harnsaure Niederschläge in feinkörniger
Form. Frerichs fand in einem Falle sehr kleine Säulchen mit
schiefer Endfläche, welche aus harnsaurem Natron bestanden. — In
einem anderen Falle fand derselbe Forscher in einer Bright'schen
Niere, in den mit amorphen Faserstoffcoagulis ausgefüllten Harnkanälchen der Rinde und der Pyramide grosse braungefärbte Krystalle aus Harnsäure theils einzeln, theils zu Drusen bis zur Grösse

---

1) Aehnliche makroskopische Bilder gibt der Pigmentinfarkt (Bilirubin-
Hämatoidininfarkt) der Nieren. Da dieser Pigmentinfarkt auch bei Neugebo-
ren — freilich nur bei Nierenikterus — und vergesellschaftet mit Harnsäureinfarkt vorkommt, mag seiner hier kurz gedacht werden. Mikroskopische Untersuchung und mikrochemische Untersuchung sichern die anatomische Diagnose.
Die Nieren zeigen bei dem Pigmentinfarkt in den hochgradigen Fällen grobe
makroskopische Veränderungen, bedingt durch eine Pigmentirung, welche hauptsächlich in den Papillenspitzen sich findet. Man sieht bei mikroskopischer Untersuchung rhombische Täfelchen oder Säulchen, seltener schmale Nadeln von gelb-
rother oder dunklerer Färbung, bald im intertubulären Gewebe und den Gefässen,
bald in den Epithelien, bald im Lumen der Harnkanälchen. Ueber die Natur
dieser Krystalle divergiren die Ansichten, die Einen halten sie für Bilirubin, die
Anderen für Hämatoidin- (Blut-) Krystalle. Orth vermisste diese Krystalle, deren
Hauptfundgrube die Nieren sind, welche aber auch sehr oft im Blut und, wenn
auch in geringerer Anzahl, in allen übrigen Organen gefunden werden, in keinem,
wenn auch ganz kurz dauernden Icterus neonat. Der Ikterus ist als die Haupt-
ursache für die Abscheidung des Pigments anzusehen, welches lediglich ein vorher
im Blutplasma gelöst gewesener Gallenfarbstoff ist. Weit seltener lässt sich eine
directe Abscheidung von Hämatoidinkrystallen aus Blutextravasaten in den Nieren
Neugeborener nachweisen. Beim Ikterus Erwachsener kommen derartige Bili-
rubininfarkte nicht vor, nur bei ganz chronischem Ikterus tritt ausnahmsweise
ausgedehntere Ablagerung von Gallenpigment auf, aber hier handelt es sich nicht
wie bei Neugeborenen lediglich um Bilirubin, sondern um alle möglichen Modificationen des Gallenfarbstoffs. (Näheres über diese Fragen und die einschlägige
Literatur s. bei Orth, Virch. Archiv 63. S. 447. 1875.)

eines Stecknadelkopfes vereinigt. Die Corticalsubstanz fühlte sich wie mit Sandkörnchen bestreut an. Das Nierenbecken enthielt gallertartig geronnenen Faserstoff, welcher ebenfalls sehr reich an jenen Krystallen war. Ausserdem findet sich die Harnsäure in dilatirten Harnkanälchen, meist als harnsaures Natron in Gestalt schöner, meist sehr langer rhombischer Säulen. Harnsaures Ammoniak wird sehr selten beobachtet. Reine Harnsäure findet sich manchmal in Nierencysten (s. S. 135). Am reichlichsten finden sich die harnsauren Niederschläge in den Nieren von Gichtkranken, sie finden sich hier auch in der Zwischensubstanz und können dann durch Verschmelzung einzelner kleiner Concretionen bis zu Hanfkorn- ja Erbsengrösse anwachsen.

Auch oxalsaurer Kalk wurde in vereinzelten Fällen in der Substanz der Nieren beobachtet, so von Crosse und Meckel, ferner fand man ihn neben Harnsäure in den Nieren von Arthritikern. Ich habe Krystalle von oxalsaurem Kalk neben reichlichen Blutkörperchen auf Harncylindern beobachtet. Johnson sah oxalsauren Kalk in Zellen eingeschlossen.

Ausserdem kommen in den Nieren Niederschläge (Infarkte) von kohlensaurem und phosphorsaurem Kalk vor, und zwar in Form kleiner cylindrischer, amorpher und körniger oder tropfsteinförmiger Massen, sie sind undeutlich krystallinisch, stark lichtbrechend und werden in Säuren, die ersteren mit, die letzteren ohne Gasentwickelung gelöst. Man findet sie besonders bei älteren Leuten. Die ätiologischen Bedingungen, unter denen sie beobachtet werden, sind sehr verschieden. Virchow hat auf ihr Vorkommen in den Nieren neben den sogenannten Kalkmetastasen in anderen Organen in den Fällen aufmerksam gemacht, wo es sich um eine directe, zu den Theilen hinzukommende Schwängerung und Ueberladung mit Kalksalzen handelt, so bei ausgedehnten Resorptionen von Skelettheilen. In den Nieren aber kann ein Niederschlag von Phosphaten einfach durch die Secretion eines alkalischen Harns (vergleiche oben die Aetiologie der Harnsteine) geschehen, wobei die Phosphate aus der Lösung bereits innerhalb der Harnkanälchen ausgeschieden werden können. Ausserdem sind einige Thatsachen bekannt, deren Deutung zur Zeit noch nicht möglich ist. Man findet Phosphatniederschläge in den Harnkanälchen von Thieren, welche durch Bestreichen mit imperspirablen Substanzen getödtet sind. B. Küssner[1] weist auf die Möglichkeit einer Analogie zwischen diesem

---

[1] Deutsch. Archiv f. klin. Medicin. XVI. S. 253.

Befunde und dem Vorkommen solcher Niederschläge in der Niere eines an Scharlachnephritis gestorbenen 2jährigen Knaben hin. E. Wagner[1]) hat übrigens — wie ich hier bemerken will — die Häufigkeit eines bald schwachen, bald stärkeren Kalkinfarktes der Nierenpyramiden bei Individuen, welche auch im jugendlichen Alter an Pocken starben, hervorgehoben. Erythropel[2]) fand in den Nieren eines Diabetikers zahlreiche Infiltrationen mit phosphorsaurem Kalk. Nach Froriep kommen in den Harnkanälchen auch Niederschläge von phosphorsaurer Ammonmagnesia vor. Diese Angabe bedarf aber weiterer Bestätigung.

Während der harnsaure Infarkt der Neugeborenen sich lediglich auf die offenen Kanälchen der Marksubstanz beschränkt, sind nach Henle[3]) die schleifenförmigen Kanälchen der Marksubstanz und vorzugsweise die in den Papillen enthaltenen Schlingen durch die Inkrustation mit Kalksalzen ausgezeichnet. Indessen kommt auch kohlensaurer Kalk im Nierencortex vor. Im Breslauer pathologischen Institut finden sich Bright'sche Nieren aus Waldeyer's Zeit (1871, Sect.-Prot. 25), wo sich im schmalen Nierencortex zahlreiche gelbe Sprenkel und Punkte finden, welche sich wie verkalkte Massen anfühlen. Dieselben sind unregelmässig geformte Schollen und Bröckel, welche sich in Salzsäure unter lebhafter Gasentwickelung auflösen. Dieselben scheinen im interstitiellen Bindegewebe zu liegen, wenigstens lässt sich eine bestimmte Lagerung derselben, etwa in den Harnkanälchen, nicht nachweisen. Erythropel und B. Küssner fanden die Kalkinfiltrationen in den gewundenen Harnkanälchen, insbesondere in dem den Glomerulis zunächst gelegenen Abschnitt derselben. Von weit grösserer praktischer Wichtigkeit als die in Vorstehendem geschilderten, aus Harnbestandtheilen bestehenden Niereninfarkte sind diejenigen Concretionen, welche aus normalen oder abnormen Harnbestandtheilen bestehen und welche unter den Bezeichnungen: Nierensand, Nierengries und Nierensteine allgemein bekannt sind. Man gibt mit diesen Namen lediglich Grössendifferenzen der verschiedenen Harnconcretionen. Unter Nierensand versteht man feine pulverförmige Niederschläge, welche oft bei gewissen Vergrösserungen sich als aus Krystallen bestehend erweisen. Der Nierengries (gravelle) erreicht höchstens den Umfang eines Nadelknopfes, die meisten Körner sind kleiner. Bei den Nierensteinen unterscheiden die Franzosen die eigentlichen Nieren-

---

1) Dessen Archiv 1872. S. 114.
2) Nachrichten von der k. Ges. in Göttingen. 1865. S. 253.
3) vgl. l. c. S. 319.

steine und die Griessteine. Die letzteren können noch durch die Harnwege passiren, während bei den eigentlichen Nierensteinen das nicht mehr der Fall ist. Griesstoine und Nierengries werden in der Praxis sehr häufig verwechselt. Feste Grenzen lassen sich hier nicht ziehen. Die Nierensteine finden sich bisweilen vereinzelt, bisweilen aber auch in beträchtlicher Zahl. Ihre Grösse ist sehr verschieden. Sie schwankt von der eines Stecknadelkopfes bis zu der einer Bohne, welche sie selten übertreffen. Indessen fehlt es in der Literatur nicht an Fällen, wo dieselben einen bedeutend grösseren Umfang erreichten, wo sie die Nierenkelche und das Nierenbecken ausfüllen und 60—100 Gramm wogen. Troja will sogar mehre Pfund schwere Nierensteine gefunden haben. Grosse Nierensteine passen sich der Form des Nierenbeckens und der Kelche an und nehmen dabei eine verschiedene, oft ästige, korallenartige Form an. Die Zahl der Aeste schwankt je nachdem sie eine grössere oder geringere Zahl von Nierenkelchen einnehmen. Die Steine wachsen aus den Nierenkelchen in das Nierenbecken hinein und sind sehr fest in die Niere eingebettet. Walter fand bei einem 60jährigen Gichtiker in der rechten Niere einen 106 Gramm schweren Stein, welcher so sehr die Gestalt der Niere angenommen hatte, dass er einer versteinerten Niere glich. Abgesehen von diesen grossen Nierensteinen findet sich die Zahl derselben häufig erheblich vermehrt. Ich habe deren einmal 150 in einem Nierenbecken gezählt, indessen kommen noch zahlreichere Nierensteine in einer Niere vor; jedoch sind das Ausnahmen. In den Harnleitern bilden sich nur ausnahmsweise Concremente. Es sind seltene Fälle, wo sich, wie Marcet erzählt, die Ureterenschleimhaut mit einem Kalkconcrement bedeckt fand. Die meisten Concremente gelangen aus dem Nierenbecken in den Harnleiter, wo sie sich aber, wenn sie dort fest eingekeilt werden, durch Auflagerung von aus der Lösung ausfallenden Harnbestandtheilen z. B. Uraten und Phosphaten vergrössern können.

Die chemische Zusammensetzung der Nierensteine ist eine verschiedene.

Am häufigsten kommen die aus Harnsäure oder harnsauren Verbindungen bestehenden Steine zur Beobachtung. Es ist hier ein ähnliches Verhältniss wie mit dem Cholestearin in den Gallensteinen. Beide — die Harnsäure und das Cholestearin — kommen erstere im Harn, letztere in der Galle nur spärlich vor, tragen aber wegen ihrer Schwerlöslichkeit zur Bildung von Concrementen vorzugsweise bei. Scheele, welcher 1776 die Harnsäure entdeckte, glaubte sogar, dass alle Harnsteine aus derselben beständen. Das ist nicht richtig, indessen dürften $\frac{5}{6}$ aller Nierensteine aus Harnsäure oder ihren Verbindungen bestehen. Sie können in jedem Alter vorkommen, zunächst im Kindesalter, ferner sind sie besonders häufig bei Individuen, welche das mittlere Lebensalter überschritten haben und mit besonderer Vorliebe bei Gichtikern. Sie treten oft in grosser Menge auf. Heller gibt an, dass er 90 Gramm harnsaurer krystallinischer Concretionen besitze, welche von dem kleinsten Sandkorn bis zur Grösse einer grossen langen Bohne schwankten und welche bei einem alten Manne binnen Jahresfrist abgingen. Ihre Grösse ist sehr verschieden, vom einfachen Nierensande bis zu grossen, das ganze Nierenbecken ausfüllenden Concretionen. Brücke erwähnt einen 229,3 Grm. wiegenden Harnsäurestein. In der Regel bleiben sie klein, stecknadelkopf- bis kirschkerngross. Die kleineren Steine, besonders wenn sie in grösserer Menge vorkommen, haben oft eine kugelrunde, die grösseren meist eine ellipsoide Gestalt. Ihre Farbe schwankt wie die der harnsauren Niederschläge. Man findet also ziegelmehl- und mennigfarbene Steine; nur sind sie meist etwas mit Grau gemischt, weil die Menge der Farbstoffe, welche beim Trocknen schmutzig werden, sehr bedeutend ist. Bisweilen haben sie eine rothbraune, selten eine grünliche Färbung, in Folge metamorphosirten, ihnen mechanisch beigemengten Blutfarbstoffes. Der Bruch ist bei kleinen Concretionen krystallinisch, bei grösseren gewöhnlich amorph, gleichmässig dicht, von auffallend holzartigem Ansehen. Dies letztere lässt immer auf harnsaure Salze schliessen. Sie sind concentrisch geschichtet, die wechselnde, grössere und geringere Concentration des Urins macht die hellere und dunklere Färbung der einzelnen Schichten begreiflich. Die Schichtung ist entweder glatt oder leicht gewellt, und in diesem Falle ist auch die Oberfläche leicht gewellt. Die harnsauren Nierensteine sind sehr hart und werden darin nur von den oxalsauren übertroffen. Ihr specifisches Gewicht beträgt circa 1,5. Die sicherste Methode, die harnsauren Concretionen zu erkennen, bietet die Murexidreaction. — Man stellt aus harnsauren Concretionen am leichtesten Krystalle aus Harnsäure dar, wenn man einen Theil derselben in sehr verdünnter Natronlauge löst und die Lösung mit einem Ueberschuss von Essigsäure behandelt. Die in Fig. 8 abgebildeten Krystalle sind auf diese Weise erhalten.

Fig. 7.

Harnsaurer Nierensand.

Die Harnsäure setzt entweder ganz allein eine Concretion zusammen oder bildet deren Kern, während die Schale aus oxalsaurem Kalk besteht. Seeligsohn[1]) beobachtete zwei von einem 7jährigen Mädchen entleerte grössere Concremente, deren Rinde und mittlere Schicht vorzüglich aus oxalsaurem Kalk bestand, während der Kern aus Harnsäure gebildet wurde. Seltener ist das Umgekehrte der Fall. Bisweilen findet ein Schichtenwechsel zwischen Harnsäure und oxalsaurem Kalk, selten mit harnsaurem Ammoniak statt. Concretionen aus manchen harnsauren Verbindungen, besonders aus harnsaurem Ammoniak bestehend, finden sich weit öfter bei Säuglingen, als bei Erwachsenen. Heller beobachtete derartige Concretionen von weicher Consistenz sehr häufig in den Nieren und Harnleitern der Säuglinge der Wiener Kinderanstalt.

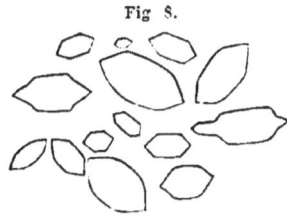

Fig. 8.

Oxalsaurer Kalk wird als Harnsand in Form der so leicht mikroskopisch erkennbaren (briefcouvertförmigen) Oktaëder oder von kleinen Concretionen ausgeschieden. Die aus oxalsaurem Kalk bestehenden grösseren Concremente kommen bei demselben Individuum nie in so grosser Zahl vor, wie wir das bei den harnsauren Concretionen öfter sehen. Bisweilen wird nur ein Kalkoxalatconcrement überhaupt entleert oder es vergehen Jahre, ehe es zur Entleerung eines zweiten kommt. Selten werden in beiden Nieren Concretionen gefunden, welche aus oxalsaurem Kalk bestehen.[2]) Die Kalkoxalatsteine sind durch ihre Farbe und ihre Oberfläche ausgezeichnet. Sie sind hellbraun bis dunkelbraun, bisweilen fast schwärzlich gefärbt. Dass sie weit härter sind, als die harnsauren Steine wurde bereits erwähnt. Sie werden von keiner anderen Art von Harnsteinen an Härte übertroffen. Ihre meist auffallend dunkle Farbe verdanken dieselben den von ihnen veranlassten Blutungen und dem ihnen demgemäss beigemischten Blutfarbstoff. Abgesehen von der die Kalkoxalat- gegenüber den Harnsäuresteinen auszeichnenden dunkleren Farbe sind erstere durch Unregelmässigkeit ihrer Oberfläche ausgezeichnet. Mit Unrecht nennt man sie aber maulbeerförmig, die Kalkoxalatsteine sind vielmehr stachelig und warzig.

Fig. 9.

1) Berl. klin. Wochenschrift. 1872. Nr. 35.
2) Path. transact. Lond. 1873. Vol. XXIV. p. 148.

Kein Stein ist so rauh und reizt so sehr die Gewebe. Der Bruch
dieser Steine ist stets amorph. Dass oxalsaure Kalksteine öfter bei
Kindern als bei Erwachsenen vorkommen, ist eine unerwiesene Behauptung. Concremente, die nur aus oxalsaurem Kalk bestehen,
sind relativ selten, öfter trifft man die aus abwechselnden Lagen desselben mit Harnsäure bestehenden, wobei die letztere vollkommen
concentrische Schichten oder unvollkommen die Peripherie des Steins
umfassende Lagen bildet. Dass ausserdem der Kern eines Kalkoxalatsteines häufig aus Harnsäure besteht, wurde bereits erwähnt,
desgleichen, dass ein Harnsäurestein nur in seltenen Fällen einen
Kern von oxalsaurem Kalk besitzt. Den harnsauren Kern eines
Kalkoxalatsteines erkennt man nicht nur an seiner regelmässigen
Schichtung, sondern auch an den glatten, sphäroidischen Oberflächen,
welche die Schichten ursprünglich gehabt haben. Den aus oxalsaurem Kalk bestehenden Kern eines Steins mit peripheren harnsauren Schichten unterscheidet man durch den mehr sternförmigen
Durchschnitt des Centrums, während der harnsaure Mantel in nahezu
parallelen Schichten verläuft. Beale hat beobachtet, dass im Centrum eines harnsauren Kernes sich eine mikroskopische Anhäufung
von oxalsauren Kalkkrystallen befand. In vereinzelten Fällen wurden in einer Niere harnsaure, in der anderen oxalsaure Kalkconcre-
mente gefunden.

Den aus oxalsaurem Kalk bestehenden Stein erkennt man durch
Kochen seines Pulvers mit einer Lösung von kohlensaurem Natron.
Es entsteht kohlensaurer Kalk und oxalsaures Natron. Von dem
kohlensauren Kalk filtrirt man ab und tröpfelt zu der Flüssigkeit,
nachdem sie mit Essigsäure angesäuert ist, eine Lösung von schwefelsaurem Kalk hinzu. Bringt diese eine Trübung hervor, so hat man
ein Recht auf das Vorhandensein von Oxalsäure zu schliessen.

Ein weit seltneres Material für die Bildung von Nierensteinen
bildet das von Wollaston 1810 entdeckte Cystin (cystic oxyd).
Jedoch kommt es doch häufiger vor, als man bis jetzt im Allgemeinen annimmt. Ich habe 55 Fälle von Cystinurie aus der Literatur
gesammelt. In den meisten bisher beschriebenen Fällen wurde durch
Concrementbildung, welche das Cystin veranlasst hatte, die ärztliche
Aufmerksamkeit auf die Anwesenheit des Cystins im Harn gelenkt.
Das Cystin wird, abgesehen von kleineren oder grösseren Steinen
(welche entweder nach Aussen entleert werden oder zu weiteren
krankhaften Processen in den Harnwegen Veranlassung geben), auch
als Cystinsand im Harn beobachtet. Ausserdem bleibt ein Theil
nicht nur im alkalischen, sondern auch im sauren Harn in Lösung.

— Das Cystin wird nicht in allen Fällen continuirlich ausgeschieden, es kann für längere oder kürzere Zeit aus dem Harn verschwinden. Ob für die Dauer Heilung der Cystinurie eintreten kann, ist noch nicht sicher erwiesen. Jedoch ist zu erwähnen, dass Heller einen Fall berichtet, wo ein achtzehnjähriges Mädchen nach Abgang eines grösseren Cystinconcrements gesund blieb. In einem von mir beobachteten Falle konnte die Tagesmenge des ausgeschiedenen Cystins, welche übrigens, wie auch in anderen Fällen, nicht gleich gross war, im Mittel auf 1,0 Grm. in 24 Stunden geschätzt werden. Das Cystin wurde in diesem Falle, wie es im Allgemeinen bei Cystinsedimenten der Fall ist, in 6 seitigen Tafeln abgeschieden. Dieselben sind von sehr verschiedener Grösse, die einen relativ sehr gross, andere selbst unter dem Mikroskop verschwindend klein, dazwischen gibt es die verschiedensten Uebergänge. Sie kommen theils vereinzelt, theils zu grösseren, abermals eine 6 seitige Figur darstellenden Gruppen dergestalt geordnet vor, dass die correspondirenden Seiten der einzelnen Krystalle unter einander parallel verlaufen. Die Cystinplatten sind von verschiedener Dicke. Im polarisirten Licht erscheinen die einzelnen flachliegenden Tafeln stets ohne Farbe, während aufgerichtete oder zu einem Haufwerk vereinigte sich farbig präsentiren. Die Seiten der hexagonalen Tafeln sind meist, aber nicht immer gleich. Letzteres geschieht dadurch, dass sich parallel mit einer oder mehreren Seiten Abspaltungen bilden. Die Winkel sind gleich und betragen ca. 120 °. In seltenen Fällen bildet das Cystin rhombische Tafeln[1]). Wird Cystin in Ammoniak gelöst und die Lösung mit Essigsäure übersättigt, so scheidet es sich hauptsächlich in prismatischen Krystallen aus. Abgesehen von dem Nachweis der 6 seitigen Tafeln im Harn, wie sie oben geschildert wurden, stützt sich die Diagnose des Cystin auf den Nachweis von Schwefel im Harn, an welchem das Cystin bekanntlich sehr reich ist. Julius Müller's Bestimmung des hohen Schwefelgehaltes des Cystins ergab 25,30 pCt., die Formel $C^6H^7NS^2O^4$ verlangt 26,45 pCt.

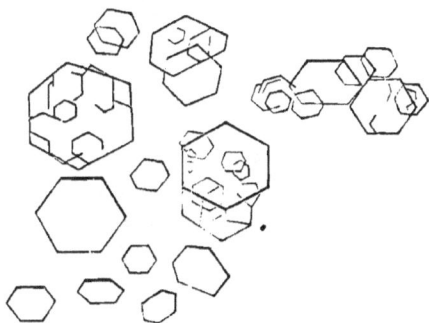

Fig. 10.

_____

[1]) Virchow's Archiv X. S. 230.

Müller gibt als scharfe und schönere Reaction für schwefelhaltigen Harn als das von Liebig angegebene Kochen des Harns mit alkalischer Bleilösung, folgende an: das Cystin wird mittelst einer geringen Menge Kalilauge gelöst, die erkaltete Lösung wird mit Wasser verdünnt und dann etwas Nitroprussidkalium zugesetzt. Es tritt eine schöne violette Färbung ein, welche sehr charakteristisch ist. Das Cystin löst sich leicht in Ammoniak und krystallisirt aus der Lösung in schönen hexagonalen Tafeln. Ausserdem löst sich Cystin in Alkalien, Mineralsäuren und Oxalsäure. Aus alkalischen Lösungen wird es durch Pflanzensäuren, aus sauren am besten durch kohlensaures Ammoniak niedergeschlagen. Beim Erhitzen des Cystin mit Salpetersäure entsteht unter Entwickelung eines eigenthümlich aromatischen harzartigen Geruchs eine röthliche Substanz, welche keine Farbenveränderung bei Zusatz von Ammoniak zeigt.

Ob die Cystinurie eine congenitale Stoffwechselanomalie ist, konnte bis jetzt noch nicht erwiesen werden, bei kleinen Kindern wurde es mehrfach beobachtet. Man gibt gewöhnlich an, dass die Cystinurie keinen nachtheiligen Einfluss auf die Gesundheit ausübe. Der von mir beobachtete Kranke, ein 18jähr. Kaufmannslehrling, war gesund, aber blass und anämisch und litt an einem hochgradigen Tremor der oberen Extremitäten, besonders beim Ausstrecken derselben. Ich will keineswegs behaupten, dass dieser Tremor, dessen Aetiologie mir unklar blieb, mit der Cystinurie etwas zu thun gehabt habe. Jedenfalls steht fest, dass auch blühende kräftige Leute an Cystinurie leiden. Auffällig war mir nur, dass keiner von den mir bekannten Fällen älter als 50 Jahr war. Ich lasse dahingestellt sein, ob man das allein auf die durch Cystinsteine bedingten Erkrankungen im Harnapparat beziehen darf, oder ob andere Momente dabei mitwirken, oder ob es eine rein zufällige Thatsache ist.

Die Cystinsteine sind gewöhnlich wenig rauh, sie sind auf dem Durchschnitt nicht deutlich geschichtet, zeigen auf demselben ein strahliges krystallinisches Gefüge und einen wachsgelben Glanz. Sie sind an den Kanten ein wenig durchscheinend und ihre Oberfläche erscheint ebenfalls wachsgelb. Sie sind gemeinhin von ziemlich regelmässiger rundlicher Form. Ein sehr unregelmässiges Exemplar fand Church[1]) in dem Pelvis ren. dext. eines 50jähr. an allgemeiner Wassersucht, Pleuritis und Pericarditis, gestorbenen Mannes. Der Stein wog trocken 59 Grm., abgesehen von dem zur Analyse verwandten Material. Bemerkenswerth erscheint hier noch das Vor-

---

1) Pathol. transact. Vol. XX. 1869. p. 240.

kommen von reichlichen Cholestearinplatten in dem Schleim, welcher in grosser Menge den Stein umhüllte. Farbennüancen kommen bei Cystinsteinen kaum vor. Bei längerem Liegen an der Luft sollen sie eine smaragdgrüne Farbe annehmen. Die mir vorliegenden, welche ich der Güte des Verwalters der Allerheiligen-Hospital-Apotheke, Herrn Julius Müller in Breslau verdanke, zeigen diesen Farbenwechsel nicht, obwohl sie seit Jahr und Tag der Luft ausgesetzt sind. Es ist dies eine Sammlung von ca. 100 zumeist hanfkorn-, aber auch bis erbsengrossen, leicht unebenen, mattgelbweissen bis hellbernsteingelben Concretionen. Sie stammen von einem Manne, welcher in Folge von Cystinurie sehr herunterkam und der, ca. 30 Jahre alt, an einer Unterleibsentzündung starb. Ausserdem besitze ich von meinem bereits erwähnten Kranken fünf mit dem Harn entleerte Cystinconcremente. Dieselben wogen lufttrocken 0,24, 0,06, 0,05, 0,03, 0,019 Grm. Die letzteren 4 wurden an einem Tage entleert und hatten, trotz ihrer Kleinheit, während der grössere ohne jede nennenswerthe Beschwerde entleert wurde, eine freilich geringfügige Hämaturie bewirkt. Auch diese Concretionen zeigten ein gleiches Verhalten und bestanden, was bei Cystinsteinen die Regel ist, lediglich aus Cystin. Die Cystinconcretionen sind bedeutend weicher als die harnsauren. Neben dem Cystin hat man auch andere Harnbestandtheile in einzelnen Concretionen gefunden, so einen Kern von Harnsäure, kohlensaurem, phosphorsaurem Kalk, phosphorsaurer Ammonmagnesia, oxalsaurem Kalk. Ausserdem ist auch beobachtet, dass sich bei ein und demselben Kranken neben Cystinsteinen Harnsteine von anderer chemischer Zusammensetzung entwickeln. Aus dem Fehlen des Cystins im Harn darf man nicht den Schluss machen, dass ein vorhandener Harnstein kein Cystinstein sei. Ueber die Familiendisposition zur Cystinurie in einzelnen Fällen wurde bereits S. 212 berichtet. Ausser beim Menschen kommt, wie von Owen Rees angegeben wird, ab und zu Cystin im Harn der Hunde vor, in einem Falle neben Cholestearin.

Während sich die Angaben von Owen Rees nur auf Cystin im Harn zu beziehen scheinen, geben Gmelin[1]) und Röll[2]) an, dass auch Cystinsteine beim Hunde vorkommen. Letzterer sagt: Beim Hunde finden sich bisweilen kleine flache, aus übereinander geschichteten, tafelförmigen Krystallen bestehende, meist fettig glänzende Concretionen, welche in frischem Zustande weich, in trockenem brüchig sind. Sie bestehen vorwaltend aus Cystin.

---

1) Org. Chemie. 4. Aufl. 2. Bd. S. 133.
2) Path. und Therapie der Hausthiere. I. S. 125.

In ganz vereinzelten Fällen (bis jetzt 3 mal) wurden Steine aus sogenanntem Urostealith beschrieben. Diese Substanz wurde von Heller zuerst beobachtet. Sie brennt mit gelber anhaltender Flamme, der Geruch derselben ist schon vor dem Brennen stark und angenehm wie Benzoe oder Schellack. Die Substanz ist in Aether und Alkohol löslich. Dieser von Heller beschriebene Fall betraf einen 24jähr. Mann, welcher einige solcher Concretionen entleerte. Moore in Dublin hat die Beobachtung Heller's bestätigt. Weiteres darüber ist nicht bekannt. In Heller's Falle wurde doppeltkohlensaures Natron dem Kranken gegeben und zwar mit schnell hervortretendem gutem Erfolge. Boyer[1]) beschrieb neuerdings 10 bis 15 Steine (Gesammtgewicht 35—40 Grm.), welche in der Blase eines an Carc. rect. et vesicae gestorbenen Mannes gefunden wurden. Ihre Schale bestand aus kohlen- und phosphorsaurem Kalk, ihr Kern bestand aus einer fettigen, mit Urostealith übereinstimmenden Substanz. Ueber das Verhalten der Niere d. h. besonders ob sich in denselben eben solche Concremente fanden, ist Nichts angegeben.

Auch Xanthinsteine sind ausserordentlich selten. Das Xanthin, von Marcet entdeckt, steht der Harnsäure nahe. Die bisher beobachteten Xanthinsteine waren frei von fremden Beimischungen, glatt, zum Theil von glänzendem, zum Theil mattem Ansehen, von heller oder dunkelbrauner Farbe. In der Härte mit den Harnsäuresteinen übereinstimmend, geben sie keine Murexidreaction, sind in verdünnter Salpetersäure goldgelb, ohne Brausen löslich, werden dann bei Ammoniakzusatz orange. In kohlensaurem Kali sind sie unlöslich. Um Xanthin von Harnsäure zu trennen, hat man die Löslichkeit des ersteren in Salzsäure empfohlen. Da indessen die Harnsäure auch in concentrirter Salzsäure, wovon man sich leicht überzeugen kann, etwas löslich ist, so wird diese Methode nicht anwendbar sein.

Die Fibrinconcretionen wurden gleichfalls von Marcet zuerst beschrieben, welcher ihnen auch den Namen gab. Sie entstehen manchmal im Gefolge von heftigen Nephrorrhagien, wobei der Faserstoff des ergossenen Blutes im Nierenbecken gerinnt und allmählich zu festeren Concretionen sich consolidirt. Dieselben gehen theils mit dem Harn ab, theils bleiben sie in den Ureteren oder dem Nierenbecken stecken, wo sie dann auch neben anderartigen Concretionen gefunden werden. Heller fand in einer Niere neben mehren bis erbsengrossen oxalsauren Kalksteinen eine fast wall-

1) Soc. anat. de Paris 17. Nov. 1876. Progrès medic. 1877. No. 1. p. 8.

nussgrosse zähe Fibrinconcretion. Diese Fibrinconcremente haben eine schmutzig weisse bis gelblich braune Farbe, ihre Consistenz ist die des Wachses, zäh, elastisch. Fibrinconcretionen brennen mit gelb anhaltender Flamme und verbreiten dabei einen Geruch nach verbrannten Federn. In Aether und Alkali sind sie unlöslich, im Kali in der Hitze löslich und daraus durch Essigsäure als weisser Niederschlag, unter Schwefelwasserstoffentwickelung fällbar.

Phosphatsteine werden · in den Nieren beobachtet als Concretionen aus basisch phosphorsaurem Kalk (Knochenerde), phosphorsaurer Ammoniakmagnesia oder aus beiden gemischt. Concretionen aus basisch phosphorsaurem Kalk (Knochenerde) wurden von Heller bei Kindern vermisst. Ich habe 1876 in den Nierenbecken eines an tuberculöser Meningitis gestorbenen Knaben eine Reihe kleiner, fast lediglich aus phosphorsaurem und Spuren kohlensauren Kalks bestehende Concremente gefunden. Im Allgemeinen aber finden sich Concremente aus reiner Knochenerde nicht sehr häufig. Brodie erwähnt aus seiner Sammlung 2 Nieren, welche ganz mit Steinen dieser Art angefüllt waren. Patient hatte zuerst einen kleinen aus oxalsaurem Kalk bestehenden Nierenstein entleert, ein oder zwei Jahre nachher ging ein zweiter aus phosphorsaurem Kalk bestehender ab. Simon beobachtete bei einer Patientin, bei der er wegen Nephrolithiasis eine Niere exstirpirte, Concretionen aus phosphorsaurem Kalk ohne jegliche fremde Beimischung. Diese aus Knochenerde bestehenden Nierensteine werden gewöhnlich nicht über kirschkerngross, sie sind entweder glatt rund oder facettirt, von verschiedener Härte. Die von mir gesehenen derartigen Concretionen waren ziemlich brüchig. Kleine Concretionen, welche aus reiner phosphorsaurer Ammoniakmagnesia bestehen, gehen als etwa erbsengrosse Körner entweder mit dem Harn ab oder werden auch post mortem in Divertikeln der Niere gefunden. Ihre Farbe ist fast stets auffallend weiss, Oberfläche stets rauh, nie glatt, der Bruch körnig oder krystallinisch strahlig. Härte stets sehr gering. Bisweilen bilden die phosphatischen Niederschläge nur den Kern einer Concretion. Das häufigste Vorkommen derselben ist aber das als oberflächlichste Schicht von anderen, besonders harnsauren Steinen u. s. w. Dieselben können dann eine sehr bedeutende Grösse erreichen. Es kommen aber auch Phosphatconcremente ohne anderweite Beimengungen vor, welche ganz enorme Grössen erreichen. Renaut[1] z. B. beschreibt einen Fall von doppelseitiger Nephro-

---

[1] Bullet. de la soc. anat. Paris 1868. p. 568.

lithiasis, welche einen 47jähr. Mann betraf. Derselbe litt an Phthisis pulmon. Der Tod trat plötzlich ein. Im rechten Nierenbecken befanden sich 12 Nierensteine mit einem Gesammtgewicht von 122,50 Grm., im linken Nierenbecken waren dagegen nur 3 Nierensteine vorhanden, von denen der eine 410 Grm., die beiden anderen dagegen 50 und 18 Grm. (also in Summa 478 Grm.) wogen. Die Nierensteine in beiden Nierenbecken wogen demnach 550 Grm. und bestanden sämmtlich aus phosphorsaurem Kalk, phosphorsaurer Magnesia und phosphorsaurer Ammoniakmagnesia.

Während der kohlensaure Kalk als alleiniger oder vorwiegender Bestandtheil der Harnsteine grasfressender Thiere, wie des Rindviehs, anzusehen sind, finden sich Nierenconcretionen aus kohlensaurem Kalk allein oder vorwiegend bestehend beim Menschen sehr selten. Aus der älteren Literatur hat Albers[1]) einige Fälle zusammengestellt. Prout gedenkt ihrer als weisser leicht zerreiblicher Steine. Ich erwähne hier nur noch einen Fall von Roberts. Er sah bei einem 70jährigen Manne unzählige kohlensaure Kalksteinchen mit dem Urin entleeren. Dieselben wurden zuerst für Prostatasteinchen gehalten. Als Nebenbestandtheil wird kohlensaurer Kalk in Nierensteinen öfter gefunden.

Was die Untersuchung der Phosphatconcretionen anlangt, so erhält man phosphorsauren Kalk und phosphorsaure Ammonmagnesia, wenn man das zur Gewinnung der harnsauren Salze mehrmals mit Wasser ausgekochte Pulver in verdünnter Chlorwasserstoffsäure löst. Da aber dieselbe ausser den Phosphaten auch etwa vorhandenen oxalsauren Kalk löst, muss man dem Filtrat unter stetem Umrühren Ammoniak zusetzen, bis der entstandene Niederschlag beim Umrühren sich nicht wieder löst. Man setzt dann Essigsäure hinzu, welche das mitgefällte Phosphat löst, während oxalsaurer Kalk ungelöst zurückbleibt. Nachdem durch Filtriren der oxalsaure Kalk entfernt ist, fällt man auch die Phosphate wieder durch überschüssig zugesetztes Ammoniak. Der auf dem Filter gesammelte Niederschlag wird nach einigem Stehen zunächst mikroskopisch auf phosphorsaure Ammonmagnesia untersucht, welche sich bei rascher Fällung gewöhnlich in zierlichen, stern-, büschel- und fiederförmigen Krystallgruppen ausscheidet. Den übrigen Niederschlag glüht man auf dem Platinblech, man sieht, wie viel dabei wirklich aus feuerbeständigen Bestandtheilen besteht und wie viel von den in der Säure löslichen organischen Bestandtheilen beim Sättigen der Säure mit den Erden aus-

---

1) Virchow's Archiv XX. S. 439.

gefallen ist. Der ausgeglühte Rückstand wird unter Erwärmen in stark verdünnter Salpetersäure gelöst. Beim Zusatz von einer stark salpetersauren Lösung von molybdänsaurem Ammoniak und nochmaligem Erwärmen entsteht bei Anwesenheit von Phosphorsäure ein gelber Niederschlag von phosphor-molybdänsaurem Ammoniak. Bei geringen Mengen von Phosphorsäure bildet sich der gelbe Niederschlag erst nach einiger Zeit. Die stets an Kalk gebundene Kohlensäure wird erkannt, wenn man das vorher mit Wasser ausgekochte Pulver des Steins mit verdünnter Schwefel- oder Salzsäure versetzt und das sich etwa entwickelnde Gas in Kalk- oder Barytwasser einleitet.

B) Die durch die Nierenconcretionen in den Nieren, Nierenbecken und Ureteren bewirkten pathologischen Veränderungen.

Gewöhnlich bilden sich die Nierensteine in den Nierenkelchen oder dem Nierenbecken, weit seltener innerhalb der Nieren selbst. In der Mehrzahl der Fälle entwickeln sich Steine nur in einer, ab und zu aber auch in beiden Nieren. Die Steine sind dann meist beiderseits von gleicher chemischer Beschaffenheit. Es sind aber auch Fälle beschrieben, wo z. B. in einer Niere harnsaure, in der anderen aus Phosphaten bestehende Concretionen sich befanden. Die Veränderungen, welche die Nierensteine an den Harnorganen veranlassen, sind die der Entzündung und Eiterung, welche wesentlich in ihrer Intensität von der Form und Grösse des Concrements beeinflusst werden. Eine rauhe stachelige Oberfläche des Steines bedingt eine weit bedeutendere Reizung. In dieser Beziehung sind besonders und zwar mit Recht die aus Kalkoxalat bestehenden Nierensteine gefürchtet. Indessen gibt es auch hierbei einzelne Ausnahmen. Church[1] beschreibt ein, wie die Abbildung im Original lehrt, überaus stacheliges, aus kleesaurem Kalk bestehendes Concrement, welches, abgesehen von dem für die Analyse verbrauchten Material, $95\frac{1}{2}$ Gran wog. Derselbe wurde bei einer 35jähr. Frau gefunden. Er verschloss fast vollkommen das Nierenbecken, die Niere schien aber nichts von der Anwesenheit desselben gelitten zu haben.[2] In Folge der Nierensteine entsteht zunächst, wenn sie, wie in der Mehrzahl der Fälle, sich im Nierenbecken oder den Nierenkelchen entwickeln, eine

1) Pathol. transact. Lond. 1869. p. 240.
2) Vgl. ferner die Beobachtung von John Curson, Path. transact. London 1873. p. 148.

eitrige und geschwürige Pyelitis resp. Entzündung der
Nierenkelche und des Nierenbeckens. Von hier aus kann
der Process auf die Nierensubstanz selbst übergreifen und eine
Entzündung und Eiterung zuvörderst in der Medullarsubstanz veranlassen, weit seltener beginnt die Eiterung in der Rindensubstanz.
Die hier in Frage kommenden Nierenabscesse sind meist multipel,
von verschiedener Ausdehnung. Die Niere ist dabei in acut verlaufenden Fällen meist vergrössert, seltener von normaler Grösse, in
einzelnen Fällen mit langwierigem Verlauf findet man sie sogar verkleinert, geschrumpft. Das Nierenbecken und die Nierenkelche
zeigen dann ebenfalls eine kaum von der Norm abweichende Ausdehnung. Diese Schrumpfung der Niere kann sich bis zur vollkommenen Atrophie der Drüse steigern. Sie entsteht dadurch, dass die
chronische Entzündung des Nierenbeckens und der Nierenkelche auf
das Nierengewebe selbst übergreift, woselbst einmal durch interstitielle Bindegewebswucherung die secernirenden Elemente schrumpfen und veröden und ausserdem durch den von den Nierensteinen
bedingten Druck der Atrophie verfallen. Es kann dann dazukom-
men, dass nur noch Spuren von Nierengewebe übrig bleiben, dass
die ganze Niere in einen sehr kleinen häutigen Sack umgewandelt
ist, welcher nichts mehr absondert und die zurückgebliebenen Concretionen eng umschliesst. Das Fettgewebe in der Umgebung dieses
Nierenrudiments erscheint meist vermehrt und bisweilen wandeln
sich die etwa noch restirenden Theile des Nierengewebes in Fettgewebe um. Dieser Ausgang ist einer Heilung, freilich mit Defect,
gleich zu achten, wofern, was gewöhnlich der Fall zu sein pflegt,
die andere Niere nicht nur gesund bleibt, sondern sich auch compensatorisch vergrössert und die Functionen beider Nieren d. h. die
gesammte Harnsecretion übernimmt.

Ein solcher Verlauf der durch Nierensteine bedingten anatomischen Veränderungen kann nur dann statthaben, wenn die Concretionen nicht den Abfluss des Harns, der Entzündungsproducte u. s. w.
hindern. Es liegt in der Natur der Sache, dass ein solcher Verlauf
immer ein chronischer, meist ein überaus chronischer sein wird. In
weit acuterer Weise geschieht der durch Nierensteine in den Nieren
bedingte pathologische Process, wenn die Concretionen den Harnleiter verstopfen und eine Harnstauung oberhalb der verstopften Stelle
erzeugen, oder wenn sie, wofern wegen ihrer bedeutenden Grösse
die Passage durch den Harnleiter unmöglich ist, die Einmündung
des Ureters in das Nierenbecken verlegen, sei es ganz oder theilweise, wodurch eine entsprechende Stauung der Flüssigkeiten ledig-

lich in dem Nierenbecken und den Nierenkelchen stattfindet. Eine
vollständige Verlegung der Ureterenmündung ist das ungünstigste,
weil diese Steine, deren Abgang durch den Ureter dauernd unmöglich ist, ausser durch die Secretstauung, auch rein mechanisch dauernd
die Niere selbst und die Nierenbeckenwand irritiren. Bei den Steinen, welche den Harnleiter obturiren, ist die Sache deshalb günstiger,
weil diese Verstopfung in der Regel eine vorübergehende ist, indem
sie gewöhnlich nach einiger Zeit doch noch entleert werden. Besonders gefährlich wirken für die Harnleiter die Steine, welche nicht
nur hart sind, sondern insbesondere eine rauhe, stachelige Oberfläche
haben, wie wir das bei den oxalsauren Kalksteinen erfahren haben.
Sie veranlassen ceteris paribus weit leichter auch eine Verstopfung
des Harnleiters, indem sie mit ihren Stacheln in der Harnleiterschleimhaut stecken bleiben, abgesehen davon, dass sie dieselbe stärker
reizen und verwunden. Die Folgen dieser Verstopfung und Verlegung des Harnleiters selbst resp. seiner Einmündung in das Nierenbecken sind aber nicht nur eine Retention des Harns, des Eiters
und des Blutes, sondern nach einiger Zeit erfolgt auch eine Zersetzung dieser retinirten Stoffe. Der Harn wird ammoniakalisch und
wirkt dann um so reizender auf die Gewebe, mit denen er in Berührung kommt. Ist diese Verstopfung nur eine zeitweise, so kann
auch dieser schädliche Effect aufhören; bleibt sie aber dauernd, so
entsteht das Bild der Pyonephrose, indem das Nierenbecken sich
durch Harn und Eiter immer mehr ausdehnt und zwar auf Kosten
des nicht nur durch eitrige Einschmelzung, sondern auch durch
Druckatrophie zu Grunde gehenden Nierenparenchyms. Erliegt der
Kranke nicht in diesem Stadium, so kann sich im Laufe der Zeit aus
der Pyonephrose eine Hydronephrose entwickeln. Es verschwindet
dann mehr weniger vollständig der Eiter und der Harn, indem mit
dem Untergang des Nierenparenchyms und dem steigenden Druck
im hydronephrotischen Sack die Urinsecretion versiegt, und die
Flüssigkeit wird lediglich von der das Nierenbecken und die Nierenkelche auskleidenden Membran geliefert. Sie ist eine vorzugsweise seröse, enthält wenig Schleim, Albumin und Harnbestandtheile,
ja letztere können sogar ganz fehlen. Häufiger als dieser Ausgang
erfolgt ein Durchbruch der Nierenkapsel in das peri- und paranephritische Bindegewebe oder in benachbarte Organe und Körperhöhlen.
Ich werde auf diese Eventualitäten bei Besprechung der Symptomatologie der Nephrolithiasis zurückkommen; in Bezug auf die anatomischen Verhältnisse darf ich auf das bei den traumatischen Niereneiterungen und der Nephropyelitis hierüber Gesagte verweisen.

— Im Gefolge einseitiger Nephrolithiasis kann die andere Niere sympathisch erkranken, indem sich in derselben eine eitrige Entzündung entwickelt. Als Folgezustand derselben kann eine ammoniakalische Zersetzung des Harns in derselben erfolgen und damit ist der Anlass zur Phosphatsteinbildung gegeben, welche ihrerseits dann wiederum dieselben Veränderungen, welche wir als durch Nierensteine veranlasst, eben beschrieben haben, veranlassen können. Dass die eitrige Pyelitis und Pyelonephritis calculosa, wie andere Eiterungsprocesse amyloide Degeneration der Niere u. s. w. veranlassen kann, werden wir noch später sehen (s. Complicationen). Entstehen die Concretionen nicht zuerst im Nierenbecken oder den Nierenkelchen, sondern handelt es sich um Ablagerungen von Harnbestandtheilen im Nierenparenchym — wobei besonders die harnsauren Concretionen im Nierengewebe der Gichtiker in Frage kommen — so reizen diese das Nierengewebe direct und veranlassen diffuse Entzündungsformen. Diese sogenannte Gichtniere — welche, wenn auch nicht zuerst, aber doch am Genauesten und Vollständigsten von Garrod beschrieben wurde — zeigt zunächst harnsaure, radienförmig angeordnete, ungefärbte Krystalldrusen in den Pyramiden, später auch in dem Cortex, welcher schliesslich schrumpft. Die genauere Schilderung dieser Verhältnisse gehört in die Lehre von der Gicht.[1])

Symptomatologie.

Auf die Erscheinungen, welche während des Lebens von den Nierensteinen veranlasst werden, ist die Grösse derselben, sowie die Beschaffenheit ihrer Oberfläche von der grössten Bedeutung.

Diejenigen Patienten, welche nur an Nierensand leiden, haben meist keine Beschwerden davon. Deshalb kann besonders auch dem Arzt das Symptom in manchen Fällen längere Zeit entgehen, zumal nicht alle Tage dem Harn der Nierensand beigemengt ist. Ich erinnere mich eines alten Herrn, dessen Urin ich mehrfach aus anderen Gründen zu untersuchen Veranlassung hatte und bei dem ich nie irgend ein Sediment im Harn vorfand. Nach einiger Zeit klagte

---

1) Litten fand in einem Falle von Arthritis urica die mit Harnsäure stark durchsetzten Nieren, welche sich für das blosse Auge in Nichts von den bei der Gicht gewöhnlich vorkommenden Schrumpfnieren auszeichneten, amyloid entartet. Dieser Punkt verdient daher die Aufmerksamkeit in analogen Fällen. (Virchow's Archiv LXVI. Sep.-Abdr.)

er eines Tages über einen heftigen Schmerz während des Wasser-
lassens in der Harnröhre. Ich fand den ganzen vordern Theil derselben mit harnsaurem Sande vollgestopft. Nachher wurde der Urin
von dem aufmerksamen Patienten sofort nach der Entleerung durch-
mustert. Bald fand man spärlichen, bald reichlichen, bisweilen
einige Zeit gar keinen Sand. Es handelte sich hier natürlich immer
um Sedimente, welche unmittelbar nach der Entleerung und nicht
erst nach dem Erkalten des Urins zum Vorschein kommen. Einzelne dieser kleinen spitzen Concretionen reizten ab und zu die
Schleimhaut und veranlassten mitunter lebhaftere Schmerzen. In einzelnen Fällen kommt es unter solchen Umständen sogar zu leichten
Urethralblutungen. Weit häufiger aber bestehen diese Ausscheidungen,
welche zumeist aus Harnsäure bestehen, Jahre lang, nicht allein ohne
Schmerzen, sondern auch ohne irgend welche nachweisbare Schädigung der Gesundheit. Dieselben erscheinen in einzelnen Fällen nur
nach bestimmten Ursachen, in anderen Fällen lassen sie sich regelmässig nachweisen.

Abgesehen aber von den manchmal auftretenden Schmerzen und
anderweitigen Störungen bei der Urinentleerung, deren ich eben gedacht, können sich in der grössten Mehrzahl der Fälle die Patienten
keines durch diesen Nierensand veranlassten anderweitigen Symptoms erinnern. Ab und zu geben sie ein leichtes Uebelbefinden
oder vage Schmerzen in der Lendengegend an. Dessenungeachtet
ist die Entleerung dieses pulverförmigen Harnsandes nicht zu unterschätzen, denn er ist oft der Ausgangspunkt, der erste Anfang der
grösseren Concretionen.

Ganz analog wie Nierensand können sich auch Nierengries
und Griessteine, sogar noch etwas grössere Steine verhalten,
was die Geringfügigkeit der durch sie veranlassten Beschwerden anlangt. Ich habe kleinbohnengrosse Steine abgehen sehen, ohne dass
sie bei ihrem Passiren durch den Ureter irgend welche Beschwerden gemacht hätten. Besonders geschieht das bei glatten Steinen.
Am Häufigsten macht ihr Durchtritt durch die männliche Harnröhre
Schwierigkeiten, wodurch sie meist die Aufmerksamkeit der Kranken
erregen und nicht selten ärztliche Hülfe beanspruchen. Es können
im Verlaufe vieler Jahre eine reichliche Anzahl solcher Steine abgehen, ohne je tiefere oder gar nennenswerthe Störungen der Gesundheit herbeizuführen. Bleiben sie in der Blase liegen, so werden sie dort Veranlassung zur Bildung grösserer Blasensteine.

Abgesehen von dem Abgang von Nierensteinen durch die Harnröhre, welche ja nur bei einem beschränkten Volumen derselben

möglich ist, veranlassen dieselben auch verschiedene andere Symptome von mehr oder weniger pathognostischer Bedeutung. In
vielen Fällen sind dieselben äusserst charakteristisch. Sie sind aber
keineswegs in allen Fällen gleichmässig entwickelt. Es muss vor
Allem zunächst bemerkt werden, dass in einzelnen Fällen von Nephrolithiasis alle bestimmten Symptome fehlen. Ja, man hat in der
Literatur eine ganze Reihe von Fällen, wo bei Leichenöffnungen in
einer, ja in beiden Nieren recht grosse Steine gefunden wurden,
ohne dass deren Gegenwart während des Lebens auch nur geahnt
wurde. In anderen Fällen waren wohl Krankheitssymptome vorhanden, welche aber nicht von einer Nierenaffection abhängig zu
sein schienen. Nicht selten deuteten sämmtliche Erscheinungen auf
eine Erkrankung der Blase, welche man indessen nach dem Tode
gesund fand, während in den Nieren Steine und die von ihnen bedingten krankhaften Veränderungen gefunden wurden. Manchmal
waren nur einige vage Zeichen vorhanden, welche bei vielen andern
Krankheiten vorkommen und ganz zufällig sein können. Dahin gehören permanente dumpfe Schmerzen in der Lendengegend.
Bisweilen haben auch Leute mit Nierensteinen eine nach vorwärts
gebeugte Stellung beim Gehen, weil ihnen die Streckung der Wirbelsäule beschwerlich und schmerzhaft ist. In der Mehrzahl der Fälle
gestaltet sich der Symptomencomplex bei Nephrolithiasis bestimmter.
Gedenken wir zunächst der Schmerzen. Sie bilden oft ein sehr
in den Vordergrund tretendes Symptom. Sie sind entweder ganz
oder fast constant vorhanden oder treten in Anfällen auf. In
manchen Fällen werden die Kranken durch in beiderlei Art auftretende Schmerzen gequält. Die constant vorhandenen Schmerzen
sind auch nicht zu jeder Zeit in derselben Art und Intensität vorhanden. Bisweilen belästigt den Kranken eine fortwährende Spannung, ein Gefühl von Druck in der Lendengegend, welches sich ab
und zu sehr steigert, schneidend und stechend wird. Die Ursachen
der in nicht wenigen Fällen vorhandenen constanten Schmerzen
in der Nierengegend sind nicht immer durchsichtig, das Nierengewebe selbst scheint ja ziemlich unempfindlich zu sein. Ein Theil
dieser Schmerzen ist wohl auf die Pyelitis und chronische Perinephritis zu beziehen, ein anderer Theil auf directe Reizung der Nerven. Die anatomische Untersuchung kann in dieser Richtung noch
Manches aufklären. Sehr instructiv ist in anatomischer Beziehung
die Beobachtung von Curnow[1]), wo man bei der Section einen der

---

1) Pathol. transact. London 1873. Vol. XXIV. p. 145.

Vorsprünge eines im Nierenbecken gelegenen Kalkoxalatsteines direct auf einen benachbarten Nervenast drücken sah. Der Druck auf einen der zahlreichen hinter der Niere gelegenen Nerven, besonders von Seiten so rauher Körper, wie diese Steine von oxalsaurem Kalk es sind, möchte die manchmal constanten exquisiten Schmerzen erklären. — Was die in Anfällen auftretenden Schmerzen bei Nephrolithiasis anlangt, so ist ihre Pathogenese weit besser aufgeklärt. Diese meist sehr heftigen Schmerzanfälle sind den Nierensteinkranken als „Nierenkoliken" bekannt und von ihnen gefürchtet. Dieselben treten ein, wenn ein in den Ureter gelangendes Concrement beim Passiren desselben Hindernisse findet. Bereits Hippokrates hat ein zutreffendes Krankheitsbild dieser Kolikanfälle entworfen. Sie entwickeln sich entweder langsam oder plötzlich oft zu einer der schmerzhaftesten Affectionen, die es überhaupt gibt. Blitzähnlich, bisweilen mitten in der Nacht, während ruhigen Schlafes erwachen die Kranken vom qualvollsten Schmerz aufgerüttelt. In anderen Fällen werden durch active oder passive Körperbewegungen oder Anstrengungen die Anfälle hervorgerufen, so durch Reiten, Fahren, Springen, Laufen, durch Arbeiten der verschiedensten Art, sogar beim Niesen und Husten u. s. f. Während dieser Anfälle krümmen sich die Patienten nach vorn zusammen oder suchen durch Liegen auf der schmerzhaften Seite mit angezogenen Schenkeln sich Linderung ihrer Schmerzen zu verschaffen. Jede Bewegung ist dem Kranken eine Qual, indem sie die Schmerzen steigert. Der Schmerz beschränkt sich nicht auf die Lendengegend und auf den Verlauf der Harnleiter, er breitet sich über den ganzen Unterleib aus oder er strahlt in die Tiefe der Brust aus bis zu den Schulterblättern oder längs der falschen Rippen oder gegen die Crista ossis ilei. Oft gesellt sich dazu sympathisch Schmerz in der Glans penis, häufiger noch in dem Hoden der kranken Seite, welcher oft krampfhaft in die Höhe gegen den Bauchring gezogen wird. Bei längerer Dauer der Anfälle ist der Hoden nicht nur empfindlich, sondern er schwillt sogar an. Prout beobachtete mehrere Fälle, in denen Geschwulst und Schmerz der Hoden eines der heftigsten Symptome bei Nierensteinkoliken war. — Störungen der Hautsensibilität, das Gefühl des Taubseins, Eingeschlafenseins des der kranken Seite entsprechenden Schenkels, nach welchem der Schmerz oft ausstrahlt, beobachtet man häufig. Bei diesen Anfällen wechseln Exacerbationen und Remissionen. Während der letzteren wird dem durch die Schmerzen erschöpften Kranken eine gewisse Ruhe gegönnt, um leider in der darauf folgenden Exacerbation um

so heftigeren Qualen Platz zu machen. Die Schmerzen erreichen oft
extreme Grade. Sie sind so überwältigend, dass sie den kräftigsten
Mann schnell erschöpfen. Er wird hülflos wie ein Kind, er zittert
in Todesangst, dicke Schweisstropfen treten auf die Stirn. Man hat
Ohnmachtsanfälle und allgemeine Convulsionen im Gefolge dieser
Nierenkoliken beobachtet. Zu den Schmerzen treten häufig g a s t r i -
s c h e E r s c h e i n u n g e n in verschiedener Intensität, von der Uebelkeit und Brechneigung in den geringsten Graden bis zu wieder-
holtem starkem Erbrechen wässriger galliger Massen. Die gastrischen Erscheinungen treten sogar manchmal sehr in den Vordergrund, so dass der ganze Anfall vorzugsweise einen gastralgischen
Charakter hat. — Oefter steigt die Hauttemperatur im Anfall bis
zu ziemlich hohen Graden. Der Puls wird klein, seine Frequenz
sehr beschleunigt, die Athmungsfrequenz bedeutend erhöht. Schwan-
gere abortiren häufig während solcher Anfälle. Bei T r o j a finden
wir eine Beobachtung erwähnt, wo eine steinkranke Frau 14 mal
abortirte, und zwar stets im 8. oder 9. Monat. Eine Patientin
S i m o n's abortirte 2 mal während Anfällen von Nierenkolik, einmal nach viermonatlichem, das zweite Mal nach vierwöchentlichem
Bestehen der Schwangerschaft. Abgesehen von den genannten durch
die Reizung der sensiblen Nerven der Niere bei den Nierenkoliken
bedingten reflectorischen, öfter krampfhaften, Muskelzusammenziehun-
gen, welche als geradezu typisch bei dieser Affection angesehen
werden können, localisiren sich in einzelnen Fällen diese Muskel-
zusammenziehungen auch in anderen Muskelgruppen. So wurde,
um nur ein Beispiel anzuführen, auf F r e r i c h s' Klinik [1]) in Breslau
ein 38jähr. Mann beobachtet, welcher an einer Nephrolithiasis der
rechten Niere litt. Zur Zeit der Steigerung der Schmerzen gesellten
sich rechtsseitige mimische Gesichtskrämpfe hinzu, welche man auch
durch Druck in die rechte Nierengegend bisweilen erzeugen konnte.

Eine hervorragende Bedeutung hat die B e s c h a f f e n h e i t d e s
U r i n s u n d d a s V e r h a l t e n d e r U r i n e x c r e t i o n w ä h r e n d
d e r A n f ä l l e. Der Schmerz erstreckt sich nach der Harnblase und
oft entsteht ein schmerzhafter Blasenkrampf mit heftiger Strang- oder
Ischurie. Der Urin, welcher in solchen Anfällen oft nur tropfen-
weise, immer nur spärlich entleert wird, ist roth, braun oder schwärzlich, manchmal ausserordentlich bluthaltig, oft mit Schleim oder Eiter
untermischt. Er verursacht heftiges Brennen längs der Harnröhre.

---

1) Bericht über diese Klinik erstattet von R ü h l e. Sommersemester 1852.
Sep.-Abdr. aus der Wiener med. Wchschr. S. 17.

Unter manchen Umständen wird während des intensivsten Paroxysmus ein ganz farbloser, wasserheller Urin entleert. Dies ist der Fall, wenn nur eine Niere steinkrank und ihr Ureter obturirt ist, während die andere Niere gesund ist, normal functionirt und einen wegsamen Harnleiter hat. Sind beide Nieren steinkrank oder ist nur eine (Einzel-) Niere vorhanden und diese ist steinkrank, dann kann es zu vollständiger Sistirung der Urinentleerung und ihren Folgezuständen kommen, wenn beide resp. der einzige vorhandene Ureter verstopft sind und der Abfluss des Urins ganz aufgehoben wird.

Wird das Hinderniss für den Abfluss des Urins in solchen Fällen nicht rechtzeitig beseitigt, so erfolgt der Tod unter urämischen Symptomen (Coma und Convulsionen) fast immer innerhalb längstens zehn Tagen nach Beginn des Anfalls. Solcher Fälle gibt es in der Literatur eine ganze Reihe. So berichtet Brodie einen von Travers beobachteten, letal verlaufenen Fall (l. c. S. 155), wo beide Harnleiter an ihrem Ursprung aus dem Nierenbecken durch einen Stein vollständig verstopft waren. In einzelnen Fällen scheint aber auch nach länger dauernder Anurie noch Genesung eintreten zu können.

Salgado[1]) sah bei einer 63 jährigen, seit 15 Jahren an Steinsymptomen leidenden Wittwe, eine 13 tägige vollständige Anurie mit Entleerung eines bohnengrossen Steines, vielen Grieses und reichlichen Urins heilen.

Charcot[2]) erwähnt eines Falles von Paget, in dem während 20 tägiger Anurie sich das Leben erhielt.

Einen sehr merkwürdigen Fall finde ich bei Owen Rees[3]) berichtet.

Er untersuchte das Blut eines Mannes, welches mehr mit Harnstoff imprägnirt war, als das irgend. eines Falles von Bright'scher Krankheit, wo er darauf untersucht. · Es bestand vollkommene Suppressio urinae. Endlich starb der Kranke. Es fand sich nur eine Einzelniere, deren Ureter durch einen Stein verstopft war. Der Kranke war bis zum letzten Augenblicke im Gebrauch seiner Sinne. Leider ist über die Dauer der Anurie sowie über die Todesart nichts Näheres angegeben.

In einigen Fällen wurde beobachtet, dass die bei Nephrolithiasis

---

1) Ref. a. Schmidt's Jahrbb. 158. S. 139.
2) Bullet. de la soc. anatom. Paris 1873. p. 314.
3) Nierenkrankheiten mit eiweisshaltigem Urin. Deutsche Uebersetzung. 1852. S. 51.

auftretende Anurie nach einiger Zeit aufhört, um nachher wiederzukehren.

Mayrhofer und Fleischl haben einen sehr interessanten Fall
der Art von Prof. Dittel's Abtheilung in Wien mitgetheilt [1]). Ein
39 jähriger Mann erkrankt plötzlich mit heftiger Nierenkolik. Urin
trübe, faulig riechend. Am 4. Tage blutiger Harn, dasselbe wiederholte sich einen Monat später. Nie Harngries. Heftige Schmerzen in
der Regio lumbalis gegen das Scrotum ausstrahlend. Verminderung der Urinmenge, welche sich in einigen Tagen bis zu
vollständiger Anurie steigert. Sopor alternirend mit heftigen
Exaltationszuständen, häufiges Erbrechen, kein Fieber. Diese Symptome, für die kein bestimmter Grund aufgefunden werden konnte,
schwanden nach einigen Tagen, um nach Monatsfrist wiederzukehren
und unter Convulsionen letal zu enden. Bei der Section fand sich
eine Hufeisenniere. Eins der beiden Nierenbecken war mit einem
grossen Nierenstein, dessen Fortsätze sich bis in die Kelche erstreckten, vollständig ausgefüllt; das zweite Nierenbecken konnte durch Herabsteigen eines Concrements, welches einen der drei Kelche verstopfte,
ebenfalls vom Harnleiter abgeschlossen werden.

Man wird um so mehr in derartigen Fällen von Nephrolithiasis
die Wiederkehr eines Anfalls von Anurie befürchten müssen, wenn
derselbe endet, ohne dass die obturirenden Concremente abgehen.
Denn es dauern dann die Bedingungen für den erneuten Eintritt
der Anurie meist unverändert fort, welche bisweilen sehr schnell
sich wiederholen. In einem von E. Mendel [2]) mitgetheilten Falle
trat 11 Tage nach einer glücklich verlaufenen 96 stündigen Anurie
eine von 110 stündiger Dauer ein, welche unter urämischen Symptomen letal verlief. Die oberen Enden beider Ureteren waren in
diesem Falle durch Concremente vollkommen verlegt.

Es existiren in der Literatur einige wenige Fälle, wo complete
Anurie mit letalem Ausgange auch eintrat, wenn nur eine Niere
in Folge von Nephrolithiasis functionsunfähig war, die andere aber
bei der groben anatomischen Untersuchung ganz gesund gefunden
wurde. Es scheint die geringste Anomalie bei einer vicariirend
functionirenden Einzelniere auszureichen, um die schwersten Zufälle
mit absoluter Anurie herbeizuführen.

Die oben geschilderten Anfälle von Nierenkolik, welche eintreten, wenn ein Concrement die Verbindung zwischen Nierenbecken
und Harnblase derartig aufhebt, dass der Abfluss des secernirten
Harns ganz oder fast ganz beeinträchtigt wird, sind nicht sowohl
Folge der Reizung der Schleimhaut durch Concremente und stehen

---

1) Anz. der k. k. Gesellsch. der Aerzte in Wien. 1872. Nr. 2.
2) Virch. Arch. Bd. LXVIII. S. 294.

dazu in keinem directen Verhältniss, sondern sie sind vielmehr, was schon Prout und neuerdings wieder Traube hervorhob, eine Folge der Ausdehnung, welche die Harnwege durch das hinter dem Concrement angesammelte Secret erfahren. Sie sind hervorgerufen durch die vergeblichen peristaltischen Bewegungen, welche sich zeitweise an den durch das Secret widernatürlich ausgedehnten Kanälen einstellen. Diese Kolikanfälle dauern so lange, bis die Einklemmung auf irgend welche Weise gehoben ist.

Während des Durchgangs durch den Harnleiter können die eingeklemmten Steine auch Verschwärungen der Wände desselben mit Perforation veranlassen, wodurch meist sehr schnell der letale Ausgang unter peritonitischen Erscheinungen vermittelt wird. Indessen kommt das überaus selten vor.

Allan Webb[1]) erzählt einen solchen Fall. Derselbe betraf einen robusten europäischen Seemann, welcher, nachdem er vor 8 Tagen mit Schmerzen im rechten Hypochondrium erkrankt war, unter peritonitischen Erscheinungen starb. Ureter und Proc. vermiformis fanden sich untereinander und mit dem umgebenden Bindegewebe verwachsen und ulcerirt. Aus dem ulcerirten Ureter war ein grosser Theil Eiter in die Bauchhöhle geflossen. Beide Nieren waren sehr erkrankt, beide enthielten zahlreiche Abscesse, die linke Niere enthielt 4 Steine, die Blase enthielt ebenfalls einen Stein.

Solche Fälle können aber auch chronisch verlaufen.

J. P. Frank erzählt die Geschichte einer Nonne zu Cremona, wo der linke mit der Bauchwand verwachsene Harnleiter dermaassen von einem Stein durchbohrt war, dass er, nachdem er einen Abscess gebildet, durch die Bauchmuskeln hindurch sich einen Weg bahnte.

Es mag bei dieser Gelegenheit erwähnt werden, dass bei Nephrolithiasis auch eine Perforation des Ureters eintreten kann, ohne dass eine Einklemmung eines Nierensteins besteht; dies beweist folgender Fall:

Ein 39jähr. Arbeiter, an Schmerzen in der Nierengegend, eiterhaltigem alkalischem Harn leidend, starb, nachdem sich 2 Tage ante mortem Peritonitis eingestellt hatte. Man fand jauchiges Exsudat in der Bauchhöhle, Perforation des linken blasig erweiterten Ureters. Die linke Niere war mit Cysten durchsetzt, um das 3- bis 4fache vergrössert, das Parenchym der rechten Niere war normal, in den Nierenbecken beiderseits fanden sich mehrere grosse zackige Nierensteine von einer grossen Menge Gries umgeben. Auch der rechte Ureter war stellenweise erweitert. Die Erkrankung der Ureteren war wahrscheinlich durch den früheren Durchgang von Nierensteinen vermittelt worden,

---

1) Pathol. indica. Calcutta. 1848. p. 220.

welche Erkrankung, indem sie sich später in selbstständiger Weise weiter entwickelte, zur Ruptur des einen Ureters führte (A. Vogel [1]).

In der Mehrzahl der Fälle passiren Concremente, welche einmal in den oberen Theil des Ureters eingetreten sind, denselben auch vollständig. Sind die Hindernisse der Passage durch den Harnleiter glücklich überwunden, so ist der Kolikanfall zu Ende. In einer Reihe von Fällen sehen wir den Anfall in einigen Stunden vorübergehen, in anderen Fällen dauern solche Anfälle mit Exacerbationen und Remissionen Tage, ja Wochen lang. Man kann dann manchmal das Fortrücken des im Ureter eingeklemmten Steins an dem wechselnden Sitz des intensivsten Schmerzes, an gewissen Modificationen seines Charakters verfolgen. Bekanntlich ist der Harnleiter an seinem untersten Theile, wo er schräg in die Blase einmündet, am engsten. Hier bleiben die Concremente gewöhnlich besonders lange Zeit stecken und veranlassen dann hier noch durch die langhingezogene Retention des Urins die übelsten Symptome. Plötzlich aber schwinden dann häufig auch alle Beschwerden wie mit einem Schlage, indem — nach einer letzten Exacerbation — das Concrement das vorhandene Hinderniss überwindet und in die Blase fällt. Je grösser die Hindernisse sind, welche die Steine dem Abfluss des Urins entgegenstellen, um so intensiver sind die Kolikanfälle. Kann neben ihnen der Urin noch in die Blase gelangen, ist die Obturation des Ureters keine vollständige, dann erreicht die Stauung des Harns und die Kolik keine sehr hohen Grade. In einer Reihe von Fällen endet der Kolikanfall nicht plötzlich, sondern langsam und allmählich. Es sind das solche Fälle, wo Steine von geringerer Consistenz bereits innerhalb des Ureters zu kleineren Grieskörnern oder Harnsand zerbröckeln. Je länger die Nephrolithiasis dauert, je häufiger die Anfälle wiederkehren, um so milder werden oft — freilich keineswegs immer — die Anfälle von Nierenkolik. Das rührt daher, weil sich in Folge der mit den einzelnen Kolikanfällen verbundenen Harnstauungen eine Erweiterung des Ureters entwickelt, welche im Laufe der Zeit immer grösseren Concrementen von sonst gleicher Beschaffenheit den Durchtritt gestattet. Sind die jetzt in den Harnleiter eintretenden Concremente aber für das erweiterte Lumen zu gross oder ist ihre Oberfläche stachelig, so ist diese Dilatation freilich ohne Bedeutung. Bei manchen Individuen erscheinen die Anfälle von Nierenkoliken periodisch und

---

[1] Henle u. Pfeufer, Zeitschr. f. rat. Medicin. Neue Reihe. 4. Bd. 1854. S. 383.

kehren, manchmal ist das sehr auffallend, in fast regelmässigen Zwischenräumen wieder. — Bisweilen werden Nierensteine durch irgend einen traumatischen Zufall aus der Niere entfernt, ohne dass ein Anfall von Nierenkolik vorangegangen ist. Brodie erwähnt einen solchen recht instructiven Fall:

> Ein Patient, welcher schon mehrfach blutige Färbung seines Urins bemerkt hatte, erlitt beim Umwerfen seines Wagens einen heftigen Stoss. Einem nachher eintretenden starken Drängen zum Harnlassen konnte er nicht Folge geben. Nach heftigem Drängen wich das Hinderniss und ein Stein, anscheinend von der Gestalt eines Nierenkelches wurde mit grosser Gewalt in den Nachttopf getrieben.

Es liegt auf der Hand, dass diese Anfälle von Nierenkoliken nur dann beobachtet werden, wenn Concremente in die Harnleiter eintreten, welche so gross sind, dass sie dieselben nur mit Schwierigkeit passiren können. Sind dieselben einerseits klein genug, um die Ureteren ohne Anstoss zu passiren, wie wir das oben bei dem Nierensande, bei Griessteinen und überhaupt nicht sehr voluminösen Nierensteinen gesehen haben, oder aber sind dieselben so gross, dass sie das Nierenbecken nicht verlassen können, dann natürlich werden Nierenkoliken in der beschriebenen Weise nicht zu Stande kommen.

Bevor es bei der Nephrolithiasis zur Entwickelung von wirklichen Nierenkoliken kommt, treten die Zeichen der Pyelitis auf, welche durch die von den Concretionen bedingte Reizung veranlasst sind. Auf der anderen Seite kann auch eine primär vorhandene Pyelitis Veranlassung zur Nierensteinbildung werden. Auf diese Pyelitis sind, wenigstens zum Theil, die Schmerzen in der Nierengegend zu beziehen, welche so oft von den Kranken geklagt werden. Die Passage der Entzündungsproducte und des Bluts durch den Ureter veranlasst bisweilen sogar leichtere, den Nierenkoliken entsprechende Anfälle. Constant aber treten, so lange die Communication zwischen erkrankter Niere und Ureter nicht unterbrochen ist, Veränderungen im Harn auf. Zunächst beobachtet man, aber nicht in allen Fällen, Krystalle — vereinzelt oder in Gruppen — oder amorphe Partikelchen der die Nierensteine zusammensetzenden Harnbestandtheile in dem frisch entleerten Urin. Nur dadurch ist sichergestellt, dass die Niederschläge sich bereits innerhalb des Organismus gebildet haben. Man würde sehr irren, wollte man glauben, dass man im Urin von Nierensteinkranken stets grössere oder geringere Mengen der die Nierensteine constituirenden Harnbestandtheile finden müsse. Oft findet man erst

bei wiederholter Untersuchung, wobei man nie unterlassen darf, den
Harn sedimentiren zu lassen, die Steinbestandtheile. Ein negatives
Resultat lässt durchaus keinen Rückschluss auf das Nichtvorhanden-
sein von Nierensteinen machen. Dieselben erscheinen im Harn nicht
selten in so geringer Menge, dass es zu ihrer Auffindung der mikroskopischen Untersuchung bedarf (oxalsaurer Kalk, Cystin), oder sie
bilden schon sehr reichliche, pulverförmige Sedimente, besonders die
Harnsäure und ihre Salze. Abgesehen von diesen pulverförmigen
Niederschlägen von Harnsäure und ihren Verbindungen existiren daneben oft grössere Grieskörner von Mohnkorn- bis Stecknadelkopf-
grösse. Sie entgehen leicht der Beobachtung, wenn man sich mit
der einfachen Betrachtung dieser pulverförmigen Sedimente begnügt.
Man wird sie am leichtesten entdecken, indem der am Boden des
Gefässes befindliche Niederschlag aufgeschüttelt wird. Es fallen dann
die grösseren Körnchen, als die schwersten Bestandtheile, am ehesten
zu Boden. Auch oxalsaurer Kalk, Cystin, Phosphate, besonders
phosphorsaurer Kalk und phosphorsaure Ammoniakmagnesia werden
bisweilen in Form solcher kleiner Grieskörner mit dem Urin entleert. Mit dem Abgange solcher kleinerer Concretionen pflegt manchmal definitive Heilung einzutreten, indem bisweilen keine neuen
nachher gebildet werden. Das dauernde Verschwinden jedes der
vorher beobachteten Niederschläge aus dem Harn und der übrigen
krankhaften Symptome lässt darauf schliessen. — Ausserdem aber
vermisst man die bei der Schilderung der Pyelitis bereits geschilderten Formbestandtheile im Harn auch bei der Pyelitis calculosa
nicht: Eiter in grösserer oder geringerer Menge, ab und zu blutige
Beimengungen und die als Uebergangsepithelien bekannten epithelialen Zellen der harnableitenden Wege in grösserer oder geringerer
Menge. Die Reaction des Harns ist, im Gegensatz zu einer länger
bestehenden Cystitis, fast stets sauer.

Bei einer Patientin, welche ich mehrere Jahre hindurch beobachtete
und welche im späteren Verlauf nach einem sehr heftigen Anfall von
Nierensteinkolik einige grössere Concremente entleerte, fand ich in der
ersten Zeit ihrer Krankheit kein anderes Symptom, als zeitweise auftretende heftige gastralgische Anfälle, daneben fiel mir ein reichliches
Sediment in ihrem Urin auf. Dasselbe bestand aus sehr reichlichen Epithelien der Harnwege, welche verschieden stark mit Harnsäure incrustirt
waren; bei einer Reihe derselben war der Kern noch leicht sichtbar,
andere waren so stark incrustirt, dass man den Kern nicht sah. Die
ersteren hatten eine hellgelbe bis röthlichgelbe, die letzteren eine rothbraune bis braunschwarze Farbe. Die zahlreichen unter dem Gesichtsfelde liegenden Epithelien gaben ein zierliches Bild, in ihren Farben-
tönen etwa den Schmetterlingsschuppen von Papilio Janira entsprechend.

Dass es sich hierbei nicht um nachträgliche nach der Harnentleerung geschehene Incrustation handelte, wurde dadurch erwiesen, dass der von der Patientin in ein erwärmtes Glas entleerte Urin sofort filtrirt und das Sediment auf dem Filter untersucht wurde. Um zu sehen, ob auch Harnsand oder Gries vorhanden sei, wurde das Sediment in destillirtem Wasser suspendirt, es trat aber kein frühzeitiges Niederfallen von schwereren Grieskörnchen ein, erst bei öfter wiederholter Untersuchung gelang es mir, einzelne aus Harnsäure bestehende grössere Krystalldrusen und Grieskörnchen aufzufinden. Die beschriebene Incrustation betraf fast alle Epithelien, nur wenige waren frei. Der Harn war stark sauer und enthielt eine relativ geringe Menge von Eiter (Lymph-) und äusserst spärlichen rothen Blutkörperchen.

Je stärker die durch die Concremente veranlasste Reizung in den Nieren und dem Nierenbecken wird, welche besonders bei den rauhen, stachligen und dabei äusserst harten Oxalatsteinen oft extreme Grade erreicht, je höhere Grade von Pyelitis und Pyelonephritis in Folge davon sich entwickeln: um so reichlicher werden die eitrigen Beimengungen in dem Urin, neben welchen sich event. ab und zu Nierensand oder -Gries oder Steinbröckel finden. Ausserdem werden jetzt die blutigen Beimengungen im Urin häufiger. In manchen Fällen bleiben sie spärlich, bisweilen aber treten sie in profuser Menge auf.[1]) Besonders geben die stachligen oxalsauren Steine zu sehr intensiven Blutungen Veranlassung, welche zur Bildung von lockeren Coagulis von verschiedener Grösse führen, welche mehr weniger heftige Nierenkoliken bei ihrem Durchgang durch den Ureter veranlassen. Das Allgemeinbefinden und die Ernährung der Kranken leiden dabei oft in bemerkenswerther Weise. Sie verlieren den Appetit, es erfolgt häufig Erbrechen und hartnäckige Stuhlverstopfung stellt sich ein. Indess kann es lange dauern bis der Tod durch Marasmus oder hectisches Fieber erfolgt.

Anders gestalten sich die Symptome, wenn die Communication durch den Ureter zwischen Blase und Niere unwegsam ist. Diese Unwegsamkeit kann eine vorübergehende oder permanente sein und hängt von einer Einklemmung der Steine im Ureter ab. Im letzteren Falle oder bei längerer Einklemmung erliegt der Kranke in sehr vielen Fällen, indem die Entzündungsproducte zurückgehalten werden und sich zersetzen, der Septicämie oder Pyämie. In derartigen Fällen bildet oft frühzeitig die erkrankte Niere eine der objectiven Untersuchung zugängliche, gewöhnlich nur mässig grosse Geschwulst. Die Geschwulst ist meist palpirbar, am Besten bei bimanueller Untersuchung, indem man die eine Hand auf die Lenden-

---

1) Vgl. die Beob. von Verneuil, Bulletins de la soc. anat. 1869. p. 90.

gegend, die andere auf die Vorderfläche der erkrankten Seite legt, sie lässt sich auch durch die Percussion abgrenzen und lässt sich manchmal auch bei der Besichtigung durch eine vermehrte Breite und stärkere Vorwölbung der entsprechenden Lumbalgegend erkennen. Man fühlt die Nierengeschwulst als einen glatten oder leicht höckrigen, meist auf Druck schmerzhaften, deutlicher oder undeutlicher fluctuirenden Tumor. Bei der Percussion gibt sie einen gedämpften oder gedämpft tympanitischen Schall. Weiterhin beobachtet man unter Zunahme der Spannung und Schmerzhaftigkeit des Tumors ein Wachsthum desselben, indem die retinirten Entzündungsproducte, sowie der von der Niere abgesonderte Harn denselben immer vergrössern. Dabei besteht Fieber. Je länger die Einklemmung dauert, um so mehr vermindert sich die Heftigkeit des Kolikschmerzes. Ist bei Verstopfung des einen Ureters die andere Niere gesund, so wird statt des bei freier Communication der kranken Niere mit der Blase abnormen Urins ein ganz normaler Urin entleert werden, welcher für die Diagnose einer einseitigen Nierenaffection von grosser Wichtigkeit ist. Hört die Einklemmung des Concrements auf und kann der Inhalt des Eitersacks sich somit entleeren, dann tritt unter Nachlass des Kolikanfalls wieder eine Verkleinerung des Tumors auf und der vorübergehend klare Urin wird wieder aufs Neue trübe, eiter- oder bluthaltig und mit Nierengries und Concrementen gemischt. Bleibt nun aber die Obturation des Harnleiters durch das eingeklemmte Concrement bestehen, so sind, abgesehen von dem allerdings häufigen letalen Ausgang durch septicämische oder pyämische Processe, noch andere Eventualitäten möglich. Es kann sich nämlich eine Hydronephrose mit ganz enormer Geschwulstbildung entwickeln. Die Art der Entwickelung habe ich oben S. 231 gelegentlich der Schilderung der pathol.-anatomischen Verhältnisse der Nephrolithiasis berührt. Entwickelt sich die Hydronephrose, so lässt das Fieber nach, und die Symptome, welche der Kranke bietet, sind lediglich bedingt durch die Ausdehnung des hydronephrotischen Sacks, welcher um so grössere Beschwerden macht, je voluminöser er wird.

Die Pyelitis und Pyelonephritis calculosa können sich auch bei fortdauernder intensiver Reizung über die Niere hinaus fortsetzen. Es entwickelt sich dann eine Entzündung im perinephritischen Bindegewebe und der Eiter senkt sich bisweilen längs des Iliopsoas bis in die Inguinalgegend. Der perinephritische Process kann sich damit beschränken, nach Entleerung des Eiters kann es zur Heilung desselben kommen.

Ich habe einen solchen Fall bei einem meiner Kranken beobachtet: Ein 34jähriger Mann, den ich bereits 1864 im Breslauer Allerheiligenhospital wegen Pyelonephritis calculosa dextra mit fühlbarem Tumor und reichlicher Pyurie, jedoch zur Zeit ohne ausgesprochene Nierenkoliken und Abgang grösserer Concremente behandelt hatte, kehrte 1867 mit starken Schmerzen in der rechten Lendengegend, die sich längs des Ureters nach abwärts erstreckten, in die Anstalt zurück. Endlich bildete sich in der rechten Inguinalgegend an der Innenseite des Oberschenkels ein kinderfaustgrosser Abscess, nach dessen Entleerung sich die Schmerzen sofort verminderten und bald verschwanden. Die Wunde heilte und Patient verliess bedeutend gebessert das Hospital. Erst 1872 kehrte er dahin zurück und starb in Folge der Perforation einer von der rechten Niere gebildeten Pyonephrose ins Colon 1873 in der medicinischen Klinik des Professor L e b e r t.[1] Ich werde weiter unten auf diesen interessanten Fall nochmals zurückkommen.

In anderen Fällen, zumal nach Durchbruch des nephropyelitischen Eitersacks, kommt es zu umfänglichen Verjauchungen in dem die Niere einhüllenden Bindegewebe, welche schnell, meist in Folge von Sepsis, ja bisweilen fast plötzlich unter eintretendem Collapsus den letalen Ausgang vermitteln.

In anderen Fällen von Nephrolithiasis entwickelt sich, nachdem eine Verwachsung zwischen der Niere, dem perinephritischen Gewebe einerseits und den Muskeln der Lendengegend andererseits eingetreten ist, ein D u r c h b r u c h m i t E n t l e e r u n g d e s E i t e r s n a c h A u s s e n.

Ich hatte Gelegenheit, 1868 im Breslauer Allerheiligenhospitale mehre Wochen einen Kranken mit einer derartigen Nierenlendenfistel zu beobachten. Ich erhob damals von dem Patienten, einem recht intelligenten Kaufmann, folgende anamnestische Daten. Patient, ein mässiger Mann, mittelgross, nicht corpulent, erkrankte im Juni 1862 — damals 34 Jahre alt — plötzlich. Eine Ursache seiner Erkrankung konnte er nicht angeben. In seiner Familie sollen keine Fälle von Steinkrankheit existiren. Bei einem Spaziergang fühlte er plötzlich eine solche Beängstigung im Leibe, dass ihm der kalte Schweiss auf die Stirn trat. Nach einigen Stunden trat Linderung ein, aber die Schmerzen dauerten noch am nächsten Tage fort. Im Herbst desselben Jahres trat ein ähnlicher Anfall ein. Nach mehrstündiger Dauer endete derselbe mit Erbrechen. Seitdem wiederholten sie sich alle 8—10 Tage, im Frühjahr 1863 cessirten sie bis zum Herbst, dann stellten sie sich in der früheren Weise wieder ein. Im Juli 1864 erlitt Patient einen der heftigsten je überstandenen Anfälle, wobei eine hochgradige Auftreibung des Leibes vorhanden war. Gleichzeitig stellten sich Schmerzen in der linken Nierengegend ein und plötzlich traten im Urin unter heftigen Schmerzen beim Harnlassen, während die übrigen Erscheinungen rückgängig wur-

---

1) Vgl. die Inaugural-Dissertation von O. R o s e n b a c h. 1873.

den, reichliche Eitermengen auf. Das subjective Befinden besserte sich
seitdem, es blieb aber eine Neigung zu Auftreibungen des Leibes und
Blähungen zurück und zeitweise waren Schmerzen in der linken Weichen-
gegend vorhanden, welche besonders unter dem Einfluss leichter Erkältungen recidivirten. Sonst befand sich Patient 3 Jahre lang leidlich
wohl; nachher stellte sich plötzlich Harnverhaltung ein. Nach Abgang
von 2 Concrementen, einem herz- und einem bohnenförmigen, von grau-
marmorirtem Aussehen, liessen auch diese Beschwerden nach. Von dieser
Zeit an ging Harngries in reichlicher Menge ab. Es entwickelten sich
gleichzeitig qualvolle Anfälle von „Magenkrampf". Weiterhin stellten
sich noch viele Schmerzen und Unterleibsbeschwerden der verschiedensten
Art ein. Anfang 1868 entwickelte sich eine Anschwellung in der linken
Nierengegend; dieselbe soll mehrfach sich spontan verkleinert haben.
Endlich eröffnete sich die Geschwulst spontan, wobei sich grosse Eitermengen entleerten. Kurze Zeit nachher beobachtete ich den Kranken
einige Wochen. Seitdem habe ich ihn nicht mehr gesehen, und nur
erfahren, dass er 1873, also nach 11 jähriger Krankheitsdauer gestorben
ist. Die Sectionsdiagnose des path.-anat. Instituts in Breslau lautete:
Chronische käsige Bronchopneumonie mit Cavernenbildung, Kehlkopf-
und Darmgeschwüre, Nephritis calculosa sinistra, Perinephritis, Diphtheritis der Blase und der Ureteren, Lebertrübung. Als ich
den Patienten 1868 sah, hatte er noch keine Phthisis. Sie hat sich
erst als terminaler Process entwickelt.

In einzelnen Fällen entleeren sich Concremente durch diese
Fisteln. Bisweilen tritt nach Ausstossung aller Steine und Aufhören
der Eiterung Heilung ein. Indessen sind dies nur glückliche Ausnahmen. Meist bleiben Steine zurück, welche die Eiterung unterhalten, welche durch hectisches Fieber oder andere secundäre Processe den letalen Ausgang in längerer oder kürzerer Zeit vermitteln.
In mehren Fällen erfolgte bei Pyelonephritis calculosa ein Durchbruch nach dem Colon, und zwar ist dieser pathologische Vorgang, wie es scheint, schon den Alten bekannt gewesen.

In neuerer Zeit erzählt Bright[1]) die Geschichte eines ungefähr
40 jährigen Mannes, welcher Eiter durch Urethra und Mastdarm entleerte. Es lag ein Stein im linken Nierenbecken, welcher sich beinahe
seit 20 Jahren vergrössert hatte. Die Communication zwischen Abscess
und Colon betrug die Dicke einer Gänsefeder; die Ulceration hatte sich
auf die Lendenmuskeln fortgesetzt. Bright erwähnt, dass sich im
Museum vom Guy's Hospital ein oder zwei Beispiele der Art finden.
J. W. Ogle[2]) beobachtete eine 31 jährige Frau, welche mit Fieber,
Leibschmerzen, Harnverhaltung erkrankt war. In der Regio lumbal.
eine runde, harte Geschwulst, ausserdem eiterhaltiger Urin, Fieber, Nacht-
schweisse beobachtet. Trotzdem trat vorübergehende Erholung ein. Die

---

1) Guy's hosp. rep. Vol. IV. 1839. Fall 8.
2) St. Georges Hosp. Rep. Vol. II. p. 346.   •

Kranke verliess das Hospital. Nach 6 Wochen trat Diarrhoe ein, wobei die Kranke auch einen aus Harnsäure und oxalsaurem Kalk bestehenden Stein entleerte. Nach mehren Monaten subjectiven Wohlbefindens entwickelten sich unter Fieber wiederum Leibschmerzen, Erbrechen, Diarrhöen, welche nach 3 Wochen den Tod der Patientin herbeiführten. Bei der Section fanden sich ausgedehnte Adhäsionen zwischen dem Colon, dem Magen und der Leber, besonders der Flexura coli mit dem oberen Theile der rechten vergrösserten Niere, in der sich eine mit dem Colon communicirende, 3 erbsengrosse Steine enthaltende Höhle befindet. Linke Niere normal.

In dem Falle, welchen ich bereits oben (S. 245) erwähnte und der auf der Lebert'schen Klinik in Breslau starb, fand sich eine Fistelöffnung 13 Ctm. über der Bauhin'schen Klappe, welche mit dem rechten Nierenbecken communicirte und nahezu die Grösse eines Cent. hatte. Die rechte Niere stellte dabei einen aus vielen buchtigen Hohlräumen bestehenden Sack dar, der mit graulicher, schmieriger Masse gefüllt war. Der Patient litt an profusen Diarrhöen, was bei den meisten analogen Fällen beobachtet wird. In den Stuhlgängen fanden sich Streifen von Eiter, welche, da kein nachweisbares Darmleiden bestand, mit grösster Wahrscheinlichkeit auf die Niere als Ursprungsort hinwiesen. Harnbestandtheile liessen sich in den Stuhlgängen nicht nachweisen. Es war das natürlich, da alle secernirenden Partien der erkrankten Niere untergegangen waren. Der Urin roch exquisit nach Schwefelwasserstoffgas, der silberne Katheter wurde durch den Urin geschwärzt. Feste Bestandtheile der Fäkalstoffe fanden sich auch hier ebensowenig wie in ähnlichen Fällen im Urin. Es konnte also Niereninhalt in den Darm eintreten, das Umgekehrte war aber nicht möglich. Deshalb konnte man auch durch in den Darm eingeführte Färbemittel keine Färbung des Urins erzielen. Es ist dies wohl ein ähnliches Verhältniss, wie bei dem durch die schiefe Einmündung der Ureteren in die Blase bewirkten Verschluss. Der Urin enthielt neben einzelnen wohl erhaltenen Eiterkörperchen Detritusmassen und Bakterien. Nach einiger Zeit fand sich neben dem Schwefelwasserstoffgeruch auch noch starker ammoniakalischer Geruch ein, welcher in den letzten Lebenstagen allein wahrnehmbar war.

Alle diese Fälle haben als charakteristisches Symptom: Entleerung von Eiter mit den Stuhlgängen bei gleichzeitiger Pyurie, welche nachweisbar durch ein Nierenleiden veranlasst ist.

Anderweitige Durchbrüche gehören zu den Seltenheiten. Dahin gehört die Bildung einer Nieren-Lungenfistel, wie sie z. B. von S. Gordon[1]) beobachtet worden ist. Es bestand in diesem Falle hectisches Fieber, Anasarca, Husten, Zeichen eines Abscesses an der Basis der rechten Lunge. Derselbe resultirte von der Ver-

---

1) Dubl. quaterl. Journ. of med. sc. (citirt nach Woillez, Dict. de diagnost. medic. Paris 1870. p. 896.)

breitung einer Entzündung, welche sich hinter der Leber bis zur Lungenbasis erstreckte.

In einem zuverlässig constatirten Falle von Melion existirte eine fistulöse Communication einer steinkranken Niere mit dem Magen [1]).

Bei Lebzeiten des Patienten waren Speisetheile, Mohn u. s. w. mit dem Urin abgegangen. Die Section ergab Verwachsung des Magens, der rechten Niere und der Leber. Aus dem Magen gelangte man durch eine Oeffnung in seiner hinteren Wand dicht am Pylorus in einen grossen Abscess des obern Theils der rechten Niere, in welchem sich viele Steinfragmente, Rosinen- und Apfelkerne fanden. Im Nierenbecken fanden sich zwei grosse Steine.

In seltenen Fällen tritt die Perforation nach zwei Richtungen hin ein, ins Colon und nach aussen in der Lendengend. Einen derartigen Fall beschreibt Peter Frank. Hier gingen der Urin, Blähungen, Excremente gleichzeitig durch Anus und Fistelöffnung ab.

Complicationen und Nachkrankheiten.

a) Arthritis urica. Bereits die Alten (Sydenham, Boerhave, van Swieten u. A.) legten ein grosses Gewicht auf das Zusammenvorkommen von Gicht und Nierensteinen, welches von einzelnen derselben als die Regel angesehen wurde. Erasmus schrieb an einen Freund: „Ich habe die Nierenplage und du hast die Gicht, wir haben zwei Schwestern geheirathet." Man beschuldigte früher sogar besonders als prädisponirendes Moment für die Nephrolithiasis bei Gichtkranken die lange ruhige Lage, wozu sie ihr qualvolles Leiden verurtheilt. Wir wissen durch die neueren Arbeiten über die Gicht, dass im Blut eine Anhäufung von Harnsäure stattfindet. Obgleich ich bereits oben auseinandergesetzt habe, dass es zur Bildung von harnsauren Concrementen durchaus keines Ueberschusses von Harnsäure bedarf, so wird derselbe, wofern er vorhanden ist, ganz naturgemäss zu einer Ausscheidung derselben innerhalb des Organismus Veranlassung geben. Ich habe bereits das Bild der Gichtniere bei der Schilderung der pathologisch-anatomischen Veränderungen kurz erwähnt. In Hospitälern haben wir selten Gelegenheit zu anatomischen Studien über die Gicht.

Auf meiner Abtheilung in Breslau kam im Jahre 1872 der erste Arthritiker zur Section, den ich in meiner Hospitalthätigkeit überhaupt gesehen hatte. Er zeigte die hochgradigsten Nierenveränderungen neben

---

1) Oesterr. med. Wochenschr. 1844. Nr. 5.

den ausgedehntesten Gichtablagerungen in den kleinen und grossen Gelenken, am Ohrknorpel und im Gewebe der Haut. Er hatte stets einzelne offene Gichtknoten an den Vorderarmen, welche ein immer bereites Material zur Demonstration ad oculos und der Anstellung der Murexidreaction lieferten. Patient war, als er starb, in den 60er Jahren. Er hatte stets in den dürftigsten Verhältnissen gelebt. So lange er in meiner Beobachtung war, hatte er nie harnsaure Ausscheidungen im Harn.

Die chemische Zusammensetzung der Harnconcretionen bei den Gichtkranken ist nicht immer gleich. Gewöhnlich findet sich Harnsäure, es findet sich aber auch harnsaures Ammoniak und bisweilen auch kleesaurer Kalk. Oxalate und Urate können alternirend die concentrischen Schichten bilden.

Garrod, dem eine so reiche Erfahrung über die Gicht zu Gebote steht, hat constatirt, dass Gicht und Gries oft bei demselben Kranken vorkommen; zuweilen gleichzeitig, häufiger aber in verschiedenen Lebensperioden, so zwar, dass jene, welche in den mittleren oder späteren Lebensperioden von der Gicht heimgesucht werden, in ihrer Jugend an Harngries litten. Bisweilen kommt auch das Umgekehrte vor.

Thompson hebt hervor, dass fast constant die Eltern seiner Kranken mit harnsauren Steinen entweder an derselben Affection oder noch häufiger an der Gicht gelitten haben. Nicht selten erscheint Gicht in der einen, Nierengries in der zweiten, Gicht wieder in der dritten Generation.

b) Scrophulose und Tuberkulose. Meckel bringt beide Erkrankungen in den directesten causalen Zusammenhang, indem er sagt: Im Nierenbecken findet sich Steinbildung nur bei Subjecten, welche keine Anlage zu Typhus, Wechselfieber, Albuminurie und dergleichen haben, dagegen früher und jetzt noch an Scrophulose litten. Aehnliche Angaben finden sich auch bei anderen Autoren. Ferner hat man die Rachitis mit der Steinkrankheit vielfach in Zusammenhang gebracht. Indessen fehlt es für diese Angaben an stricten Beweisen. Die Zahlen, welche Rilliet und Barthez geben, sind viel zu klein, um daraus allgemeinere Schlüsse abzuleiten, überdies beschränken sie sich nur aufs kindliche Alter. Sie beobachteten im Hospital 8 Kinder mit Nierengries. Als concomitirende Krankheiten fanden sie 4 mal Tuberkulose, und zwar hatten sie sämmtlich Hirntuberkulose, 1 Kind hatte eine beginnende acute Tuberkulose und starb an Lungengangrän. Von den anderen drei Kindern starb je eins an Scharlach unter cerebralen Zufällen, an Typhus und Dysenterie.

Secundär entwickeln sich nicht selten Lungenphthisen im Ge.
folge chronischer Niereneiterungen, wie sie bei Pyelonephritis calculosa beobachtet werden. Langdauernde suppurative Pyelonephritis
calculosa einer Niere bedingt, wie anderweitige chronische Eiterungsprocesse, ab und zu

c) amyloide Degeneration der anderen Niere und der
übrigen Organe des Unterleibs.[1]) (cf. S. 106.)

d) Steine in anderen Organen compliciren sich oft mit
Nephrolithiasis; am öftersten ist dies mit Blasensteinen der Fall.
Bekanntlich entwickeln sich die meisten Harnconcretionen in den
Nieren und die Blasensteine bilden sich durch die Vergrösserung der
aus der Niere in die Blase herabgestiegenen Concretionen, welche
die Harnröhre nicht passiren können. Interessant ist in dieser Beziehung ein von Allan Webb [2]) mitgetheilter Fall. Er betraf einen
in Indien an Dysenterie gestorbenen Seemann, der als solcher noch
seine Pflichten vorher erfüllt hatte. In beiden Nieren, welche hochgradig verändert sind, finden sich Steine. Der eine Ureter ist dau-
mendick und hat sicher den grossen unregelmässigen Stein passiren
lassen, der sich in der gleichfalls hochgradig erkrankten Blase findet.
P. Frank erwähnt einen Fall, wo sich neben Nierensteinen auch
Concremente in der Lunge und Leber fanden. Nicht selten werden
bei denselben Individuen Nieren- und Gallensteine gefunden. Gleichzeitig vorhandene Gallensteine neben Nierensteinkoliken können die
Diagnose sehr erschweren.

e) Endlich kann die Nephrolithiasis mit verschiedenen anderen
Affectionen sich compliciren. Besonders wichtig ist die Complication
mit Magenaffectionen. Ich habe oben bereits erwähnt, dass bei Nierensteinkoliken die gastrischen Beschwerden, Uebelkeit, Erbrechen,
Schmerzen im Epigastrium gar nicht selten in den Vordergrund treten.
Combiniren sich Erkrankungen des Magens mit Nierensteinen, dann
bedarf es oft der allergenauesten Erwägungen, um diagnostische Irrthümer zu vermeiden.

Ein Fall meiner Erfahrung, wo Nephrolithiasis mit Ulc. ventric.
corros. complicirt war und letzteres den letalen Ausgang durch An-
ätzung einer grossen Magenarterie vermittelt hatte, mag das Gesagte

---

1) Tüngel, Klin. Mittheilungen von der med. Abth. des Hamburger Krankenhauses 1862/63. Hamburg 1864. S. 89 und Bullet. de la soc. anat. Paris 1868.
p. 223 (Pyelitis calculosa dextra, fistulöse Communication zwischen Niere und
Colon asc.; nur die amyl. Degeneration der Milz u. Leber ist erwähnt), l. eod.
1869. p. 11 etc.

2) Pathol. indica. Calcutta 1848. p. 210.

illustriren: Eine 53jährige Frau (November 1865 ins Allerheiligenhospital in Breslau aufgenommen) litt seit ihrem 30. Lebensjahre an Anfällen von Uebelkeit und wässerigem Erbrechen, welche alle 4—5 Wochen wiederkehrten. Nach zehnjährigem Bestehen dieses Zustandes, welcher jedesmal schnell vorüberging, traten dazu Schmerzen in der Magengegend, Erbrechen von Speisen. Blut wurde nie ausgebrochen. Diese Anfälle kamen selten, bisweilen verging darüber ein volles Jahr; dann aber waren sie von solcher Intensität, dass Patientin bereits mehre Male früher genöthigt war, das Hospital aufzusuchen. Seit 4 Jahren stellte sich eine bedeutende Remission dieser Attacken ein. Sie schwanden bis auf Anfälle von Magenschmerzen von kurzer Dauer. Vor 4 Wochen wurden die Anfälle wieder häufiger und heftiger, welche sich folgendermassen gestalteten: Heftige Schmerzen in der Magengegend mit darauf folgendem Erbrechen ohne Kopfschmerz, später heftige Kreuzschmerzen in der Gegend der drei ersten Lendenwirbel, von wo sie nach beiden Seiten ziehen, als ob sie „die Rippen durchbrechen wollten". Während der Anfälle vollkommene Appetitlosigkeit, auch sonst bei Genuss warmer Speisen stets Uebelkeit. Stuhl geregelt. Im Hospital beobachtete ich die Anfälle, welche täglich mehre Male wiederkehrten, 5—8 Stunden dauerten. Sie folgten sich so häufig, dass Patientin selten noch schmerzfrei war. Kreuz- und Magenschmerzen hörten gleichzeitig auf, Erbrechen trat im Hospitale nicht ein, nur Uebelkeit während der Anfälle. Ausserdem bemerkte die Patientin seit circa 8 Jahren eine Geschwulst in der rechten Seite des Unterleibes, seit 6—7 Jahren eine trübe Beschaffenheit des Urins. Seit etwa einem Jahre magerte die Patientin sehr ab. Das Epigastrium war bis zum Nabel herab auf Druck sehr schmerzhaft, während der Anfälle auch spontan. 3 Querfinger unter dem rechten Rippenbogen nach rechts vom äusseren Rande des Rect. abdominis, am untern Rande der Leber fühlte man eine anscheinend mit ihr zusammenhängende Geschwulst. Sie gibt einen gedämpft tympanitischen Percussionsschall. Der Tumor war nur am letzten Lebenstage gegen Druck schmerzhaft. Man konnte ihn durch Druck anscheinend etwas verkleinern. Zeitweise zeigte er eine weiche, anscheinend fluctuirende, zeitweise eine prall gespannte, etwas höckrige Oberfläche. Tägliche Urinmenge schwankte zwischen 600—1000 Cctm. pro die, während der Anfälle sank sie auf 200—300 Cctm. in 24 Stunden. Sie bestand während dieser Zeit fast nur aus Eiter, während sie ausser der Zeit der Anfälle nur ein sehr reichliches eitriges Sediment zeigte. Gries oder Concremente wurden in diesem Sediment nicht beobachtet. Der Urin reagirte stets stark sauer. Im Hospital gänzliche Appetitlosigkeit und angehaltener Stuhl. Nur subcutane Injectionen von Morphium brachten manchmal für kurze Zeit eine Erleichterung. Am 7. December 1865 Nachmittags stellte sich plötzlich ein Anfall grosser Angst und Beklemmung, verbunden mit einem schnell vorübergehenden Verlust des Bewusstseins ein. Ich fand die Kranke aufs Furchtbarste erschöpft, vollkommen anämisch. Sie klagte über die heftigsten Schmerzen in der Nierengegend. Der Bauch war weich, im Allgemeinen wenig empfindlich, der Tumor liess sich aufs Bestimmteste von der Leber abgrenzen. Kein Erbrechen, einmal Abgang schwarzen theerartigen unwillkürlichen

Stuhls. Mehrfach syncopale Zufälle. Am Abend erfolgte der Tod in einem solchen.

Bei der Section fand ich den vertical gestellten Magen prall mit schwarzem theerartig geronnenem Blut angefüllt. An der kleinen Curvatur an der Hinterfläche des Magens unweit des Pylorus lag ein 4 Ctm. hohes und 2 Ctm. breites Geschwür mit meist scharfen, zum Theil unterminirten Rändern. Der Geschwürsgrund wurde von Bindegewebe und dem fest angelötheten Pankreas gebildet. Im linken obern Geschwürswinkel fand sich die angeätzte Art. lienalis.

Die Geschwulst unterhalb der Leber war mit ihr und dem Anfangstheil des Colon ascendens verlöthet. Derselbe war übrigens von Darmschlingen nirgends bedeckt. Der Tumor, von der rechten Niere gebildet, mass von oben nach unten 16 Ctm., die grösste Breite hatte 12, die grösste Dicke 5 Ctm. Das Nierenparenchym selbst ist verödet. Die Geschwulst besteht aus zwei Säcken, einem grösseren oberen und einem kleineren unteren, welche durch wandständige Septa und Balken unvollkommen geschieden sind. Den Inhalt dieser Hohlräume bildet eine grauweisse, dickflüssige, eitrige Masse. Die Wand des Sackes misst einige Millimeter. An seiner Innenfläche finden sich einige sehr kleine geringfügige Partien, welche an Nierengewebe erinnern. Das 4 Mm. dicke Nierenbecken wird ausgefüllt durch einen kastanienbraunen Stein, aus Harnsäure bestehend, welcher der hinteren Wand des Nierenbeckens fest anhängt. Der übrige Theil der Nierenbeckenschleimhaut, desgleichen die des Ureters ist blass, der rechte Ureter ist weit, seine Ausmündung in die Blase ist frei. Linke Niere ein wenig vergrössert, zeigt eine mässige Anzahl oberflächlich gelegener kleiner Cysten mit gallertartigem Inhalt. Parenchym blass und schlaff. Blase gesund.

Diagnose.

Die Diagnose hat bei der Nephrolithiasis, abgesehen von der Frage: ob überhaupt Nierensteine vorhanden sind, noch Antwort darauf zu geben, um welche Art von Concretionen es sich handelt und ob eine oder beide Nieren erkrankt sind. Wir werden bei der Therapie sehen, dass die genaue Lösung dieser Fragen von der grössten praktischen Wichtigkeit ist. Die Diagnose wird wesentlich aus zwei Momenten gestellt: 1) aus der Untersuchung der Sedimente des Urins und der entleerten Concretionen; 2) aus den Symptomen, welche die im harnbereitenden und -ausführenden Apparat vorhandenen Concretionen veranlassen. Die Untersuchung des Harns ist um so wichtiger, weil dadurch oft die einzigen Handhaben gewonnen werden müssen, welche auf eine Nephrolithiasis zu schliessen erlauben, und zwar zu einer Zeit, wo die therapeutischen Eingriffe sich am hülfreichsten erweisen. Ich habe bei der Symptomatologie darauf aufmerksam gemacht, dass unter diesen Umständen im Harn

häufig Harngries aus den die Concretionen componirenden Harnbestandtheilen auftritt. Die Diagnose wird sichergestellt, wenn sich
wirkliche kleine Concretionen, Grieskörner u. s. w. im Urin finden.
Die Methode, wie sie am leichtesten aufzufinden und zu untersuchen
sind, ist S. 242 bereits angegeben. Ausserdem finden sich bei complicirender Pyelitis calculosa Schleim, Eiter, Blut, Epithelien aus den
ableitenden Harnwegen dem Urin in wechselnder Menge beigemischt.
Dass sich grössere Concremente gebildet haben, wird erwiesen, wenn
dieselben entweder ganz oder in Fragmenten unter den Symptomen
der Nierenkolik mit dem Harn entleert werden. Freilich muss dabei immer nachgewiesen werden, besonders bei rechtsseitigen Nierenkoliken, dass es sich wirklich um Harnsteine handelt. Denn es
existiren in der Literatur, wenn auch überaus seltene[1]) Beobachtungen, wo bei Communicationen der Gallenblase mit dem wegsamen
Urachus oder mit dem Harnleiter sich Gallensteine den Weg in die
Harnblase bahnten. In einem dieser Fälle gingen 9, in einem zweiten 200 Gallensteine während einer Woche mit dem Urin ab. Gemeinhin würde ja ein stark ikterischer Harn oder Körperikterus genügende Anhaltspunkte für die richtige Diagnose geben. Handelt
es sich aber um einen in den Ureter perforirten Hydrops cystidis
felleae, so wird dieses diagnostische Moment fehlen und die Beschaffenheit der Steine allein den Ausschlag geben. Die Anwesenheit von Cholestearin allein im Urin ist hier nicht maassgebend.
Murchison[2]) beobachtete in dem Urin eines Mannes, der später
unter seiner Beobachtung an calculöser Pyelitis starb und bei dem
keine Communication zwischen Urin- und Gallenwegen bestand, eine
grosse Menge Cholestearin und Eiter.

Bisweilen aber entwickeln sich die Nierensteine zu dem Umfange, wo sie das Nierenbecken nicht mehr verlassen, geschweige
denn den Ureter passiren können und wo nie im ganzen Verlauf
der Krankheit Nierensand oder -Gries die Aufmerksamkeit auf eine
bestehende Nephrolithiasis hinlenkte, ja wo dieselbe intra vitam
auch nicht geahnt wurde. — Man muss sich hüten, wenn der Symptomencomplex durch Entleerung von Nierenconcretionen nicht hinreichend klar entwickelt ist, sich auf andere Zeichen bei der Beurtheilung des Falles fast oder ganz ausschliesslich zu stützen. Be-

---

1) Faber, Diss. inaug. Tübingen 1839 und Fauconneau-Dufresne,
Gaz. med. de Paris. April. 18. 1840 und besonders L. Güterbock, Virchow's
Arch. 66. S. 273.

2) Path. transact. Vol. XIX. p. 278 u. Diseases of the liver. London 1868.
p. 378; vgl. auch oben S. 149 (Cholestearin in hydronephrotischen Säcken) und 225.

kanntlich hat man auf die periodisch wiederkehrenden
Nieren- und Nierenbeckenblutungen bei der Diagnose der
Nephrolithiasis ein grosses Gewicht gelegt, und gewiss nicht ohne
Recht. Denn die häufigste vorkommende Ursache dieser Hämaturien
ist die Reizung und Verletzung der Nieren und harnableitenden Wege,
wie sie durch die Pyelitis und Nephropyelitis calcul. bedingt wird.
Man muss sich aber klar machen, dass einmal eine Anzahl von
Nierensteinen ohne jede Hämaturie verläuft, und ferner kann durch
die Hämaturie eine Nephrolithiasis vorgetäuscht werden, indem durch
die im Gefolge der Nierenblutung den Ureter passirenden Faserstoffgerinnsel Anfälle hervorgerufen werden, welche denen der calculösen
Nephrolithiasis (es gibt ja, wie wir gesehen haben, wirkliche Fibrinconcretionen) vollkommen analog sein können. Auf diese Weise
können andere mit Hämaturie verbundene Affectionen mit Nephrolithiasis verwechselt werden. Die Nierenhämorrhagie muss freilich
langsam erfolgen, um zur Gerinnselbildung in den Infundibulis oder
dem Nierenbecken Veranlassung zu geben. Dies kann bei manchen
anderen Nierenkrankheiten der Fall sein, zunächst bei Nierenblutungen im Gefolge von Nierenkrebsen. Ich habe mich bei Schilderung derselben bereits weitläufiger über diesen Punkt ausgesprochen.
(cf. S. 188.) Hier mag nur ein Beispiel aus der reichen Erfahrung
Todd's Platz finden.

Bei einem Manne, welcher im Anfang der 60er Jahre stand, konnte
ein Tumor der rechten Niere deutlich gefühlt werden. Man entdeckte
ihn erst, als eine schmerzlose Hämaturie die Untersuchung des Bauches
nöthig machte. Es gesellten sich beim Passiren der Gerinnsel durch
den Ureter Zeichen von Nierensteinkolik hinzu. Es machte einmal den
Eindruck, als ob Steine am Ende des Harnleiters eingekeilt wären.
Trotz der Entleerung der Gerinnsel und der Heilung des durch sie erregten Blasenkatarrhs wuchs der Tumor mehr und mehr. Solcher Anfälle kamen mehrere. Der Urin bot nichts Abnormes. Tod nach einigen
Monaten. Die Section ergab einen ungeheuren Krebs der rechten Niere,
Krebs beider Pleuren und des Mediastinum.

Hämaturien in Folge von Nierenkrebsen werden aber sich nie
auf so lange Jahre hin erstrecken, wie das in einzelnen Fällen von
Nephrolithiasis beobachtet wurde.[1]

Ausser dem Nierenkrebs können noch andere krankhafte Zustände der Nieren, des Nierenbeckens und der Harnleiter Symptome,

1) Legroux (Bullet. de soc. anat. Paris 1865. p. 631) beobachtete einen im
Alter von 38 Jahren an Lungenphthise gestorbenen Mann, welcher seit 23 Jahren
an Hämaturie ohne Entleerung von Concrementen litt. In beiden Nieren fanden
sich grosse Concretionen.

welche der Nierensteinkolik ganz analog sind, vortäuschen. Auf diese Weise kann die Diagnose ungeheuer schwer, ja in gewissen Stadien der Krankheit unmöglich werden. Dahin gehören gichtische, käsige Entzündungen, Parasiten im Nierenbecken, besonders Echinococcen u. s. f. Besonders schwierig wird die Diagnose, wenn es sich um die Combination solcher Krankheitsformen mit Nephrolithiasis handelt, eine Eventualität, die gar nicht selten eintritt.

Ferner ist eine richtige Differenzirung der Anfälle von Gastralgie, Nierenstein- und Gallensteinkoliken wichtig, um so mehr, weil Nierensteine keineswegs stets charakteristische typische Nierenkoliken, sondern bisweilen lediglich gastralgische Zufälle hervorrufen und weil eine Combination verschiedener derartiger Zustände vorhanden sein kann.

Besondere Aufmerksamkeit verdient die Beurtheilung der Fälle von Nephrolithiasis, wo lediglich Blasensymptome von den Patienten geklagt werden. Aber auch wenn alle Symptome in der Blase veranlasst werden, bei blutigem und eitrigem Urin und Schmerzen in der Lendengegend, besonders wenn dieselben in einer Seite localisirt sind, entsteht immer die Frage, ob nicht ein Stein in der Niere vorhanden sei. Die saure Reaction eines eiterhaltigen Harns kann insofern für die Diagnose einer Pyelitis verwandt werden, als eine solche Reaction desselben bei länger dauernder Cystitis nur in ganz vereinzelten Fällen gefunden wird.

Die zeitlichen Beziehungen, in welchen die Symptome auftreten, sind bei Entscheidung dieser Frage von grösster Bedeutung. Treten die Erkrankungen der Blase primär auf, so sind alle Symptome, welche vor dem Eintreten der Schmerzen in der Lendengegend beobachtet werden, auf die Blase zu beziehen.

Die Frage, ob nur eine, resp. welche Niere erkrankt sei, ist nicht nur von diagnostischem Interesse, sondern sie gerade ist in praktischer Beziehung in neuester Zeit in den Vordergrund getreten, nachdem durch den Vorgang G. Simon's (vergl. unten Therapie der Nephrolithiasis) die Exstirpation der kranken Niere behufs radicaler Heilung der Nierensteine Gegenstand der Discussion geworden ist. Die anatomische Erfahrung, dass die Steinkrankheit öfter nur eine Niere betrifft, die Thatsache, dass die andere Niere dann vicariirend für die erkrankte functionirt, spricht für die Möglichkeit der Exstirpation steinkranker Nieren, welche functionell wenig oder gar nichts leisten und dem Organismus nur Schaden bringen. Der Umstand, dass nur eine Nierengegend auf Druck schmerzhaft ist, dass die Kolikschmerzen nur einseitig auftreten, lässt wohl auf die Er-

krankung der betreffenden Niere, nicht aber auf die vollkommene
Gesundheit der anderen einen Rückschluss machen, denn es können
in der anderen Niere immerhin eine Reihe kleiner Concremente vorhanden sein, ohne dass dieselben zur Zeit irgend ein objectives
Zeichen veranlassen. Dagegen gibt es ein Symptom, welches mit
der grössten Wahrscheinlichkeit für die gesunde Beschaffenheit einer Niere spricht, nämlich wenn sich während des Kolikanfalls — wo der Ureter der kranken
Niere so verstopft ist, dass kein Secret derselben in
die Blase gelangen kann — statt des abnormen ein vollkommen normales Secret entleert. Besonders auf dieses
Symptom gestützt exstirpirte Simon eine steinkranke Niere. Die
andere Niere war, wie die spätere Autopsie lehrte, gesund. Dies
diagnostische Moment wird natürlich in allen den Fällen im Stiche
lassen, wo der eingekeilte Stein nicht vollständig den Harnleiter
obturirt und das Secret aus der kranken Niere daneben abfliessen
kann. Einen gewissen Anhalt für die Annahme der Steinerkrankung
nur einer Niere hat man, wenn die mit dem Harn entleerten Steine
aus Phosphaten bestehen, da die Genese der Phosphatsteine, wie
wir oben gesehen haben, die Annahme einer rein localen Ursache
der Steinbildung gestattet, während, wie viele Erfahrungen z. B.
auch an Arthritikern lehren, der Bildung von Harnsäureconcretionen
sehr häufig constitutionelle Ursachen zu Grunde liegen. Einen grossen
Werth für die Diagnose einseitiger Nierenerkrankung, freilich zunächst nur beim weiblichen Geschlecht, dürfte eine Methode gewinnen, welche auch nach anderen Richtungen (z. B. für die Therapie
mancher Hydronephrosen, cf. S. 169) grosse Erfolge verspricht, nämlich die von Gustav Simon geübte Sondirung und Erweiterung
des Harnleiters. Dr. Tuchmann in London hat eine Harnleiter-
klemme construirt, mit welcher er auch beim Manne eine Harnleiter-
mündung temporär zu verschliessen und die Diagnose einseitiger
Nierenerkrankung zu stellen sucht. Beim Mann hat begreiflicherweise diese Methode grosse Schwierigkeiten, während sie beim Weibe
relativ leicht auszuführen ist. Simon gelang es ohne die geringste
Schwierigkeit bis in das Nierenbecken mit Sonden und Kathetern
vorzudringen. Pathologische Erfahrungen fehlen bis jetzt über diese
Methode.

Entwickelt sich im Gefolge einer eitrigen Pyelonephritis calculosa mit Verstopfung des entsprechenden Ureters durch ein Concrement eine Geschwulst in der Nierengegend, so wird die genaue
Berücksichtigung der Antecedentien, insbesondere auch die Consta-

tirung früherer Nierenkoliken für die Beurtheilung der Natur dieser Nierengeschwulst in erster Reihe verwerthet werden müssen. Piorry gibt an, in solchen Fällen wo mehre Steine neben einander in der Niere lagen, durch bimanuelle Untersuchung das Geräusch der sich an einander reibenden Steine wahrgenommen zu haben.[1]) Die Möglichkeit eines solchen Symptoms lässt sich gewiss nicht in Abrede stellen, die Bedingungen für das Eintreten desselben dürften sich indessen nur selten verwirklichen.

Dauer, Ausgänge und Prognose.

Die Nephrolithiasis hat in der Regel einen chronischen Verlauf. Denn nur verhältnissmässig selten führt ein durch Nierensteine veranlasster acuter Process den letalen Ausgang herbei. Das geschieht z. B. in den Fällen, bei denen es in Folge der Einklemmung eines Nierensteins bei seinem Durchgange durch den Ureter zu einer Ruptur desselben kommt und wo bei Durchbruch nach dem Bauchfellsack eine plötzlich eintretende Peritonitis dem Leben schnell ein Ende macht oder bei den Kranken, wo in Folge vollkommenen Aufhörens der Urinexcretion durch die Verstopfung der harnableitenden Wege Urämie sich entwickelt, welche meist unter Coma und Convulsionen binnen wenigen Tagen den Tod veranlassen. Die Pyelitis oder Pyelonephritis, Durchbrüche nach verschiedenen Richtungen, die Hydronephrosenbildung, im Gefolge der Nierensteine, verlaufen sämmtlich langsamer, variiren in ihrer Dauer ausserordentlich, ehe sie, was in der Mehrzahl geschieht, den Tod herbeiführen, der durch die genannten Processe selbst oder irgend eine Complication erfolgen kann oder ehe, was nur selten eintritt, die Krankheit mit Genesung endet.

Die Ausgänge der Nephrolithiasis können sein:

1) Heilung. Sie tritt selten und zwar besonders in den Fällen ein, wo sich blos Harnsand, Gries oder kleinere Concretionen, welche den Harnleiter passiren können, entwickelt haben, welche in die Blase gelangen und von dort mit dem Harne entleert werden und wo spontan oder in Folge von Einleitung einer geeigneten Therapie eine allmähliche Verminderung und ein schliessliches Aufhören der Bildung von Nierensand und -gries beobachtet wird. Die durch die Concretionen veranlassten Entzündungen im Nierenbecken hören

---

1) Vgl. Mayer, Perc. des Unterleibes. 1839.

meist mit Wegfall des Reizes, der sie veranlasste, auf. Sehr selten
erfolgt die Heilung nach erfolgtem Durchbruch eines pyelonephriti-
schen Sackes nach Aussen öder nach anderen Richtungen und zwar
dann, wofern nach Entleerung aller Concremente die Eiterung sich
beschränkt. Haben sich erst umfängliche Steine gebildet, welche
die Harnwege nicht mehr passiren können, dann ist auf solche Art
eine Heilung nicht zu erwarten. Innere Mittel erweisen sich als
vollkommen unwirksam, wenn es sich darum handelt, grössere Nierenconcretionen aufzulösen. Indessen ist auch in solchen Fällen hie
und da noch Heilung beobachtet worden, wenn nämlich die Communication zwischen dem Eiterherd in der Niere und der Blase entweder niemals oder nur vorübergehend unterbrochen wird, wo also
eine Stauung des Secrets gar nicht oder nur in geringem Maasse
oder für kurze Zeit statt hat und wo es, wie ich oben auseinander
gesetzt, zu einer vollkommenen Schrumpfung und Verödung des Nierengewebes und vollständiger Abkapselung des Steins kommt. Vorausgesetzt wird dabei natürlich, dass die andere Niere gesund ist
und die Harnsecretion besorgt. Ich habe mehrfach diesen Ausgang
der Nephrolithiasis bei der Leichenuntersuchung von Personen, welche
anderen Affectionen in hohem Alter erlegen sind, gefunden.

2) Der Tod. Wir haben oben bereits gesehen, dass der letale
Ausgang bei Nephrolithiasis selten in acuter Weise, weit häufiger
durch mehr minder chronische Processe, welche in Folge der Anwesenheit von Concrementen im Nierenparenchym, dem Nierenbecken
und den Harnleitern sich entwickeln, erfolgt. Ferner beobachtet
man im Verlauf einseitiger Nephrolithiasis eine Reihe complicirender
Processe theils allein in der anderen Niere (sympathische Eiterungsprocesse mit secundärer Steinbildung), theils in dieser und anderen
Unterleibsorganen (amyloide Degeneration) u. a. m., welche schliesslich den letalen Ausgang vermitteln. Sind von vornherein beide
Nieren an Nephrolithiasis und den durch sie bedingten Organverän-
derungen erkrankt, so tritt meist der letale Ausgang um Vieles
schneller bei sonst gleichen Verhältnissen ein, als bei einseitiger
Nephrolithiasis.

Aus dem Gesagten ergibt sich die Prognose. Je frühzeitiger
die Erkrankung zur Behandlung kommt, um so besser gestaltet sich
im Allgemeinen die Prognose. Es ist in einer Reihe von Fällen
möglich, auf die Verminderung der Bildung von neuem Nierensand
und Gries hinzuwirken, welche ja die erste Veranlassung zur Bildung grösserer Concretionen geben, und die vorhandenen kleinen
Concretionen können durch geeignete Maassnahmen, so lange sie

nicht zu gross sind, aus den Nieren ausgeschwemmt, vielleicht auch gelöst werden. Jedoch mache man sich auch hier keine zu grossen Hoffnungen. Die sogenannten Heilungen stellen häufig nur vorübergehende Besserungen dar, und nach jahrelangen Pausen können sich die früheren Leiden wieder einstellen. Ausserdem bestehen hier häufig constitutionelle Störungen, deren Beseitigung manchmal ganz unmöglich ist. Bestehen die Nierensteine schon lange, haben sich erst consecutive Störungen im Nierengewebe eingestellt, dann wird die Vorhersage um vieles trüber. Denn die günstigen Ausgänge, welche trotzdem in einzelnen Fällen eintreten, sind zu grosse Seltenheiten, um die Prognose im Allgemeinen günstiger zu gestalten.

Therapie.

Die Behandlung der Nephrolithiasis hat drei Aufgaben zu erfüllen:

1) Die Bildung von Nierenconcretionen zu verhüten (prophylaktische Behandlung);

2) die gebildeten Niederschläge aus den Nieren und den harnableitenden Wegen zu entfernen, sei es durch diätetische und medicamentöse innere Mittel oder durch chirurgische Eingriffe (radicale Behandlung);

3) die durch diese Concremente bedingten Symptome und Folgezustände zu mildern event. zu heilen (symptomatische Behandlung).

Was zunächst die prophylaktische Therapie anlangt, welche die Bildung von Nierenconcretionen verhindern soll, so ist dieselbe nach den dieselben zusammensetzenden Harnbestandtheilen verschieden. Ich habe bereits oben S. 206 auseinandergesetzt, dass die verschiedenen Stoffe, welche sich an der Bildung von Nierensteinen betheiligen, sich unter mannigfachen Bedingungen in den Nieren und den harnableitenden Wegen zunächst als Harnsand niederschlagen. Wir würden also, um die Bildung von grösseren Nierenconcretionen zu verhindern, die Bildung von Nierensand zu verhüten haben. Denn ohne die vorherige Bildung von Nierensand kommt es nicht zur Entwickelung grösserer Concretionen. Es entsteht nun zunächst die Frage, ob und inwieweit es möglich ist, die Bildung von Nierensand zu verhüten? —

Betrachten wir zunächst die Harnsäure und deren Verbindungen, welche entschieden am Häufigsten zur Bildung von Nierensteinen beitragen. Wir haben bereits erfahren, dass unter gewissen Bedingungen wie z. B. bei der Gicht eine Vermehrung der Harnsäurebildung innerhalb des Organismus statt hat. Zum Mindesten begünstigend für die vermehrte Bildung der Harnsäure ist die Art der Ernährung und der Lebensweise der Kranken.

Um die harnsaure Nierensandbildung zu verhüten, wird daher zuvörderst auf diätetische Vorschriften ein grosses Gewicht gelegt, und trots vieler Widersprüche in einzelnen Punkten sind doch die meisten Aerzte im Allgemeinen darin einig, dass reichliche oder gar ausschliessliche Fleischkost der Bildung von harnsaurem Nierensand Vorschub leistet. Nach den Untersuchungen von Lehmann, Heinrich und Johannes Ranke u. A. erscheint die Zunahme der Harnsäureausscheidung bei Steigerung der Zufuhr von animalischen Nahrungsmitteln zweifellos. Man übertrieb aber die Sache, indem man den Fleischgenuss ganz ausschloss. Lobb[1]) empfahl bereits eine ausschliessliche Pflanzenkost und das von Magendie befürwortete Regime war dem ganz conform, indem er jede stickstoffhaltige Nahrung verbot. Wir wissen heut, dass in der reichlichen Zufuhr stickstoffhaltiger Substanzen keineswegs die alleinige Ursache der Uratsedimente gesucht werden darf, obwohl sie dieselbe, besonders unter gewissen Umständen, sehr begünstigt. Denn nicht nur wird die Harnsäure bei fieberhaften Zuständen, bei Störungen der Respirations- und Circulationsorgane vermehrt gefunden, sondern vor Allem auch bei Störungen der Verdauung, sowie überhaupt mangelhafter Ernährung. So sehen wir bisweilen die Harnsäure bei Individuen im Ueberschuss ausgeschieden werden, bei denen kein Uebermaass, sondern vielmehr ein Mangel an stickstoffhaltiger Nahrung anzuklagen ist. Man beschränkt sich daher jetzt bei Individuen mit der Neigung zur Bildung von harnsaurem Gries auf das Verbot vorwiegender Fleischkost, auf die Empfehlung weissen Fleisches und besonders auf die Empfehlung grosser Mässigkeit im Essen und leichtverdaulicher Nahrungsmittel, welche keine Störungen der Verdauung veranlassen. Jedenfalls ist eine zweckmässig geleitete Diät eins der wichtigsten Mittel, um eine etwa vorhandene vermehrte Harnsäurebildung zu beschränken. Nur bei Personen, welche in Folge üppiger Lebensweise einen bedeutenden Ueberschuss von Harnsäure produciren, empfiehlt sich vorübergehend ausschliessliche Milch- und Pflanzenkost (besonders frisches grünes Gemüse aller Art). Insbesondere wird man solche Individuen einem strengen Regimen unterwerfen,

---

1) Treatise on dissolution of a stone. London 1739.

welche eine ererbte Disposition für Gicht oder harnsaure Steine haben. Man muss anderntheils auch berücksichtigen, dass selbst scheinbar überreichliche Zufuhr stickstoffhaltiger Nahrungsmittel in dem Falle nichts schadet, wenn sie in geradem Verhältniss zum Stoffverbrauch steht, wie er bei einer thätigen Lebensweise besonders mit entsprechender Körperbewegung statthat. Von wohllebenden kräftigen Individuen muss körperliche wie geistige Trägheit ferngehalten werden, fleissige Bewegung in freier Luft, entsprechende Beschäftigung im Freien, wie Gartenarbeit, Turnen u. s. w. ist zu empfehlen. Feurige Weine, Champagner, stark gewürzte Speisen sind besonders verpönt. Zuckerhaltige Dinge sowie Fette sind möglichst ganz auszuschliessen.

In engem Zusammenhang mit der Bildung von harnsauren Niederschlägen steht die Bildung des aus oxalsaurem Kalk bestehenden Nierensandes, denn die Oxalsäure ist fast stets ein Product des Stoffwechsels, indem sie eins der Zersetzungsproducte der Harnsäure ist. Je weniger ein Ueberschuss von Harnsäure gebildet wird, um so weniger haben wir die Niederschläge von Kalkoxalat zu fürchten. Ganz anders aber als mit der Bildung des aus Uraten oder aus oxalsaurem Kalk bestehenden Nierensandes steht es mit der Ausscheidung von Phosphaten. Sobald der Harn alkalisch ist, fallen sie aus der Lösung aus und bilden Phosphatniederschläge. Wir haben oben S. 206 die Bedingungen kennen gelernt, unter denen dies hauptsächlich zu geschehen pflegt. Die Bedingungen möglichst hintanzuhalten wird Aufgabe der prophylaktischen Therapie sein, insbesondere werden wir es uns angelegen sein lassen, nicht durch schlecht geleitete Kuren mit kohlensauren Alkalien der Bildung von Phosphatniederschlägen Vorschub zu leisten (s. u.). Mittel, die Cystinbildung zu verhüten, kennen wir nicht.

Hat sich nun Nierensand gebildet, so entsteht die Aufgabe, ihn so früh wie möglich aus dem Körper zu entfernen und nach Möglichkeit die Bildung neuen Sandes zu verhüten. Bei dem längeren Verweilen von Nierensand im Nierenbecken besteht per se die Gefahr immer neuer Ausscheidungen, indem sich, wie wir S. 207 bereits gesehen haben, z. B. die Harnsäure, ohne dass eine Vermehrung derselben vorhanden zu sein braucht, an vorhandene feste Körper, wie Harnsand, Schleimflöckchen u. s. w. ansetzt. Da ausserdem der Nierensand früher oder später zu Reizungen der Nierenbeckenschleimhaut Veranlassung gibt, und die Entzündungsproducte, welche dabei entstehen, ebenfalls leicht der Ausgangspunkt für neues Ausfallen von Nierensand werden, welcher je nach der Verschiedenheit der Reaction des Nierenbeckeninhalts aus Uraten, Oxalaten, Phosphaten bestehen kann, so werden wir aus diesen angegebenen Gründen alle Veranlassung haben, die Entfernung des Nierensandes sobald als möglich zu erstreben, und der Bildung neuer derartiger Niederschläge nach Kräften entgegenzuarbeiten.

Um vorhandenen Nierensand zu beseitigen, hat man seit Alters ohne Rücksicht auf seine chemische Constitution die Einverleibung grösserer Getränkmengen empfohlen, um so die Harnmenge zu vermehren. Man bezweckte damit nicht nur die Verdünnung des Harns, wodurch gleichzeitig die Reizung der Nieren und der Harnwege vermindert und die festen Stoffe des Harns in der grösseren Wassermenge leichter in Auflösung erhalten werden sollten, sondern man wollte auch auf diese Weise sicherer die sich bildenden Niederschläge sofort aus den Nieren und dem Nierenbecken wegschwemmen. Als Unterstützungsmittel der Behandlung haben sie, verständig benutzt, nach den angegebenen Richtungen hin entschieden Werth. In diese Kategorie dieser einfachsten therapeutischen Agentien gehört vor Allem der empfohlene reichliche Genuss von Wasser. Meist wurde Brunnenwasser, von Einzelnen jedoch auch Flusswasser empfohlen, und zwar letzteres wegen seines geringeren Gehalts an unorganischen Bestandtheilen. In neuerer Zeit wurde das Trinken des gewöhnlichen Wassers mehr auf den diätetischen Gebrauch eingeschränkt und besonders von Natronwässern verdrängt, weil das kohlensaure Natron als Lösungsmittel der Harnsäure die Wirkung beschleunigt, eine geringere Quantität des Getränks gestattet und weil durch die Kohlensäure dieser Wässer dem Magen ein wohlthätiger Reiz zugeführt wird, welcher dem gewöhnlichen Wasser fehlt. Die Wirkung, welche die Natronwässer auf die harnsauren Niederschläge haben, wird bald noch genauer besprochen werden. Ségalas empfahl den Steinkranken Bier, welches bereits an Sydenham, der es an seiner Person erprobte, einen begeisterten Lobredner gefunden hatte, weil es „die hitzigen Feuchtigkeiten, welche sich in den Nieren aufhalten und den Stein erzeugen, verdünne und abkühle". Von anderen Seiten beschuldigte man das Bier, dass es die Steinbildung begünstige. Bier von ehemals und jetzt sind freilich ganz verschiedene Dinge. Stärkere Biere sind absolut verboten, wie alle Alcoholica, von denen höchstens leichte Bordeauxweine in geringer Menge zu gestatten sind. Ferner wurden besonders in früherer Zeit vielfach die verschiedensten harntreibenden Tränke und Thees empfohlen. Wie reich die Therapie der Alten in dieser Beziehung war, beweist

ein Verzeichniss, welches J o h. V a r a n d a e u s[1]) davon gibt und eine
von Prof. Z a c h e r mitgetheilte mittelalterliche Vorschrift gegen den
Stein[2]). Als besonders wirksam galten und gelten zum Theil noch
in dieser Beziehung die Semin. Cynosbati, Rad. Bardanae, Radix
Ononid spinos., Radix Juniperi, Rad. Pareirae bravae, Folia Uvae
ursi, Hb. Parietariae u. s. w. Meist benutzte man Compositionen
verschiedener Kräuter dieser Art. Man genoss die daraus bereiteten
Decocte oder Infusa mit einigen Tropfen Acidum nitricum oder Aether
muriatic. Auch andere Diuretica wurden empfohlen und können,
sofern keine stärkere Reizung der Harnwege vorhanden ist, in einzelnen Fällen mit Erfolg angewendet werden. Ferner fanden Cubeben, Ol. tereb., Balsam. Copaivae einzelne Empfehler. Der Nutzen
derselben bei der Nephrolithiasis ist indirect und beruht auf ihrer
secretionsvermindernden Wirkung bei den Blennorrhöen mancher
Schleimhäute. Sie können, indem sie eine Pyelitis bessern, auch
dadurch die Abscheidung von Nierensand vermindern. Es ist dieser
Mittel bei der Behandlung der Pyelitis (S. 59) gedacht. In Italien
gebraucht man vielfach bei Nierengries die Tropfen P a l m i e r i's,
welche aus Flores sulfuris und Aq. picis bestehen. Jedoch lässt
sich für dieses wie für viele andere gegen die Nephrolithiasis empfohlene interne Mittel weder eine rationelle Begründung noch eine
empirische Berechtigung nachweisen. Ein Gleiches gilt von der
Anwendung der diaphoretischen Methode, welche von C i v i a l e u. A.
vielfach empfohlen wurde. A priori muss angenommen werden, dass
durch die Verminderung der Harnmenge, welche dadurch bewirkt
wird, die Ausscheidung der Niederschläge des Harns erschwert wird
und dass sie daher weit mehr schadet als nutzt. Die Annahme,
dass bei reichlichen harnsauren Niederschlägen ein Theil der Säure
durch die Haut abgeschieden werde, ermangelt des positiven Nach-
weises.

Von unzweifelhaftem Werth sind dagegen bei Nephrolithiasis
die lauwarmen Bäder, und besonders Soolbäder, wegen der durch
sie veranlassten Anregung des Stoffwandels, vorzüglich als Unterstützungsmittel anderer Kuren. Das Offenhalten des Stuhles wird
bereits von S y d e n h a m auf Grund der Beobachtungen an sich
selbst empfohlen und es ist nützlich, auch ohne dass gerade Obstipation vorhanden ist, öfter ein Abführmittel zu reichen. S y d e n-
h a m brauchte wöchentlich an einem bestimmten Tage etliche Mo-

---

1) De affectibus renum. Hanoviae 1617. p. 65.
2) Virchow's Archiv 32. S. 399.

nate hintereinander ein Abführmittel (Manna mit etwas Citronensaft) und gibt an, dass er jedesmal Erleichterung gespürt habe. — Blutentziehungen, welche Civiale als Prophylacticum gegen Nierensteinbildungen empfohlen hat, haben keinen Eingang in die ärztliche Praxis gefunden; als symptomatisches Mittel erweisen sie sich bei Nierensteinkoliken (cf. S. 269) öfter nützlich.

Die Frage, ob die Lösung grösserer Concretionen innerhalb der Harnwege möglich sei, ist eine natürlich vielfach ventilirte, weil sie von eminenter praktischer Wichtigkeit ist. — Brücke hielt eine solche für vollkommen begreiflich, weil keiner der die Nierensteine zusammensetzenden Bestandtheile sowohl im sauren als im alkalischen Urin absolut, wenngleich in verschiedenem Grade schwerlöslich sei. Die harnsauren Salze sind namentlich in der sie umspülenden Flüssigkeit von einer Temperatur von 38° C. nur mässig schwer löslich. Wenn also, argumentirt Brücke, ein verdünnter Harn mit ihnen in Berührung kommt, so kann er wieder einen Theil von ihnen aufnehmen. Brücke hebt besonders einen Fall hervor, wo er an einem Nierenstein, welcher erweislich 3 Wochen im Ureter, ohne ihn vollkommen zu verstopfen, gesteckt hatte, eine glatte Rinne bemerkte, welche durch den durchgehenden Harn ausgewaschen war. Indessen dürften in praxi derartige Fälle nur glückliche Ausnahmsfälle sein.

Haben wir in Vorstehendem kurz der Mittel gedacht, welche zur Ausschwemmung resp. der Lösung des Nierensandes im Allgemeinen angewendet werden, so wären jetzt die Methoden ins Auge zu fassen, welche als die gebräuchlichsten und die wirksamsten in Gebrauch sind, um Nierensand von bestimmter chemischer Constitution nicht nur auszuschwemmen, sondern vielmehr zur Lösung zu bringen resp. ihre erneute Bildung zu verhüten.

Wir besitzen für die eine Gruppe des Nierensandes als Lösungsmittel Alkalien und alkalische Salze. Diese Gruppe umfasst den aus Harnsäure, den Verbindungen der Harnsäure und oxalsaurem Kalk bestehenden Sand und Gries. Auch bei den Fibrinconcretionen hat man diese „alkalische Therapie" in Anwendung gezogen. Am wichtigsten ist aber die Behandlung der harnsauren Niederschläge, weil sie von allen am weitaus häufigsten vorkommen. Von den anzuwendenden Heilmitteln kommen zunächst die mineralsauren Alkalien in Betracht. Heller empfiehlt besonders das dreibasisch phosphorsaure Natron (Natron phosphor. der Pharmacop. germanica) in einer Dosis von 4—26 Grm. Er rühmt dem Präparat den Vortheil nach, dass es auch in grösseren Dosen genommen wer-

den kann, ohne Diarrhöen zu erzeugen, denn nur dann geht es
seiner Hauptmenge nach in den Harn über (es wird urophan),
und das ist durchaus nöthig, wenn das Medicament als Lösungsmittel von Harnsäure seine volle Wirkung entfalten soll. Ferner
reizt das phosphorsaure Natron den Darmkanal weniger als das
bald zu besprechende kohlensaure Natron. Endlich ist auch das
Verhalten des phosphorsauren Salzes zur Harnsäure von Wichtigkeit, da es etwas mehr als manche andere Salze von dieser Säure
zu lösen vermag (Binz). Trotz alledem hat sich das Präparat bis
jetzt bei der Behandlung der Nephrolithiasis nicht eingebürgert.
Von nicht zu unterschätzender Bedeutung sind auch die schwefelsauren Salze, welche aber hierbei wohl nur in Form der glauber-
salzhaltigen Natronwässer zur Anwendung kommen. Auch
das kohlensaure Lithion ist als Lösungsmittel des harnsauren Grieses
empfohlen worden, weil das saure harnsaure Lithion im Wasser viel
leichter löslich ist als das saure harnsaure Natron. Gewiss fordern
die von Garrod[1]) über die Wirkung des Lithion gemachten Mittheilungen zu weiteren Versuchen auf. Indessen ist das Mittel nicht
ganz harmlos und für den Magen nicht indifferent. Man hat daher
mit kleinen Dosen zu beginnen. Die Dosis schwankt zwischen 0,03
bis 0,3 mehrmals täglich.

Abgesehen von den genannten Mitteln kommen auch die kohlensauren Alkalien und die pflanzensauren Alkalien, von denen Wöhler
nachwies, dass sie als kohlensaure Alkalien in den Urin übergehen,
in Betracht. Eine besonders häufige Anwendung wird von den
kohlensauren Alkalien gemacht. Beneke empfiehlt statt des be-
liebten doppelkohlensauren Natron, dem er bei reichlichem Gebrauch
Beschränkung der Gallenabsonderung, sowie Störung der Blutkör-
perchenbildung zur Last legt, das kohlensaure Kali. Alkalien
sind ein nicht zu unterschätzendes Palliativmittel, man setzt dadurch
die Säure des Harns herab und behindert auf diese Weise die Ausscheidung der harnsauren Salze und der reinen Harnsäure. Weit
bessere Erfahrungen als mit dem einfachen medicamentösen Gebrauch
von kohlensauren Alkalien oder von pflanzensauren Alkalien verschiedener Art (letztere werden nur selten angewandt) und selbst
mit dem Trinken alkalischer Wässer im Hause, erreicht man erfahrungsgemäss durch Brunnenkuren mit derartigen Mineralwässern
an Ort und Stelle in Verbindung mit Bädern, so z. B. in Vichy,
Bilin, Salzbrunn, Neuenahr u. a. Dabei sieht man bisweilen nicht

---

[1] Med. Times. März 22. 1873.

nur die Ausscheidung der Sedimente sistiren, sondern auch dauernde
Heilung eintreten. Hier treten zu der rein palliativen Wirkung dieser
Alkalien alle anderen Factoren, welche zur Wirksamkeit einer Brun-
nenkur so viel beitragen: das gänzlich veränderte Regimen, veränderte Diät, reichlicher Wassergenuss, Regulirung der Hautthätig-
keit durch die Bäder u. a. m. Letzteres sind Mittel, welche die
Harnsäurebildung wirklich beschränken und die Harnsäure nicht
nur in Lösung erhalten, wie dies beim Gebrauch der Alkalien der
Fall ist. — Der Gebrauch der Alkalien muss sehr sorgsam und verständig geleitet werden, wenn er nicht, statt zu nützen, Nachtheil
bringen soll: man darf dieselben zuvörderst nicht in zu grossen
Mengen gebrauchen lassen, damit der Harn dadurch nicht eine alkalische Reaction erhält. Ist letzteres der Fall, so ist es allerdings
sehr wahrscheinlich, dass harnsaure Salze und Harnsäure nicht ferner
in den Harnwegen niedergeschlagen werden, dagegen aber ist es
unvermeidlich, dass die Erdphosphate bereits innerhalb der Harnwege aus dem Urin ausgeschieden werden. Man erhält entweder
auf die Weise Phosphatconcremente oder sind bereits anderweitige
grössere, nicht lösbare Concremente im Nierenbecken vorhanden, so
schlagen sie sich auf die Oberfläche derselben nieder, und, indem
sie dieselben inkrustiren, vergrössern sich diese Concremente, statt
sich zu verkleinern. Einen erheblichen Vorzug vor den Natronwässern haben die natronhaltigen Glaubersalzwässer, und
unter diesen in erster Reihe Karlsbad, und neuerdings stellt sich
diesem Tarasp würdig zur Seite. Dieselben wirken nicht nur
sicherer und zuverlässiger als die reinen Natronwässer, sondern haben
auch die genannten Nachtheile nicht. Daher übertrifft Karlsbad,
welches nur ein reichliches Drittheil des Natrongehalts von Vichy
hat, dasselbe in einer heut allgemein anerkannten Weise durch seine
Erfolge. Welchen Einfluss hierbei die schwefelsauren Salze, die hohe
Temperatur von Karlsbad's Thermen, die quantitative Verbindung
der Salze hat, lässt sich zur Zeit noch nicht entscheiden. Aber die
Thatsache steht fest. Seegen's Untersuchungen über den Karlsbader Mühlbrunnen, welcher in der Hauptsache aus schwefelsaurem
Natron, Kochsalz und kohlensaurem Natron besteht, lassen eine
deutliche Abnahme bis zum Verschwinden der Harnsäure erkennen.
Eines alten Rufes erfreut sich seit Hufeland Wildungen, welches aber an Wirksamkeit den vorgenannten Quellen weit nach-
steht. Es passt für lang fortgesetzte Trinkkuren und als Unterstützungsmittel der stärkeren Wässer. Seine wirksamen Bestandtheile sind besonders doppelkohlensaurer Kalk und doppelkohlensaure

Magnesia. Thompson in London, welchem eine grosse Erfahrung
in der Steinkrankheit zu Gebote steht, hat verschiedentlich eine
etwas complicirte Kurmethode empfohlen, wodurch er der übermässigen Harnsäurebildung besonders wirksam entgegentreten und
die Bildung von Nierenconcretionen verhindern will. Seine Behand-
lungsweise ist folgende:

Leidet der Patient an einer Verdauungsstörung (belegte Zunge,
Appetitverlust), so wird bisweilen eine Dosis der Blue pills Pharm.
Lond. (0,15—0,2) angewendet, woran sich am nächsten Morgen eine
Dosis von 250—300 Grm. Friedrichshaller Bitterwasser schliesst, um
sich der Wirkung auf den Stuhl zu versichern. Nachher beginnt
die eigentliche Kur damit, dass jeden Tag eine Stunde vor dem
Frühstück 150—180 Grm. Friedrichshaller Wasser, zusammen mit
90,0 gewöhnlichem auf 37º C. erwärmten Wasser gemischt, getrunken
werden. Nach wenigen Tagen bereits, fängt man an die Dosis des
Mineralwassers jeden Tag oder nach einigen Tagen etwas zu vermindern. Thompson hebt es als charakteristische Eigenthümlich-
keit des Friedrichshaller Wassers hervor, dass man davon, je länger
es gebraucht wird, um so kleinere Dosen zur Hervorbringung einer
Wirkung bedarf. Nachdem auf diese Weise in immer kleiner wer-
dender Dosis das Friedrichshaller Bitterwasser 2—3 Wochen lang
getrunken worden ist, kann man entweder Karlsbader Wasser allein
(200—250 Grm. pro die) brauchen lassen, oder wenn das nicht genügt, um spontanen Stuhl zu erzeugen 30—60 Grm. Friedrichshaller
Wasser daneben. Das Karlsbader Wasser lässt man bei einer Temperatur von 32—37º C. trinken und zwar in der angegebenen Quantität 6—9 Wochen lang. Diese Kur kann erforderlichenfalls ganz
zweckmässiger Weise nach 4—5 Monaten wiederholt werden. Inzwischen gibt es kein besseres Abführmittel für diese Kranken als
Friedrichshaller Wasser. — Traubenkuren widerräth Thompson
wegen ihres Zuckergehalts, ebenso wie andere zuckerhaltige Früchte
(Birnen, Pflaumen). Es müssen auch diejenigen Stoffe vermieden
werden, welche Kleesäure enthalten, um nicht der Concrement-
entwickelung aus oxalsaurem Kalk Vorschub zu leisten. Bei der
Behandlung des oxalsauren Grieses gelten die für die Behandlung der harnsauren Niederschläge geltenden Grundsätze. Was die
Behandlung von Cystingries anlangt, so kennen wir kein Mittel,
welches die Bildung desselben hintanhält. Gelöst wird das Cystin
allerdings durch Alkalien, aber wir müssen uns vergegenwärtigen,
dass in alkalischem Urin die Bildung von Phosphatconcretionen sehr
schnell statthat. Ausserdem habe ich in einem von mir beobachte-

ten Falle von Cystinurie auch an den Tagen, wo der Urin alkalisch reagirte, die Cystinsedimente durchaus nicht fehlen sehen. Wir werden daher, so lange wir keine Mittel haben, um die Bildung des Cystins zu hindern, uns darauf beschränken, durch Beförderung der Urinsecretion für möglichste Entfernung des sämmtlichen gebildeten Cystins zu sorgen. Bartels schreibt es dem täglichen Gebrauch des Selterwassers zu, dass sein Kranker, welcher eine spärliche Urinsecretion (im Mittel 1078) hatte, von gefährlichen Zufällen verschont blieb, indem dabei die tägliche Harnmenge auf 1400—1500 Ccm. stieg. Die behufs der Sistirung der Cystinausscheidung von Prout empfohlene Salpetersalzsäure erwies sich bei Bartels ganz wirkungslos. In einzelnen Fällen scheint eine spontane, wenigstens zeitweise Sistirung der Cystinausscheidung stattzufinden. Ob dies auch für die Dauer der Fall sein kann, dafür fehlen noch sichere Belege.

Der Werth der Alkalien bei Fibrinconcretionen besteht darin, dass sie dadurch leichter gelöst werden sollen und dass ihr Abgang besser ermöglicht wird. Natürlich wird man von ihnen bei alkalischem Urin gar keinen, bei saurem Harn nur einen vorsichtigen Gebrauch machen dürfen aus den bereits mehrfach aus einandergesetzten Gründen.

Zur Beseitigung der zweiten Gruppe von Nierensand, wozu phosphorsaure Ammoniakmagnesia, Knochenerde, kohlensaurer Kalk, Gemenge von Erdphosphaten und kohlensaurem Kalk gehören, wird die Anwendung von Säuren vielfach empfohlen. Die besonders in England angewandten Mineralsäuren, vornehmlich Salzsäure, sind deshalb schon erfolglos, weil sie in giftigen Dosen gereicht werden müssten, um als solche in den Urin überzugehen. Die einzige hier anwendbare urophane Säure ist die Kohlensäure (Heller), auf deren therapeutische Bedeutung in dieser Richtung übrigens bereits von Mascagni, besonders aber von Thénard aufmerksam gemacht worden war. Man reicht sie in Form kohlensaurer Wässer oder von Pflanzensäuren (Essig-, Wein-, Citronen-, Aepfelsäure u. s. w.), welche im Körper in Kohlensäure und Wasser umgewandelt werden. Heller gibt an, dass er bei mehren Patienten beobachtet habe, dass so oft sie kohlensaures Wasser getrunken, der sonst wegen seines Gehalts an Knochenerde trübe, ja oft sehr stark sedimentirende Harn völlig klar abging, ja dass sogar einigemale zerbröckelte Concretionen als Sand abgingen. Ohne diese Erfahrungen zu unterschätzen, muss man sich, was die Erfolge anlangt, keinen Illusionen hingeben, weil wir wissen, dass die Pathogenese dieser Concretionen vorzugsweise, wenn nicht einzig und allein in örtlichen Ursachen, nämlich einem

Katarrh der Schleimhaut des Nierenbeckens mit nachfolgender ammoniakalischer Zersetzung des Urins ihre Erklärung findet. So lange diese nicht beseitigt, lässt sich eine Wirkung auf chemischem Wege nicht erwarten.

Gelingt es nicht, durch Auflösung des Nierensandes und -grieses innerhalb des Körpers die Bildung grösserer Nierenconcretionen zu verhüten, dann handelt es sich zunächst darum, die durch die Passage der Nierensteine durch die Harnwege verursachten Beschwerden zu mildern und die in den Harnorganen durch sie veranlassten Veränderungen symptomatisch zu behandeln. In ersterer Beziehung handelt es sich nur um Behandlung der Nierenkolik. Die Causalindication erfordert hier, die durch die Einklemmung des Concrements bedingte Secretstauung so schnell als möglich zu beheben. „Cessante causa cessat effectus." Simpson[1]) hat zu diesem Behufe ein ebenso einfaches als ingeniöses, aber sicher nicht unbedenkliches Mittel in zwei Fällen mit gutem Erfolge angewendet. Er liess die Kranken auf den Kopf stellen und gleichzeitig die afficirte Seite reiben. Die Concremente veränderten ihre Lage, fielen in das ausgedehnte Nierenbecken zurück, der Abfluss des Urins wurde wieder hergestellt. Im Allgemeinen lässt sich aber der Anfall nicht auf diese Weise coupiren. Meist wird das Mittel unwirksam sein. Man ist also hier auf eine rein symptomatische Behandlung angewiesen[2]). Der Kranke muss die grösstmögliche Ruhe beobachten. Am meisten leisten die Narcotica. Allgemeine Blutentziehungen sind ein zu unsicheres und zu heftig eingreifendes Mittel, welche höchstens bei vollsaftigen Individuen mit heftigen Congestivzuständen am Platze sind. Oertliche Blutentziehungen sind bei gleichzeitig vorhandenen heftigen local entzündlichen Symptomen anwendbar. — Die Gaben, in denen die Narcotica angewendet werden, schwanken nach der Schwere des Anfalls und der Individualität der Kranken. Leichte Narcotica versagen. Opium ·und Morphium kommen hier allein in Frage. Lassen die Schmerzen nach oder treten die Symptome des beginnenden Morphismus ein, dann werden diese Narcotica entweder ganz ausgesetzt oder in kleineren, selteneren Dosen gereicht. Ver-

---

1) Edinb. med. Journ. 1868.

2) In neuester Zeit darf man, besonders wieder gestützt auf die Versuche Simon's, hoffen, dass es durch Sondirung des Harnleiters beim weiblichen Geschlecht gelingen wird, eingeklemmte Steine aus dem Ureter in das Nierenbecken zurückzustossen, sowie Nierensteine aus dem Blasenstück des Harnleiters. wo sie häufig besonders lange eingekeilt bleiben, zu extrahiren oder. herauszuschneiden, vergl. Simon l. c.

hindert heftiges Erbrechen die Wirkung der innerlich angewendeten Narcotica, so empfiehlt sich die subcutane Anwendung des Morphium, welche übrigens besonders bei schweren Anfällen von vornherein der innern Anwendung des Morphium vorzuziehen sein dürfte. Bewirkt das Morphium an und für sich auch bei subcutaner Anwendung Erbrechen, wodurch die Qualen der Patienten sehr gesteigert werden, so empfiehlt sich die combinirte Anwendung von Atropin und Morphium (1:10), wodurch ich diese höchst unangenehme in einzelnen Fällen auftretende Nebenwirkung verschwinden sah. Auch die Anwendung des Opium in Klysmaform (10—15 gtt. Laudanum in einem Weinglase dünner Stärke) leistet öfter gute Dienste. Nebenbei sind narkotische Kataplasmata dem Kranken oft wohlthätig, in anderen Fällen leisten kalte Umschläge bessere Dienste. Erzielt man auch durch grössere Morphiumdosen keinen Nachlass der Erscheinungen, dann muss die Anwendung des Chloralhydrats ins Auge gefasst werden. Bisweilen leistet die combinirte Wirkung von Chloralhydrat und Morphium, was jedem dieser beiden Mittel allein nicht möglich ist, indem sie im Stande sind, eine längere Euphorie herbeizuführen. In sehr schweren Fällen muss man von vorsichtigen Chloroforminhalationen Anwendung machen, um wenigstens vorübergehend Ruhe zu schaffen. Die äussere Anwendung des Chloroform leistet ebenso wenig wie andere Hautreize, desgleichen sind die innerlich gerichteten Antispasmodica vollkommen wirkungslos, nur der Campher hat einige zuverlässige Empfehler gefunden. Bei längerer Dauer der Anfälle empfehlen sich am meisten protrahirte laue Bäder, ferner Mittel, welche die Absonderung des Harns vermehren, um auf diese Weise die Fortbewegung des Steins zu fördern. Brechmittel oder andere gewaltsame Mittel sind viel zu unzuverlässig, als dass ihnen hier das Wort geredet werden könnte. Entwickeln sich in Folge der Concremente die Zeichen der Pyelitis oder Pyelonephritis, dann greift die bei Besprechung dieser Affectionen angegebene Behandlung Platz. Entwickeln sich die Zeichen einer Perinephritis, wie ich dieselben in dem einschlägigen Kapitel (S. 80) genauer geschildert habe, so schreitet man, um Eitersenkungen und Durchbrüche nach anderen Organen zu vermeiden, zur Eröffnung des perinephritischen Eiterherdes eventuell zu der Operation, welche man seit lange als Nephrotomie kennt. Nephrotomie definirt Troja als die Operation, bei welcher man in der Lendengegend einen tiefen, bis in die Nieren oder das Nierenbecken dringenden Einschnitt macht, um einen in diesen Theilen ruhenden Stein herauszuheben; zugleich aber hält er es für entschieden, dass

man diese Operation ohne vorhergegangenes Eitergeschwür oder ohne
Merkmal einer Geschwulst nicht machen dürfe. Diese Form der
Nephrotomie ist auch die bis in die neueste Zeit geübte. Dr. Daw-
son[1]) incidirte bei einem Manne mit einem grossen Tumor in der
linken Lumbalgegend, bei dem er Pyelitis und Nierenstein diagnosti-
cirte (nachdem er fünf Tage vor der Operation durch die Kanüle
eines Aspirators eine Pinte Eiter entleert hatte), 7 Ctm. tief, entleerte mit einem Troikart den Eiter aus dem Tumor, erweiterte die
Oeffnung und entfernte den Stein mit der Hand. Die Wunde wurde
drainirt. Patient bekam am vierten Tage nach der Operation Pyämie.
— Eine solche Operation ohne nachweisbare Geschwulst scheint nie
ausgeführt worden zu sein. Zwar wurden zu Troja's Zeiten bereits 5 Fälle davon registrirt, aber er hält diese Fälle sämmtlich
für nicht genügend constatirt. Der bekannteste Fall der Art wird
von dem englischen Consul von Venedig erzählt, welcher am Ende
des 17. Jahrhunderts von Dominicus de Marchettis operirt
wurde. Uebrigens wurde diese Operation noch in neuerer Zeit vielfach auch von Chirurgen perhorrescirt, und auch Malgaigne sprach
sich dahin aus, dass diese Operation wohl nie aus den anatomischen
Amphitheatern in die chirurgische Praxis übergehen dürfte. An die
Exstirpation der Niere behufs Heilung der Nephrolithiasis ist bis auf
Simon (1871) niemals ernstlich gedacht worden. Troja gedenkt
ihrer als einer ausserordentlichen und lächerlichen Art der Nephrotomie. Rayer hält die Exstirpation der steinkranken Niere für
unausführbar wegen der stets vorhandenen Verwachsungen des erkrankten Organs, und die neuesten Autoren verwerfen dieselbe auch,
weil ihnen die sichere Diagnose der Nierensteinkrankheit, besonders
der einseitigen, unmöglich erscheint. Man stützte dieses absprechende
Urtheil auf die Erfahrungen von Durham und Gunn (1870), welche
durch Incisionen ins Nierenbecken Steine aus demselben entfernen
wollten, aber keine fanden, als sie die Niere unmittelbar betasteten,
weshalb sie die Operation aufgeben mussten. Derartige Zweifel
stiessen Simon auch auf. Man würde sie nach seinem Rathe dadurch beheben können, dass man nach Freilegung der Niere, bevor
man sich zur Exstirpation entschliesst, die Acupunktur mit feinen
langen Nadeln in Anwendung bringt, durch welche sich die Steine
leicht diagnosticiren lassen dürften. Simon war der Erste, welcher
eine steinkranke Niere exstirpirte. Wenn auch seine Patientin am
31. Tage nach der Operation an Septicämie starb, so geschah das

---

1) Schmidt's Jahrbb. Bd. CLVII. S. 70.

nicht durch die Specificität und Grösse des Eingriffs, sondern durch
eine zufällige Complication. Was die Technik der Operation betrifft,
so gehört die Schilderung derselben in die Chirurgie. Simon's
Arbeiten bieten die ausführlichste Belehrung. Was die Berechtigung
der Operation betrifft, so ist ihr dieselbe wohl ebenso wenig abzu-
sprechen, wie der Ovariotomie, denn hier wie dort ist in einem
gewissen Stadium der Krankheit von allen übrigen Heilmethoden
kaum etwas zu erwarten, und beide führen in kürzerer oder längerer
Zeit unabweislich den letalen Ausgang herbei. Natürlich wird die
Diagnose der Steinkrankheit der Niere im Allgemeinen und das
Ergriffensein nur einer Niere hinreichend sichergestellt sein müssen
(vgl. S. 255), bevor man sich zu einem solchen Eingriff entschliesst.
Eine Explorativpunktion nach Freilegung der Niere nach Simon's
Rath ist in allen Fällen durchaus nothwendig. Es wird noch weiteres Material gesammelt werden müssen, ehe sich ein definitives
Urtheil über diese Frage abgeben lässt. Jedenfalls verdient Simon's Vorgang in analogen Fällen Nachahmung. Selbst wenn in
einzelnen Fällen diagnostische Irrthümer unterlaufen sollten, so werden sie der Exstirpation der Niere bei einseitiger Nephrolithiasis
ebenso wenig ihre Berechtigung rauben, wie der Ovariotomie, welche
sich heut zu einer wohlberechtigten Stellung erhoben hat.

Nach Simon würde die Exstirpation der Niere dann zu machen
sein, wenn die Substanz der Niere grösstentheils erhalten ist, während er die Incision der Niere mit nachfolgender Entfernung der
Steine (die seither als Nephrotomie bezeichnete Operation) dann
empfiehlt, wenn in Folge der Nephrolithiasis die Nierensubstanz zu
einem so hochgradigen Schwunde gebracht ist, dass sie einen Sack
bildet, dessen Einschnitt keine lebensbedrohende Blutung veranlasst.
In solchen Fällen muss die Nierenwunde offen erhalten werden und
man muss versuchen, den Sack von der Tiefe aus zur Heilung zu
bringen, aber man wird nicht selten genöthigt sein, eine Nierenfistel für sehr lange Zeit, ja dauernd zu unterhalten. Denn sonst
könnte leicht eine Retention von Eiter entstehen, welche, abgesehen
von anderen Nachtheilen, Veranlassung zu neuen Nierensteinen geben
könnte.

Die thierischen Parasiten der Nieren.

Die Echinococcen der Nieren.

Literatur und Geschichte.

Ausser der Seite 3 angegebenen Literatur:
Bremser, Lebende Würmer im leb. Menschen. Wien 1819. — Leuckart,
Menschliche Parasiten. I. Leipzig 1863. S. 335. — Davaine, Traité des entozo-
aires et des maladies vermineuses. Paris 1860. p. 524. — Béraud, Des hyda-
tides des reins. Thèse. Paris 1861. — Schmidt's Jahrbb. CXLIV. S. 52 u. CLII.
S. 96. — Die in verschiedenen Zeitschriften zerstreute Casuistik.

Obgleich bereits Pallas 1760 die Echinococcen als selbständige
Parasiten beschrieb und gewisse Beziehungen derselben zu den Tänien
annahm — Beobachtungen, welche von dem bekannten naturkundigen
Pastor Götze bestätigt wurden — dauerte es doch eine geraume Zeit,
bis diese Anschauungen sich bei dem grösseren ärztlichen Publikum
einbürgerten. Obwohl einzelne Beobachter der wahren Natur dieser
Echinococcusgeschwülste näher traten, confundirte man andererseits
vielfach die verschiedensten Arten von Nierencysten. Baillie freilich
beschreibt sie als „genuine Cysten" bereits zu Anfang dieses Jahrhunderts in unverkennbarer Weise[1]), als Cysten mit einem Balge,
welcher eine Anzahl von Hydatiden enthält. Die von ihm gegebenen
Abbildungen sind recht naturgetreu. Die Hydatiden der Nieren,
sagt Baillie, haben weisse, halbopake Häute, wie die Hydatiden
der Leber, enthalten eine durch Säure coagulirbare Flüssigkeit (das
ist freilich nur ausnahmsweise und zwar bei Entzündung der Cysten
der Fall) und haben das Vermögen, kleinere Blasen zu bilden. Die
kleineren Hydatiden haften bisweilen an den Häuten einer grösseren, bisweilen flottiren sie frei in ihren Höhlen. Bei Schilderung
der analogen Lebercysten spricht er sich, wenn auch etwas reservirt,

---

1) Engravings. VI. Fasc. Tab. VII.

dahin aus, dass es sich bei diesen Cysten um Thiere von sehr einfacher Structur handele. Trotz Baillie's Vorgang verwechselte
König (1826) die Echinococcuscysten der Niere noch vielfach mit
serösen Cysten.

. Die erste sorgfältige Beschreibung der Echinococcen der Menschen lieferte Bremser. Obzwar ihm die thierische Natur dieser
Bildungen bekannt war, hielt er es doch für möglich, dass äussere
Gewaltthätigkeit die Entwickelung derselben veranlassen könne. Die
Naturgeschichte der Parasiten wurde später durch die Arbeiten von
v. Siebold, Küchenmeister, van Beneden, Naunyn genauer verfolgt. In mustergültiger Weise verwerthete C. Davaine
das vorhandene Material in seinem vortrefflichen Werke. Seitdem
hat sich ein ziemlich reiches, in den Fachjournalen niedergelegtes
casuistisches Material über Nierenechinococcen angesammelt.

Aetiologie.

Die Echinococcen sind die häufigsten thierischen Parasiten der
Niere in unseren Breitegraden. Sie sind die Entwickelungsstufe einer
Tänie und repräsentiren den Jugendzustand der im Darm des Hun-
des lebenden Bandwurmspecies, der Taenia Echinococcus. Wenn
nun die Brut dieses Eingeweidewurmes auf irgend eine Weise in
den menschlichen Verdauungskanal gelangt, so sind damit die Bedingungen für ihre Verbreitung in den verschiedenen Organen gesetzt,
woselbst sie zur Entwickelung der Echinococcuscysten Veranlassung
geben. Das häufigere oder seltenere Vorkommen derselben wird
in geradem Verhältniss zu der Häufigkeit des Vorkommens der Taenia
Echinococcus stehen und den mehr weniger intimen Beziehungen,
in denen das einzelne Individuum oder Bevölkerungen ganzer Landstriche zu dem Hunde stehen. Zuverlässige Erhebungen existiren
über diese Punkte nur vereinzelt. In England, Frankreich und
Deutschland sind die Echinococcen nicht selten, seltener sind sie in
Indien und Amerika. Nach Whitell, Arzt im Adelaide Hospital
zu Melbourne, ist der Echinococcus in Südaustralien viel häufiger als
in England, und fehlt selten im Hospital. In Aegypten wurde derselbe von Bilharz beobachtet. Am häufigsten kommt aber nach
allen bisher festgestellten Thatsachen der Echinococcus in Island vor.
Die Zahl der dort durch Echinococcen veranlassten Todesfälle bildet
den siebenten, ja nach Einigen den fünften Theil aller Todesfälle.
Ferner ist in Mecklenburg[1]) der Echinococcus sehr häufig, unter

---

1) Wolff, Berl. klin. Wochenschrift. 1870. Nr. 5 u. 6.

251 Sectionen fand er sich 12 mal (1 : 21). Auch in Schlesien ist er nicht selten; in Breslau speciell fanden sich unter 2006 Leichen 13 mal Echinococcen.[1] Auch nach den Erfahrungen von Frerichs ist er in Schlesien weit mehr verbreitet als in Göttingen, Kiel und Berlin.

Die Ursache, warum in Island die Echinococcen so überaus häufig sind, liegt darin, dass dort nicht nur sehr viele Hunde existiren, sondern dieselben sind auch ungeheuer stark mit Taenia Echinococcus behaftet und ausserdem leben sie mit den Menschen in äusserst enger Gemeinschaft. Ohne hier specielle Möglichkeiten der Uebertragung näher zu erwägen, sind dieselben während des langen engen Zusammenlebens von Mensch und Hund im nordischen Winter wohl genügend gegeben. — In Mecklenburg soll nach Wolff die Häufigkeit der Echinococcen durch die grosse Zahl der Hundetänien bedingt sein. Und was speciell Schlesien betrifft, so beschuldigt Lebert[2] den Genuss des Hundefleisches, auf welches durch nachlässige Manipulation bei der Hundeschlächterei Eier von Taenia Echinococcus übertragen würden. Virchow[3] hebt dagegen ein weit bedeutungsvolleres Moment für die Aetiologie der Echinococcen hervor; nämlich die Uebertragung derselben durch Hundeexcremente, welche Eier der Taenia Echinococcus enthalten, auf Schweine und Rindvieh (welche oft an Echinococcen leiden) und dadurch auf den Menschen. Die Uebertragung auf den Menschen könnte in der Art zu Stande kommen, dass dieselben die in dem Schweine- oder Rindsdarm befindlichen jungen Scolices namentlich mit der darin gestopften Wurst geniessen.

Was die Häufigkeit des Echinococcus in den Nieren betrifft, so kommt er nach der umfassenden Statistik von Davaine 12 mal seltener vor als in der Leber, und etwas seltener als in den Lungen, aber häufiger als in den übrigen Organen. Die Ursache für das verhältnissmässig seltenere Befallenwerden der Niere dürfte darin liegen, dass die Brut am frühzeitigsten und leichtesten aus dem Magen in die Leber gelangt. Warum sie aber in andern Fällen direct in die Nieren einwandert und dabei häufig alle übrigen Organe frei lässt, darüber haben wir nicht einmal Vermuthungen. Was die individuellen Verhältnisse der Kranken betrifft, so sprechen die seitherigen Erhebungen dafür, dass Männer weit häufiger an Nierenechinococcen erkranken, als Weiber. Roberts' Zusammenstellung

---

1) Wolff, Inaugural-Dissertation. 1869. Breslau.
2) Dissertation von Schmalfuss. 1868. Breslau.
3) Charité-Annalen pro 1875. S. 745. Berlin 1877.

von 63 Fällen ergibt 41 Männer und 22 Frauen. In Island erkranken übrigens beide Geschlechter in ziemlich gleichem Verhältniss. Am häufigsten wurden die Echinococcen in den Blüthejahren zwischen dem 20. und dem 40. Lebensjahre beobachtet, in Island zwischen dem 30. und 50. Lebensjahre. Indessen finden sich auch vereinzelte Fälle von Nierenechinococcen im Kindesalter und im Greisenalter verzeichnet.

Pathologie.

Pathologische Anatomie.

Die Echinococcussäcke sitzen sehr selten in beiden Nieren, etwas häufiger wurden sie in der linken Niere als in der rechten beobachtet. In einigen Fällen wurden neben diesen Parasiten in der Niere gleichzeitig Echinococcussäcke in der Leber oder anderen Organen gesehen. Gewöhnlich sitzt der Parasit in dem Nierengewebe, selten zwischen der Kapsel und der Drüse. In demselben Verhältniss, wie der Echinococcussack wächst, verkümmert die Nierensubstanz, so dass schliesslich das ganze Organ verödet werden kann. Man findet dann an der Aussenfläche des Echinococcussackes Residuen atrophischer und anämischer Nierensubstanz, ja an einzelnen Stellen ist sie ganz untergegangen. Bei genauerer Untersuchung sieht man an den Parenchymresten die Harnkanälchen oft noch gut erhalten neben einer mehr oder minder erheblichen Vermehrung des Zwischenbindegewebes.

Die Echinococcuscysten der Niere stellen einen fluctuirenden, ei- bis kürbissgrossen Tumor dar, von rundlicher Form. Derselbe überragt die Nierenoberfläche mehr weniger. Die Echinococcuscysten haben eine grosse Neigung zur Perforation in das Nierenbecken. Die nicht gerade reichlichen Sectionsbefunde sprechen für die Ansicht, dass die Cysten am frühesten perforiren, wenn sie sich in den Markkegeln entwickeln. Ihr Volumen ist dann am Geringsten; die aber im Cortex oder gar zwischen Nierenkapsel und Niere sich entwickelnden Parasiten erreichen die grössten Dimensionen, welche bei denselben überhaupt beobachtet werden. Abgesehen von der Berstung in das Nierenbecken, wobei sich gleichzeitig das anatomische Bild der Pyelitis findet, können auch nach anderen Richtungen hin die Cysten durchbrechen, z. B. in die Bronchien. Nie wurde bis jetzt ein Durchbruch in das Peritoneum beobachtet. In der Umgebung einer solchen Cyste findet sich oft adhäsive, mehr oder weniger ausgebreitete Peritonitis. Was den Echinococcussack selbst betrifft, so grenzt er sich nach Aussen durch einen festen, fibrösen, weissen oder gelblich gefärbten Balg ab, welcher mit dem umgebenden Drüsengewebe innig verbunden und reichlich vascularisirt ist. Seine Dicke schwankt zwischen 1—2 Mm. bis 0,75—1 Ctm. In dieser Bindegewebshülle, deren Innenfläche glatt ist, befindet sich, dieselbe vollständig ausfüllend, eine aus zahlreichen, concentrischen hyalinen Schichten bestehende, gallertig durchscheinende Blase, die sogenannte Mutterblase des Echinococcus. In dieser Blase befindet sich eine wasserhelle, klare Flüssigkeit, in welcher meist zahlreiche grosse und kleine Blasen frei herumschwimmen. Zum Theil sind sie auch, besonders die kleinsten, an die Mutterblase angeheftet. Die Grösse dieser Blasen wechselt von der eines Hirsekorns bis zu der eines Gänseeis. Die grösseren Blasen enthalten zuweilen kleinere einer dritten Generation und ab und zu finden sich in diesen wieder Blasen einer vierten Generation. Je mehr die Flüssigkeit und die Zahl der Blasen zunimmt, um so grösser wird die Mutterblase. An der Innenwand der Blasen sitzen die einzelnen Scolices in Form zarter weisser, hirsekorngrosser und kleinerer Knötchen, in der Regel in Gruppen stehend, bisweilen auch in der Flüssigkeit schwimmend. Bei genauer Untersuchung zeigen die Parasiten einen bandwurmähnlichen Kopf, mit vier Saugnäpfen und einem Rüssel. Letzterer ist von einem doppelten Hakenkranz umgeben, deren Zahl nach Küchenmeister zwischen 28—36 oder 46—52 beträgt. Das Aussehen der Thiere wechselt sehr, je nachdem dasselbe gestreckt ist oder den Kopf eingezogen hat. Der Kopf des Wurmes ist durch eine Furche von dem Körper geschieden und zeigt am hinteren Ende eine nabelartige Grube. An derselben inserirt sich der Strang, mittelst dessen das Thier an der Innenfläche der Blase befestigt ist. Whyttel hat an der Verbindungsstelle dieses Stranges mit der Keimhaut rapide Bewegungen beobachtet, welche von den vibrirenden cilienartigen Fortsätzen am Funiculus ausgingen. Dieselben dauerten so lange, bis die Echinococcen starben. Der Körper zeigt Längsstreifen, welche vom Kopf nach hinten laufen, ausserdem aber noch Querstreifen. Abgesehen davon bemerkt man in dem Thiere mehr oder minder reichliche Kalkkörperchen. Die Parasiten leben, aus dem menschlichen Organismus entfernt, in der Flüssigkeit der Blase suspendirt, noch lange fort. Waldeyer sah sie sich noch am 2. Tage nach der Entfernung aus einer Echinococcuscyste der Niere bewegen.[1]) In anderen Fällen

---

1) Bufe, Dissert. inaug. 1867. Breslau.

fehlen die Tochterblasen gänzlich und es findet sich nur eine grosse
Blase, auf deren Innenfläche entweder die Echinococcen sitzen oder
welche keine Echinococcen bergen. Es ist das diejenige Form des
Hülsenwurms, welche man vielfach (Davaine u. A.) als ein einfaches Entwickelungsstadium des Blasenwurms betrachtet und welche
von Laennec als Acephalocysten, von Küchenmeister als sterile
Echinococcen bezeichnet werden. In allen diesen Fällen repräsentiren die Echinococcussäcke einen Blasenkörper von erheblicher Grösse.

Die Keimblase der Echinococcen zeigt bei genauerer Untersuchung eine häufig äusserst feine Schichtung und besteht nicht aus
Proteinstoffen. Weit mehr hat die Ansicht Lücke's für sich, dass
sie Chitin enthalte, sie liefert, wie dieses, bei Behandlung mit Schwefelsäure, Traubenzucker. Die Flüssigkeit in der Blase ist farblos, klar
oder leicht opalescirend, meist von neutraler, ab und zu von alkalischer oder saurer Reaction, enthält keine Spur von Eiweiss. Die
festen Bestandtheile bestehen grossentheils aus unorganischen Bestandtheilen, besonders Kochsalz. Heintz und Boedeker wiesen
darin bernsteinsaures Natron nach, Naunyn (bei Echinococcen von
Thieren) und Wyss (auch bei Echinococcen des Menschen) Inosit.
Ausserdem finden sich Cholestearinkrystalle in grosser Menge, sowie manchmal auch Hämatoidinkrystalle. Nach der Punktion der
Cysten tritt in der Flüssigkeit sehr reichlich Eiweiss auf. Bei Nierenechinococcen wurden in der Flüssigkeit auch Krystalle von Harnsäure, oxalsaurem Kalk, Tripelphosphaten und erdigen Bestandtheilen beobachtet (Barker). Die Echinococcuscysten gehen oft
ausgedehnte Verwachsungen mit benachbarten Organen ein. Es
können auch Eiterungsprocesse in der Umgebung derselben Platz
greifen. Auch die Cyste selbst kann vereitern oder sie kann in anderer Weise veröden. Die Echinococcen und die Membranen sterben
ab, die Flüssigkeit wird aufgesogen und der Sack kann zu einer
derben, festen Masse schrumpfen. Diese Eventualität tritt ein, wenn
vorher der Cysteninhalt durch Berstung des Sackes entleert ist oder
auch manchmal, ohne dass ein solcher Durchbruch sich ereignet hat.
Man findet in diesen geschrumpften Echinococcuscysten eine weissliche, kreideähnliche, bröcklige oder schmierige Masse. Früher hielt
man diese Massen vielfach fälschlich für tuberculöses Produkt. Häufig
lassen die gefalteten, zusammengedrückten, leicht erkennbaren Membranen diesen Irrthum schon bei makroskopischer Beobachtung nicht
aufkommen, in allen Fällen klärt aber die mikroskopische Untersuchung den Sachverhalt. Man findet in diesen Massen, abgesehen
von amorphem phosphorsauren Kalk, Krystallen von phosphorsaurer

Ammoniakmagnesia, Cholestearintafeln, Fetttropfen ganz besonders Echinococcushaken, sowie endlich kleine Fetzen geschichteter Membranen.

Symptomatologie.

Die durch die Echinococcussäcke in den Nieren veranlassten Symptome sind vielgestaltig und oft schwer deutbar. Erst dann, wenn die einzelnen Parasiten nach Aussen entleert werden, treten meist charakteristische Zeichen auf. So lange das nicht der Fall ist, und die Cyste intact bleibt, ist ihr Verlauf sogar so lange latent, bis sie eine genügende Grösse erlangt hat, um als Tumor in der Lendengegend gefühlt zu werden. Da gewöhnlich nur in einer Niere sich Echinococcussäcke finden und zwar oft ohne Beimengungen entzündlicher Producte zum Nierensecret zu veranlassen und überdies die gesunde Niere vicariirend functionirt, so kann der Parasit lange Zeit bestehen, ohne von Seiten der Nierenthätigkeit überhaupt Anomalien zu veranlassen.

Erreicht der Echinococcussack grössere Dimensionen, so dislocirt er die benachbarten Organe, im Allgemeinen ohne dieselben in ihren Functionen zu schädigen. Die Lagerungsverhältnisse der durch die Echinococcen bedingten Tumoren und die Beziehungen derselben zu den Nachbarorganen stimmen im Allgemeinen mit denen anderer Nierengeschwülste, wie ich sie des Weiteren, besonders bei Besprechung der Nierenkrebse, geschildert habe. Liegen diese Geschwülste dicht unter der Bauchwand, so geben sie einen gedämpften Percussionsschall, liegt das Colon dazwischen, so ist derselbe gedämpft tympanitisch. Sitzt die Geschwulst in der rechten Seite und entwickelt sie sich vom oberen Rande der Niere, so liegt sie oft hart an der Leber, von der sie sich dann gar nicht abgrenzen lässt, so dass sie öfter einen Lebertumor vorgetäuscht hat. Entwickelt sich der Echinococcussack links und nach aufwärts, dann erstreckt er sich häufig bis zur Milz in die Höhe. Wenn der Tumor sich nach abwärts entwickelt, so kann er bis in die Hüftbeingrube nach abwärts reichen. Bei solcher hochgradiger Entwickelung kann der Tumor durch das Gefühl von Druck, Schwere und Spannung den Kranken lästig werden. Die Nierenechinococcen, welche so deutliche oberflächliche Tumoren bilden, sind äusseren Schädlichkeiten, wie Stoss, Fall u. s. w. leicht ausgesetzt. Entzündliche Erscheinungen der Cysten oder Berstung derselben werden sehr häufig auf solche traumatische Einflüsse zurückgeführt. Zur Bildung eines Tumors gaben Nierenechinococcussäcke etwa nur in der Hälfte der bis

jetzt beobachteten Fälle Veranlassung. Derselbe hat die Grösse
von etwa einer Apfelsine bis zu der eines Kinderkopfes und stellt
eine dem palpirenden Finger als runde und prall gefüllt erscheinende Geschwulst dar. In einzelnen Fällen lässt sich Fluctuation
nachweisen; in anderen Fällen ist dieselbe undeutlich oder nicht
fühlbar. Das als diagnostisch ganz besonders für werthvoll gehal-
tene sogenannte Hydatidenschwirren, auf dessen semiotische
Bedeutung besonders Piorry und Briançon aufmerksam machten,
konnte nur bei der Minderzahl von Nierenechinococcussäcken beobachtet werden. Man fühlt es am deutlichsten, wenn man die Geschwulst mit zwei Fingern der linken Hand leicht comprimirt und
mit der rechten Hand einen leichten Schlag gegen dieselbe führt,
oder wenn man nach dem percutorischen Anschlage die Finger einige
Zeit auf dem Plessimeter ruhen lässt. Ein ähnliches Gefühl wird
dem auscultirenden Ohr durch ein leichtes Beklopfen der entsprechenden Stelle des Bauches mit dem Finger mitgetheilt. Frerichs
konnte das Hydatidenzittern bei der Untersuchung der Leberechinococcen nur da wahrnehmen, wo der Echinococcussack eine grosse
Anzahl von Blasen umschloss und nicht allzugespannt war. Wo
nur eine gespannte Blase vorhanden war, konnte er das Zeichen
nicht produciren; andere Beobachter haben auch unter diesen Umständen das Hydatidenzittern beobachtet. Die vorliegenden Erfahrungen über diesen Punkt bei den Nierencysten haben ergeben, dass
es auch unter den sonst für seine Entstehung günstigsten Bedingungen nicht producirt werden konnte.

Wenn die Echinococcuscyste berstet und ihren Inhalt, was in
reichlich zwei Dritttheilen der in der Literatur verzeichneten Fälle
beobachtet wurde, in das Nierenbecken entleert, dann gestaltet sich
ein charakteristischer Symptomencomplex. Derselbe ist öfter, aber
nicht nothwendig, mit Symptomen von Seiten der Niere selbst complicirt. Man beobachtet öfter Schmerzen in der Nierengeschwulst
selbst und längs des Ureters. Das Charakteristische aber besteht
darin, dass ganze Echinococcusblasen zum Theil mit Bruchstücken
derselben gemischt mit dem Harn abgehen. Manchmal werden letztere allein entleert, andernfalls auch ein weisser milchiger Detritus,
in welchem Echinococcushaken oder fetzige Stücke geschichteter
Membranen sich befinden. Die Entleerung dieser Blasen und ihrer
Bruchstücke findet in Anfällen statt, während welcher die Cyste
scheinbar ganz entleert wird und sich schliesslich zusammenzieht.
In der Mehrzahl der Fälle gestaltet sich dies aber nicht schnell.
Meist folgen mehrere solcher Anfälle aufeinander, mit freien Inter-

vallen von mehrtägiger, mehrwöchentlicher, monate-, ja jahrelanger Dauer. Diese Anfälle fangen gewöhnlich mit heftigen Schmerzen in dem Leibe an, die Kranken haben öfter das Gefühl, als ob inwendig etwas platze. Der Schmerz schiesst längs des Ureters bis zur Innenseite des Schenkels nach abwärts. Es kann damit Frost, Uebelkeit, Singultus verbunden sein. Indessen ist das selten. Hierauf folgen kolikartige Schmerzen im Verlauf des Ureters, welche durch das Herabsteigen der Blasen innerhalb desselben veranlasst werden. Bisweilen nehmen die Anfälle einen bedenklicheren Charakter an durch Unterdrückung der Harnentleerung. In den heftigen Anfällen kommt es wie bei der Nierensteinkolik zu einer Retraction der Hoden. Diese Kolikanfälle dauern mehre Stunden bis einige Tage, und dann hören sie gewöhnlich auf einmal auf mit dem Gefühl, als wenn plötzlich etwas in die Blase gefallen wäre. Jetzt stellen sich oft neue Beschwerden in Folge der Verlegung der inneren Harnröhrenmündung durch die Parasiten und der durch sie bedingten Retention des Urins in der Blase ein nämlich: heftiger Harndrang mit Schmerzen, welche bis in die Eichel des Penis ausstrahlen. Nach der Entleerung der Blase folgt sofort Erleichterung. Bisweilen bleiben bei dem Versuch, den in der Harnblase angehäuften Harn durch den Katheter zu entleeren, Blasen, welche die Urethramündung verlegen, in den Augen des Katheters stecken, werden beim Herausziehen des Katheters entdeckt und bilden so als Corpora delicti die untrüglichen Führer bei Feststellung der Diagnose. Bei Weibern wurde beobachtet, dass sie die Echinococcusblasen, welche die Harnröhre verstopfen, selbst mit den Fingern herausziehen. Die Zahl der während eines Anfalls entleerten Blasen schwankt von einer oder zwei bis zu mehren Dutzenden. Dieselben schwimmen entweder im Harn, oder die zusammengefallenen Blasen finden sich am Boden des Glases unter anderartigen Sedimenten.

Der Urin ist oft blutig tingirt und mit Eiter gemischt in Folge einer complicirenden Pyelitis. Blutige Beimengungen gehen der Berstung der Cyste meist längere Zeit voran. Je nach der Menge der blutigen Beimengungen ist der Urin dunkler gefärbt. Fehlen diese Beimengungen, so kann der Urin ganz klar sein.

Im Sediment finden sich Blut- und Eiterkörperchen in wechselnder Menge. Ist der Urin alkalisch, so treten Krystalle von Tripelphosphaten, harnsaurem Ammoniak auf, und als charakteristische Beimengungen finden sich Haken von Echinococcen. Die bei der Austreibung der Blasen aufgewandte Kraftanstrengung genügt öfter, um die Blasen mit einem deutlichen Geräusch auf eine gewisse Entfernung aus der Harnröhre herauszuschleudern. Die Entleerung der Blasen wird bisweilen durch eine deutlich excitirende Ursache herbeigeführt, so durch Stoss oder Fall, beim Reiten oder Fahren. In einem Falle folgten die Anfälle gewöhnlich nach Genuss von Spirituosen oder starkem Kaffee. In manchen Fällen nehmen die Schmerzen in der kranken Niere zu, bevor es zur Berstung des Tumors kommt. In einer Reihe von Fällen kommt es nach derselben, auch nach reichlichem Abgang der Blasen, nicht zu einer Verkleinerung der Geschwulst, im Gegentheil tritt öfter eine Vergrösserung ein. Indem sich nämlich die den Ureter passirenden Blasen daselbst einklemmen, entsteht öfter eine acute Hydronephrose mit beträchtlicher Schwellung des Tumors, welche, wenn das Abflusshinderniss nicht beseitigt wird, dauernd werden und zu einem sehr beträchtlichen Nierentumor führen kann. Wenn aber die Blasen, welche im Ureter eingeklemmt waren und den Abfluss des Urins hinderten, entleert werden oder von vornherein ein solches Abflusshinderniss nicht vorhanden war, dann beobachtet man im geraden Verhältniss zu der Menge der entleerten Blasen eine Verkleinerung des Tumors.

In einzelnen Fällen, so in einem von F r e r i c h s [1]) beobachteten, ist Parese der der kranken Niere entsprechenden unteren Extremität beobachtet worden.

Anders gestalten sich die Symptome, wenn die Cyste sich nach anderen Richtungen hin entleert. Es sind diese Fälle aber äusserst selten. Dahin gehört die gleichzeitige Berstung in das Nierenbecken und die Bronchien. Hier lässt sich, wenn die Bronchien gleichzeitig mit dem Nierenbecken communiciren, in dem Auswurf neben charakteristischen Membranen deutlicher Harngeruch, eventuell Harnbestandtheile nachweisen. Bisweilen sind vor einem solchen Durchbruch die Zeichen einer Perinephritis vorhanden. Von Perforationen nach anderen Richtungen sind zur Zeit keine so sichergestellten Beobachtungen vorhanden, dass sich darauf ein irgendwie zuverlässiges Krankheitsbild construiren liesse.

Vereiterungen des Sackes gehen mit hohem Fieber und Schüttelfrösten einher und sind meist durch gröbere Insulte des Sackes: Stoss, Fall u. s. w. veranlasst.

Diagnose.

Die Erkenntniss der Nierenechinococcen wird durch drei Momente sichergestellt, nämlich 1) wenn man einen cystischen Tumor, wel-

---

1) Bright'sche Nierenkrankheit. Braunschweig 1851. S. 178.

cher bestimmt der Niere angehört, nachweisen kann; 2) wenn Echinococcusblasen unter dem Symptomencomplex einer Nierenkolik mit
mit dem Harn abgehen und 3) wenn gleichzeitig nach der Entleerung
der fragliche Tumor kleiner wird. Ist das letztere nicht der Fall,
so entbehrt die Diagnose der genügenden Sicherheit und kann nur
mit einer allerdings grossen Wahrscheinlichkeit gestellt werden.

Einen solchen Fall hatte ich zu untersuchen Gelegenheit. Ein
Mann zwischen 30—40 Jahren zeigte einen Tumor, welcher mit Bestimmtheit auf die linke Niere zu beziehen war. Er präsentirte mir
ein Fläschchen mit Urin, in welchem eine Reihe Echinococcusblasen
herumschwammen, welche er unter kolikartigen Schmerzen seit einigen
Tagen entleerte und welche sein Interesse um so mehr in Anspruch
nahmen, als er vorher die verschiedenartigsten Diagnosen über die
Natur seines Leidens gehört hatte. Der Urin war sauer, hellgelb und
enthielt ausserdem ein geringes eitriges Sediment, in dem die mikroskopische Untersuchung auch viele Echinococcushaken ergab. Leider
habe ich von dem Patienten, einem Schuhmacher aus der Provinz
Schlesien, nichts mehr erfahren.

Der blosse Abgang von Echinococcusblasen mit dem Harn lässt
keine bestimmte Diagnose zu, denn es kommen, wenn auch selten,
Fälle vor, wo Echinococcussäcke im Becken theils in den Darm,
theils in die Blase und den Darm, theils in die Blase allein perforiren. In den letzterwähnten beiden Eventualitäten gehen Echinococcen mit dem Urin ab, ohne dass nachweisbare Geschwülste in der
Niere vorhanden sind. Es fehlen dann aber auch die der Entleerung
der Echinococcusblasen voraufgehenden Schmerzen längs des Ureters.
In solchen Fällen ergibt die Untersuchung per rectum und per vagi-
nam gewöhnlich die Anwesenheit der Geschwulst im Becken, welche
die Quelle für die entleerten Blasen bildet. Grosse Vorsicht in der
Deutung ist nöthig, wenn sich durch Abscesse in der Lendengegend
Echinococcen entleeren. Die Echinococcen brauchen trotz des Ver-
dachtes, welchen die Localität einflösst, durchaus nicht aus der Niere
zu stammen. Es sind Fälle beobachtet und durch die Section constatirt worden, wo es sich unter diesen Umständen lediglich um
Echinococcusgeschwülste handelte, die sich in der Musculatur der
Lendengegend entwickelt hatten. Abgesehen von diesen Schwierigkeiten, welche die Bestimmung des Organs macht, wo eine Echinococcusgeschwulst des Unterleibs sitzt, macht auch die Beantwortung
der Frage oft Schwierigkeit, ob der der Niere angehörige cystöse
Tumor eine Echinococcusgeschwulst ist. Hier entscheidet mit Sicherheit nur die Untersuchung der Flüssigkeit, welche aus der Cyste
entleert wird. Für Echinococcen spricht die klare Beschaffenheit,
das niedrige specifische Gewicht, das Fehlen von Eiweiss, vor Allem

aber das Auffinden von Haken und geschichteten Membranen. Auf die Anwesenheit oder Abwesenheit des früher für so bedeutungsvoll gehaltenen Hydatidenschwirrens kann man kein entscheidendes Gewicht legen. Erstens ist es äusserst inconstant, und nachdem es Jobert auch bei Echinococcussäcken fand, welche einen grossen Sack darstellen, ist es gar nicht unwahrscheinlich, dass es auch bei anderweitigen einfachen Cystengeschwülsten der Nieren, besonders bei grossen Hydronephrosensäcken manchmal vorkommt. Ohne Explorativpunktion dürfte also die differentielle Diagnose zwischen Echinococcusgeschwülsten und Hydronephrosen gar nicht möglich sein.

Von besonders praktischer Wichtigkeit ist die differentielle Diagnose zwischen Eierstockgeschwülsten und Echinococcusgeschwülsten der Nieren, welche bei Entwickelung der letzteren nach abwärts in die Höhle des kleinen Beckens mit einander verwechselt werden können: eine Verwechselung, die äusserst verhängnissvoll werden kann. Die Differentialdiagnose zwischen Ovarientumoren und Nierengeschwülsten ist bei der Schilderung des Nierenkrebses schon genauer auseinandergesetzt. Hier soll ein kurzer casuistischer Beleg statt weiterer Erwägungen Platz finden.

Spiegelberg[1]) operirte eine 42jährige Frau. Statt der erwarteten Ovariencyste fand sich ein Nierenechinococcus. Der Tumor hatte sich seit 1½ Jahren im rechten Hypogastrium entwickelt und hatte die Grösse eines Mannskopfes. Er erschien sehr elastisch, unregelmässig, sehr beweglich, ein leichtes Geräusch, wie Uteringeräusch, war auf derselben zu hören. Die Geschwulst ragte mit einem Segment flach in den vorderen Abschnitt des Beckeneinganges. Sie war prall, schmerzlos; lag dicht unter der Bauchwand. Die Geschwulst konnte nur unvollkommen mit einem Theil der rechten Niere entfernt werden. Die Verwachsungen mit der Umgebung waren fest und reichlich. Hier wäre, wie Spiegelberg mit Recht angibt, die Explorativpunktion das einzige Mittel gewesen, um diesen bedauerlichen Irrthum zu verhindern. Nur dadurch hätte ihr ovarieller Ursprung ausgeschlossen werden können. Hydatidenzittern war hier auch nicht vorhanden.

Ich habe oben bereits erwähnt, dass man bei Entleerung von Echinococcusblasen mit dem Harn nicht berechtigt sei, ohne weiteres einen Nierenechinococcus mit Berstung in das Nierenbecken zu diagnosticiren. Auf der anderen Seite scheint es mir aber nach dem, was ich über den Verlauf von Leberechinococcen kenne, nicht zutreffend, so lange nicht dafür sprechende anatomische Thatsachen vorliegen, eine Berstung der letzteren in die Blase anzunehmen. In

1) Arch. f. Gynäk. I. S. 146. Bufe, Dissert. inaug. 1567. Breslau.

solchen Fällen scheint es sich in der That vielmehr um Nieren-echinococcen zu handeln, welche für Leberechinococcen gehalten worden sind.

Einen derartigen Fall hat S c h m a l f u s s aus der Middeldorpff-schen Klinik beschrieben.[1]) Der ganze Verlauf scheint hier dafür zu sprechen, dass ein Echinococcussack der rechten Niere in das Nieren-becken perforirt war. Patient, im 33. Jahre, Arbeiter, früher gesund, bemerkte seit einiger Zeit etwas Abmagerung des Körpers und An-schwellung seines Leibes. In die Klinik liess er sich wegen plötzlich eingetretener Harnverhaltung aufnehmen. Von der n o r m a l e n Leber-dämpfung geht rechts vom Nabel ein handbreit gedämpfter Ton nach unten in die Dämpfung der sehr ausgedehnten Harnblase über. Ein sehr starker Katheter entleerte in seinem Fenster eingeklemmt eine weissliche ganz charakteristische Echinococcusmembran, worauf eine geringe Entleerung von etwas blutigem trübem Urin spontan erfolgte. Weiterhin wurden auf diese Weise noch mehre derartige Blasen ex-trahirt, in welchen sich deutlich Scolices und Haken nachweisen liessen. Nachher entleerte Patient mit dem Urin, der von hellgelber Farbe war und einen starken eitrigen Bodensatz zeigte, massenhaft Echinococcus-blasen von der Grösse einer Linse bis zu der einer Wallnuss. Patient entleerte von jetzt an den Urin gut und leicht, nie mehr mit Echino-coccusblasen; ein ziemlich starker Blasenkatarrh bestand fort. In den nächsten zwei Tagen fieberte Patient ohne sonstige Krankheitserschei-nungen. Diese leichten Fieberbewegungen und Schmerzen im Leibe dauerten in den nächsten Monaten, während Patient schon wieder ar-beitete, fort. Später verloren sich auch diese Erscheinungen. Die an-gegebene Dämpfung bestand wie früher. Patient fühlte sich ganz wohl.

Dauer, Verlauf, Prognose.

Die Dauer ist völlig unbestimmbar. Bisweilen tritt Heilung ein nach einmaliger Entleerung von Blasen durch den Urin. Da aber die klinische Erfahrung gelehrt hat, dass nach einem Jahrzehnte sogar sich der Abgang der Blasen wiederholte, so kann von einer dauernden Heilung kaum die Rede sein. Weder die Zahl der ab-gegangenen Blasen, noch die Häufigkeit der einzelnen Entleerungen gibt hier einen sicheren Anhaltspunkt. Nur so viel lässt sich im Allgemeinen aussagen, dass, wenn auf eine oder mehre ausgiebige Entleerungen lange Zeit keine neue erfolgt und der Tumor sich so verkleinert, dass er bei der Untersuchung nicht mehr vorgefunden werden kann, die Zuverlässigkeit der Heilung mit der Länge der Dauer nach der letzten Entleerung immer mehr wächst. Bei Echino-coccusgeschwülsten, welche noch nicht geborsten sind, lässt sich

---

1) Inaugural-Dissertation. 1868. Breslau.

natürlich über die fernerweite Dauer der Affection gar nichts bestimmen.

Der Verlauf ist im Allgemeinen bei der Berstung der Echinococcuscysten in das Nierenbecken ein günstiger, sei es, dass überhaupt nach einmaliger oder mehrmaliger Entleerung der Blasen Heilung erfolgt oder dass nach längeren Pausen sich immer wieder neue Entleerungen von Echinococcusblasen einstellen. Der Tod erfolgt auf verschiedene Weise: durch Berstung in die Bronchien, durch Vereiterung des Sackes u. s. f. Ferner erfolgt natürlich wol unausbleiblich der letale Ausgang, wenn, wie es in einem in Roberts'Werke über Nierenkrankheiten mitgetheilten Falle beobachtet wurde, eine Einzelniere von einer Echinococcuscyste befallen wird. Dieselbe barst ins Nierenbecken. Ausserdem war hier noch ein Stein vorhanden. Mit dem Aufhören der Function der Einzelniere tritt unvermeidlich in kurzer Zeit der Tod ein.

Die Prognose gestaltet sich im Allgemeinen gerade beim Nierenechinococcus günstiger, als bei Anwesenheit dieser Parasiten in anderen Organen. Relativ günstig darf man dieselbe bei Entleerung der Cyste durch das Pelvis renalis und die Harnwege nach aussen stellen. Berstungen dieser Cysten nach anderen Organen, z. B. den Lungen, bedingen ungünstige Vorhersage.

Bedeutende Grösse der Cyste verschlechtert auch die Prognose, und zwar, wie die bis jetzt vorliegenden Erfahrungen lehren, aus zwei Gründen: erstens beengen grosse Echinococcussäcke der Nieren auch den Brustraum und beschränken die Function der dort liegenden lebenswichtigen Organe, zweitens aber ist bei ihnen öfter Gelegenheit zu Contusionen gegeben, welche nicht selten Vereiterung der Cyste im Gefolge haben.

Therapie.

Die erste Aufgabe der Therapie ist zunächt die Prophylaxe. Für Länder wie Island, wo etwa der siebente Mensch an Echinococcen stirbt, ist es eine Hauptaufgabe der Sanitätspolizei, der Entwickelungsmöglichkeit der Parasiten im Menschen entgegenzuarbeiten. Die hier in Frage kommenden Maassregeln gehören in die Behandlung der Prophylaxe der Echinococcuskrankheit im Allgemeinen. (vgl. Bd. III. S. 341. 2. Aufl.)

Was die Behandlung speciell der Echinococcuscysten der Nieren betrifft, so ist das Bestreben, die Parasiten durch Gebrauch von Jodkali und Quecksilberpräparaten zum Absterben zu bringen, bisher ohne Erfolg gewesen. Auch auf die Berstung der Cyste können wir durch Medicamente nicht influiren. Wenn aber der Durchbruch ins Nierenbecken erfolgt ist, dann empfiehlt sich ein Versuch mit der Anwendung milder Diuretica, um die Ausschwemmung der Parasiten durch die Harnwege zu befördern. Durch passive oder active Bewegungen, Reiten, Fahren u. s. w. in dieser Beziehung nachhelfen zu wollen, lässt sich nicht empfehlen. Höchstens könnten leise Frictionen im Verlauf des Ureters bei Nierenkoliken Erleichterung verschaffen. Uebrigens wird man bei derartigen Zufällen vom inneren oder subcutanen Gebrauch des Morphium, warmen Bädern u. s. f. nicht Abstand nehmen können. Bleiben die Blasen in der Urethra stecken und verursachen sie dort Harnbeschwerden, insbesondere Harnverhaltung, dann muss man mit dem Katheter, in dessen Fenster die Blasen gern stecken bleiben, nachhelfen. Bei örtlichen Entzündungserscheinungen, welche in der Umgebung von Nierenechinococcussäcken entstehen, sind die grösste Ruhe, locale Blutentziehungen, Eisumschläge nöthig, um Eiterungsprocessen in der Cyste oder deren Nachbarschaft vorzubeugen. Von operativen Eingriffen bei Nierenechinococcen wird man nur dann Gebrauch machen, wenn ihre Grösse so bedeutend ist, dass die Function lebenswichtiger Organe, z. B. des Thorax, durch Compression bedroht ist. Die hier in Frage kommenden Operationen sind dieselben wie bei Leberechinococcen, einfache Punktion, Elektropunktur, — neuerdings von England aus sehr warm bei Leberechinococcen empfohlen. Die wenigen Fälle, wo die Methode bisher bei Nierenechinococcen angewandt wurde, kamen nicht zur Heilung. Punktion der Cyste, nachdem vorher eine Verwachsung der Cyste mit der Bauchwand bewerkstelligt wurde (Récamier), Incision, nach vorgängiger Doppelpunktion mit Liegenlassen der Canüle (Simon, vgl. S. 167), Punktion mit Einspritzen reizender Flüssigkeiten (Jod, Alkohol) kommen hier auch in Frage. Dass die von Simon vorgeschlagene Methode ev. auch für die operative Behandlung der Nierenechinococcussäcke passend sein würde, lässt beispielsweise ein von Maas[1]) operirter Fall von Echinococcus des Beckeneingangs erschliessen, welchen ich, da er auch diagnostisch interessant ist, hier kurz skizzire:

20jähr. Kaufmann. Geschwulst in der rechten Unterbauchgegend, welche sich vom Lig. Poupartii bis zur Nabelgegend erstreckte und sich von der Leber- und Nierengegend durch tympanitischen Percus-

---

1) Deutsche Klinik 1875. Nr. 1.

sionsschall abgrenzte. Maas machte die Doppelpunktion nach Simon, verband nach 4 Tagen die Stichöffnungen durch Incision und spülte die Geschwulst unter Lister'schen Cautelen. Dabei entleerte sich eine kindskopfgrosse Echinococcusblase. Heilung unter Lister'schem Verbande in 20 Tagen. Man fand bei der Digitaluntersuchung diese Höhle bis gegen die Symphys. sacro-iliaca hinreichen. Musculatur rauhwandig und unregelmässig vertieft. Möglicherweise war von hier die Geschwulst ausgegangen.

Die in der Literatur über die operative Behandlung der Nierenechinococcen selbst vorliegenden Erfahrungen gestatten wegen ihrer geringen Anzahl eine Kritik der einzelnen Methoden nicht. Jedenfalls wird es sich empfehlen, mit den mildesten Mitteln, wie einfacher Punktion mit dem Explorativtroikart zu beginnen, da auch dieser Eingriff zur Heilung führen kann. Ragt die Cyste in der Lendengegend oberflächlich genug vor, dann wird man zweckmässig dort operiren, um die Verletzung des Bauchfells zu vermeiden.

Eustrongylus gigas (Rudolphi). Pallisadenwurm.

Literatur: Davaine. Traité des entozoaires. p. 267. — Leuckart, Die menschlichen Parasiten. II. Band. Leipzig 1876. S. 354.

Die Bedeutung dieses grössesten bekannten Spulwurms für die menschliche Pathologie ist augenscheinlich gering. Es ergibt sich das daraus, dass einzelne Beobachter das Vorkommen des Eustrongylus gigas beim Menschen überhaupt in Frage stellen. In Summa würde sich die Zahl der einschlägigen Beobachtungen auf einige zwanzig belaufen; Bremser hielt davon nur etwa zwölf für einigermassen sicher und Davaine beschränkte die Zahl derselben — mit Hinzurechnung von drei neuen — sogar auf 7 Fälle. Der sehr eingehenden Kritik von Leuckart können die hierher gehörigen Beobachtungen so wenig Stand halten, dass dieser Forscher zu dem Resultat kommt, dass wenn wir mit unseren Erfahrungen über den Eustrongylus gigas ausschliesslich auf den Menschen angewiesen wären, es unmöglich sein würde von den Veränderungen, welche dieser Wurm in der Niere hervorbringt und den Gesundheitsstörungen die er macht, ein Bild zu geben. Auf die Veränderungen, welche dieser Wurm bei Thieren besonders bei Hunden macht, kann hier nicht weiter eingegangen werden. Der Parasit sitzt hier im Nierenbecken. Es ist erstaunlich, welche groben Irrthümer bei der Diagnose dieses Parasiten untergelaufen sind; abgesehen von der Verwechselung mit grossen Blutgerinnseln, wurden Fisch- und Vogeldärme für Eustrongylus gigas gehalten, welche Weiber in die Harnröhre brachten, um den Arzt zu täuschen. Leuckart erwähnt noch eine Dissertation aus dem Jahre 1866, wo ein Blutgerinnsel für den in Frage stehenden Parasiten und zufällig auf das Präparat gekommene Sporen von Lycopodium für seine Eier gehalten wurden. Abgesehen von allen übrigen Irrthümern können auch verirrte Darmspulwürmer zu Verwechselungen Veranlassung geben. Letztere können am leichtesten Anlass zu diagnostischen Fehlgriffen werden, welche indessen auch immerhin sehr leicht zu vermeiden sind, da der Eustrongylus gigas ja eine sehr wohl charakterisirte Thierspecies ist, welche sich schon durch die Mundöffnung, die mit 6 warzenförmigen Papillen von ansehnlicher Grösse besetzt ist, neben denen noch mehre andere kleine Papillen gefunden werden, von dem gewöhnlichen Spulwurm unterscheidet, welcher nur 3 Lippen hat.

Pentastomum denticulatum.

E. Wagner, Archiv f. phys. Heilkunde. 1856. S. 581.

Nur von pathologisch-anatomischem Interesse; bisher nur einmal von E. Wagner in der Niere beobachtet, und zwar in verkalktem Zustande dicht unter der Nierenkapsel als ein 4 Mm. langer Knoten. — Die genauere Beschreibung siehe bei den Leberkrankheiten. In der Leber wird das Pentastomum häufiger gefunden.

Distoma haematobium Bilharz.

Bilharz, Zeitschrift für wissenschaftliche Zoologie. IV. — Derselbe, Wiener med. Wochenschrift. 1856. — Griesinger, Archiv für phys. Heilkunde. 1854. S. 561. — Leuckart, Menschliche Parasiten. I. S. 617.

Dieser Parasit, von Bilharz zuerst beschrieben, ist in Aegypten, dem Cap der guten Hoffnung und sicherlich auch in anderen heissen Gegenden äusserst verbreitet. In Aegypten ist er so verbreitet, dass Griesinger ihn unter 363 Leichen 117 mal fand, aber nicht zu allen Zeiten in gleicher Menge.

Das Weibchen ist länger als das Männchen (18—19 resp. 12 bis 14 Mm. im geschlechtsreifen Zustande). Der Parasit hat einen abgeplatteten Vorderkörper, der Hinterleib ist cylindrisch. Der erstere trägt unweit von einander liegend zwei Saugnäpfe. Das Thier dringt wahrscheinlich vom Darm aus in die Venen des Unterleibs ein. Die Eier von 0,12 Mm. Länge und 0,04 Mm. Breite sind an dem einen Ende zugespitzt oder mit einem seitlich aufsitzenden spitzen Zahn versehen, sonst von glatter Oberfläche.

Die mit dem Urin abgehenden Eier sichern die Diagnose der Distomumkrankheit. Die Eier werden in den harnleitenden Wegen abgelegt. Diese Eier gelangen dorthin durch die Gefässe der Schleimhaut. Es entstehen so Gefässverstopfungen, Hämorrhagien, Ulcerationen der Schleimhaut. Die Embryobildung beginnt innerhalb der Harnwege, längere Zeit nach dem Ablegen der Eier. Die Embryonen sind walzenförmig, mit rüsselförmig zugespitztem Vorderende, bewimpert. Ihre weiteren Schicksale sind unbekannt. So lange sie sich im Urin befinden, scheinen sie unverändert und nicht entwickelungsfähig zu sein. Sie gehen darin wie in unreinem Wasser mit zersetzten Pflanzen- und Thierstoffen schnell zu Grunde. Nur in reinem oder salzhaltigem Wasser durchbrechen die Embryonen ihre Schale, verändern ihre Form und schwimmen frei herum. Ich übergehe hier die Veränderungen in der Blase, welche durch die Distomen entstehen. Sie sind die beträchtlichsten und hochgradigsten (vergl. Blasenkrankheiten). Auch in den Ureteren und, wenngleich seltener, im Nierenbecken veranlassen sie bedeutende Veränderungen; der Harnleiter wird verengt, oberhalb der stricturirten Stelle wird er ausgedehnt. Es entwickelt sich hydronephrotische Erweiterung. Die Strictur wird gewöhnlich durch unregelmässige, inselförmige, graugelbe, leicht erhabene Platten bedingt, welche von einem weichen, insbesondere aber fest adhärirenden Belage gebildet sind. Derselbe fühlt sich meist sandig an und besteht zumeist aus dunklem, aus Harnsäure und deren Verbindungen bestehendem Harngries, deren Kern aus einer Reihe von Distomumeiern gebildet ist. Ausserdem findet sich eine grosse Menge der Eier frei, nicht von harnsauren Salzen inkrustirt. Sie sind bald embryonenhaltig, bald leer, ab und zu findet man auch ausgeschlüpfte, aber todte Thiere.

Schliesslich ist noch der Spiroptera hominis (nach Schneider — Reichert's und du Bois' Arch. 1862 S. 272 — identisch mit Filaria piscium) und des Dactyleus aculeatus, von Curling beschrieben (nach Schneider wahrscheinlich sehr durchscheinende Fliegenlarven) zu gedenken, um vor der Verwechselung mit zufällig oder von Simulanten absichtlich in den Urin gebrachten Thieren zu warnen, welche Parasiten der Harnorgane vortäuschen können.

In seltenen Fällen sind übrigens auch durch Ulcerativprocesse Ascariden aus dem Darm in das Nierenbecken gelangt. Sie scheinen dann stets zu diagnostischen Irrthümern mit Eustrongylus gigas Veranlassung gegeben zu haben.

Anomalien der Lage, Form und Zahl der Nieren.

Die Nieren zeigen, wie eine Reihe anderer innerer Organe, gewisse Abweichungen ihrer natürlichen Lage, Form, Zahl und Grösse. Bisweilen combiniren sich mehre dieser Anomalien. Ein Theil derselben ist angeboren, es sind Vitia primae formationis, andere sind im späteren Leben entstanden, sei es durch Krankheit oder andere äussere Zufälle, mechanische Schädlichkeiten verschiedener Art. Manche dieser Abweichungen von der Norm machen intra vitam keine Erscheinungen, stellen lediglich pathologisch-anatomisch interessante Befunde dar; andere täuschen verschiedene pathologische Zustände vor und sind von grösserem diagnostischem Interesse, noch andere veranlassen selbst Störungen in den normalen Gesundheitsverhältnissen. — Diese Zustände sind vielfach von grosser praktischer Wichtigkeit. Sie involviren besonders grosse Gefahren, wenn durch sie die normale Secretion und Excretion des Harns geschädigt wird. Ich bespreche hier gesondert die Anomalien der Lage und die Anomalien der Form und Zahl der Nieren.

Die anomale Lage der Nieren.

Die Nieren können dislocirt und in ihrer abnormen Lage fixirt sein (fixe Dislocation der Nieren), oder sie können einen gewissen Grad von Beweglichkeit besitzen. Diese beiden Zustände erfordern eine gesonderte Betrachtung.

Die fixe Dislocation (Distopie) der Nieren.

Literatur: Ausser der Seite 3 angeführten: Gruber, Oesterr. Zeitschrift für prakt. Heilk. 1866. — Schott, Jahrb. d. Kinderheilk. 1866. — Gruber, Virch. Arch. Bd. XXXII. S. 111. Bd. 68. S. 272 u. 276. — Weisbach, Wiener med. Wochenschrift. 1867. — W. Stern, Dissert. inaug. Berlin 1867. — Friedlowsky, LX. Bd. der Sitzungsberichte der Wiener Akademie 1869. — Wölfeler, Wiener med. Wchschr. 1876. Nr. 7 u. s. w.

19*

Ausser der mit der Verschmelzung beider Nieren ab und zu zusammentreffenden tiefen Lagerung, wovon später noch die Rede sein wird, findet man eine Tieflage auch bei sonst normalen Nieren. Die tiefgelagerte Niere findet sich entweder an der ihr entsprechenden Seite oder sie ist nach der anderen Seite herübergeschoben oder median, auf der Wirbelsäule, gelagert. Die dislocirte Niere liegt meist in der Nähe des Promontorium, selten etwas höher bis zum vierten Lendenwirbel, ausserdem sehen wir sie in einzelnen Fällen auch tief im Becken in der Höhle des Kreuzbeins, an der Synchondrosis sacroiliaca gelagert. Es sind diese Anomalien auf eine geringe Energie in der Bewegung der embryonalen Nierenanlagen, welche sich zu einer gewissen Zeit des Fötallebens hart vor der Theilungsstelle der Aorta befinden (Kupfer), zurückzuführen. Es betrifft die Tieflage, wie es scheint, stets nur eine von beiden Nieren. Denn rücken beide Nierenanlagen nicht nach aufwärts, so kommt es gleichzeitig zu Verwachsung derselben, d. i. zu einer tiefgelagerten Hufeisenniere. Dabei sind die anomalen Ursprünge der Nierengefässe und der benachbarten Gefässstämme, die meist vermehrte Anzahl und entsprechende Kürze derselben bemerkenswerth. Die Ureteren sind natürlich verkürzt und verlaufen abnorm. Diese Genese der Gefässanomalien ist leicht begreiflich. Sind die Nierenanlagen durch irgend welche Störungen der ersten Entwickelung an ihrer Bildungsstätte oder in deren Nähe festgebannt, so ist es ohne Weiteres verständlich, dass das sich zu gleicher Zeit darin entwickelnde Gefässsystem mit den nachbarlichen grossen Gefässen in Verkehr tritt. Die Gefässe der tiefgelagerten Niere entspringen grösstentheils direct aus dem untersten Theil der Aorta abdominalis.

Die Gestalt der dislocirten Niere ist mehr oder weniger abweichend, meist plattrundlich, bisweilen drei- oder viereckig. Ihr Hilus ist meist nach vorn gekehrt. Die fötale Lappung der Oberfläche ist gewöhnlich noch stark ausgeprägt. Die Dislocation der Nieren betrifft vorzugsweise die linke. Von 44 Fällen tiefer Lage der Nieren, welche Weisbach zusammenstellte, betrafen 35 die linke, 8 die rechte und 1 beide Nieren (in 1 Falle war eine Hufeisenniere tief gelagert). Diese Dislocationen der Niere scheinen vorzugsweise bei Männern vorzukommen. Unter 29 Fällen waren 20 Männer und 9 Frauen.

Die praktische Bedeutung dieser seltenen angeborenen Anomalie — Stern stellte in Summa 48 Fälle zusammen — ist bis jetzt im Allgemeinen als eine sehr geringe angesehen worden. Man hat dieselbe bis jetzt während des Lebens noch nicht diagnosticiren können. Eine angeborene Tieflage der Niere würde auch intra vitam nicht von einer beweglichen Niere, welche erst später durch pathologische Adhäsionen in ihrer normalen Lage fixirt wurde, unterschieden werden können.

In einem von Hohl beobachteten Falle gab eine tiefliegende Niere bei 2 Geburten ein Geburtshinderniss ab, welches schliesslich durch sehr kräftige Wehen überwunden wurde. Die Geschwulst konnte jedesmal von der Scheide aus gefühlt werden. Indessen blieb die wahre Natur unbekannt, bis der nach 40 Jahren erfolgte Tod den Sachverhalt aufklärte.

Von grossem diagnostischem und praktischem Interesse ist ein von Wölfeler aus Billroth's Klinik mitgetheilter Fall. Derselbe betraf einen 45jähr. Mann, bei dem die rechte abnorm tief gelagerte Niere zu einem Eitersack degenerirt war. Diese Pyonephrose hatte nicht nur ihren eigenen Ureter, sondern auch den der linken Niere vollständig comprimirt. Der Tod erfolgte durch Urämie. Billroth hatte den Sack vom Rectum aus punktirt. In dem auf die Weise entleerten Eiter wurde ein halbes Procent Harnstoff nachgewiesen. Der Harn selbst enthielt keine abnormen Bestandtheile. Billroth schloss aus diesem Befunde, dass eine Communication zwischen dem Eiterherde und einem Organe des harnleitenden Apparates (wahrscheinlich Blase oder Ureter) existiren müsste, durch welche wohl Harn in den Abscess, aber kein Eiter in die Blase gelangen konnte, wie ja solche Ventilcommunicationen bei Abscessperforationen nicht so selten vorkommen.

Jedenfalls gebührt Billroth das Verdienst auf die praktische Bedeutung dieser Lageanomalie der Niere hingewiesen zu haben. In solchen Fällen dürfte, wie bei der Diagnose der Wanderniere (s. u.), der Nachweis der auf einer Seite fehlenden Nierendämpfung neben anderen diagnostischen Hülfsmitteln, z. B. auch der Rectaluntersuchung mit voller Hand (Simon) u. s. w., von grossem Werthe sein.

Von den anderen fixen Lageveränderungen der Nieren hat keine sonst ein praktisches Interesse. Ich übergehe sie deshalb und verweise auf die Handbücher der pathologischen Anatomie.

Ich will hier nur kurz aus den Protokollen des Breslauer Pathologischen Instituts einen Befund (A. C. 1866. Nr. 32) von ungewöhnlicher Hochlagerung der linken Niere erwähnen. Dieselbe liegt mit ihrem oberen Ende höher als die Milz und wölbt das Diaphragma wie einen Tumor hervor. Von vorn gerechnet liegt der höchste Punkt der linken Niere in einer Höhe mit dem Uebergange der fünften Rippe in ihren Knorpel, hinten entspricht der Ursprung der neunten Rippe dem oberen Rande der linken Niere (Waldeyer).

Die bewegliche (Wander-) Niere.

Geschichte und Literatur.

Die klinische Geschichte der Wanderniere datirt erst seit Rayer. Obwohl bereits frühere Beobachter, wie Mesué[1]) und Johannes Riolan[2]) Angaben über die beweglichen Nieren machten, welche alle Beachtung verdienen, so blieben sie doch für die ärztliche Praxis bedeutungslos. Nachdem Rayer die klinische Bearbeitung des Gegenstandes angebahnt hatte, wurde diese Disciplin weiter ausgebaut und eine grosse Reihe casuistischen Materials geliefert.

Die nachstehende Bearbeitung stützt sich ausser der Seite 3 angeführten Literatur auf folgende Publicationen:

Fritze, Archiv gén. 1859. — Becquet, ebendas. 1865. — Ferber, Virchow's Archiv. LII. S. 95. — Gilewski, Oesterr. Zeitschrift f. Heilk. u. Sitzungsber. der k. k. Gesellsch. der Aerzte in Wien. (Wiener medic. Presse. 1865. S. 430.) — Mosler, Berl. klin. Wochenschrift 1866. Nr. 41. — Steiger, Würzb. med. Zeitschrift. VII. S. 169. — Emil Rollet, Path. und Therapie der beweglichen Niere. Erlangen 1866. — Trousseau, Medic. Klinik. Deutsch. III. 1868. S. 554. — Dissertationen von Max Schultze (Berlin 1867), Pieper (Berlin 1867), Thun (Berlin 1869), Herr (Bonn 1871) und Th. Tzschaschel (Berlin 1872). — Grout, De l'ectopie rénale Thèse de Paris 1874. — Guéneau de Mussy, Union médic. 1867. Nr. 74 u. 76 und eine Reihe anderen casuistischen Materials.

Aetiologie.

Man darf behaupten, dass bewegliche Nieren weit häufiger vorkommen, als gewöhnlich angenommen wird. Manche Fälle von langdauernden Leibschmerzen und unerklärten dunklen Unterleibsstörungen rühren davon her. Die wahre Ursache derselben wird nicht erkannt, so lange es nicht zu einer objectiven Untersuchung kommt. Walther in Dresden hat eine grosse Reihe von Leuten untersucht und gefunden, dass die Nieren vieler Menschen, welche davon gar keine Beschwerden haben und die von der Anomalie, deren Träger sie sind, gar nichts wissen, beweglich sind. Genaue Erhebungen über die Häufigkeit der beweglichen Nieren sind nach dem Gesagten unmöglich anzustellen, da meist nur die Fälle zur ärztlichen Kenntniss kommen, wo diese Anomalie Beschwerden macht, oder wo man die Beweglichkeit der Niere zufällig bei der aus ganz anderen Gründen unternommenen Untersuchung des Abdomens constatirt. Wenn daher Rollet angibt, dass unter 5500 Kranken auf Oppolzer's Klinik sich 22 genau constatirte Fälle von beweglicher Niere be-

---

1) Opera omnia Venetiis 1561.
2) Manuel d'anat. et pathol. Lion 1862.

fanden, d. i. also 1 : 250, so ist, wie er selbst bemerkt, das cum
grano salis aufzufassen. Uebrigens scheinen nicht allerwärts Wandernieren gleichhäufig vorzukommen, wahrscheinlich weil die unten zu
erörternden prädisponirenden Momente an verschiedenen Orten verschieden oft in Wirksamkeit treten. Nach Dietl ist die bewegliche
Niere besonders unter der polnischen Bevölkerung häufig, ferner gibt
Möller[1]) an, dass auch das Vorkommen in der Provinz Preussen
durchaus nicht zu den Seltenheiten gehöre und dass namentlich
die Stadt Braunsberg häufige Fälle aufzuweisen habe. In der Berliner Charité wurden unter 3658 Sectionen nur 5 mal bewegliche Nieren
(1 : 732) gefunden.

Die bereits von Rayer gemachte Beobachtung, dass das weibliche Geschlecht besonders zu abnormer Beweglichkeit der Niere
disponirt sei, hat sich vollkommen bewahrheitet. Ich habe 96 Fälle
aus der Literatur zusammengestellt, davon entfielen 82 auf das weibliche und nur 14 auf das männliche Geschlecht. Die meisten Fälle
gehören der arbeitenden Klasse an. Dass es sich hier nicht um ein
zufälliges Verhältniss handelt, werde ich bald nachweisen.

Im kindlichen Alter werden Wandernieren selten beobachtet.
Indessen fehlt es nicht an Beispielen. Steiner[2]) beobachtete sie
3 mal, 2 mal bei Mädchen — 6- und 10jährig — und 1 mal bei
einem Knaben von 9 Jahren. Immer war es die rechte Niere, welche
im Verlauf von 1½—3 Jahren in die rechte Unterbauchgegend her-
abstieg. Auch im zweiten Altersdecennium sind Wandernieren nur
selten beschrieben. Mir sind nur drei Fälle aus der Literatur bekannt geworden. Die meisten Fälle entfallen auf das 25.—40. Lebensjahr, die Zeit, wo die Weiber gebären. Ganz vorzugweise wird
Beweglichkeit der rechten Niere gefunden. In einer Reihe von
Fällen constatirte man abnorme Beweglichkeit beider Nieren. Ich
fand, dass unter 91 Fällen, welche ich aus der Literatur sammelte,
65 mal die rechte, 14 mal die linke und 12 mal beide Nieren beweglich gewesen waren. Cruveilhier hat bereits dieser Prädilection der rechten Niere seine Aufmerksamkeit zugewendet. Er
fand bei Frauen, welche durch festes Schnüren die Leber drückten,
die rechte Niere bisweilen in der Fossa iliaca, bisweilen vor der
Wirbelsäule, bisweilen im Niveau des Ursprungs des Mensenteriums,
in welchem sie eingebettet war. Die so zufällig dislocirte Niere
besitzt eine gewisse Beweglichkeit. Die seltenere Verlagerung der
linken Niere rührt daher, weil das linke Hypochondrium von der

---

1) Berl. klin. Wochenschrift. 1872. Nr. 37.
2) Compend. der Kinderkrkh. 2. Aufl. 1873. S. 322.

Milz und dem Magenfundus eingenommen, den Druck des Schnür-
mieders strafloser erträgt, als das der rechten Seite.

Die Wanderniere kann angeboren oder erworben sein. Wie
aber kommt letzteres zu Stande? Die Nieren liegen eingebettet in
die Fettkapsel hinter dem Peritoneum auf dem Quadratus lumborum
und den zwei letzten Costalansätzen des Zwerchfells. Die Nieren
werden im normalen Zustande durch die Spannung des über sie hin-
ziehenden Bauchfells, welches mit der Fettkapsel durch deren vordere Grenzschicht in Verbindung steht und unten und seitlich an
die Niere ziemlich straff angeheftet ist, in ihrer Lage gehalten.

Wenn nun aus irgend einem Grunde die Fettkapsel der Niere
abnimmt oder verschwindet, so lässt sich die Niere leicht in dem
subserösen Gewebe verschieben. Durch Leichenversuche lässt es
sich darthun, dass mit Beseitigung des Widerstandes des Zwerchfells
die Niere einen hohen Grad von Beweglichkeit annimmt. Nach
Aussen ist die Beweglichkeit durch den Widerstand der Gefässstämme beschränkt. Es liegt also sehr nahe anzunehmen, dass die
Prädisposition für die bewegliche Niere auf gewissen anatomischen
Einrichtungen — also bedeutender Schlaffheit und Nachgiebigkeit
des Bauchfells beruht. Eine solche tritt ein bei Abmagerung und
Schwund der Fettkapsel der Niere, wie sie im Allgemeinen bei
schlecht genährten, durch chronische oder acute schwere Krankheit
heruntergekommenen Leuten beobachtet wird; bei lockerer An-
heftung des Peritoneum an die hintere Bauchwand,
Herabzerrung desselben durch Zug von Hernien (Rayer
beschreibt eine bewegliche Niere neben einer Hernia cruralis, in welche
das Coecum eingelagert war), durch schlaffe und dünne Bauchdecken.

Ausserdem ist die vermehrte Schwere der Niere in Folge
einer Volumszunahme derselben ein Moment, um die Niere beweglicher zu machen, so bei Geschwülsten der Niere, bei Hydronephrose,
Steinbildung, Krebs. Freilich wird hier die Beweglichkeit der Niere
sehr oft durch entzündliche perinephritische Adhäsionen, welche die
Drüse an ihrem ursprünglichen Standort fixiren, verhindert. Auch
durch Tumoren in der Nachbarschaft der Niere, durch
grosse Geschwülste der Leber, der Milz, besonders durch grosse leuk-
ämische Tumoren der letzteren, sogar durch Tumoren der Nebennieren und des Pankreas kann die Niere dislocirt werden. Wandernieren in Folge der Grösse und Schwere einer krebsigen Niere erwähnt
bereits Troja, in neuerer Zeit Rollet (vergl. unten, bei der Diagnose).

In allen diesen Fällen (sogenannte spontane Dislocation)
kommt die Verlagerung der Nieren langsam und allmählich zu Stande.

Die ausgesprochene Prädisposition, welche Weiber für die Beweglichkeit der Niere haben, bezieht sich zum kleineren Theil auf die schädlichen Einwirkungen der Schnürbrüste[1]), — denn gerade bei Frauen der besseren Stände, von denen Corsets am meisten getragen werden, sind Wandernieren verhältnissmässig am seltensten — sondern vor Allem auf wiederholte Schwangerschaft und Entbindungen. In Folge der grossen Ausdehnung des Bauchraums bei Schwangerschaften erschlafft die vordere Bauchwand, die Därme vermissen ihre Stütze nach vorn und unten zu und da die beiden Flexurae coli in einer sehr genauen Verbindung mit den vorderen Theilen der Niere sind, so ist darin allein schon ein schwerwiegendes disponirendes Moment für die Ektopie der Nieren nach wiederholten Entbindungen gegeben. Man hat auch der Menstruation einen Einfluss bei der Pathogenese der Wanderniere zugeschrieben. Becquet führt dafür an|, dass während der Menses eine hyperämische Schwellung der Niere eintrete, dass durch die allmonatliche Wiederholung dieses Zustandes allmählich das umgebende Bindegewebe erschlafft und gelockert wird und dass auf diese Weise die Niere frei beweglich wird. Indessen hat diese Hypothese keine rechte Wahrscheinlichkeit, da die Prämissen, von denen sie ausgeht, durchaus unbewiesen sind. Dagegen sind Anstrengungen bei schwerer Arbeit, das Tragen schwerer Lasten auf dem Rücken, vielleicht auch Contusionen als prädisponirendes Moment für die Entstehung einer abnormen Beweglichkeit der Nieren anzusehen (traumatische Dislocation der Niere). Daher erklärt es sich zwanglos, warum die arbeitenden Klassen so häufig an Wandernieren leiden. In einzelnen Fällen wird plötzlich ein derartiges ätiologisches Moment der Ausgangspunkt aller weiteren Beschwerden, so in einem auf Frerichs' Klinik beobachteten Fall, wo die Patientin, eine 55jährige Frau, beim Heben eines schweren Sackes einen Ruck in der rechten Seite des Leibes fühlte, seit welcher Zeit sie ab und zu ein drückendes Gefühl unter den kurzen Rippen hatte, worauf sich nachher das Krankheitsbild der Wanderniere in einer ganz charakteristischen Weise entwickelte. Manchmal scheinen sich mehre der gekannten Ursachen zu combiniren. Recht instructiv ist in dieser Beziehung ein Fall von v. Dusch[2]). Hier waren bei einer Patientin, welche

---

1) Ganz neuerdings haben Bartels und Müller-Warneck (Berl. klin. Wchnschr. 1870. Nr. 30) auf die grosse Bedeutung hingewiesen, welche stark schnürende Rockbänder auf die Entwickelung von Ren mobilis, besonders der rechten, haben, sowie auf deren Zusammenhang mit der Magenerweiterung.

2) Bericht über die medicinische Poliklinik zu Heidelberg von 1857—1859.

11 mal geboren hatte, die Bauchdecken sehr erschlafft, die vier letzten Geburten waren schwer, so dass Kunsthülfe angewendet werden musste. Ausserdem war sie vor drei Jahren die Treppe hinunter auf die rechte Seite gefallen, und gleich darauf will sie eine Geschwulst im rechten Hypochondrium bemerkt haben. — Schliesslich können auch angeborne individuelle Prädispositionen zu Lageveränderungen der Niere vorhanden sein, wie z. B. lockere Beschaffenheit des perinephritischen Bindegewebes, grössere Länge der Nierenarterien u. s. f.

Pathologie.

Pathologische Anatomie.

Da die beweglichen Nieren an sich wohl niemals Todesursachen werden, so sind dieselben fast nur zufälliger Sectionsbefund. — Bei den beweglichen Nieren, welche sich erst n a c h d e r G e b u r t entwickelt haben, finden sich keine Anomalien der Gefässe, dieselben sind höchstens manchmal etwas verlängert. Dagegen findet sich meist eine fettlose Nierenkapsel, und die Verbindung zwischen dem Bauchfell und der Nierenkapsel ist vollständig gelockert. Die abnorme Beweglichkeit der Niere kann natürlich nur innerhalb eines Kugelabschnittes geschehen, dessen Radius der Länge der Nierengefässe entspricht. Die Niere kann nach abwärts, nach innen und vorn verlagert werden. Abgesehen von dieser Ortsveränderung geschieht auch meist eine Lageveränderung der Niere, welche theils nach der verschiedenen Intensität der Schlaffheit des Bauchfells, theils nach der Veränderung der Körperlage, theils nach dem Druck und Füllungsgrade der benachbarten Organe sich ändern kann. Wie bemerkt, befindet sich die bewegliche Niere meist rechterseits. Man findet sie in der Leiche in den verschiedenen denkbaren Modificationen verschoben, aus denen sie meist mit Leichtigkeit in die normale Lage zurückgebracht werden kann. Meist ist die Niere von Darmschlingen überdeckt. Ist aber das Peritoneum sehr erschlafft und die Niere gehörig in dasselbe eingestülpt, so kann sie dicht unter den Bauchdecken verlagert gefunden werden. Die Beweglichkeit der Nieren ist in verschiedenen Fällen verschieden gross. Ich secirte 1863 eine Frau in den 50er Jahren, welche in Folge einer Caries des vierten Rückenwirbels langsam dahingesiecht war. Die Leiche war aufs äusserste abgemagert. Die rechte Niere lag quer über der Wirbelsäule in normaler Höhe mit dem Hilus nach hinten und oben, mit dem convexen Rande nach unten und vorn. Fettkapsel vollkommen geschwunden, Niere von normaler Configuration, liess sich bis zum Eingange des kleinen Beckens verschieben. In der Mitte der hinteren Fläche der Niere fand sich ein etwa wallnuss-grosser, mit käsigem, schmierigem Inhalt gefüllter Hohlraum mit glatter Wandung; Parenchym sonst blass, von normaler Structur. Nierenbecken ganz normal. Kapsel leicht abziehbar. Linke Niere ganz gesund. Manchmal findet man die dislocirte Niere in älteren Exsudatmassen eingebettet. Dieselben verdanken früheren Perine-phritiden ihren Ursprung, welche in Folge sogenannter „Einklem-mungen" zu Stande gekommen waren. Selten werden adhäsive Ent-zündungen und Verwachsungen mit Nachbarorganen beobachtet, wo-durch die Nieren an abnormer Stelle fixirt werden. So wurde einmal die dislocirte Niere an die Gallenblase und das Colon transversum durch straffes Bindegewebe angeheftet gefunden. In der Mehrzahl der Fälle pflegt die bewegliche Niere von jeder Erkrankung frei zu sein, ausnahmsweise ist an denselben Hydronephrose und auch ein-fache Dilatation des Beckens durch Ureterverschluss gesehen worden.

Die angeborne abnorm bewegliche Niere unterscheidet sich dadurch von der erworbenen, dass die Nierengefässe bei der, ersteren Abnormitäten in Zahl, Ursprung und Verlauf zeigen, ferner finden sich auch in einzelnen Fällen Abnormitäten des Peritoneums oder benachbarter Organe. So hat man die Niere in einer eigenen Peritonealfalte — Mesonephron — aufgehängt gefunden, in der sie in der Nähe der vorderen Bauchwand lagerte. Ferner fand man das Endstück des Dickdarms bisweilen in abnormer Lage. In einem Falle von Durham gestattete dieser Zustand bei einer 34jährigen Frau eine abnorme Beweglichkeit der Niere. Auch die Form der Niere ist manchmal bei angeborner abnormer Beweglichkeit der Drüse verändert. — Es sind auch Fälle von abnormer Beweglichkeit congenital tief gelagerter Nieren beschrieben.[1])

Ohne Zweifel angeboren sind auch die sehr selten in Bauch-brüchen beobachteten beweglichen Nieren. So erzählt Monro die Geschichte eines halbjährigen Knaben, bei dem sich zwei von der Haut bedeckte Geschwülste fanden, welche sich leicht durch einen Ring von bedeutender Grösse in die Bauchhöhle zurückbringen liessen.

Symptomatologie.

Die beweglichen Nieren machen in einer grossen Reihe von Fällen keine krankhaften Erscheinungen. In anderen Fällen haben

---

1) Graef, De fungo med. renum. Dissert. Jenensis 1829: Ren dexter non in consueto et normali loco, sed inferius positus, ejusdemque pars inferior in symphysi sacrolumbali collocata erat, ipse ren non satis firme annexus erat par-tibus vicinis, sed loco suo moveri poterat (p. 21).

die Kranken ein unbestimmtes Uebelbefinden, Gefühl von Ziehen, manchmal als ob sich ein Organ „losgehakt" habe und im Bauche hin und her wandere. Diese Symptome, besonders aber wenn der Kranke selbst zuerst die „Wanderniere" in seinem Bauche beim Betasten desselben gewahr wird, veranlassen oft eine grosse Aengstlichkeit, psychische Reizbarkeit und Verstimmung derselben. Oft aber werden die Erscheinungen dringender, ein unangenehmes Gefühl von Druck und Schwere im Leibe, besonders beim Gehen und Stehen, beim Umdrehen im Bett, dyspeptische Zustände, Uebelkeiten, welche sich zum Erbrechen steigern; kolikartige Schmerzen im Leibe stellen sich gleichzeitig oder nach und nach ein. Es können sich heftige irradiirte Schmerzen in Folge der Wandernieren einstellen, welche nicht nur nach dem Epigastrium, der Kreuz- und Lendengegend, in die Umgebung des Nabels, sondern auch nach den Zwischenrippenräumen, in die Schultern, längs des Ureters, in die Blasengegend, in den Samenstrang und die Hoden, resp. die grossen Schamlippen ausstrahlen. Diese Schmerzen entstehen ohne Zweifel durch die in Folge der Verlagerung des Organs bedingte Zerrung der Nierennerven. Sie werden hervorgerufen oder gesteigert durch anstrengende active oder passive Bewegungen, durch Gehen, Tanzen, Reiten, Fahren. Bisweilen nehmen sie schon zu, wenn der Kranke sich auf die der Wanderniere entgegengesetzte Seite legt. Ausser diesen Schmerzen kommt es auch ab und zu zu heftigen Paroxysmen, auf welche Dietl besonders als „Einklemmungserscheinungen" die Aufmerksamkeit der Aerzte gelenkt hat. Der Anfall wird durch Frösteln oder einen wirklichen Schüttelfrost eingeleitet, dazu gesellt sich grosse Angst, enormes Schmerzgefühl. Die Zufälle können sich bis zur Ohnmacht und zum Collapsus steigern. Bei der Palpation fühlt man eine glatte, sehr empfindliche Geschwulst. Bald wird das genauere Palpiren unmöglich, weil sich entzündliche Erscheinungen eingestellt haben mit bedeutender Spannung, Resistenz und Schmerzhaftigkeit der Bauchwandungen. Diese circumscripte, mehr weniger intensive Peritonitis setzt öfter ein erheblicheres Exsudat, welches bei der Percussion eine Dämpfung des Percussionsschalles bedingt. Im Verlaufe einer Woche bildet sich gewöhnlich das gesetzte Exsudat zurück. Aeltere Beobachter haben sogar von Fäulniss und Abscessbildung der Nieren in Folge von Einklemmung berichtet. In neuerer Zeit sind keine Beispiele dafür mitgetheilt worden. Was die Entstehungsursachen dieser Einklemmungserscheinungen anlangt, so hat am meisten die Ansicht Verbreitung gefunden, dass dieselben dadurch zu Stande kommen, dass in Folge einer plötzlichen Lageveränderung der Nieren in dem umgebenden Bindegewebe und dem Peritoneum Reizungserscheinungen entstehen. Gilewski versuchte in neuerer Zeit die Einklemmungserscheinungen durch eine acut entstandene Hydronephrose und Pyelitis zu erklären. Er lässt dieselbe dadurch entstehen, dass die um ihre eigene Axe gedrehte Niere den Ureter comprimirt, wodurch Harnstauung, Pyelitis und deren Folgeerscheinungen auftreten. Unter dem Abgange eines schleimig-eitrigen Urins sah Gilewski Besserung eintreten. Es lässt sich gewiss die Möglichkeit einer derartigen Entstehung der Einklemmungserscheinungen durchaus nicht in Abrede stellen, jedenfalls aber bildet sie nicht die Regel; und einige inzwischen bekannt gewordene Sectionsbefunde sprechen nicht zu Gunsten der Gilewski'schen Auffassung. Es ist noch in keiner Weise erwiesen, ob die Pyelitis Ursache oder Folge der Einklemmungserscheinungen ist. Jedenfalls findet sich manchmal Pyelitis bei beweglichen Nieren, ohne dass Einklemmungserscheinungen vorhanden sind, und ausserdem zeigt der Urin bei solchen Einklemmungssymptomen oft keinen Eitergehalt oder abgesehen von den Zeichen des Fieberurins, überhaupt eine Veränderung. Auch Hämaturie wurde in einzelnen Fällen von beweglichen Nieren beobachtet. Es scheint in solchen Fällen fast immer eine Complication mit Nephrolithiasis zu bestehen. Bei den Einklemmungserscheinungen wurde Blut im Urin nicht beobachtet.

Sobald es gelingt, die Reposition der dislocirten Niere zu bewerkstelligen, hören die Einklemmungserscheinungen auf. Abgesehen von diesen Zeichen bewirkt die Wanderniere durch Druck auf die untere Hohlvene manchmal Oedem der unteren Extremitäten, und Rayer theilt eine Beobachtung mit, wo eine bewegliche Niere eine Obliteration der unteren Hohlvene bewirkt hatte. Rollet sah in einem Falle eine durch eine Wanderniere bedingte Compression des Colon ascendens, und in solchen Fällen lässt sich durch hochgradige Beengung des Lumens einzelner Darmpartien eine Störung in der Defäcation erklären.

Bei der Untersuchung des Abdomens von Individuen mit beweglichen Nieren fühlt man in einer Reihe von Fällen einen Tumor, an dem sich unter günstigen Umständen die Aehnlichkeit mit der Form einer Niere herausfühlen lässt. In vereinzelten Fällen (zweimal auf der Frerichs'schen Klinik) wurde die Pulsation der Art. renalis gefühlt. Gewöhnlich lässt sich die Niere weder in allen Conturen verfolgen, noch bei jeder Lage des Kranken palpiren. Besonders auffallend war das bei einer auf der Frerichs'schen Klinik beobachteten Kranken. Hier erschien die Wanderniere als ein eigen-

thümlicher an den rechten Leberlappen angefügter Fortsatz. Bei
der Rückenlage sank die Geschwulst nach hinten und oben zurück
und war nur bei tiefem Eingehen palpabel, bei Rechtslage war nichts
zu fühlen. Der Tumor findet sich im Allgemeinen entweder unter
dem freien Rande des Rippenbogens oder tiefer gegen den Nabel,
bisweilen in der Gegend der Fossa iliaca. Der Tumor ist derb,
meist etwas empfindlich, leicht verschieblich und tritt bei geeigneter
Manipulation mehr weniger leicht in die Lendengegend zurück. Die
Lendengegend erscheint, wenn die Niere verschoben ist, häufig etwas
abgeflacht und eingesunken. Nach der Reposition erreicht sie das
Niveau der anderen Seite. Der Percussionsschall ist in der Nierengegend bei dislocirter Niere lauter, die Resistenz bei der palpa-
torischen Percussion ist hier geringer als auf der Seite, wo die Niere
sich in normaler Lage befindet. Diese Erscheinungen verschwinden
natürlich dann, wenn die Niere reponirt ist. In den allermeisten
Fällen bleibt zwischen der dislocirten Niere und der Bauchwand
eine reichliche Menge gashaltiger Darmschlingen, so dass der Percussionsschall über der verlagerten Niere tympanitisch ist, wofern
nicht andere den Schall dämpfende Dinge, wie Fäcalmassen vorhanden sind. Nur in den sehr seltenen Fällen, wo die Niere das
Peritoneum so sehr vorstülpt, dass dieselbe ein eignes langes Mesenterium bekommt, und wo die Drüse bei günstiger Lage der Kranken
direct unter der Bauchwand gefühlt wird, erhält man einen gedämpften Percussionsschall durch die Wanderniere. In einem Falle
wurde die Niere rechts vom Nabel als Geschwulst gefühlt. Sie
machte der Patientin viele Schmerzen, die Reposition war unmöglich. Die dislocirte Niere steigt bei tiefer Inspiration mehr weniger,
manchmal erheblich nach abwärts und sie wird, indem sich dabei
Darmschlingen zwischen sie und die Bauchwand drängen, schwerer
palpirbar. Auch längeres Gehen scheint manchmal ein noch tieferes
Herabsteigen der Niere zu bedingen. In vereinzelten Fällen wurde
Wanderniere zugleich mit Wandermilz beobachtet.

Diagnose.

Die Diagnose der beweglichen Niere basirt auf dem Nachweis,
dass der fühlbare Tumor die Form der Niere hat, dass die Inspection
der Lendengegend bei mageren Personen entsprechend der dislocirten
Niere ein Eingesunkensein der Weichtheile zeigt, dass hier der Percussionsschall lauter und tiefer, das Resistenzgefühl geringer ist als
auf der anderen Seite, dass der im Bauch fühlbare Tumor sich reponiren lässt, und dass dann die eben geschilderten Symptome in

der Lendengegend verschwinden. Die Möglichkeit der Reposition hört auf, sobald die dislocirte Niere durch bindegewebige Adhäsionen an einer abnormen Stelle festgelöthet ist. Trousseau führt einen kleinen Kunstgriff an, um sich über die Natur des Tumors zu vergewissern. Beim Druck auf denselben entsteht eine besondere Art von Schmerz. Drückt man nun an die Lendengegend der anderen Seite, so tritt derselbe Schmerz auf. Da die Wanderniere fast nie bei fettleibigen Personen vorzukommen scheint, so hat man bei der Diagnose auch meist nicht mit den Schwierigkeiten zu kämpfen, welche Fettansammlungen im Bauch und in den Bauchdecken der Palpation entgegenstellen. In der Mehrzahl der Fälle erscheint die Diagnose leicht, und die Irrthümer, welche begangen werden, rühren meist daher, dass dem Arzt die Möglichkeit dieser Affection nicht vorschwebte. Eine richtige Diagnose ist hier häufig ein volles Heilmittel, indem sie die hypochondrischen Gedanken zerstreut, welche sich der Kranke über seine Geschwulst im Leibe macht. Man hüte sich vor Verwechselung partieller krampfhafter Contractionen der Bauchmuskeln und den dadurch entstehenden Anschwellungen, wie sie bei hysterischen Frauen vorkommen (phantom tumours Addison). Sie verschwinden plötzlich, um eben so oft wiederzukehren. Verwechselungen mit anderen Bauchtumoren kommen vielfach vor, so mit Gallenblasen-, Fäcal-, Milz-, Drüsen-, Ovarialgeschwülsten. Was die letzteren betrifft, so kann es sich nur um kleine Ovarialtumoren mit langem Stiel handeln. Es würde hier zu weit führen, die anderwärts [1]) aufgeführten diagnostischen Zeichen dieser Krankheiten weitläufiger zu erörtern. Ich habe in meiner Praxis einen Fall beobachtet, wo ein Echinococcus im Mesenterium (es bestand gleichzeitig ein grosser Echinococcussack der Leber) für eine Wanderniere gehalten worden war.

Schwierig wird die Diagnose, wenn der bewegliche Tumor bei der Untersuchung für die Palpation nicht zugänglich ist. Einzelne Beobachter, wie Möller, sprechen sich sogar dahin aus, dass der Nachweis durch die Palpation überhaupt nur selten zu liefern sei. Er stützt in solchen Fällen durch eine charakteristische Form der Lumbalneuralgie, welche sich dadurch auszeichnet, dass active und passive Bewegungen, besonders Reitbewegungen, die Schmerzen steigern, beziehungsweise hervorrufen, während die Rückenlage sie bedeutend mindert, die Diagnose. Dieselbe ist natürlich in solchen Fällen unsicher und ruht nur auf Wahrscheinlichkeitsgründen, welche

---

1) Vgl. die betreffenden Kapitel dieses Werkes.

den Erfahrungen über die begleitenden Neuralgien und die sie her-
vorrufenden resp. steigernden Gelegenheitsursachen bei beweglichen
Nieren entnommen sind. Ferner entstehen Schwierigkeiten in der
Diagnose, wenn die dislocirte Niere ausgedehnte Verwachsungen eingegangen hat und die Möglichkeit fehlt, sie zu reponiren. Unter solchen Umständen kann die Diagnose unmöglich werden, wenn die dislocirte Niere degenerirt und die ursprüngliche Form der Niere untergegangen ist. Solche Irrthümer in der Diagnose sind für die Praxis
nicht gleichgültig, weil sie zu sehr schwerwiegenden Missgriffen
führen können. In einem Falle[1]) wurde eine krebsig degenerirte
Wanderniere für einen Ovarientumor gehalten und die Exstirpation
begonnen. Hier lag der Nierentumor direct unter der Bauchwand
vor den Darmschlingen.

Dauer, Verlauf, Prognose.

Sichere Fälle von Heilung der abnormen Beweglichkeit der
Niere fehlen. Manchmal erfolgt Verwachsung des dislocirten Organs
mit Nachbarorganen. Todesfälle in Folge einer Wanderniere scheinen nicht beobachtet zu sein.

Therapie.

Die richtige Diagnose ist, wie bereits erwähnt, schon ein therapeutischer Erfolg, indem sie die Sorgen des Patienten, dass es sehr
schlimm mit ihm stehe, beseitigt. Sie schützt aber ausserdem vor
der nicht nur nutzlosen, sondern oft schädlichen Anwendung von
Jod- und Mercurialpräparaten, um den vermeintlichen Tumor zur
Resorption zu bringen. Im Uebrigen hat die Therapie die Aufgabe,
die Dislocation der Niere und damit die von ihr bedingten Erscheinungen zu beseitigen und besonders auch den Einklemmungserscheinungen vorzubeugen. Nach gelungener Reposition verschwinden die
Beschwerden sofort. Die Reposition ist eine im Allgemeinen einfache Manipulation, wenn die dislocirte Niere sich nicht, was sehr
häufig der Fall ist, bei horizontaler ruhiger Lage von selbst in ihre
normale Lage begibt. Unter Anwendung eines gelinden, sanften, mit
der Hand auf die Niere ausgeübten, gegen die Lendengegend gerichteten Druckes gelingt es meist leicht, die Drüse zurückzuschieben.
Um das erneute Wandern der Niere zu verhüten, ist es nöthig, dass
die Kranken Bandagen tragen, welche die Aufgabe haben, die Niere
in ihrer Lage zu erhalten. Gewöhnliche Bauchbinden genügen bis-

---

1) Lancet 1865. 18. März.

weilen, meist aber bedarf es einer aus starkem Drillich fabricirten, die ganze Circumferenz des Bauchs umfassenden Bandage, welche gefüttert wird und an der dem Tumor entsprechenden Stelle eine starke elastische concave Pelotte enthält. Guéneau de Mussy empfiehlt eine Pelotte in Form eines Winkelmaasses, die untere Branche soll die Niere zurückhalten und die verticale ihr Ausweichen nach innen und aussen verhüten. Auch ein Gurt von Kautschukgeflecht, ähnlich den Schnürstrümpfen bei Unterschenkelvaricen, ist verwendbar. Bisweilen hat man auch bruchbandartige Bandagen in Anwendung gezogen. Die Hauptsache ist, dass die Bandagen gut passen und für den individuellen Fall genau angefertigt sind. Leider erfüllen sie aber im Allgemeinen ihren Zweck doch sehr unvollkommen, da die Niere sehr oft wieder entwischt und nicht gut passende Bandagen den Patienten oft mehr belästigen, als das die bewegliche Niere selbst thut. Diese Bandagen müssen stets getragen werden. Es liegt auf der Hand, dass solche Patienten alle forcirten Bewegungen und starke körperliche Anstrengungen sorgfältig vermeiden und dass die bis dahin etwa getragenen beengenden Kleidungsstücke, insbesondere Schnürmieder, in Zukunft abgelegt werden müssen. Wichtig ist es bei solchen Kranken, für geregelten Stuhl zu sorgen, um Verstopfungen und damit das schädliche Drängen beim Stuhlgang zu vermeiden.

Ist es zu Einklemmungserscheinungen gekommen, so ist sofort die Reposition zu versuchen. Einige, wie Gilewski, rathen, sich dabei durch die Schmerzen nicht beirren zu lassen. Im Allgemeinen empfiehlt es sich aber, hier forcirte Maassregeln zu vermeiden. Bei Eintritt der Schmerzen ist zunächst ruhige Rückenlage nöthig, sie erleichtert bereits die Schmerzen bedeutend. Die Vorausschickung eines warmen Bades, warmer Kataplasmen, subcutaner Morphiuminjectionen ermöglichen häufig eine ziemlich schmerzlose Reposition. Kommt sie dessenungeachtet nicht zu Stande und entwickelt sich eine circumscripte Peritonitis, so ist durch Ruhe, Eisumschläge, Opiate innerlich oder subcutan, eventuell durch Blutegel und Schröpfköpfe, die entzündliche Affection zu beseitigen und die Reposition einzuleiten, wofern das nicht durch eine inzwischen stattgehabte Verwachsung bereits unmöglich geworden ist.

Da die bewegliche Niere häufig bei heruntergekommenen Leuten vorkommt mit geschwundenem Fettpolster und hochgradiger Anämie und Hydrämie, so gehört natürlich bei sehr zahlreichen Fällen eine geeignete Kost, die Anwendung der Eisenpräparate, kurz eine tonisirende Therapie in den Rahmen der Behandlung. Einzelne Beob-

achter geben an, durch eine längere Zeit hindurch fortgesetzte tonisirende Behandlung die Beweglichkeit der Niere beseitigt zu haben,
so Flemming[1]). Prophylaktisch ist zu empfehlen enge Corsets,
besonders aber stark einschnürende Rockbänder zu vermeiden.

Anomalien der Grösse, Form und Zahl der Nieren, Nieren-becken und Harnleiter.

Literatur. Ausser der Seite 3 und 291 angeführten: Rosenstein, Virchow's Arch. LIII. S. 152. — Perl, l. eod. LVI. S. 305. — Neufville, Arch.
f. phys. Heilkunde. 1851. S. 276. — Mosler, Arch. f. Heilkunde. 1863. S. 289.
— Dissert. von Krafft (Tübingen 1869), Zaluski (Greifswalde 1869).

Abgesehen von den Grössen- und Formanomalien der Nieren,
welche durch Krankheiten derselben bedingt werden und wovon an
den einschlägigen Stellen bereits die Rede war, können durch Krankheiten der Nachbarorgane, besonders Vergrösserungen und Tumoren
derselben, durch perinephritische Abscesse u. s. w. die Nieren ab-
geplattet und in allen Durchmessern verjüngt werden, während sie
ihre bohnenförmige Gestalt oft beibehalten.

Auf S. 198 ist ein derartiger Fall mitgetheilt, bei welchem die
rechte Niere eine äusserst hochgradige Compression durch einen
Retroperitonealdrüsentumor erfahren hatte. Weit wichtiger aber als
diese immerhin seltenen Befunde sind einzelne hypertrophische
Zustände der Nieren, wobei natürlich von den a. a. O. durch
Erkrankungen des Nierenparenchyms bedingten Vergrösserungen der
Niere abzusehen ist. Man hat Hypertrophien der Nieren unter 2 Bedingungen beobachtet, als sogenannte reine und ferner als compensatorische Hypertrophien. Erstere spielten früher eine bedeutendere Rolle als jetzt, wo man einen grossen Theil derselben
als durch degenerative Vorgänge in den Epithelien u. s. w. bedingt
erkannt hat. Freilich können sich auch beide Dinge combiniren
(vgl. oben S. 95), indem die Hypertrophie der Niere wahrscheinlich das Primäre ist, in deren Gefolge sich ein degenerativer Process
entwickelt. Das geschieht beim Diabetes mellitus in einzelnen Fällen,
denn bei dieser Krankheit werden manchmal auch lediglich abnorm grosse, schwere, derbe, hyperämische Nieren gefunden. (Vgl.
darüber in Bd. XIII, 2. dieses Werkes die Arbeit von Senator.) —
Beim Diabet. mellit. lässt sich durch die gesteigerte Thätigkeit der
Niere die Hypertrophie derselben wohl erklären, indessen ist es doch
auffallend, dass diese Vergrösserung in sehr vielen Fällen von Zucker-

---

1) Brit. med. Journ. 1869. August 21.

barnruhr vermisst wird. Manche andere Angaben von Hypertrophie der Nieren, welche sich in der Literatur finden, kann man sich gar nicht deuten; so beschreibt Otto [1]) eine Vergrösserung beider Nieren und Nebennieren mindestens um das Doppelte, die Ureteren waren nicht grösser als gewöhnlich. Ferner waren sämmtliche Geschlechtsorgane sehr gross. Auch in der neueren Literatur werden noch einzelne derartige Fälle berichtet; so demonstrirte Crisp der Londoner pathologischen Gesellschaft [2]) 2 Nieren, welche von einem jungen Potator herrührten, der an Phthise gestorben war und der während des Lebens keine pathologischen Erscheinungen von Seiten der Nieren gezeigt hatte. Dieselben wogen 435 Grm. Die Volumszunahme der Nieren schien ganz allein durch Hypertrophie derselben bewirkt zu sein. Von überaus grosser praktischer Wichtigkeit ist die andere Form der Nierenhypertrophie, die compensatorische, vermöge deren bei Defect oder Functionsunfähigkeit einer Niere die andere, indem sie sich vergrössert, die alleinige Function als harnausscheidendes Organ in ausreichender Weise übernimmt. Es ist von der schwerwiegendsten Bedeutung, dass, wie experimentelle Erfahrungen und klinische Beobachtung (Simon) erwiesen haben, auch der plötzliche Ausfall einer dieser paarigen Drüsen in Folge von Exstirpation einer Niere vom Organismus gut ertragen wird, indem die andere Niere, welche dabei zumeist auch an Grösse zunimmt, vicariirend in die Function der aus dem Organismus entfernten Niere eintritt. Meistentheils finden wir die Einzelnieren (bei angeborenem Defect einer Niere) vergrössert. Am häufigsten aber finden wir die compensatorische Hypertrophie einer Niere bei chronischen Erkrankungen der anderen Niere, wodurch dieselbe ganz oder theilweise in ihrer Leistung beschränkt ist, so bei Nierenkrebs, Nephrolithiasis, Hydronephrose, seltener bei einseitiger Granularatrophie. Erkrankt eine solche vicariirend die ganze Harnausscheidung besorgende hypertrophische Niere, so ist das ein äusserst gefährliches Ereigniss, welches sehr schnell in Folge ungenügender Harnausscheidung den letalen Ausgang vermittelt. Während eine Reihe der Beobachter (Rosenstein, Simon) die compensatorische Vergrösserung der Niere als bedingt durch eine Vermehrung der vorhandenen Formelemente ansehen, kam Perl durch seine Untersuchungen zu der Ansicht, dass hier eine wahre Hypertrophie vorliege, welche mit Sicherheit nur die gewundenen Harnkanälchen

---

1) Seltene Beobachtungen. Breslau 1816. S. 129.
2) Transact. of the path. society. London 1869. p. 224.

und ihre Epithelien betrifft, während dies bei den geraden Harnkanälchen nicht der Fall ist.

Die übrigen Formanomalien der Nieren sind congenital, und
Einiges ist über sie oben bereits bemerkt worden (vgl. fixe Dislocation der Niere S. 291). Ich erwähne hier vorübergehend die praktisch bedeutungslosen gelappten Nieren, an deren Oberfläche die
Grenzen der einzelnen Renunculi durch flache Furchen bezeichnet
werden. Es ist das ein Residuum des Fötalzustandes, welches gewöhnlich bald nach der Geburt·verschwindet, manchmal aber per-
sistirt.

Eine Combination von anomaler Form und Lage der Niere wird
hervorgebracht durch Fusion der beiden Nierenkörper an
einzelnen Stellen, indem gleichzeitig dieselben einander näher rücken.
Man kann diese partiellen Nierenverwachsungen in drei Gruppen
theilen. Die erste Form ist die Fusion von unten, die sogenannte
Hufeisenniere (Ren unguiformis, Renes arcuati, Ren soleiformis). In
einzelnen Fällen geben sie Veranlassung zu diagnostischen Irrthümern.

H. Sandwith [1]) erwähnt einer Verwechselung derselben mit einer
Erweiterung der Bauchaorta. Die Section wies eine Exostose des
3. Lendenwirbels nach, durch welche die verwachsene Niere nach vorn
gedrängt eine sichtbare pulsirende Geschwulst unter den Bauchdecken
bildete. J. B. Morgagni erwähnt eines Falles, wo durch Druck
einer Hufeisenniere ein Aneurysma aorticum bedingt wurde.

Bei ihrem reinen Typus zeigt die Hufeisenniere nur eine
Verwachsung der unteren Nierenspitzen, vermittelt durch mehr oder
weniger Zwischensubstanz. Die ganze Masse ist dadurch mehr horizontal gelagert mit der Concavität nach oben und der Convexität
nach unten. Diese Form kommt verhältnissmässig am häufigsten
vor. Bei der zweiten Form findet die Verwachsung in der Mitte
den beiden Hilis entsprechend statt. In niederen Graden ist es blos
eine schmale Verbindungsbrücke, welche beide Nieren mit einander
verschmilzt. Der höchste Grad findet sich bei Meckel [2]) erwähnt.
Hier sind aber noch die oberen und unteren Spitzen von einander
getrennt. Auch diese Form ist in ihren geringeren Graden nicht
selten. In äusserst seltenen Fällen wird das supernumeräre Nierenparenchym nicht in Verbindung mit den beiden Nieren gefunden, so
dass das Mittelstück eine selbstständige Niere darstellt, welche ihr
Blut von den beiden seitlichen Theilen erhält, zum Theil aber selbst-

---

1) Schmidt's Jahrbb. XLIV. S. 186.
2) Path. Anat. I. S. 616.

ständige Gefässe hat. Die dritte Form, bei welcher die Verwachsung von der oberen Spitze ausgeht, gehört zu den seltensten Verschmelzungen beider Nieren. Meckel gibt bei der Beschreibung der Hufeisenniere an, dass in seltenen Fällen die Convexität derselben nach oben, die Concavität nach unten gerichtet sei. Das ist die niedrigste Stufe der dritten Form. Bei den höheren Graden kann die Verwachsung von den oberen Spitzen so fortschreiten, dass die Nierenkörper verschmelzen und nur die unteren Spitzen frei, bisweilen nur durch einen flachen Einschnitt getrennt sind. Einen dieser überaus seltenen Fälle, von Neufville beobachtet, will ich wegen der sehr bemerkenswerthen klinischen Erscheinungen, welche bei ihm beobachtet wurden, erwähnen. Wenn auch die richtige Deutung derselben während des Lebens unüberwindliche Schwierigkeiten bot, so erneut sich durch diesen Fall doch die alte Regel, bei Erkrankungen, deren Natur nicht ganz klar ist, mit der Diagnose recht vorsichtig zu sein.

Der Fall betraf eine 25jährige Frau. Während sonst durch die Hufeisenniere trotz ihrer Lagerung quer über die Wirbelsäule und die Aorta und Hohlvene meist keine Nachtheile bewirkt werden, indem die Bauchaorta bei ihren Pulsbewegungen durch Hebung des Isthmus den Druck von Seiten der Niere auf die untere Hohlvene mildert und unschädlich macht, entstand hier in Folge von Congestion der verschmolzenen Nierenkörper plötzlich eine Compression der Gefässe, welche durch Druck auf die grossen Venen Thrombose derselben bewirkte und mittelst vollständiger Aufhebung der Circulation den Tod veranlasste.

Unter gewissen Umständen kann auch durch die Hufeisenniere eine Behinderung des Harnabflusses geschehen und so der letale Ausgang vermittelt werden.

W. Koster[1]) erzählt die Geschichte einer Frau, welche im 6. Monat der zweiten Schwangerschaft niederkam und welche nach unstillbarem Erbrechen starb. Bei der Section fand sich eine auf der Wirbelsäule liegende sehr vergrösserte Hufeisenniere mit zwei gesonderten Nierenbecken und je einem Ureter, von denen einer mit stinkendem Eiter, der andere mit dickem Schleim verstopft war. Während der Schwangerschaft wurden durch die Vergrösserung des Uterus die Ureteren comprimirt und so Harnstauung im Nierenbecken veranlasst. In der ersten Schwangerschaft waren die Nieren noch gesund und die Folge der Harnstauung noch nicht hervorgetreten. In der zweiten Schwangerschaft führte eine Pyelonephritis schnell zum Tode.

B. v. Langenbeck erwähnt übrigens, dass er einigemale Kin-

---

1) Virchow-Hirsch, Jahresber. 1867.

der plötzlich an Hirnzufällen, wahrscheinlich Urämie, verloren habe, bei denen die Section eine Hufeisenniere nachwies.

Diese anomal geformten Nieren finden sich auch meist an abnormer Stelle. Bisweilen rücken sie in das kleine Becken herab und liegen an der Kreuzbeinaushöhlung, bisweilen etwas seitlich, sie stellen unförmliche, höckrige Massen dar, in denen es ab und zu zur Entzündung und Eiterbildung kommt. In solchen Fällen kann es, was Cruveilhier beobachtete, zur Perforation eines Nierenabscesses in das Rectum kommen. Was die Entstehung dieser Nierenverwachsungen anlangt, so betrachtete man seit dem älteren Meckel dieselben bis in die neueste Zeit als eine Hemmungsbildung, da man annahm, dass im Fötalzustande beide Nieren mit einander verschmolzen seien. Diese Anschauung musste verlassen werden, als Kupfer nachwies, dass die Nieren paarig angelegte Organe seien, welche zu einer gewissen Zeit hart vor der Theilungsstelle der Aorta liegen und sich einander in der Mittellinie berühren. Verwachsen diese Anlagen, so entsteht die Verschmelzung der Nieren. Solche Verwachsungen sind um so wahrscheinlicher, als wir ja auch die Lappen, aus denen die embryonalen Nieren bestehen, nach und nach unter einander zu einem Körper mit glatter Oberfläche confluiren sehen und die Nierenverschmelzung immer von Seiten der Corticalsubstanz eingeleitet wird.

Abgesehen von der Verschmelzung der beiden Nieren zu einem Nierenkörper kommt auch Unpaarigkeit der Niere durch congenitalen Mangel einer Niere zu Stande. Es sind diese Fälle nicht mit der wohl ebenfalls angeborenen hochgradigen Atrophie einer Niere zu verwechseln, wie sie neben rudimentärer Entwickelung der Nierengefässe während des Fötallebens manchmal zu Stande kommt.

Einen solchen Fall beobachtete ich im Winter 1874 bei einem an allgemeiner Paralyse zu Grunde gegangenen 24jährigen Mann. An dem am oberen Ende des normal in die Blase mündenden rechten Ureters fand sich eine blassröthliche, aus spärlichem Bindegewebe und etwas mehr Fettgewebe gebildete Masse, welche kleiner war als die normalgrosse Nebenniere. Glomeruli fehlten; desgleichen Harnkanälchen; dagegen war der mit der Masse in Verbindung stehende Ureter und das Nierenbecken vorhanden. Die Nierenarterie war vorhanden, aber überaus eng. Die linke Niere war erheblich vergrössert.

Maassgebend ist für den wirklichen congenitalen Defect einer Niere der wohl fast constante Mangel des entsprechenden Ureters. In solchen Fällen finden sich nicht selten auch andere congenitale Defecte. Den Mangel einer Niere können auch dem flüchtigen Beobachter die Fälle vortäuschen, wo bei regelrechter Einmündung

des Ureters in die Blase die zugehörige Niere auf die entgegengesetzte Seite geworfen und mit der darüber liegenden verwachsen ist.[1])
Diese Anomalien lassen sich durch excessive Bewegung der embryonalen Nierenanlage erklären. Selten ist es, dass der Ureter einer
vorhandenen Einzelniere auf die entgegengesetzte Seite verläuft, um
dort in die Blase einzumünden[2]). Häufig bieten Personen mit Einzelniere absolut keine Störungen der Nierenthätigkeit oder der Harnausscheidung. Die vorhandene Niere ist fast stets hypertrophisch
und besorgt, so lange sie gesund bleibt, die Urinsecretion ohne nach-
weisliche Störung. R. Stiller[3]) fand bei einer 60jähr. Frau mit
linksseitiger Einzelniere (rechte Niere sammt Ureter fehlte) Hypertrophie des linken Ventrikels, von welcher er annimmt,
dass sie durch das mechanische Hinderniss für den Blutstrom, welcher
durch das Fehlen einer Niere gesetzt wurde, bedingt sei. Dass Patienten mit Einzelnieren ein sehr hohes Alter erreichen können, beweist ein von Mayor[4]) mitgetheilter Fall, wo das betreffende Individuum ein 81jähr. Mann einer Hirnblutung erlag. Wenn diese
Einzelniere erkrankt, wenn ihr Parenchym durch Eiterung u. s. w.
zerstört, der Harnleiter durch einen eingekeilten Stein oder die Compression eines Tumors functionsunfähig gemacht wird u. s. w., treten
natürlich sehr bald die Symptome der Urämie auf, weil die andere
Niere fehlt, welche vicariirend für die aufgehobene Function der erkrankten eintreten könnte. Unter 29 Fällen von einfacher Niere,
welche Roberts aus der Literatur sammelte, waren 22 Männer und
6 Weiber betroffen. Einmal fehlte die Geschlechtsangabe. Bei Weibern kommt der Mangel einer Niere mit Defecten an den Genitalien[5])
besonders häufig mit Uterus unicornis vor, und zwar finden sich
beide Hemmungsbildungen auf derselben Körperhälfte[6]). Bei Männern sah man bei Mangel einer Niere und ihres Ureters das Vas
deferens und die Samenblase der entsprechenden Seite fehlen[7]). Das
Alter war 18 mal genau angegeben. Ein Knabe von 7 Tagen, ein
anderer von 7 Jahren, je 2 Fälle waren 15 Jahre alt, 4 waren zwi-

1) Sandifort, J. F. Meckel, l. c. p. 625.
2) Förster, Virch. Arch. XIII. S. 375.
3) Wiener med. Wchschr. 1875. XXV. Bd. Nr. 31.
4) Soc. anat. de Paris 1576. 27. Oct. (Progrès médic. No. 4. 1877.)
5) Vgl. u. A. Bullet. de la soc. anat. 1875. p. 18. (62jähr. Frau, linke Niere,
Tube und Ovarium fehlen.)
6) Näheres hierüber in der Inauguraldissert. von W. Ritterbusch, Uterus
unicornis mit Mangel einer Niere. Göttingen 1576.
7) So in dem eben citirten Falle von Mayor; einen analogen Fall demonstrirte 1570 Reverdin in der Pariser anatomischen Gesellschaft.

schen 20 und 30, 3 zwischen 30 und 40, 4 zwischen 40 und 50,
2 waren 60, einer 65. Von den übrigen ist nur gesagt, dass sie
erwachsene Personen waren. In 16 Fällen fehlte die linke, in 12
die rechte Niere. In 19 Fällen war der Defect congenital, in 3 Fällen
durch Zerstörung derselben in Folge einer Krankheit entstanden. In
den übrigen Fällen war auf diesen Punkt nicht Rücksicht genommen. Die Nierengefässe fehlen, wie der Ureter, wohl constant auf
der Seite, wo ein angeborener Mangel der Niere beobachtet wird.
Meschede[1]) beschreibt einen Fall, wo ein Rest des entsprechenden Ureters vorhanden war. Entsprechende Beobachtungen sind von
Paulicki, Münchmeyer u. A. mitgetheilt. Bisweilen findet man
die Zahl der Nierenarterien und Ureteren bei den Einzelnieren vermehrt. In 24 Fällen war die Todesursache specificirt; in 12 war
der Tod wesentlich durch den Nierenmangel bedingt: und zwar in
2 Fällen durch Druck einer Krebsgeschwulst auf den Ureter der
Einzelniere, dagegen in 10 Fällen durch Nephrolithiasis einer Einzelniere. In einzelnen Fällen wird dieselbe sehr schnell unheilbringend
für das betreffende Individuum.

Rokitansky[2]) erzählt die Geschichte eines 56jähr. Mannes, welcher wegen eines leichten Podagraanfalls das Bett hütete und während
des Umwendens auf seinem Lager nach rechts einen momentanen zerren-
den Schmerz in der rechten Lendengegend bekam. Er starb am neunten Tage bei vollständigem Urinmangel in der Blase unter urämischen
Erscheinungen. Die Section ergab, dass ein etwa erbsengrosser Nierenstein — der einzig vorhandene — am Anfang des Ureters sich
eingekeilt hatte. Die Niere war gross, strotzend, gelockert, blass-
röthlich, von einem molkig trüben Fluidum erfüllt.

Ausserdem kann auch die Einzelniere in anderer Weise erkranken und den letalen Ausgang vermitteln.

Hachenberg[3]) hat einen Fall mitgetheilt, wo bei einem 26jähr.
Soldaten die rechte Niere vollkommen fehlte und in der linken sich
Pyelonephritis entwickelte. Das sehr angeschwollene Organ comprimirte seinen eigenen nach innen und hinten gelegenen Ureter vollständig und der Tod erfolgte in Folge von Urämie.

Man beobachtete auch Verdoppelung der Nierenbecken und Harnleiter an einer Niere. Durch Unwegsamkeit des einen Ureters können
partielle, bisweilen hochgradige Hydronephrosen zu Stande kommen
(vergl. S. 151). Doppelte Ureteren kreuzen sich öfter. Weigert[4])

1) Virch. Arch. XXXIII. S. 547.
2) Lehrb. der path. Anat. III. S. 316. 3. Aufl. 1861.
3) Berl. klin. Wochenschrift. 1872. Nr. 22.
4) Ebenda 1876. S. 234.

beobachtete das 3 mal. Bisweilen vereinigen sich doppelte Ureteren wieder und enden einfach bei ihrer Insertion in die Blase. Es kommen noch mancherlei andere Bildungsfehler an Nierenbecken und Harnleitern vor, welche hier wegen ihres lediglich anatomischen Interesses übergangen werden müssen [1]).

Krankheiten der Nierengefässe.

1) Krankheiten der Nierenarterie.

Atheromatöse Entartung und Aneurysma der Art. renalis.

Literatur: Ausser den S. 3 citirten Werken, Ollivier, Arch. de phys. 1873. p. 43.

Pathologie.

Da die hauptsächlichsten Erkrankungen der Art. renalis und ihrer Aeste: amyloide Degeneration; Verstopfungen derselben mit consecutiver Nekrose, Infarkt- oder Abscessbildung; congenitale und erworbene Verengerungen, bereits oben ausführlicher abgehandelt worden sind, sind hier nur noch wenige Bemerkungen nachzutragen.

Was zunächst die atheromatöse Degeneration der Art. renalis betrifft, so ist sie immer nur Theilerscheinung einer weitverbreiteten Arteriosklerose, fehlt aber auch in solchen Fällen ziemlich oft. Jedoch ist sie weit häufiger, als manche Autoren annahmen, und besonders Ollivier irrt sehr, wenn er glaubt, dass er zuerst auf die Arteriosklerose der Art. renalis aufmerksam gemacht habe. Die Arteriosklerose kann sich auf die kleineren arteriellen Zweige erstrecken und kann in Folge verringerter Blutzufuhr Ernährungsstörungen im Nierenparenchym veranlassen.

Das Aneurysma der Art. renalis ist eine seltene Affection, über welche sich eine vollständige klinische Geschichte nicht geben lässt. Es entwickelt sich meist im Gefolge von Erkrankungen der Gefässwand, in einzelnen Fällen werden Traumen beschuldigt. Meist ist nur eine Art. renal. aneurysmatisch erkrankt. In seinen anatomischen Verhältnissen weicht das Aneurysma art. renalis von Aneurysmen anderer Arterien nicht ab. Es kommt solitär im Körper, aber auch neben Aneurysmen anderer Arterien vor. Das Aneurysma der Art. renal. geht gern Verwachsungen mit benachbarten Organen

1) Vgl. u. A. Bullet. de la soc. anat. 1861. p. 113; 1868 p. 55.

ein und dislocirt dieselben. Diese Aneurysmen werden nur dann Gegenstand der klinischen Beobachtung, wenn sie eine erhebliche Grösse erreichen und einen Tumor bilden. Sie geben bes. dann auch zu Schmerzen Veranlassung, welche bisweilen eine sehr bedeutende Höhe erreichen. Das Aneurysma berstet häufig und vermittelt dadurch den letalen Ausgang. Die Ruptur des Sackes erfolgt theils in das Cavum peritonei oder in das retroperitoneale Gewebe u. s. w. Auch Durchbruch durch den Ureter ist beobachtet.

Ollivier beobachtete bei einem 72jähr. Mann, welcher an Pneumonie gestorben war, an der Theilungsstelle der rechten Renalarterie ein lambertusnussgrosses Aneurysma. Die kleinen Aeste des Gefässes waren bis zu einer gewissen Grösse hinab atheromatös und aneurysmatisch erweitert. Durch Berstung solcher kleiner Aneurysmen waren vielfach in den letzten 6 Jahren Blutungen ins Nierenbecken erfolgt, welche zum Theil zu schmerzlosen, zum Theil aber auch zu mit grossen Schmerzen verbundenen Hämaturien Veranlassung gaben. Die im Nierenbecken liegen gebliebenen Gerinnsel bewirkten dort eine Pyelonephritis, welche zur Verödung des grössten Theils der rechten Niere führte.

Nach Ollivier sollen derartige Processe öfter bei alten Leuten zu Hämaturie Veranlassung geben. Ob bei Aneurysmen der Nierenarterie Geräusche, Pulsationen u. s. w. beobachtet werden, hängt hier wie bei anderen Aneurysmen besonders von der Masse der den Sack ausfüllenden Gerinnsel ab. Die Diagnose hat zuerst festzustellen, ob es sich überhaupt bei einem vorhandenen Tumor um ein Aneurysma handelt. Hier gelten die für diese Diagnose im Allgemeinen gültigen Regeln. Ob dieser Tumor der Nierenarterie angehört, dafür ist der Sitz und das für die Diagnose der Nierentumoren angegebene Verhalten maassgebend (vergl. o. S. 195). Dass gefässreiche Krebse der Niere unter Umständen zu Verwechselungen mit Aneurysmen Veranlassung geben, wurde auf S. 197 erwähnt.

2) Erkrankungen der Nierenvenen.

Thrombose der Nierenvenen.

Literatur und Geschichte.

Rayer, l. c. II. p. 104, 268; III. p. 592. — Virchow, Ges. Abhandlungen 1856. S. 568. — Beckmann, Verhandlungen der Würzb. phys. med. Gesellsch. IX. 1859. S. 201. — O. Pollack, Wiener med. Presse. 1871. Nr. 18. — Moxon, Pathol. transactions. London 1869. p. 229. — Pick, Ebend. p. 229. — Nottin, Bullet. de la soc. anat. 1870. p. 31. — Buchwald u. Litten, Virchow's Arch. 1876. Bd. LXVI. S. 145.

Bereits Rayer kannte die Thrombose der Nierenvenen, das Verständniss ihrer Genese kam erst mit den Arbeiten Virchow's über Thrombose.

Aetiologie.

Die Thrombose der Nierenvenen und ihrer Aeste ist nicht selten. Alle Momente, welche an anderen Venen Veranlassung zu Obturationen ihres Lumens werden, können ein Gleiches an den Nierenvenen bewirken. Am häufigsten finden sich in den Nierenvenen Compressionsthrombosen. Meistens wird die Gerinnung des Blutes in der Vene durch den Druck bewirkt, welchen das geschwollene Parenchym ausübt und die dadurch hervorgerufene grosse Abschwächung des Blutstromes. Es kommt also hier noch ein marantisches Moment, ausser der Compression in Betracht, aber die letztere ist das Primäre. Wir werden indessen sehen, dass es auch reine marantische Thrombosen in den Nierenvenen gibt. Was nun zunächst die Compressionsthrombose der Vena renalis anlangt, welche durch Schwellung des Nierenparenchyms bewirkt wird, so hat man sie bei allen chronischen Nephritisformen gesehen, welche mit Vergrösserung der Drüse verbunden sind, vor allen aber bei den mit amyloider Gefässentartung vergesellschafteten. Der Grund dafür ist durchsichtig, denn erstens sieht man gerade bei diesen Formen die hochgradigsten chronischen Schwellungen der Nieren und zweitens bewirkt die amyloide Infiltration einen Verlust der Elasticität der Gefässwände, leistet also der Verlangsamung der Circulation und damit der Obturation der Gefässe Vorschub. Ferner ist hierbei derjenigen Thrombosen der Nierenvenen zu gedenken, welche sich im Gefolge schwerer traumatischer Nephritis entwickeln. Denn auch bei ihnen ist die Gefässcompression durch das geschwellte Parenchym wohl das wesentliche Moment für das Zustandekommen der Gefässobturation. Derartige Fälle sind mehrfach beschrieben, so von Roland und Moxon[1]. In diesen Fällen fanden sich ausserdem gleichzeitig auch Thromben in der Nierenarterie, von deren Vorkommen unter derlei Umständen bereits oben S. 98 die Rede war.

In diese Kategorie der Nierenvenenthrombosen gehören nun auch, wenigstens zum Theil, die beim Nierenkrebs beobachteten.

---

[1] Guy's hospit. Rep. [3] XIV. p. 85—96 u. 99—111. Refer. im Centralbl. der med. Wissensch. 1869. S. 489 und 504.

In vielen anderen Fällen rühren aber die bei dieser Nierenaffection
beobachteten Nierenvenenverstopfungen daher, dass die Nierenvenen
durch krebsig infiltrirte Lymphdrüsen in der Umgebung der Niere
comprimirt werden oder aber, dass die Krebsmassen direct in die
Vena renalis hinein wuchern, wovon oben bereits (S. 181) die
Rede war. Die durch Compression der Nierenvenen innerhalb der
Niere entstandenen Thrombosen erstrecken sich meist nur bis zum
Hilus, sie können sich aber weiter bis in die Cava inf. verbreiten.
Dass krebsige Thrombosen das gern thun, sich sogar bis ins rechte
Herzohr erstrecken können, ist am o. a. Orte bereits erwähnt. Dass
ebenso wie krebsige Drüsen alle anderartigen Tumoren, welche die
Vena renalis in ihrem Verlauf comprimiren, zur Verstopfung der-
selben führen können, braucht wohl nur beiläufig erwähnt zu werden.
Das Vorkommen der hier geschilderten Nierenvenenthrombosen ist
an kein Lebensalter geknüpft, in welchem Alter immer ein derartiges ätiologisches Moment vorkommt, immer kann auch die Throm-
bosis venae renalis zu Stande kommen. Dagegen ist es das Verdienst Beckmann's auf das relativ häufige Vorkommen der
Nierenvenenthrombose bei jungen Kindern im Gefolge der Cholera infantum oder profusen Durchfälle hingewiesen zu haben. Beckmann's Beobachtungen beziehen sich auf 10, die von Pollack mitgetheilten auf 12 Fälle. Keins der Kinder war über 2 Monate alt.
Einige der von Pollack beobachteten Fälle waren vor dem Eintritt der Durchfälle sehr kräftig gewesen, Beckmann berichtet nur
von atrophischen Kindern. Auch diese Thrombosen erstrecken sich
gewöhnlich nicht viel weiter als bis zum Austritt der Vene aus dem
Hilus renalis. H. Schwartze fand unter 40 an Cholera infantum
gestorbenen, in den ersten 4 Lebensmonaten stehenden Kindern
4 mal Thrombose der Nierenvenen.[1]) Diese Form der Thrombose
gehört zu den marantischen, sie tritt unter den angegebenen
Bedingungen entschieden am häufigsten auf, weit häufiger als die
unter gleichen Umständen beobachtete Sinusthrombose, welche
Beckmann unter seinen 10 Fällen nur einmal beobachtete, während
in den übrigen 9 Fällen keine andere Vene des Körpers thrombosirt
war. Diese Erfahrung liefert einen interessanten Beweis für die
Grösse der Widerstände, welche der Blutstrom in der Gefässbahn
der Niere findet. — Rayer hat die Nierenvenenthrombose bei Neugeborenen in 2 Fällen beobachtet. Ueber ihr Zustandekommen

1) Journ. f. Kinderkrkhtn. 1859. Heft 5 u. 6. S. 329. (Schmidt's Jahrbb. 1859. CIII. S. 332.)

wissen wir Nichts. Auch ausser der im Gefolge von. Brechdurch-
fällen der Kinder auftretenden marantischen Nierenvenenthrombose,
wird dieselbe ferner bei anderen kachektischen Zuständen, so z. B.
beim Carcinoma ventriculi beobachtet. Abgesehen von den in den
Verästelungen der Nierenvene im Nierenparenchym sowie im Stamm
derselben sich entwickelnden Thrombosen kann die Gefässobturation
auch in entfernteren Venen ursprünglich entstehen und sich durch
Vergrösserung des Thrombus bis in die Nierenvene erstrecken, so
bei Thrombosen der unteren Hohlvene, wo dieselben aus verschiedenen hier nicht weiter zu erörternden Bedingungen [1]) zu Stande
kommen. Es bedarf keiner weiteren Auseinandersetzungen, dass
eine Thrombose der unteren Hohlvene, welche sich bis über die
Nierenvenen hinauf erstreckt, klinisch dieselben Erscheinungen hervorrufen kann, wie die der Nierenvenen selbst (vergl. unten den
Fall von Oppolzer.)

Pathologie.

Pathologische Anatomie.

Bei Besprechung der anatomischen Verhältnisse sind zwei Punkte
von wesentlichem Interesse: erstens das verstopfte Gefäss und
zweitens die Niere selbst.

Wie bei anderweitigen Thrombosen ist die Verstopfung der
Nierenvene bald total, bald wandständig, bald solid, bald central
kanalisirt, bald handelt es sich um frische dunkelrothe, bald ältere
entfärbte, bald brüchige erweichte, bald derbe, feste, organisirte
Thromben. Die linke Vena renal. ist häufiger betroffen. Es scheint
dies in der grösseren Länge und in dem Verlauf der linken Vene
über Aorta und Wirbelsäule begründet zu sein. Selten sind beide
Nierenvenen thrombosirt. Was die Veränderungen der Niere anlangt, so sind die übrigens spärlichen Beobachtungen aus der menschlichen Pathologie nicht übereinstimmend. Doch stimmt ein Theil
derselben mit den durch die experimentellen Untersuchungen bei
Nierenvenenunterbindung gefundenen Thatsachen. In den meisten
Fällen fand Beckmann nur zwischen Mark- und Rindensubstanz
eine schmale dunkelrothe Zone, welche sich bisweilen auf die Marksubstanz ausdehnte. Abgesehen aber von diesen mehr weniger ausgedehnten venösen Hyperämien fand er in den Fällen von totaler

---

1) Vgl. die übersichtliche Zusammenstellung in Oppolzer's Vorl. üb. spec.
Pathol. I. Erlangen 1866. S. 367.

und ausgedehnter Verstopfung mehr weniger bedeutende Extravasate vorzugsweise in der Marksubstanz. Das Nierenparenchym zeigte keine auf die Thrombose bezügliche Veränderung. Uebereinstimmend mit Beckmann spricht sich Pollack aus. Dagegen fanden sich in der bemerkenswerthen Beobachtung von Nottin die Nieren sehr geschwellt, rothbraun, besonders die linke. Zwischen fibröser und Fettkapsel waren viele Ekchymosen. In der linken Niere fanden sich 3 Infarkte, darunter ein grosser, in der rechten Niere einer. Die Infarkte erstreckten sich in die Tiefe bis zu den Pyramiden. Sie prominirten über die Oberfläche, waren gelblich mit rothem Rande [1]). Die Schleimhaut der Nierenbecken und Ureteren war stark injicirt. Von den Venen waren thrombosirt die Vena hepat. dextra und ihre Aeste, die Vena cava inferior, V. iliac. commun., ext. und int., Venae renales, suprarenales, lumbales, uterinae, Venae ovar. Je mehr man sich der Vena hep. dextr. näherte, um so fester und besser organisirt waren die Gerinnungen. Die Artt. renales waren durchaus frei. Der Tod war am 9. Tage nach muthmaasslichem Beginn der Thrombosirung erfolgt.

Der zuletzt angeführte Befund von Nottin entspricht besonders demjenigen, welchen man erhält, wenn man Thieren die Vena renalis unterbindet. Buchwald und Litten [2]), welche die früher bereits mehrfach angestellten Versuche wiederholt haben und denen es gelungen war, Hunde und Kaninchen bis 8 Wochen nach der Unterbindung der Vena renalis am Leben zu erhalten, resumiren die Resultate ihrer Untersuchungen dahin: dass unmittelbar nach der Unterbindung Stauungserscheinungen, dann zunehmende Schwellung durch Oedem und Blutungen, begleitet von Trübung und Verfettung der Epithelien eintreten. Hierauf folgt Volumsabnahme des Organs bis zur vollständigsten Atrophie. Die genaue Untersuchung der Nieren ergab scholligen Zerfall der Epithelien, Untergang und Schwund zahlreicher Harnkanälchen, relativ wohlerhaltene Glomeruli. Bisweilen fanden sie Eröffnung neuer, ausserhalb der Niere gelegener Abflussbahnen für das venöse Blut.

Fehlen bei der Thrombose der Nierenvenen beim Menschen analoge Erscheinungen, so kann ich den Grund nur darin finden, dass entweder die Thrombose keine vollständige war oder dass eine compensirende Collateralcirculation sich eingeleitet hat. Letztere dürfte um so leichter und vollständiger zu Stande kommen, je langsamer

---

1) Ueber diese Infarkte vgl. oben S. 98.
2) Virchow's Archiv. LXVI. Sep.-Abdr.

und je unvollständiger die Obturation erfolgt, und je grösser ceteris paribus das collaterale venöse Gefässgebiet ist, welches für den Rückfluss des venösen Blutes aus der Niere nach dem rechten Herzen in Anspruch genommen werden soll. Von diesen Gesichtspunkten müssen meines Erachtens auch die verschiedenen Angaben beurtheilt werden, welche über die

Symptome

der Nierenventhrombose in der Literatur existiren. Je geringer die dabei in Folge des behinderten Abflusses des venösen Blutes auftretenden Stauungen, um so geringer werden die in das Nierengewebe erfolgenden Blutungen sein und um so weniger wird Veranlassung zum Uebertritt von Blut in den Harn geboten. Je weniger durch compensirende collaterale venöse Blutbahnen bei Nierenvenenthrombose der Rückfluss des venösen Blutes leidet, um so weniger wird der Zufluss arteriellen Blutes zu den Nieren beschränkt. Demnach wird auch unter solchen Umständen nicht nur die Ernährung der Nierenepithelien u. s. w. wenig oder gar nicht geschädigt, sondern die Harnsecretion wird auch entsprechend gering beschränkt werden. Aus den angegebenen Momenten lässt sich meines Erachtens erklären, dass in einer Reihe von Fällen, wo die Section Nierenvenenthrombose nachweist, während des Lebens keine Symptome beobachtet werden, welche darauf bezogen werden dürfen.

Nach der Beobachtung von Leudet ist sogar auch bei doppelseitiger Verstopfung der Nierenvenen eine compensirende Collateralcirculation durch Ausdehnung der Venen der Nierenkapsel und der Harnleiter möglich. In anderen Fällen gestaltet sich die Sache anders. Oppolzer[1]) beobachtete einen Fall, wo die Obturation der unteren Hohlvene sich über die Nierenvene hinauf erstreckte. Hier wurde immer eine sehr geringe Menge blutigen Harns secernirt. Sehr instructiv ist der Verlauf in dem Fall von Nottin, von dessen pathol. anat. Verhalten eben die Rede war. Ich führe ihn in seinen Hauptzügen hier an.

Eine 25 jähr. Köchin erkrankt plötzlich mit allgemeiner Schwäche und Kälte der Extremitäten, am folgenden Tage hat sie sehr ausgesprochene Cyanose, wenige Tropfen stark eiweisshaltigen Harnes werden per Katheter entleert. Am Abend desselben Tages hat sie einen sehr heftigen Anfall von Dyspnoë. 3. Tag: Puls wie

---

1) l. c. S. 373.

bisher sehr klein, frequent. Anurie, Missgefühl im rechten Schenkel,
Erbrechen der genossenen Flüssigkeit. 4. Tag: Fortdauer derselben
Erscheinungen, Schmerz in der linken Seite und entsprechend der Insertion des Zwerchfells. Starkes Angstgefühl. 5. Tag: 100 P. Fortdauer derselben Erscheinungen, Entleerung einiger Tropfen albuminösen, bluthaltigen Urins ohne Epithelialcylinder.
6. Tag: 80 P. Heftige diaphragmatische Schmerzen, krampfhafte Inspirationen, die Kranke klagt, dass sie nichts sieht, Pupillen dilatirt,
Schmerz und Oedem der unteren Extremitäten, Anurie.
7. Tag: 76, kräftigere Pulse. Urin sehr spärlich und blutig,
leichtes Oedem der unteren Extremitäten und Schmerzen
in den Weichen, besonders rechts. 8. Tag: 68 P. Urin weniger blutig und weniger spärlich, merkliche Besserung.
9. Tag: 68 P.; ziemlich starkes ˙fortwährendes Regurgitiren einer
farblosen Flüssigkeit, Schmerz und deutlich ausgesprochenes Oedem der
unteren Extremitäten; acute varicöse Erweiterungen der subcutanen
Bauchvenen. Plötzlicher Tod an demselben Tage Mittag. Das Sensorium war bis zu den letzten Augenblicken frei. — Dieser Symptomencomplex ist durchsichtig genug. Die Thrombose der Nierenvenen
veranlasste eine hochgradige venöse Stauung, welche auch zu geringer
Hämaturie intra vitam Veranlassung gab. Durch den behinderten Abfluss des Venenblutes muss hier gleichzeitig eine vollkommene Ischämie
der Nieren bewirkt worden sein: dafür spricht die fast vollständige
Anurie, welche erst am Tage vor dem Tode, höchst wahrscheinlich in
Folge der inzwischen eingetretenen beginnenden Collateralcirculation,
etwas nachliess.

Pollack beobachtete bei den Nierenvenenthrombosen der Kinder
nach intensivem Darmkatarrh, zunächst, ehe noch Blut im Harne
auftritt, ein eigenthümliches, gelbgrünliches Colorit der Haut des
ganzen Körpers, welches er durch den Austritt von Blutfarbstoff bedingt hält. Er glaubt denselben vielleicht durch die in Folge der
erschöpfenden Diarrhöen mangelhafte Ernährung der Capillaren erklären zu können. Stücke solcher der Leiche entnommenen Haut,
gaben an Chloroform einen gelben Farbstoff ab, der die Gmelin'sche
Reaction gab. Zu derselben Zeit zeigte der dunkle, trübe, specifisch
schwere, weniger reichliche Harn bereits geringe Mengen Albumen.
Im Sediment fanden sich Blutkörperchen und Nierenepithelien. Erst
nach 12—24 Stunden ist dem Harn Blut in erheblicher Menge beigemischt, er erscheint dunkelbraun. Die Kinder saugen nicht mehr,
sind sehr unruhig, äussern Schmerz bei Druck auf die Nierengegend.
— Dass bei einseitiger Nierenvenenthrombose die Urinsecretion nicht
ganz sistirt, sondern von der Niere, deren Vene frei ist, unterhalten
wird, ist natürlich.

Dauer, Verlauf, Ausgänge, Prognose.

Die Fälle von Nierenvenenthrombose, welche überhaupt Symptome machen, verlaufen meist acut. Tritt keine Collateralcirculation ein, so ist der Ausgang ein letaler. Die Prognose bei der Thrombose der Nierenvenen ist, was die weitere Functionirung der Niere anlangt, von der Herstellung einer ausgedehnten und ausreichenden Collateralcirculation abhängig. Pollack sah in 2 seiner 12 Fälle Genesung eintreten, als das Blut am 3. oder 4. Tage aus dem Harn verschwand. Tritt aber nicht rechtzeitig ausreichende Collateralcirculation ein, so ist durch die Störung der Ernährung der Nieren, event. die Aufhebung der Harnsecretion bei doppelseitiger Nierenvenenthrombose das Leben auf das ernsteste gefährdet. Der Exitus letalis durch Urämie ist unausbleiblich. Abgesehen von allen Uebrigen ist aber auch die Prognose trübe dadurch, weil alle Ursachen, welche zur Nierenvenenthrombose führen, bedenklicher Natur sind und weil die Verstopfung aller grösseren Venenstämme an und für sich eine grosse Reihe von Gefahren einschliesst.

Diagnose.

Dieselbe wird erstens bei allen den Fällen unmöglich sein, wo die Nierenvenenthrombose überhaupt symptomenlos verläuft. Bei eintretender Hämaturie oder Ischurie wird man dann an Thrombose der Nierenvenen denken können, wenn erstens anderweitige Zeichen von Venenthrombose der V. cava infer. vorhanden sind. Gesellen sich diese Anomalien der Harnsecretion zu den anderen Erscheinungen der Undurchgängigkeit der unteren Hohlvene, dann muss man mit einer an Gewissheit grenzenden Wahrscheinlichkeit schliessen, dass die Obturation sich bis über die Nierenvenen hinaus erstreckt. Treten im Gefolge heftiger Brechdurchfälle bei Kindern die eben angegebenen Symptome von Seiten der Harnsecretion auf, so wird man natürlich die Anwesenheit einer Nierenvenenthrombose auf Grund der Pollack'schen Beobachtungen, für möglich, ja wahrscheinlich halten müssen, an Sicherheit gewinnt die Diagnose auch dann erst durch den Nachweis einer gleichzeitig vorhandenen Thrombose der Vena cava inferior.

Therapie.

Die Therapie hat die Aufgabe, durch Bekämpfung der ursächlichen Krankheiten die Thrombosirung der Nierenvenen hintanzuhalten und, wenn diese dennoch eingetreten, die Einleitung der Collateralcirculation zu fördern und die schweren Folgeerscheinungen der Gefässverstopfung zu verhüten. Leider ist die Therapie in beiden Beziehungen ohnmächtig, das Einzige, was ihr zu thun übrig bleibt, ist ein symptomatisches Einschreiten. Man suche den Eintritt der Urämie bei vorhandener Anurie durch geeignete diaphoretische Methoden möglichst hinauszuschieben und suche durch zweckmässig geleitete Ernährung und Excitantien die Kräfte, insbesondere auch die Leistungsfähigkeit des Herzmuskels so lange wie möglich zu erhalten.

www.ingramcontent.com/pod-product-compliance
Lightning Source LLC
Chambersburg PA
CBHW021502210326
41599CB00012B/1102